Plasma Atomic Emission Spectrometry

等离子体
发射光谱分析

第三版

辛仁轩　编著

化学工业出版社

·北京·

《等离子体发射光谱分析》（第三版）系统介绍了等离子体发射光谱（ICP）分析基本原理、仪器性能和在各领域的实际应用，主要内容包括：概述、ICP光源的物理化学特性、ICP光谱仪器、光谱分析原理、ICP光谱分析的应用、ICP光谱分析中的样品处理、端视ICP光谱技术、专用进样装置与技术、有机化合物的ICP光谱分析、ICP光谱仪器技术的现状与发展、微波等离子体光谱技术及应用、电弧光源和火花光源光谱分析等。

　　《等离子体发射光谱分析》（第三版）适用于化学、化工、食品、环境、农业、医药、材料、地质、生命科学等领域的分析工作者参考阅读，也可作为高等学校化学及相关专业师生参考用书和专业培训班的教材。

图书在版编目(CIP)数据

　　等离子体发射光谱分析/辛仁轩编著．—3版．
北京：化学工业出版社，2018.1（2022.9重印）
　　ISBN 978-7-122-31102-3

　　Ⅰ．等…　Ⅱ．辛…　Ⅲ．①等离子体-发射光谱分析
Ⅳ．①O657.31

　　中国版本图书馆CIP数据核字（2017）第294440号

责任编辑：杜进祥　　　　　　　　　　文字编辑：刘志茹
责任校对：宋　夏　　　　　　　　　　装帧设计：韩　飞

出版发行：化学工业出版社（北京市东城区青年湖南街13号　邮政编码100011）
印　　装：北京虎彩文化传播有限公司
850mm×1168mm　1/32　印张17½　字数466千字
2022年9月北京第3版第4次印刷

　　购书咨询：010-64518888　　　　　售后服务：010-64518899
　　网　　址：http://www.cip.com.cn
　　凡购买本书，如有缺损质量问题，本社销售中心负责调换。

　定　　价：68.00元　　　　　　　　　**版权所有　违者必究**

前　言

　　2005 年编者编写了《等离子体发射光谱分析》一册，出版后受到读者欢迎，并重印一次，2010 年修订后出第二版，现该书已售罄，编者现对第二版进行较全面修订，重新编写第 1、5、10 章，考虑到近年来微波等离子体技术的发展，增加一章"微波等离子体光谱分析技术"，其他各章均进行删、改、补充，力求能够反映 ICP 光谱技术发展的最新内容。

　　本书第一版出版后，多次在网络书店被评为畅销书，并被不少单位用作培训教材和仪器分析课程教学参考书，或利用编者的培训班讲稿制作 PPT，用于仪器分析课程的教学，这些都对于扩大 ICP 光谱技术的应用有些帮助，编者对此都表示支持和欢迎。但也有不正当利用本书，大量抄袭，错误地涂改和拼凑，有些还作为培训教材，影响较坏，务请读者注意。

　　目前，随着 ICP 光谱仪器使用性能的不断提高，操作更加简便，维修更加便捷，售后服务更加周到，这对于应用 ICP 光谱技术和提高分析测试质量是有利的条件。但与此同时，仪器自动化、智能化程度高，制造商全程售后服务，部分分析人员对所用仪器设备性能及基本 ICP 技术不够重视，影响分析质量。目前，利用 ICP 光谱仪分析测定样品的有两类，一类是专业分析测试人员，编者建议，对于从事 ICP 光谱分析不久的读者，最好阅读本书的第 1～第 4 章，这几章比较详细地讲解等离子体光源性质、ICP 光谱仪各构件的结构原理及 ICP 分析的基本技术，通过培训应能独立制定较复杂样品分析方法，并对测试数据的合理性进行分析判别和处理。由于 ICP 仪器的普及和通用化，非专职分析人员也在使用 ICP 光谱仪自行测试自己的样品，可以用所谓"折中分析条件"测定普通样品，这部分用户可预先浏览一遍第 6 章（样品处理）及第 5 章

（各类样品的分析方法），可以较快地完成样品分析；对于计划购置新仪器的读者，可以阅读第 10 章，了解国内外各种型号的 ICP 光谱仪产品的性能和特点。第 11 章是本书第 3 版新增内容，微波等离子体光谱光源是等离子体光谱光源家族的新成员，2010 年安捷伦公司第一次将高功率微波等离子体光谱仪商品化，它不同于以前的电场激发的微波光源（CMP、MPT），它是磁场激发形成高功率环形等离子体放电，类似于电感耦合等离子体光源，可用廉价的氮气或空气作工作气体，是它的重要优势。

值此《等离子体发射光谱分析》第三版出版之际，深切感谢 40 年来支持我和我的同事们开展 ICP 光源研究的朱永镕院士，当时（1973 年）为我们申请到 5000 元人民币经费，得以开展 ICP 光源的设计加工试验工作，20 世纪 80 年代初又将争取到的外汇用于购买当时国内稀有的进口 ICP 光谱仪，由于朱先生的支持和领导，清华大学成为在国内较早开展 ICP 光谱技术研究工作的高等学校。

值此《等离子体发射光谱分析》第三版出版之际，让我想起 40 年前一起从事 ICP 光源的同事林毓华、王怀清、徐景明、王国新，以及研究生唐亚平、薛晓青等，当时还没有商品 ICP 光谱仪器，只能从高频发生器做起，唯一依据是 "V. A. Fassel. Inductively Coupled Plasma-Optical Emission Analytical Spectrometry" 文章，为了搞到高频发生器的线路图，跑遍京津两地生产高频设备的工厂，最后在一个生产塑料热合机的工厂，弄到一张塑料热合机线路图，请自动化系的边肇琪教授将塑料热合机的电容输出线路改为电感输出，后面跑材料（大功率电子管、元器件、金属材料），跑加工（石英炬管、雾化器、钣金工等），自己动手安装、调试，虽然辛苦费时，但却能对仪器结构、原理和性能有全面的掌握，能得心应手地研究各种类型的 ICP 光谱仪。

值此《等离子体发射光谱分析》第三版出版之际，我们不应忘记国内第 1 个点燃 ICP 焰炬的许国勤先生，在北京化学试剂研究所她利用旧磁控管电子设备改装成 ICP 发生器，虽然该设备无法复制，但却推动了各单位通过各种途径开展 ICP 光谱研究。时至今日，ICP 光谱领域沧海桑田，各类仪器琳琅满目，新型产品层出不穷，另一方面，ICP 光谱技术的一些老大难问题，如高耗氩气量、低雾化效率、复杂体系的光谱干扰等问题均久攻不克，随着科学技术的发展，有些难题会有突破的时机，等离子体光谱分析技术发展的第二个春天会到来的。

由于等离子体光谱技术是典型的交叉学科（边缘学科），它涉及的学科较多，编写本书力不从心，不足与疏漏难免，希望业内专家、读者不吝指正。

在本书编写过程中参考了许多国内外文献资料，仅向这些文献资料的作者致谢。

辛仁轩，北京清华园东楼

2017 年夏

第一版前言

电感耦合等离子体发射光谱分析已成为无机样品成分分析的重要手段,广泛应用于化学化工、地质矿物、金属材料、环境检测及生物样品等分析领域。从事光谱分析的技术人员和在化学专业学习的高等学校学生迫切需要一本系统讲述等离子体发射光谱分析原理、仪器及应用的专业书籍,以满足初学者学习基础知识及专业人员提高技术的需要。笔者在1984年曾编著过一本《电感耦合等离子体光源——原理、装置和应用》,该书介绍了 ICP 光谱的基础知识和应用技术。考虑到等离子体光谱分析技术日新月异,新仪器新技术层出不穷,基础理论也日益完善和丰富,与20年前情况相比已不可同日而语,故重新编写这本兼顾普及和提高的原子发射光谱分析专业书籍。书中大部分篇幅用于介绍电感耦合等离子体光谱分析,也对其他原子发射光谱光源作了适当的介绍。本书前五章(第一章概述,第二章电感耦合等离子体光源的物理化学特性,第三章 ICP 光谱仪器,第四章光谱分析原理,第五章 ICP 光谱应用)讲述 ICP 光谱的基础知识以及技术。这些是从事光谱分析的技术人员和化学专业学生都应该掌握和了解的内容。第六章和第七章(固态阵列检测器和端视 ICP 光谱技术)是介绍 ICP 光谱分析领域近些年发展的新技术和新仪器。第八章和第九章(专用进样装置和技术,有机 ICP 光谱分析)是为专门从事 ICP 发射光谱技术者扩大知识领域及开展专项研究参考之用。

原子发射光谱分析光源的多样性和各具特点这一情况不应被忽视。直流等离子体光源、微波等离子体光源、电弧光源和电火花光源在某些特定领域内仍在应用,其技术也在不断发展。本书最后四章也予以专章介绍。

由于作者的能力和知识所限,加之本书涉及的知识范围颇广,书中难免存在错误和不足之处，敬请读者不吝指正。

本书编写过程及整个从事光谱分析过程中，得到清华大学化学系邓勃教授的鼓励、支持和帮助，在此表示衷心感谢。

本书承邓勃教授审阅，并提出宝贵意见，谨致谢意。

辛仁轩

2004 年 7 月于清华园

第二版前言

《等离子体发射光谱分析》于 2005 年初作为《原子光谱分析技术丛书》中的一册，由化学工业出版社出版，受到广大读者欢迎，多次在网络书店被评为畅销书，并被不少单位用作培训教材和大专院校作为教学参考书，后又重印一次，现趁再版机会笔者根据在各类培训讲课时，读者反映和意见，对原书做了补充和修改，基本保留原书的两个特色：第一，系统地讲述电感耦合等离子体（ICP）光谱分析技术的原理、仪器、方法及在各领域的实际应用，这对于初学者是必须了解的基本知识；第二，当初《原子光谱分析技术丛书》的编辑思想明确要求，除了完整、系统及简明实用外，还要求反映本领域的新技术、新方法、新仪器，要求兼顾普及与提高，故本书专门讲述固体检测器光谱技术、轴向观测光源、有机 ICP 技术及专用进样技术，这些内容对于有一定应用经验的光谱工作者及从事 ICP 技术研究者学习和提高时参考。因此，建议读者根据自己的情况，分别阅读不同章节：初学者可重点阅读第 1 章概述；第 2 章 ICP 光源的物理化学特性；第 3 章 ICP 光谱仪器；第 4 章光谱分析原理；第 6 章 ICP 光谱分析中的样品处理。然后再根据工作中分析样品类型，选读第 5 章 ICP 光谱分析的应用有关内容。

适值本书再版的机会除了对原版中的错误及不当之处进行修改外，还在内容方面作如下的补充和修改。

（1）增加样品处理（第 6 章），讲述 ICP 光谱分析中样品前处理技术、要求和方法；

（2）增加 ICP 光谱仪器与技术性能（第 10 章），介绍国内外商品 ICP 光谱仪器的现状及性能；

（3）第 4 章增加基体效应及其处理内容；

（4）将第一版中第 6 章（固体检测器光谱仪及技术）中 CCD

及 CID 有关内容整理补充后并入第 3 章，光电二极管阵列检测器在商品 ICP 仪器中已不再应用，已将有关内容删除；

（5）第一版中直流等离子体光源及微波等离子体光源有关内容，囿于篇幅的限制在第二版中删除，这两种光谱光源在第 1 章中已简单提及。

在本书第二版付印之际，笔者仅向支持和鼓励本书的同行及读者表示衷心的谢意。本书虽经修改，但限于笔者的学识和水平，书中不当之处，敬请读者指正。

辛仁轩
2010 年 9 月于北京清华园

目　　录

第1章　概述 ……………………………………………………………………… 1

1.1　引言 ………………………………………………………………………… 1

1.2　原子发射光谱分析简史 …………………………………………………… 2

1.2.1　原子发射光谱的定性分析 …………………………………………… 2

1.2.2　原子发射光谱的定量分析 …………………………………………… 3

1.2.3　等离子体光谱光源的发展 …………………………………………… 3

1.3　等离子体的基本知识 ……………………………………………………… 3

1.4　等离子体光源简介 ………………………………………………………… 4

1.4.1　直流等离子体光源 …………………………………………………… 4

1.4.2　微波等离子体光源 …………………………………………………… 6

1.4.3　电感耦合等离子体光源 ……………………………………………… 8

1.4.4　各类测定元素的原子光谱技术性能的比较 ……………………… 11

参考文献 ……………………………………………………………………… 12

第2章　ICP光源的物理化学特性 ………………………………………… 14

2.1　等离子体的基本概念 ……………………………………………………… 14

2.2　电感耦合等离子体的形成 ………………………………………………… 15

2.2.1　ICP的形成条件及过程 ……………………………………………… 15

2.2.2　工作气体 ……………………………………………………………… 16

2.3　ICP的物理特性 …………………………………………………………… 17

2.3.1　ICP的环形结构及趋肤效应 ………………………………………… 17

2.3.2　ICP温度分布的不均匀性及其分区 ………………………………… 19

2.3.3　等离子体的温度及其测量 …………………………………………… 21

2.4　ICP光源的光谱特性 ……………………………………………………… 36

2.4.1　分析物的原子发射光谱 ……………………………………………… 36

2.4.2　工作气体的发射光谱 ………………………………………………… 38

2.4.3　分子发射光谱 ………………………………………………………… 38

2.4.4　连续背景发射光谱 …………………………………………………… 39

2.5　ICP 光源的激发机理 ·················· 42

　　2.5.1　Penning 电离反应模型 ············· 43

　　2.5.2　电荷转移反应模型 ·················· 44

　　2.5.3　复合等离子体模型 ·················· 45

　　2.5.4　双极扩散模型 ······················ 46

　　2.5.5　辐射俘获模型 ······················ 46

　　2.5.6　分析物的电离和激发过程 ··········· 46

参考文献 ····································· 47

第 3 章　ICP 光谱仪器 ·················· 49

3.1　高频发生器 ····························· 50

　　3.1.1　高频发生器的技术要求 ·············· 50

　　3.1.2　自激振荡器原理 ···················· 51

　　3.1.3　自激式等离子体电源线路 ··········· 52

　　3.1.4　他激振荡器 ························ 55

　　3.1.5　高频电流的传输 ···················· 56

　　3.1.6　ICP 光源中振荡频率的影响 ·········· 57

3.2　ICP 炬管 ······························ 58

　　3.2.1　通用 ICP 炬管 ······················ 59

　　3.2.2　炬管结构及等离子体的稳定性 ········ 61

　　3.2.3　低气流炬管 ························ 62

　　3.2.4　微型炬管 ·························· 64

　　3.2.5　水冷炬管 ·························· 65

　　3.2.6　层流炬管 ·························· 65

　　3.2.7　分子气体的应用 ···················· 66

　　3.2.8　炬管延伸管 ························ 68

3.3　进样装置 ······························ 69

　　3.3.1　玻璃同心雾化器 ···················· 69

　　3.3.2　交叉雾化器 ························ 75

　　3.3.3　Babington 雾化器 ·················· 78

　　3.3.4　超声波雾化器 ······················ 81

　　3.3.5　雾室 ······························ 85

　　3.3.6　雾化器及进样系统性能的诊断和评价 ·· 87

3.4　分光装置 ······························ 89

  3.4.1 ICP 光源对分光系统的要求 ⋯⋯⋯⋯⋯⋯⋯⋯⋯⋯ 89

  3.4.2 发射光谱仪常用的几类光栅 ⋯⋯⋯⋯⋯⋯⋯⋯ 90

  3.4.3 光谱仪常用分光装置 ⋯⋯⋯⋯⋯⋯⋯⋯⋯⋯⋯⋯ 97

 3.5 测光装置 ⋯⋯⋯⋯⋯⋯⋯⋯⋯⋯⋯⋯⋯⋯⋯⋯⋯⋯⋯ 105

  3.5.1 光电倍增管 ⋯⋯⋯⋯⋯⋯⋯⋯⋯⋯⋯⋯⋯⋯⋯⋯ 105

  3.5.2 信号处理单元 ⋯⋯⋯⋯⋯⋯⋯⋯⋯⋯⋯⋯⋯⋯ 106

 3.6 固态光电检测器及其 ICP 光谱仪中的应用 ⋯⋯⋯⋯⋯ 107

  3.6.1 ICP 光谱仪中的电荷转移器件 ⋯⋯⋯⋯⋯⋯⋯⋯ 107

  3.6.2 电荷转移器件原理 ⋯⋯⋯⋯⋯⋯⋯⋯⋯⋯⋯⋯⋯ 108

  3.6.3 电荷注入检测器 ⋯⋯⋯⋯⋯⋯⋯⋯⋯⋯⋯⋯⋯⋯ 109

  3.6.4 电荷耦合检测器 ⋯⋯⋯⋯⋯⋯⋯⋯⋯⋯⋯⋯⋯⋯ 111

  3.6.5 电荷转移检测器的特性 ⋯⋯⋯⋯⋯⋯⋯⋯⋯⋯ 115

  3.6.6 固态检测器在 ICP 光谱仪中的应用 ⋯⋯⋯⋯⋯ 118

 3.7 为什么 ICP 光谱仪用氩气做工作气体? ⋯⋯⋯⋯⋯⋯ 123

  3.7.1 几种非氩气气体用作 ICP 的工作气体概况 ⋯⋯ 123

  3.7.2 气体的物理化学参数与 ICP 光源的分析性能 ⋯⋯⋯ 125

 参考文献 ⋯⋯⋯⋯⋯⋯⋯⋯⋯⋯⋯⋯⋯⋯⋯⋯⋯⋯⋯⋯⋯⋯ 127

第 4 章 光谱分析原理 ⋯⋯⋯⋯⋯⋯⋯⋯⋯⋯⋯⋯⋯⋯ 129

 4.1 原子发射光谱的产生 ⋯⋯⋯⋯⋯⋯⋯⋯⋯⋯⋯⋯⋯⋯ 129

  4.1.1 光谱的产生 ⋯⋯⋯⋯⋯⋯⋯⋯⋯⋯⋯⋯⋯⋯⋯⋯ 129

  4.1.2 谱线的宽度及变宽 ⋯⋯⋯⋯⋯⋯⋯⋯⋯⋯⋯⋯⋯ 130

  4.1.3 谱线的自吸 ⋯⋯⋯⋯⋯⋯⋯⋯⋯⋯⋯⋯⋯⋯⋯ 131

 4.2 定量分析原理 ⋯⋯⋯⋯⋯⋯⋯⋯⋯⋯⋯⋯⋯⋯⋯⋯⋯ 132

  4.2.1 谱线强度与浓度的关系 ⋯⋯⋯⋯⋯⋯⋯⋯⋯⋯ 132

  4.2.2 标准曲线法定量分析 ⋯⋯⋯⋯⋯⋯⋯⋯⋯⋯⋯ 133

  4.2.3 标准曲线非线性问题 ⋯⋯⋯⋯⋯⋯⋯⋯⋯⋯⋯ 135

  4.2.4 其他定量分析方法 ⋯⋯⋯⋯⋯⋯⋯⋯⋯⋯⋯⋯ 136

  4.2.5 定性和半定量分析 ⋯⋯⋯⋯⋯⋯⋯⋯⋯⋯⋯⋯ 144

 4.3 光谱分析条件 ⋯⋯⋯⋯⋯⋯⋯⋯⋯⋯⋯⋯⋯⋯⋯⋯⋯ 147

  4.3.1 高频功率的影响 ⋯⋯⋯⋯⋯⋯⋯⋯⋯⋯⋯⋯⋯⋯ 148

  4.3.2 工作气体流量 ⋯⋯⋯⋯⋯⋯⋯⋯⋯⋯⋯⋯⋯⋯⋯ 152

  4.3.3 观测高度 ⋯⋯⋯⋯⋯⋯⋯⋯⋯⋯⋯⋯⋯⋯⋯⋯⋯ 156

  4.3.4 其他分析参数 ⋯⋯⋯⋯⋯⋯⋯⋯⋯⋯⋯⋯⋯⋯⋯ 158

  4.3.5　分析参数的优化 ……………………………………………… 159
4.4　灵敏度、检出限和精密度 ……………………………………… 162
  4.4.1　分析灵敏度 …………………………………………………… 162
  4.4.2　检出限 ………………………………………………………… 163
  4.4.3　精密度 ………………………………………………………… 164
4.5　干扰效应 ………………………………………………………… 165
  4.5.1　物理干扰 ……………………………………………………… 166
  4.5.2　化学干扰 ……………………………………………………… 168
  4.5.3　电离干扰 ……………………………………………………… 169
  4.5.4　光谱干扰 ……………………………………………………… 170
4.6　基体效应 ………………………………………………………… 181
  4.6.1　ICP 光源的基体效应 ………………………………………… 181
  4.6.2　基体效应的特点 ……………………………………………… 181
  4.6.3　重要基体效应及其处理方法 ………………………………… 183
参考文献 ………………………………………………………………… 189

第 5 章　ICP 光谱分析的应用 ……………………………………… 191
5.1　概论 ……………………………………………………………… 191
5.2　环境样品分析 …………………………………………………… 192
  5.2.1　土壤分析 ……………………………………………………… 192
  5.2.2　生活饮用水分析 ……………………………………………… 193
  5.2.3　水样中主要元素的 ICP 光谱分析 …………………………… 194
  5.2.4　测定废水中多种痕量重金属元素 …………………………… 195
  5.2.5　微波消解法测定飞灰中的多种金属元素 …………………… 196
  5.2.6　ICP 光谱技术在环境应急监测中的某些应用 ……………… 198
  5.2.7　巯基棉分离富集测定冶金废水中痕量铅、镉、铜、银 …… 199
  5.2.8　微波消解 ICP-AES 法测定大气颗粒物中的金属元素 ……… 200
  5.2.9　微波消解测定水系沉积物中的微量元素 …………………… 201
5.3　食品饮料分析 …………………………………………………… 202
  5.3.1　微波消解法测定大米中八种元素 …………………………… 202
  5.3.2　泰国大米主要元素的光谱分析 ……………………………… 204
  5.3.3　微波消解测定莴笋中矿质元素 ……………………………… 205
  5.3.4　盐酸浸提测定奶粉中的金属元素 …………………………… 206
  5.3.5　ICP-AES 测定坛紫菜中的重金属 …………………………… 207

　　5.3.6　鱼肉中多种有害元素的光谱测定 ·················· 209

　　5.3.7　速溶咖啡中元素的快速测定 ····················· 210

　　5.3.8　彩色猕猴桃中的无机元素测定 ··················· 212

　　5.3.9　干法消解测定茶中的微量元素 ··················· 213

　　5.3.10　微波消解测定面制食品中的铝、镉、铜 ············ 214

　　5.3.11　水浴蒸干和微波灰化测定葡萄酒中的铁、锰、铅和铜 ··· 215

　　5.3.12　牛奶及奶制品中微量元素的测定 ················· 216

　　5.3.13　灰化法和微波消解法测定植物油中的磷 ··········· 217

　　5.3.14　浓缩苹果汁中磷、锌、铜等 9 种元素的测定 ········· 219

5.4　生物样品的分析 ································· 220

　　5.4.1　人血清样液制备方法的比较 ····················· 221

　　5.4.2　毛发中铊的标准加入法测定 ····················· 222

　　5.4.3　人发中铜、锌、钙、镁、铁 5 种元素的测定 ········· 224

　　5.4.4　测定尿液中 17 种元素 ························· 225

　　5.4.5　测定男子肝脏中 8 种微量元素 ··················· 226

　　5.4.6　干灰化-碱熔测定生物样中硅、铝等元素 ············ 227

　　5.4.7　玉米秸秆中微量元素含量的测定 ················· 229

　　5.4.8　香烟中 6 种重金属含量的测定 ··················· 231

　　5.4.9　高压消解测定木材中的有害元素 ················· 232

　　5.4.10　测定天然植物中的金属元素 ····················· 233

　　5.4.11　测定松树中的矿质元素 ························· 234

5.5　无机非金属材料 ································· 235

　　5.5.1　内标法测定紫砂制品中的溶出元素 ··············· 236

　　5.5.2　检测日用陶瓷器皿中金属元素的溶出量 ··········· 236

　　5.5.3　测定硼硅酸盐玻璃中的常量及微量元素 ··········· 237

　　5.5.4　沉淀分离铝后测定氧化铝中的微量元素 ··········· 239

　　5.5.5　测定 Al_2O_3 基催化剂中的铂 ··················· 240

　　5.5.6　测定石英砂中的铁、铝、钙、钛、硼、磷 ·········· 241

　　5.5.7　镁铬质耐火材料的光谱法测定 ··················· 242

　　5.5.8　碳酸盐型石墨中硅等 9 种元素的测定 ············· 243

　　5.5.9　测定镧玻璃废粉中的稀土元素 ··················· 244

5.6　核燃料和核材料分析 ····························· 246

　　5.6.1　二氧化铀微球中钐、铕、钆、镝的测定 ··········· 246

5.6.2 高纯钚化合物的化学分离 ICP 光谱测定 …………………… 247

5.6.3 高纯钍化合物分析高纯二氧化钍 …………………………… 248

5.6.4 核纯石墨中 Sm、Eu、Gd 和 Dy 的测定 …………………… 248

5.6.5 测定陶瓷 UO_2 芯块粉末标准物质 ………………………… 249

5.6.6 铀中杂质元素的化学分离光谱测定法 ……………………… 251

5.6.7 ICP 光谱法测定二氧化铀中痕量钾、钠 …………………… 252

5.6.8 测定铀-钼合金中 15 种微量杂质元素 ……………………… 252

5.7 化学化工产品分析 …………………………………………………… 254

5.7.1 APDC 萃取分离检测硫酸锰中的铅 ………………………… 254

5.7.2 不同光谱法检测粉类化妆品中重金属 ……………………… 255

5.7.3 测定内外墙涂料中的钛、钙、锌、镁和硅 ………………… 256

5.7.4 水-乙二醇型液压液中 Ca、Mg、Zn 的测定 ……………… 257

5.7.5 车用尿素水溶液中杂质元素含量测定 ……………………… 258

5.7.6 硝酸钠消解测定 TBP 萃取剂中的杂质元素 ……………… 259

5.7.7 电极材料镍钴锰酸锂中主元素测定 ………………………… 260

5.7.8 测定塑料中铅、汞、铬、镉、钡、砷 ……………………… 260

5.7.9 内标法测定化肥中多种有害元素 …………………………… 262

5.8 有色金属及合金分析 ………………………………………………… 264

5.8.1 金属镍及镍合金分析 ………………………………………… 264

5.8.2 金属铜及铜合金分析 ………………………………………… 266

5.8.3 铂族金属及合金分析 ………………………………………… 267

5.8.4 铝及铝合金分析 ……………………………………………… 271

5.8.5 锌合金的分析 ………………………………………………… 274

5.8.6 钛及其化合物 ………………………………………………… 276

5.8.7 锆及锆合金分析 ……………………………………………… 278

5.8.8 稀土金属及其化合物分析 …………………………………… 279

5.9 钢铁及其合金分析 …………………………………………………… 282

5.9.1 ICP 光谱法测定碳钢-低合金钢中多种元素
(GB/T 20125—2006) …………………………………………… 284

5.9.2 碳钢多元素分析 ……………………………………………… 285

5.9.3 普碳钢和低合金钢中 As、Sn、Pb、Sb、Bi 氢化法测定 …… 286

5.9.4 测定低合金钢中的钼、镍、硅、锰、铬、钒 ……………… 288

5.9.5 测定钕铁硼永磁材料中常量及微量元素 …………………… 288

5.9.6　高温合金中微量 Mg 的测定 ······················· 290

5.9.7　微波消解法测定钢中的全铝 ····················· 291

5.9.8　内标法测定不锈钢中硅含量 ····················· 292

5.9.9　测定铁镍软磁合金中的镍 ······················· 293

5.9.10　测定高碳高硅钢中的硅含量 ···················· 294

5.9.11　测定铸铁中的 Si、Mn 及 P ···················· 294

5.10　地质岩石矿物分析 ································· 295

5.10.1　硅酸盐岩石的酸溶与碱熔分解样品方法的对比 ········· 296

5.10.2　测定玄武岩中的 8 种微量元素 ·················· 299

5.10.3　测定地质样品中 Cu、Pb、Zn、Sc、Mo ·········· 300

5.10.4　偏硼酸锂熔矿测定岩石水系沉积物土壤样品 ········· 300

5.10.5　测定铬矿砂及再生铬矿砂中的二氧化硅 ··········· 301

5.10.6　ICP-AES/AFS 联合测定金矿地质样品中的 32 种元素 ···· 303

5.10.7　测定矿石中 Cr、Ni 的含量 ···················· 304

5.10.8　测定铜磁铁矿中铜、锰、铝、钙、镁、钛和磷的含量 ···· 306

参考文献 ··· 308

第 6 章　ICP 光谱分析中的样品处理 ················· 312

6.1　概述 ··· 312

6.2　湿法消解常用试剂 ································· 313

6.3　常压湿法消解 ····································· 315

6.4　密闭增压湿法化学消解 ····························· 320

6.5　干灰化 ··· 322

6.5.1　干灰化的特点 ······························· 322

6.5.2　干灰化条件 ································· 323

6.5.3　干灰化处理样品典型示例 ······················· 324

6.6　熔融分解处理样品 ································· 325

6.6.1　熔剂种类及性质 ····························· 326

6.6.2　常用熔融法处理的样品及使用条件 ··············· 327

6.6.3　碱熔分解样品处理过程 ······················· 328

6.7　微波消解处理样品 ································· 330

6.7.1　微波溶样的原理 ····························· 330

6.7.2　微波消解处理样品的特点 ····················· 331

6.7.3　微波消解装置 ······························· 332

6.7.4　微波消解用酸的选择 ·· 334

6.7.5　微波消解在 ICP-AES 分析中的应用 ·································· 334

参考文献 ·· 358

第7章　轴向 ICP 光谱技术 ·· 360

7.1　基本特点 ··· 360

7.2　轴向 ICP 光源装置 ·· 362

7.2.1　加长炬管非气流切割型装置 ··· 363

7.2.2　气流切割型轴向 ICP 装置 ··· 363

7.2.3　水冷取样锥形接口轴向 ICP 装置 ·································· 364

7.2.4　水冷反吹装置 ·· 364

7.2.5　轴向 ICP 光源装置的设计原则 ······································ 364

7.3　分析运行参数 ··· 365

7.4　分析性能 ··· 366

7.4.1　谱线强度和光谱背景 ·· 366

7.4.2　检出限 ·· 367

7.4.3　分析动态范围 ·· 370

7.4.4　溶剂蒸发效应 ·· 371

7.4.5　电离效应 ·· 371

7.4.6　轴向观测及双向观测 ICP 光源 ····································· 373

7.5　轴向及双向观测 ICP 光谱仪的应用 ··· 376

参考文献 ·· 378

第8章　专用进样装置与技术 ··· 380

8.1　火花烧蚀进样 ··· 380

8.1.1　装置和工作条件 ·· 380

8.1.2　分析性能 ·· 381

8.2　直接试样插入装置 ··· 382

8.3　电热进样技术 ··· 383

8.3.1　原理和装置 ·· 383

8.3.2　分析性能 ·· 384

8.4　激光烧蚀进样装置 ··· 386

8.5　氢化物发生法 ··· 387

8.5.1　氢化物发生法工作原理 ·· 388

8.5.2　氢化物发生器 ·· 389

8.5.3 分析特性 ·· 391

8.5.4 氢化物发生法的应用 ··· 392

8.6 生成挥发物进样技术 ··· 397

8.6.1 痕量碘的测定 ··· 397

8.6.2 硫化物测定 ··· 398

8.6.3 碳酸盐测定 ··· 398

8.6.4 硅和砷的测定 ··· 399

8.6.5 汞和铍的测定 ··· 399

8.6.6 烟道气和空气飘尘中元素测定 ··································· 399

8.7 微量溶液进样装置 ··· 400

8.7.1 循环雾化装置 ··· 400

8.7.2 脉冲进样器 ··· 401

8.7.3 微量同心雾化器 ·· 402

8.7.4 降低进样泵速 ··· 403

8.8 浆液雾化进样装置和技术 ··· 404

8.8.1 浆液雾化原理和装置 ··· 404

8.8.2 主要分析条件 ··· 405

8.8.3 校正曲线 ·· 406

参考文献 ·· 407

第9章 有机化合物的 ICP 光谱分析 ································· 409

9.1 有机 ICP 光谱分析的用途 ··· 409

9.2 炬管结构 ··· 410

9.3 有机 ICP 焰炬及其光谱特性 ·· 412

9.3.1 有机 ICP 焰炬构造 ·· 412

9.3.2 发射强度的空间分布 ··· 414

9.4 分析参数的选择 ··· 417

9.4.1 高频功率 ·· 417

9.4.2 载气流量 ·· 419

9.4.3 辅助气 ·· 422

9.4.4 冷却气 ·· 423

9.5 稀释剂的影响 ··· 424

9.5.1 黏度的影响 ··· 424

9.5.2 极限提升量 ··· 425

   9.5.3　检出限 ·· 427

  9.6　分子谱带的抑制 ·· 428

    9.6.1　增加冷却气流量 ·· 428

    9.6.2　氧化抑制法 ·· 429

  9.7　ICP-AES 技术在有机溶剂样品分析中的应用 ···························· 430

    9.7.1　氧气辅助 ICP-AES 法直接进样测定润滑油中 20 种元素的

         含量 ·· 430

    9.7.2　湿法化学消解 ICP-AES 测定催化裂化原料油中的钠 ··········· 432

    9.7.3　以二甲苯为稀释剂 ICP-AES 有机进样测定润滑油中的微量

         元素 ·· 433

    9.7.4　微波消解 ICP-AES 法测定食用油中的微量元素 ··············· 435

    9.7.5　干灰化 ICP-AES 测定飞机润滑油中的 7 种微量元素 ········· 436

    9.7.6　萃取法 ICP-AES 测定无铅汽油中的铅 ·························· 437

    9.7.7　干灰化 ICP-AES 法测定原油中痕量铁、镍、铜和钒 ········· 437

    9.7.8　硝酸钠消解 ICP-AES 法测定 TBP 萃取剂中杂质元素 ········· 438

  参考文献 ·· 440

第 10 章　ICP 光谱仪器技术的现状与发展 ·································· 441

  10.1　商品 ICP 光谱仪器及技术发展历程 ···································· 441

  10.2　ICP 光谱技术进展 ·· 443

  10.3　商品 ICP 光谱仪的现状 ··· 444

  10.4　我国 ICP 光谱仪的发展 ··· 447

  10.5　商品 ICP 光谱仪器技术性能介绍 ······································ 448

    10.5.1　安捷伦 5100 型 ICP-OES ··· 448

    10.5.2　赛默飞世尔 7000 系列光谱仪 ······································ 450

    10.5.3　珀金埃尔默 Optima8000 系列 ICP 光谱仪 ···················· 452

    10.5.4　日本岛津公司 ICPe 9000 系列 ICP 光谱仪 ··················· 453

    10.5.5　美国 Leeman Labs 公司 Prodigy7 ICP 光谱仪 ············· 454

    10.5.6　德国耶拿公司 PQ9000 型 ICP 光谱仪 ························· 454

    10.5.7　德国斯派克公司新 ARCOS 系列和 BLUE 系列 ICP

         光谱仪 ·· 456

    10.5.8　ICP-3000 电感耦合等离子体发射光谱仪 ····················· 457

    10.5.9　日本岛津公司 ICPS-8100 顺序扫描等离子体光谱仪 ········· 459

    10.5.10　WLY-2 型顺序扫描平面光栅 ICP 光谱仪 ·················· 459

10.5.11 聚光 ICP-5000 电感耦合等离子体发射光谱仪 ·············· 460

10.5.12 Plasma 2000 全谱电感耦合等离子光谱仪 ·············· 460

10.5.13 ULTIMA2 顺序扫描平面光栅 ICP 光谱仪

（HR-ICP-AES） ·············· 460

10.5.14 ICPS-1000II 顺序扫描平面光栅 ICP 光谱仪 ·············· 461

10.5.15 万联达 WLD-5000 型 ICP ·············· 462

10.5.16 AES-3000 电感耦合等离子体发射光谱仪 ·············· 462

10.5.17 纳克 Plasma1000 型电感耦合等离子体发射光谱仪 ·············· 462

10.6 氩等离子体激发光源的某些探索性研究 ·············· 462

10.6.1 空气冷却 Ar-ICP 光源 ·············· 463

10.6.2 炬内进样炬管 ·············· 464

10.6.3 射频电容耦合等离子体光源 ·············· 464

参考文献 ·············· 465

第 11 章　微波等离子体光谱技术及应用 ·············· 466

11.1 低功率微波感生等离子体 ·············· 467

11.1.1 低功率微波感生等离子体原子发射光谱技术（MIP-AES）

的发展 ·············· 467

11.1.2 中功率微波感生等离子体光源 ·············· 471

11.2 高功率微波感生等离子体 ·············· 473

11.2.1 使用高的微波功率必要性 ·············· 473

11.2.2 高功率 MIP 的分析条件及应用 ·············· 474

11.3 电容耦合微波等离子体原子发射光谱仪 ·············· 476

11.3.1 超高频等离子体光谱仪（UHF Plasma Spectrascan） ······ 478

11.3.2 Florida 大学电容耦合微波等离子体（CMP）光谱技术

的研究 ·············· 478

11.3.3 微波等离子体炬（MPT） ·············· 482

11.4 磁场激发高功率微波等离子体光谱仪 ·············· 487

11.4.1 磁场激发微波等离子体光源的发展 ·············· 488

11.4.2 MP4200 型微波等离子体光谱仪原理 ·············· 489

11.4.3 MP4210 微波等离子体光谱仪分析性能 ·············· 490

11.4.4 MP4200 微波等离子体光谱仪分析应用 ·············· 492

参考文献 ·············· 500

第 12 章　电弧光源和火花光源光谱分析 ·············· 504

12.1　直流电弧光源 ·· 504

　　12.1.1　工作原理 ·· 504

　　12.1.2　直流电弧特性 ····································· 505

　　12.1.3　应用 ·· 506

12.2　交流电弧光源 ·· 509

　　12.2.1　工作原理 ·· 509

　　12.2.2　分析特性 ·· 509

12.3　电火花光源 ·· 510

　　12.3.1　工作原理 ·· 510

　　12.3.2　分析特性 ·· 511

　　12.3.3　应用 ·· 512

12.4　直读光谱仪及其应用 ··································· 512

　　12.4.1　仪器结构及特点 ··································· 512

　　12.4.2　激发光源 ·· 513

　　12.4.3　分析参数的优化 ··································· 516

12.5　电弧光源直读光谱仪的发展 ····························· 517

参考文献 ·· 520

附录　ICP光源中元素的主要分析线 ························· 521

第1章 概　　述

1.1　引言

　　根据原子的特征发射光谱来测定物质的化学成分的方法称为原子发射光谱分析法。发射光谱的光源通常用化学火焰、直流电弧放电、交流电弧放电、电火花、激光和各种等离子体放电。在 20 世纪中叶的很长时间内，电弧和火花光源是原子发射光谱分析最主要的激发光源，火焰光度计曾是常用的测定碱金属的方法，虽然由于后来原子吸收光谱和 ICP 光谱的快速发展，这些被称为"经典光谱光源"的应用逐渐减少，但直到 21 世纪，某些领域也还在应用，如电火花光源的光电直读光谱仪在冶金领域广泛应用，因为它可以直接分析固体金属样品而不用消解样品。

　　但在试验室里无机元素分析应用较多的还是原子吸收。自 1955 年 Walsh 改进了原子吸收后，在元素分析领域原子吸收就逐渐取代"经典光源"发射光谱分析。其后不久，各种等离子体光源逐渐进入实际应用领域，直流等离子体（direct current plasma，DCP）光源配合高分辨率的中阶梯光栅分光系统应用于地质样品多元素分析，并有商品仪器生产。几乎与此同时，电感耦合等离子体光源（inductively coupled plasma，ICP）直读光谱仪也开始商品化。低功率的微波等离子体（microwave plasma，MWP）光谱仪商品化的努力从未停止过，但未能广泛推广应用。直到 2008 年澳大利亚安捷伦仪器公司的科学家 Michael R. Hammer 采取新的微波激发方式，用高功率微波电源的磁场激发的方式得到类似于 ICP 光源的分析性能，2012 年安捷伦公司将该技术商品化，推出用氮气作工作气体的微波等离子体原子发射光谱仪，并在各种实际样品分析中得到良好应用。至此，三种等离子体光源都进入商品化实际应用阶段。

等离子体发射光谱分析技术主要试样有原子化激发发光、分光及光电检测三个过程，相对应的是等离子体光源、分光器及光电检测装置，而激发光源又是光谱技术的核心，分光器和检测装置都需符合光源的要求，试样在光源中受热汽化和原子化、离子化，光源在高温条件下发射原子谱线和离子谱线，经分光和光电检测给出谱线的波长和强度，进行定性和定量分析。

1.2 原子发射光谱分析简史

1.2.1 原子发射光谱的定性分析

1666 年，英国物理学家牛顿（Newton）做了一次光学色散实验，他用一束太阳光在暗室中通过一个棱镜，在棱镜后的屏幕上看到了红、橙、黄、绿、靛、蓝、紫七种不同的颜色依次排列在屏幕上，形成一条彩色的谱带，称为光谱。这个简单的实验就是光谱学的起源，也是光谱分析的基本原理。

1802 年，英国化学家渥拉斯顿（Wollaston）发现在太阳的彩色光谱中有几条黑线。1814 年，德国物理学家夫琅和费（Fraun-hofer）继续研究太阳光谱中黑线的相对位置，按英文字母取名为A、B、C、D、E、F……，后人为了纪念这一工作，把这些黑线称之为夫琅和费线，这些暗线是由于包围太阳的气氛、原子等粒子的蒸气，吸收了太阳光谱中特定的波长而产生的，是吸收光谱的现象。

1826 年，泰博特（Talbot）研究了钠盐、钾盐和锶盐在酒精灯上燃烧时得到的光谱，以及铜、银和金在火花放电的光谱时认为："发射光谱是化学分析的基础"，在研究钾盐的特性时指出"这种红色光像钠盐的黄色光一样，成为钾盐的特征。"1860 年本生（Bunsen）和基尔霍夫（Kirchohoff）首先把分光镜用于化学分析，他们在矿水的光谱中发生了两条蓝线，从而发现了新的碱金属元素铯。自 1860 年之后一直到 20 世纪初的 40 余年内，用光谱分析法先后发现的元素有铊、铟、镓、稀土元素钬、钐、铥、镨、钕、镥、钇、铯、铷以及气态元素氦、氩等。这是光谱分析的初级阶段，主要解决元素的定性分析。

1.2.2　原子发射光谱的定量分析

进入 20 世纪，随着工业的发展，解决快速给出工业产品的成分的需求，推动了光谱定量分析的发展。1925 年，Gerlach 推出内标原理，1930 年，罗马金（Lomakin）和塞伯（Scherbe）分别提出定量分析的经验公式，确定了谱线发射强度和浓度的关系，通称为罗马金公式，与内标法配合可进行元素成分的定量测定。光学仪器制造行业也制造出多种类型的发射光谱仪，均常用照相记录的方式，故称为摄谱仪，激发光源常用电弧或火花放电。

1.2.3　等离子体光谱光源的发展

电弧及火花光源摄谱仪虽然可以进行化学成分的定性和定量分析，而且是当时唯一广泛应用的同时多元素定量分析技术，在 20 世纪的前半期，原子光谱技术研究主要在开发各类实际样品的定量分析应用，美国原子武器的"曼哈顿计划"研究出载体蒸馏光谱分析核燃料和核材料的纯度，前苏联则研究出蒸发法光谱分析技术测定核燃料，冶金领域和地质行业多推广应用摄谱仪。但摄谱仪分析速度很慢，精密度和准确度也不高，发射光谱的关键是激发光源。直流等离子体和微波等离子体光源最早受到关注，也比较容易形成稳定的等离子体，设备简单，曾设计各种结构的等离子体发生器，但性能不甚理想，直到电感耦合等离子体的出现，虽也有某些不足，分析性能较好，经过优化和改进，逐渐成为原子发射光谱最通用的光源。

1.3　等离子体的基本知识

等离子体（plasma）一词首先由 Langmuir 在 1929 年提出，目前一般指电离度接近或超过 0.1% 被电离了的气体，这种气体不仅含有中性原子和分子，而且含有大量的电子和离子，且电子和正离子的浓度处于平衡状态，由于带负电荷的电子和带正电荷的离子相等，从整体来看是呈电中性的，所以叫等离子体。从广义上讲，像高温火焰和电弧的高温部分、火花放电、太阳和恒星表面的电离层等都是等离子体。

等离子体可以按温度分为高温等离子体和低温等离子体两大类。当温度高达 $10^6 \sim 10^8$ K 时，所有气体的原子和分子完全解离和电离，称为高温等离子体；当温度低于 10^5 K 时，气体部分电离，称为低温等离子体。在实际应用中又把低温等离子体分为热等离子体和冷等离子体。当气体压力在 1.013×10^5 Pa（相当 1atm）左右，粒子密度较大，电子浓度高，电子平均自由程小，电子和重粒子之间碰撞频繁，电子从电场获得动能很快传递给重粒子，这样各种粒子（电子、正离子、原子、分子）的热运动能趋于相近，整个气体接近或达到热力学平衡状态，此时气体温度（重粒子能量）和电子温度基本相等，温度约为数千度到数万度，这种等离子体称为热等离子体。例如直流等离子体喷焰（DCP）和电感耦合等离子体炬（ICP）等都是热等离子体，热等离子体中电子和离子的能量都较高，既发光又发热。如果放电气体压力较低，气体比较稀薄，电离后的气体粒子浓度较低，则电子和重粒子碰撞机会就少，电子从电场获得的动能不宜与重粒子产生交换，它们之间动能相差较大电子平均动能可达几十电子伏，而气体温度较低，这样的等离子体处于非热力学平衡体系，叫做冷等离子体，例如格里姆辉光放电、空心阴极灯放电，家用的荧光灯等，都是冷等离子体。它们的电子能量很高，但是离子和原子的能量较低，发出的是"冷光"，ICP光源和直流等离子体都是热等离子体，热等离子体有利于液体试样和固体试样的蒸发、汽化及原子化。

1.4　等离子体光源简介

1.4.1　直流等离子体光源

直流等离子体是借助直流电弧放电形成的等离子体。最初出现的是等离子体喷焰（plasma jet）（见图 1-1），它是在 1959 年由 Margoshes 和 Korolev 等设计的。Margoshes 的设计是由圆环状阴极（上电极）和棒状阳极（下电极）构成，由标准直流电弧发生器供给 15～20A 电流形成电弧放电，用切向通入的氦气把等离子体引至放电室外，形成等离子体喷焰。Korolev 的设计与此类似，但用氩气作工作气体。后来又出现了多种结构

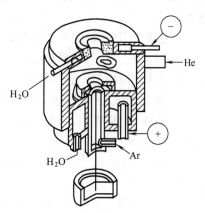

图 1-1　直流等离子体喷焰

不同但原理类似的等离子体喷焰。1970 年 Spectrametrics 推出倒"V"字形 DCP 光源，它是由两个交叉放置的钨电极构成两极，具体结构见图 1-2。电弧电流 10A，氩气用量约 5L/min。与以前的设计不同，其观测区在两等离子体弧柱交叉点的下部。这种结构的 DCP 由于避开弧柱发射的强的连续背景，有较好的检出限，缺点是漂移较大。

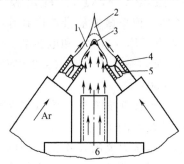

图 1-2　双电极直流等离子体喷焰
1—等离子体弧柱；2—尾焰；3—激发区；4—陶瓷套管；5—钨钍电极；6—试样

为了改善 DCP 光源的稳定性，SMI 公司在 Spectro Span Ⅲ型仪器中采用三电极直流等离子体光源，在有氩屏蔽的两个石墨阳极和一个钨阴极之间构成一个倒"Y"形的设计。其检出限和稳定性均有较大的改善。样品以液体状态喷雾送入，在距离两个阳极交点的 0.6～1.0mm 处各元素得到最大的激发。同两电极 DCP 相比，测定精密度（相对标准偏差 RSD）显著改善。如两电极系统在 1h 内 RSD 为 ±10%，1h 后达 ±20%；而三电极

DCP 运行 4.5h RSD 仍为 ±10％。故后来商品 DCP 仪器均采用三电极光源。

三电极 DCP 光源的主要特点如下：

① 检出限与 ICP 光源相近；

② 重现性较 ICP 光源稍差；

③ 散射光强度（以 500mg/L Ca 溶液来检查）较 ICP 光源低；

④ 功率密度较高，DCP 为 2.5kW/cm³，而 ICP 光源仅为 0.23～0.42kW/cm³；

⑤ 氩气消耗量为 8～9L/min，低于 ICP 光源（12～20L/min）；

⑥ 电功率消耗为 560～700W，远低于 ICP 光源的 1000～1500W；

⑦ 有显著的基体效应，特别是电离干扰效应不能忽略。

1.4.2 微波等离子体光源

微波等离子体（microwave plasma，MWP），是用频率 2450MHz 的微波激励产生的等离子体。依据微波能量传递到等离子体的方式不同，又分为微波感生等离子体（MIP）和电容耦合微波等离子体（CMP）；按功率大小，又可分为低功率（＜250W）、中功率（250～500W）和高功率（＞600W）。

自 1952 年，Broida 和 Moyer 首次把微波等离子体（MWP）用于光谱分析以来，MWP 就引起了人们的关注。MWP 可以用 Ar、He 或 N₂ 等工作气体在较宽的气体压力范围及功率范围内工作，并具有较强的激发能力，可检测元素周期表中包括卤素等非金属元素在内的几乎所有元素，可以在低气压及大气压下形成等离子体，功率在 150W 以下，但进样困难，后来发展为常压微波光源。

低功率 MIP 具有如下特点：

① 低功率 MIP 光源装置简单，购置成本低；

② 工作气体用量很低，运行成本低；

③ 工作气体多样化，根据测定元素的性质，可用氮气、氩气、氦气等及混合气体；

④ 可同时激发金属元素及部分非金属元素产生发射光谱，用 He-MIP 激发能力强，有利于激发非金属元素；

⑤ 在磁场激发的条件下，高频感应电流的趋肤效应，在一定条件下，MIP 可形成类似于 ICP 光源的中心进样通道。

低功率-MIP 明显的不足是等离子体火焰对湿气溶胶的承受能力差，有较严重的基体效应，即对水及共存物承受量很低，湿气溶胶进入易熄灭等离子体。所以低功率 MIP 多数与其他进样装置联合使用，难以用气动雾化器直接进液体试样，已有的商品仪器不是与气相色谱联用，就是需要配置去溶剂系统除水分。

1985 年，金钦汉等设计了一种微波等离子体光源称为"微波等离子体炬"（microwave plasma torch，MPT），它是电容耦合微波等离子类型，以常压氩气或氦气作工作气体获得稳定的等离子体，可以在较低的功率（40～50W），工作气体流量为 20～1000mL/min 的条件下运行，用该微波光源制造的光谱仪曾商品化，但其分析性能很不理想，未能推广应用。

2008 年，Hammer 利用磁场激发的高功率微波等离子体光源得到类似于 ICP 光源的试验结果，在此基础上经过改进，2011 年，安捷伦科技公司推出世界上第一台商品化高功率微波等离子体发射光谱仪 MP-4100，用于金属及非金属元素的成分分析，微波功率 1kW，频率 2450MHz，与其他微波等离子体光源相比，电源形成环形等离子体，三气流炬管，垂直等离子体炬管——轴向观测方式，用氮气或空气作为工作气体，Hammer 实验装置得到的检出限接近 ICP 光谱检出限，成为商品等离子体发射光谱仪器家族的新成员。

这两种微波光源的根本差别有两个：第一，电源功率差异，低功率等离子体对液体样品承受能力很低，需要采用加热去溶剂系统；第二，微波等离子体炬是电场激发形成等离子体，而 Hammer 的微波光源属于磁场激发微波光源，其形成机理与 ICP 光源相同，其性能也与 ICP 光源相同。两种光源的原理和性能有原则性区别。

1.4.3　电感耦合等离子体光源

电感耦合等离子体光源，简称 ICP 光源，又称感耦等离子体光源或高频等离子体光源，是由频率 3～100MHz 的射频电源通过电磁感应产生加热产生的等离子体，作为光谱激发光源通常使用频率 27.12MHz 及 40.68MHz，功率在 0.8～1.5kW，更低功率虽然也能形成等离子体，但稳定性及激发能力不佳，不宜在原子发射光源中使用。

在 20 世纪中叶以后，原子吸收光谱技术的兴起，电弧光源的原子发射光谱分析应用日渐衰落，研究者积极探讨新的发射光谱光源。曾试验了各种炬管结构的高频等离子体光源，由材料物理学家 Reed 在 1961 设计三层同心石英炬管性能较好，被美国爱荷华州立大学的 Velmer A. Fassel 教授首先应用于发射光谱分析，他们所设计的炬管至今还广泛采用，通称为 Fassel 炬管。与此同时，英国的 Greenfild 也设计了类似炬管，但炬管的直径较大，使用高流量的氮气及部分氩气作工作气体，这种炬管的 ICP 光谱仪曾经在欧洲有商品仪器，没有被广泛推广应用。

在后来的 10 年里，多国学者对这种新型的 ICP 光谱仪各关键组件进行了大量试验和改进及优化，主要改进高频发生器稳定性，研究了气动雾化器结构、雾化效率及检出限关系，研究并测量等离子体温度及激发机理，并对仪器参数进行优化，证明较低的高频功率（1.2kW 左右）和低载气流量（<1L/min）可获得较好的检出限，分析性能显著提高（见表 1-1）。ICP 光源分析性能在 10 年中巨大改进，应该注意，它们是采用超声波雾化器得到的检出限，比通用气动雾化器要好一个数量级。在这一时期各国涌现了一些著名的研究组，如美国的 V. A Fassel、R. M Barnes，英国的 S. Grenfied，荷兰的 P W J M Boumans，法国的 J. M. Mermet，日本不破敬一郎等。它们的研究工作推动 ICP 光谱技术不断改进，并在各领域得到实际应用。在我国，20 世纪 70 年代中期开始进入研究 ICP 光谱技术的热潮，当时没有商品 ICP 光谱仪，研究者需从加工组装设备开始，工作需要是它们工作的推动力，第一个用自

制高频发生器点燃等离子体的是北京化学试剂研究所的许国勤，其后在核能领域、地矿系统一些单位开始 ICP 光源的研究，核能领域有北京核化工研究院、清华大学核研院、原子能研究院、核工业地质研究院，核工业 504 厂；地质系统的有北京地质局实验室、地科院测试所、西北地质研究所等。科研院所有中科院长春应化所、有色冶金研究院、上海冶金所等，高等学校有中山大学、南开大学、南京大学等。这些单位的工作在推动 ICP 光谱技术在我国发展及应用中都起过积极作用。1982 年国家教委利用日元贷款为北大、清华、南开等 10 所大学购买 10 套 ICP 光谱仪，这是我国第一次批量引进 ICP 光谱仪，利用高校技术力量和实验条件开展等离子体光谱仪器技术及应用研究，培养掌握现代仪器分析技术的分析化学专业人才。

表 1-1　ICP 光源在 1965～1975 年间检出限的改进

单位：$\mu g/mL$

元素	1965 年检出限	1975 年检出限	元素	1965 年检出限	1975 年检出限
Al	3	2×10^{-4}	Mn	1	2×10^{-5}
As	25	6×10^{-3}	Ni	1	2×10^{-4}
Ca	0.2	1×10^{-7}	P	10	0.02
Cd	20	2×10^{-4}	Sn	50	3×10^{-3}
Cr	0.3	1×10^{-4}	Sr	0.09	3×10^{-6}
Fe	3	9×10^{-5}	W	3	8×10^{-4}
La	50	1×10^{-4}	Zn	30	1×10^{-4}
Mg	2	3×10^{-6}	Zr	15	6×10^{-5}

1975 年，首先由美国的 Jarrell-Ash 公司和 ARL 公司进行商品化，采用多通道光电光谱仪分光和检测，成为第一代商品 ICP 光谱仪，属于同时型仪器，分析速度较快，精密度也好，其不足是每个光电通道只能固定测定一条光谱线，用户不能按分析任务需要自行改变光电通道的波长，这种欠缺灵活性的分光系统限制了 ICP

光谱仪的推广应用。1987～1988 年，Fassel 等人成功推出了计算机控制程序扫描型 ICP 光谱仪。采用单色器分光器，该仪器有良好的灵活性和较低的价格，市场化后推动 ICP 光谱仪在各种分析领域应用，特别适用于分析样品类型变化的化验室。扫描型仪器虽然灵活，但降低分析效率，精密度也受到影响。想象力是创新的一种动力，把电视型检测器与 ICP 光谱仪器结合称为新的努力方向，试验了多种电视摄像机及电子相机用光电器件，并于 20 世纪 80 年代末和 90 年代初相继研制出多种类型的固体检测器光谱仪，包括二极管阵列 ICP 光谱仪、电荷注入检测器 ICP 光谱仪、电荷耦合检测器 ICP 光谱仪。至 21 世纪初，有多种类型商品固体检测器 ICP 光谱仪生产，固体检测器 ICP 光谱仪逐渐成为 ICP 光谱仪的主流，在各元素分析领域得到广泛应用。具有高分辨率分光器的固体检测器的 ICP 光谱仪具有如下特点：

① ICP 光源可以激发大部分金属元素和非金属元素，报道已经测定过的元素有 73 个；

② 可以进行多元素的同时测定，工作效率高；

③ 测定灵敏度较高，包括易形成难熔化合物的元素在内，检出限达每毫升亚微克级，表 1-2 是有代表性的高分辨率固体检测器的 ICP 光谱仪的检出限，分别列出轴向观测光源和径向观测光源的检出限，目前商品 ICP 光谱仪多数都能进行双向光测测定；

④ 用于校正的标准曲线有较宽的线性动态范围；

⑤ 基体效应低，明显低于经典发射光谱光源，易建立分析方法，具有良好的检出限、重复性和精密度，表 1-2 是固体检测器中阶梯光栅交叉色散 ICP 光谱仪的检出限，大致可代表目前 ICP 光谱仪的检出能力，如采用更高分辨能力的分光系统或专门的进样系统，检出限还能更好些。

ICP 光谱分析技术尚有需要改进的问题：

① 商品 ICP 光谱分析都用氩气作为工作气体，氩气消耗量大，通常为 10～15L/min，一个钢瓶氩气最多可用半天，分析运行成本比较高；

表 1-2　双向观测 ICP 光源检出限/（ng/mL）

元素	径向 2006	轴向 2006
Al	1.60	0.15
As	5.85	1.43
Ba	0.07	0.05
Ca	0.08	0.04
Cd	1.26	0.09
Cu	0.95	0.49
Fe	0.80	0.30
K	5.57	0.89
Mg	0.05	0.01
Mn	0.23	0.08
Na	1.80	0.26
Pb	4.59	1.39
Zn	0.60	0.19

② 通用的玻璃雾化器雾化效率很低，一般不超过 5%，采用微量雾化器虽可以提高雾化效率，但提升量又很低，进入等离子体的实际物质也很低，无助于检出限的改善，进样系统还是 ICP 光谱仪器的薄弱环节；

③ 由于等离子体温度较高，同时激发很多光谱线，光谱比较复杂，易产生光谱线之间的干扰，在 ICP 光源中，光谱干扰较原子吸收和原子荧光更为严重。在一段时间内，研究者企图用多种化学计量学方法来解决光谱干扰问题，沈兰荪曾系统介绍过光谱干扰的校正方法，但用数学方法解决光谱干扰方法难于在分析样品中实际应用。

1.4.4　各类测定元素的原子光谱技术性能的比较

在第二次世界大战后的几十年的和平环境里，世界经济稳步增长，经济的发展为分析检测技术的发展提供了经济基础，也提出更多需求，我们目睹多种新分析技术不断涌现，我们目睹了 20 世纪

60 年代原子吸收在中国的兴起，70 年代 ICP 光谱，80 年代原子荧光，90 年代 ICP 质谱，这些技术各有特点及其适合的应用领域，表 1-3 列出常用原子光谱领域的各种分析简单比较，应该指出，每种分析仪器都有高、中、低挡之分，难于准确表达某种分析技术的指标，而且分析技术和仪器经常更新换代，这里只能近似表达而已。

表 1-3 各种光谱分析技术的比较

方法类型	火焰原子吸收光谱仪	石墨炉原子吸收光谱仪	ICP 光谱仪	原子荧光仪	ICP 质谱仪
检出限	很好	极好	很好	极好	极好
动态范围	10^3	10^2	10^5	10^3	10^8
短期精密度	0.1%～1%	1%～5%	0.3%～2%	1%	1%～5%
精密度（长期）	2%～3%	3%～5%	3%	—	5%
可溶性固体容许量	0.5%～3%	＞20%	1%～20%	—	0.1%～0.5%
可测元素	50	68	73	11	78
样品用量	较多	很少	较多	—	较少
分析方法开发	容易	较易	技术性强	较易	技术性强

参 考 文 献

[1] Reed T B. Appl Phys, 1961, 32 (5): 821.

[2] Went R H, Fassel V A. Analytical Chemistry, 1965, 37 (7): 920.

[3] Fassel V A. Analytical Chemistry, 1979, 51 (13): 1290A.

[4] 黄本立. 分析化学, 1978, 6 (2): 147.

[5] 张展霞, 肖敏. 分析试验室, 1995, 14 (5): 80.

[6] 辛仁轩. 电感耦合等离子体光源原理、仪器和应用, 北京: 光谱分析实验室编辑部, 1984.

[7] Michael R Hammer. A magnetically excited microwave plasma source for atomic emission spectroscopy with performance approaching that of the inductively coupled plasma. Spectrochimica Acta Part B. (2008) 63: 456-464.

[8] 辛仁轩, 余正东, 郑建明. 电感耦合等离子体光谱仪及应用. 北京: 冶金工业出版社, 2012.

[9] 陈新坤. 电感耦合等离子体光谱分析法原理和应用. 天津: 南开大学出版

社，1987.

[10]　MONTASER A，Goligttly D W. 感偶等离子体光谱分析. 陈隆懋等译. 北京：人民卫生出版社 ，1992.

[11]　辛仁轩. 电感耦合等离子体光谱仪器技术进展与现状. 中国无机分析化学，2011，1（4）：1.

[12]　辛仁轩. 微波等离子体光谱技术的发展. 中国无机分析化学，2013，3（1）：1.

[13]　Boumans. P. W. J. M. in Inductively Coupled Plasma Emission Spectroscopy-Part I Methodology，Instrumentation，and Performance，New York：Wiley Interscience，1987.

[14]　沈兰荪，ICP-AES 光谱干扰校正方法的研究. 北京：北京工业大学出版社，1997.

[15]　金钦汉，黄矛，G. M. Hieftje. 微波等离子体原子光谱分析，吉林：吉林大学出版社，1993.

[16]　Montaser A，Goligttly D W. Inductively Coupled Plasma in Analytical Atomic Spectrometry. Second Edition. VCH，1992.

[17]　Jankowski K J，Reszke E. Micowave Induced Plasma Analytical Spectrometry. RSC Analytical Spetroscopy Monographs. 2011，12.

第 2 章　ICP 光源的物理化学特性

2.1　等离子体的基本概念

等离子体（plasma）一词首先由朗缪尔（Langmuir）在 1929 年提出的。目前泛指电离的气体。等离子体与一般的气体不同，它不仅含有中性原子和分子，而且含有大量的电子和离子，因而是电的良导体。因其中正电荷、负电荷密度相等，从整体来看是电中性的，故称等离子体。像火焰、电弧的高温部分及太阳和其他恒星表面的电离层等，从广义上来说都是等离子体。但光谱分析常说的等离子体是指电离度较高的气体，其电离度约在 0.1% 以上。普通的化学火焰电离度很低，一般不再称为等离子体。

等离子体按其温度可分为高温等离子体和低温等离子体两大类。当温度达到 $10^6 \sim 10^8$ K 的范围时，气体中所有分子和原子完全离解和电离，称为高温等离子体。当温度低于 10^5 K 时，气体仅部分电离，称为低温等离子体。作为光谱分析光源的 ICP 放电所产生的等离子体是属于低温等离子体，其最高温度不超过 10^4 K，电离度约为 0.1%。

在实际应用时又把低温等离子体分为热等离子体和冷等离子体。当气体在大气压力下放电，粒子（原子和分子）密度较大，电子的自由行程较短，电子和重粒子之间频繁碰撞，电子从电场获得的动能较快地传递给重粒子。这种情况下各种粒子（电子、正离子、原子和分子）的热运动动能趋于相近，整个体系接近或达到热力学平衡状态，气体温度和电子温度比较接近或相等，这种等离子体称为热等离子体。作为光谱分析光源的直流等离子体喷焰、ICP 放电等都是热等离子体，是在大气压力下产生的。应当指出，并不是在大气压力下放电的等离子体都处于热力学平衡状态或局部热力学平衡状态（local thermal equilibrium，LTE）。如果放电在低气压下进行，电子密度较低，则电子和重粒子碰撞机会少，电子从电场得到的动能不易与重粒子交换，它们之间的动能相差较大，放电中气体温度远低于电子温度。这样的等离子体处于非热力学平衡状态，或者非局部热力学平衡状态（non-LTE），叫做冷等离子体。作为光谱分析光源的辉光放电灯和空心阴极光源等，都是冷等离子体。

2.2 电感耦合等离子体的形成

2.2.1 ICP 的形成条件及过程

ICP 的形成就是工作气体的电离过程。为了形成稳定的 ICP 炬焰需要四个条件：高频高强度的电磁场、工作气体、维持气体稳定放电的石英炬管及电子-离子源。具体装置见图 2-1。炬管是由直径 20mm 的三重同心石英管构成。石英外管和中间管之间通 10～20L/min 的氩气，其作用是作为工作气体形成等离子体并冷却石英炬管，称为等离子体气或冷却气；中间管和中心管通入 0.5～1.5L/min 氩气，称为辅助气，用以辅助等离子体的形成。中心管用于导入试样气溶胶。石英炬管外套有高频感应圈，感应圈一般为 2～4 圈空心铜管。

形成 ICP 焰炬通称为点火。点火分三步：第一步是向外管及中管通入等离子体和辅助气，此时中心管不通气体，在炬管中建立氩气气氛；第二步向感应圈接入高频电源，一般频率为 27～40MHz，电源功率为 1～1.5kW，此时线圈内有高频电流 I 及由它产生的高频电磁场。由于在室温下干燥的氩气并不导电，不会在氩气中产生感应电流，必须用其他方法使氩气局部电离成为导体，高频电磁场才能使它进一步电离形成等离子体。使氩气部分电离的方法有两种，一种是石墨棒加热法，目前多

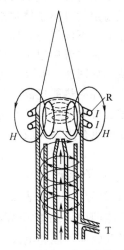

图 2-1 等离子体形成装置
R—高频感应圈；T—切向输入的氩气流；I—高频电流；H—高频磁场

用能产生尖端放电的高压 Tesla 线圈，在管内氩气流中形成丝状放电，使氩气局部电离为导电体，并进而产生感应电流。感应电流加热气体形成火炬状 ICP 炬焰。图 2-1 中椭圆状的阴影部即为环形感应电流的截面图。ICP 光源就是高频电源通过电磁感应的非接触方式，把能量不断传输给氩气而形成稳定的等离子体。等离子体气的切向输入是有利于形成感应电流的闭合环路，并在管口形成负压，使点火容易。

2.2.2 工作气体

氩在空气中含量仅为 0.93%。ICP 光源所用的氩气纯度需 99.99% 以上，价格较高。而目前商品 ICP 光谱仪均用氩气作为工作气体，未采用价廉的分子气体如氮气和空气等。其原因有两个：一是氩 ICP 光源有良好的分析性能，分析灵敏度高且光谱背景较低；二是用氩作等离子体易于形成稳定的 ICP，所需的高频功率也较低。

在 ICP 光谱技术发展过程中，曾多次探讨用分子气体（氮气、空气、氧气、氩-氮混合气）代替氩气作工作气体。分子气体虽然在较高功率下也能形成等离子体，但点火困难，很难在低功率下形成稳定的等离子体焰炬，所形成的等离子体激发温度也较氩等离子体低。下面讨论其原因。

首先看单原子气体和分子气体的电离所需能量与气体温度的关系。如图 2-2 所示，把气体加热到同样温度，分子气体氮气和氢气所消耗的热能远高于氩气和氦气。可以看出，分子气体形成离子的过程分两步，第一步分子状态的 N_2 受热离解为原子，然后第二步才能进行电离反应：

$$N_2 \rightleftharpoons 2N \rightleftharpoons 2N^+ + 2e^-$$

N_2 分子离解所需能量为 873kJ/mol，电离过程所需的能量为 1402kJ/mol（见表 2-1）。而惰性气体氩以原子态存在，只给予电离能即可。Ar 的电离能为 1509kJ/mol，所需的能量低于分子气体氮气的离解能和电离能之和。

表 2-1 气体的电离能

气　　体	氩	氢	氮	氧	氦
电离能/(kJ/mol)	1509	1304	1402	1314	1523

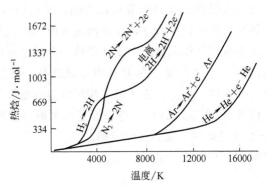

图 2-2　气体热焓与温度的关系

工作气体的电阻率、热容及热导率等物理性质是影响形成稳定等离子体的另一重要原因。从表 2-2 可知，氩的电阻率、热容和热导率都是最低的。低的热导率可降低由于热导散热而造成的能量损失；提高等离子体的热效率，热导率的高低对形成稳定等离子体极为重要。据实验测试表明，当外管气流量为 5L/min、10L/min、15L/min 氩气时，石英炬管热传导分别损耗总能量的 60%、43% 及 20%。由于前述的原因，氩气最易形成稳定的 ICP，如高频电源频率为 4MHz 时，用氩气为工作气体，维持 ICP 的最低功率为 1.5kW；而用氮气时为 28kW，用氢气为 250kW。当然，提高电源频率可以相应降低维持 ICP 所需的功率。图 2-2 中的曲线还显示，用分子气体形成的等离子体，其温度比 Ar-ICP 和 He-ICP 要低。

表 2-2　气体的物理参数

气　体	氩	氦	空气	氮	氧	氢
电阻率/$\Omega \cdot$ cm	2×10^4	5×10^4	10^5	10^5	10^5	5×10^3
比热容/[J/(g・℃)]	0.54	5.23	1.00	1.05	0.92	14.23
热导率/[10^4W/(cm・℃)]	1.77	15.1	2.60	2.61	2.68	18.2

2.3　ICP 的物理特性

2.3.1　ICP 的环形结构及趋肤效应

ICP 光源优良的分析性能与其环形结构和高频感应电流的趋肤

效应有关。观察点燃着的 ICP 光源可以看到,感应圈(负载线圈)中的等离子体呈耀眼的白炽状态,就是涡流区所在的位置。高频感应电流基于磁力线相互作用而使电流在导体中分布是不均匀的,绝大部分电流流经导体的外圈。在 ICP 中也是这样,其趋肤深度是与电流频率的平方根成反比。所谓趋肤深度就是电流值下降至其表面最大电流值的 1/e(36.8%)时距表面层的距离(见图 2-3)。图中 I 及 P 分别代表高频电流和高频功率。

趋肤层深度 S 的计算公式为

$$S = \frac{1}{\sqrt{\pi f \mu \sigma}} \qquad (2\text{-}1)$$

式中,f 为高频电源的频率,Hz;μ 为磁导率,H/cm;对于气体 $\mu = 1$;σ 为气体的电导率,S/cm,是气体压力和温度的函数。

光谱分析光源一般采用 27.12MHz(或 40.08MHz)高频电源,等离子体涡流区最高温度为 10000K,电导率约为 30S/cm,此时趋肤深度 S 约为 0.2cm。从式(2-1)可以看出,频率增高则趋肤层变薄,即环形电流中心孔径增大。因此,较高的电源频率有利于形成等离子体中心进样通道。

ICP 光源的趋肤效应对于光源的分析性能极为重要。

(1)由于趋肤效应所形成的等离子体高温区呈环形,试样气溶胶可以从环形中心进入等离子体。如果高频电流频率偏低或石英炬管直径过细,则等离子体无法形成中心进样通道,试样气溶胶只能从等离子体炬焰的外表层流过(如图 2-4 所示),此时等离子体无中心进样通道,成为泪滴形等离子体,稳定性较差。

(2)由中心通道进样的等离子体光源,试样气溶胶处于 ICP 的高温区域,有利于试样的原子化和谱线激发,可获较高的谱线强度。

(3)试样气溶胶从等离子体中心通道穿过,不会很快地逸散到等离子体外,在等离子体中有较长的停留时间。同时,不会在等离子体外层形成试样原子的冷蒸气层,降低了光源的自吸收,增加标

18

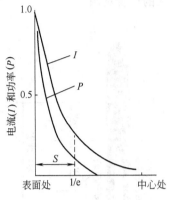

图 2-3 高频电流的趋肤效应

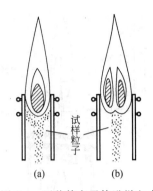

图 2-4 两种等离子体进样方式

（a）泪滴形等离子体；（b）环形等离子体

准曲线的线性动态范围。

（4）中心通道进样类似于间接加热方式。ICP 焰炬像一个圆形的管式电炉一样，中心是受热区和被加热物，周围是加热区。这种加热方式使得加热区组分的变化对受热区的试样影响较小，降低了光源的基体效应。

图 2-4 是高频电源频率对所产生的等离子体进样方式的影响。图 2-4（a）是 5MHz 高频电源所形成的 Ar-ICP，由于形成泪滴状等离子体，试样气溶胶只能从等离子体表面流过。图 2-4（b）是 30MHz 高频电源所形成的等离子体。由于有较强的趋肤效应，形成环形等离子体，可以由中心通道进样。

2.3.2 ICP 温度分布的不均匀性及其分区

ICP 是感应圈内的涡流加热气体形成等离子体焰炬，因而涡流区（又称热环区）有很高的温度，等离子体焰炬由下而上温度逐渐降低，典型的温度分布如图 2-5 所示。其高温区温度高达 10000K，而尾焰则在 5000K 以下。

ICP 焰炬温度分布不均匀性有助于分析条件的选择和优化。可以根据分析元素及分析线的性质选择适宜的分析区，以获得最佳的测试结果。通常把 ICP 焰炬分成三区：预热区（PHZ）、初始辐射区（IRZ）及正常分析区（NAZ），各区的位置见图 2-6。

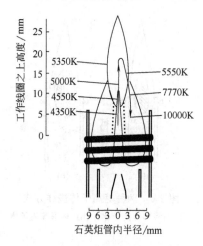

图 2-5 ICP 焰炬的温度分布

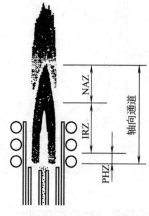

图 2-6 ICP 焰炬的分区
NAZ—正常分析区；IRZ—初始
辐射区；PHZ—预热区

等离子体焰炬的各区温度不同，其功能也不相同。ICP 中心通道的预热区温度较低，试液气溶胶在此区内首先脱水（去溶剂）形成干气溶胶颗粒。干气溶胶向上移动进入高温区，分析物开始分解和原子化，激发发光。此区由于温度很高，发射很强的光谱背景，分析线的信背比不佳，不宜进行取光测定。分析物在中心通道继续向上移动进入正常分析区（又称标准分析区），此区具有适宜的激发温度及较充分的原子化，背景发射光谱强度又较低，取此区的发射光谱进行测定可获良好的信背比和测定灵敏度。一般情况下多用此区进行光谱分析。

为了确定 ICP 焰炬取光区（正常分析区）的位置，可以连续改变炬管上下位置，测量各位置时的分析线强度和背景强度，即可求出最佳信背比相应的观测高度。通常也可以使用更简便的钇焰法确定正常分析区的位置。钇焰法是雾化进样 1000mg/L 的钇溶液，ICP 焰炬呈现鲜明的颜色（见图 2-7）。在炬管口处呈现闪动的红色焰芯，此是 YO 的发射光谱。再往上是呈柳叶形的鲜艳蓝宝石色的焰芯，此即正常分析区，蓝宝石色是钇的离子线的发射光谱。取此区中部位置的发射光谱测量对多数元素有较好的检测灵敏度。再往上是 ICP 尾焰，它呈鲜艳红色，由于温度较低，是 YO 的发射区，分析线强度较低。正常分析区的位置在感应圈上方 10～20mm 处，因炬管结构及放电参数而异。

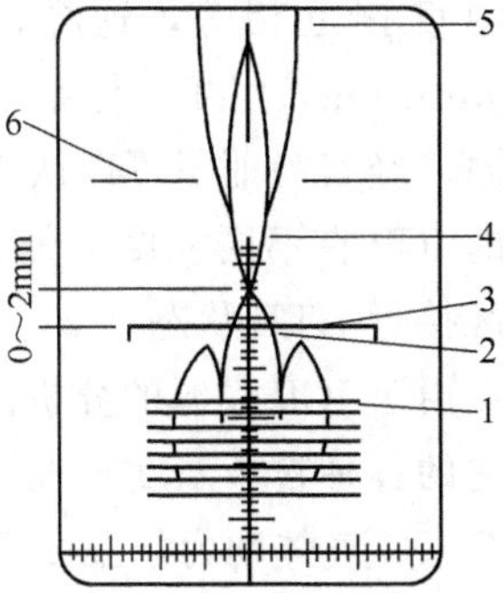

图 2-7　钇焰法确定取光区
1—感应圈；2—红色焰舌；
3—炬管口；4—"蓝宝石"
焰芯；5—尾焰；
6—观测高度

2.3.3　等离子体的温度及其测量

在等离子体中存在有电子、离子、中性原子及分子。但只有带电粒子才能直接在电场中被加速而获得动能。由于电子质量最轻，因而等离子体中的能量传递主要是通过电子进行。电子从高频电磁场中获得动能，再与其他粒子碰撞，将能量传递给其他粒子。通过不断地能量交换，组成等离子体的各种粒子的温度趋于相等，等离子体的这种状态称为热平衡状态（thermal equilibrium），这时组成体系的各种粒子必须满足下述条件：

①　在各种能态下服从 Maxwell 分布律；

②　每种粒子在不同能态之间的相对分布服从 Boltzmann 分布定律；

③　原子、分子的电离遵从 Saha 方程，分子及基团的解离要满足化学平衡理论；

④　辐射密度遵从 Planck 定律。

作为光谱光源的等离子体，因为体积小、气体不断地流动，与外界有大量的能量和质量交换，等离子体各部分有较大的温度梯度，体系不服从 Planck 定律，因而不能认为是处在热平衡状态。但等离子体的某一部分，可满足除 Planck 定律外的其他条件，局部温度接近相等，这样的体系叫做局部热平衡（local thermal equilibrium，LTE）体系。光谱分析用的电弧光源及直流等离子体光源，经实验证明可以认为是处于 LTE 状态。而作为光谱分析光源的 ICP 在不同程度上偏离热力学平衡状态。也有学者认为其热环区接近 LTE 状态。

由于 ICP 光源的分析区不处于 LTE 状态，因而其温度要用组成它的各种粒子温度来表征。光谱分析通常要研究并测量其激发温度 T_{exc}、气体动力学温度 T_g、电子温度 T_e 及电离温度 T_{ion}。

2.3.3.1 激发温度及其测量

激发温度是表征等离子体光源所能激发的原子外层电子在各能级分布状态的参数，是代表光源激发能力的主要参数之一。常用的激发温度 T_{exc} 测量方法为多谱线斜率法及双线法，前者又称为 Boltzmann 图法。

（1）多谱线斜率法　根据 Boltzmann 分布定律，当电子从能级 p→q 跃迁时，产生的辐射强度 I_{pq} 可表达为

$$I_{pq} = N_0 \frac{g_p}{g_0} e^{-\frac{E_p}{kT}} A_{pq} h \nu_{pq} \qquad (2-2)$$

式中，N_0 为分析元素的总原子数；g_0、g_p 为基态和能级 p 的统计权重；E_p 为 p 能级的激发能；k 为 Boltzmann 常数；ν_{pq} 为 p→q 发射谱线的频率；A_{pq} 为自发跃迁概率；h 为普朗克常数。

当用波长 λ 代替频率，并将式（2-2）取对数则得

$$\lg \frac{I\lambda}{gA} = -\frac{5040E_p}{T_{exc}} + C \qquad (2-3)$$

式（2-3）表示 $\lg \frac{I\lambda}{gA}$ 和 E_p 呈线性关系。绘成直线图其斜率为 $-5040/T_{exc}$，由此可计算出 T_{exc}。

常用的测温元素有 Fe、V、Cu、Ti 等，但用得较多的是 Fe 的原子线（Fe Ⅰ）及离子线（Fe Ⅱ）。表 2-3 列出 T_{exc} 测量常用的 Fe Ⅰ 谱线物理参数。图 2-8 和图 2-9 分别为用于测温 Fe Ⅰ 扫描光谱图和 Boltzmann 图。

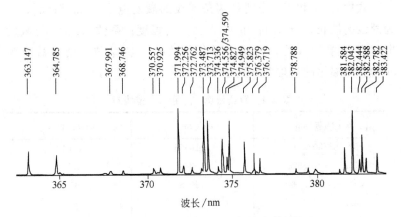

图 2-8　测 T_{exc} 用的 Fe I 扫描光谱图

表 2-3　激发温度测量用 Fe I 谱线物理参数

波长/nm	激发电位/eV	gA	波长/nm	激发电位/eV	gA
388.85	4.85	1.43	373.71	3.37	1.29
388.63	3.24	0.386	373.49	4.18	9.76
385.99	3.21	0.796	371.99	3.33	1.79
382.78	4.85	6.00	368.22	6.91	9.73
382.59	4.15	4.56	365.15	6.15	6.15
382.04	4.10	6.16	361.88	4.42	5.09
381.58	4.73	8.15	360.89	4.45	4.16
376.55	6.53	5.90	360.67	6.13	11.7
374.95	4.22	7.02	360.55	6.17	6.31

（2）双线法测量 T_{exc}

激发温度测量也可用较简单的双线法。用某一元素的两条谱线发射强度按式（2-4）计算 T_{exc}。

$$T_{exc} = \frac{0.6247(E_1 - E_2)}{\lg \dfrac{g_1 A_1}{g_2 A_2} - \lg \dfrac{\lambda_1}{\lambda_2} - \lg \dfrac{I_1}{I_2}}$$

(2-4)

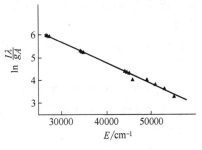

图 2-9　测 T_{exc} 用 Fe I 的
Boltzmann 图

式中，E_1 和 E_2 分别是两条谱线的激发电位，cm^{-1}；λ_1、λ_2 为两线的波长，nm；I_1 和 I_2 为其相对强度；系数 0.6247 与激发电位所用单位有关，如用电子伏特（eV）为单位，则系数应为 5040。测温用的物理参数列于表 2-4。

表 2-4 双线法测 T_{exc} 用 Fe I 谱线对

Fe I 线对/nm	$\Delta E/cm^{-1}$	g_1A_1/g_2A_2
302.403/303.015	−18666	0.012
370.557/370.925	−6934	0.144
381.584/382.444	12035	33.9
382.043/382.444	6956	29.2
382.444/382.588	−7367	0.048

（3）T_{exc} 的空间分布　ICP 光源激发温度空间分布对选择分析条件有指导意义。图 2-10 和图 2-11 是 Fe I 谱线测量 ICP 光源 T_{exc} 的空间分布图。图 2-10 和图 2-11 分别代表了观测高度为 15mm 和 20mm 处的 T_{exc}，a、b、c 分别代表 1.75kW、1.25kW 及 0.75kW 三种不同的高频功率。由图可以看出，在不同观测高度处 T_{exc} 的横向分布不同：较低的观测高处 T_{exc} 分布呈双峰形，中心通道温度低于径向温度。增加观测高度在中心通道的 T_{exc} 出现峰值。产生这种现象的原因是 ICP 环形放电造成的。

由图 2-10 还可看出，T_{exc} 随高频功率的增加而增高。图 2-11 显示，较高观测高度激发温度分布与较低观测高度（15mm）有显著差异。

影响激发温度的因素除高频功率和观测高度外，还有多种条件。

① 石英炬管的结构，炬管直径，中心管孔径等。

② 光谱测定条件显著影响 T_{exc}，如载气流量的增加，会导致 T_{exc} 显著降低。

③ 高频电源的频率也影响 T_{exc} 及其分布，实验表明，电源频率增加可降低 T_{exc}。

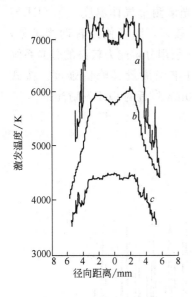 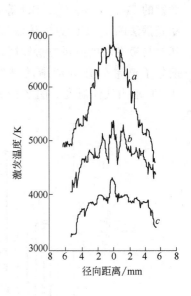

图 2-10　观测高度为 15mm　　　图 2-11　观测高度为 20mm 处
　　　处 T_{exc} 分布　　　　　　　　　的 T_{exc} 分布

高频功率：a—1.75kW；b—1.25kW；　　高频功率：a—1.75kW；b—1.25kW；
　　　　c—0.75kW　　　　　　　　　　　　c—0.75kW

④ 试样组成在一定程度上影响 T_{exc}。进有机溶剂试样时，可降低 T_{exc}。

还应注意，ICP 光源中 T_{exc} 与所用谱线的激发电位有关，即 T_{exc} 是激发电位的函数。

2.3.3.2　气体温度及其测定

等离子体的气体温度，是由中性原子或分子的动能所决定的，有时也叫原子或分子的平动温度。如果粒子的平均速度为 v，质量为 m，气体的温度 T_g 可用下式表示

$$mv^2 = 3kT_g \tag{2-5}$$

式中，k 为玻耳兹曼常数。一般认为，从激发的转动光谱求出的温度，大体上可代表平动温度，即气体温度。例如可用 ICP 中

发射的 OH、CN、C$_2$、BO 等带状光谱测量气体温度。用 OH 转动光谱法测量 ICP 的气体温度应用较多，除了使用转动光谱外，其他与激发温度测量方法相同，但必须用分辨能力较高的分光系统把分子谱带分开为清晰的谱线，并准确测量其峰值强度。按式 (2-5) 求出气体温度。图 2-12 是 310nm 附近的 OH 发射光谱。

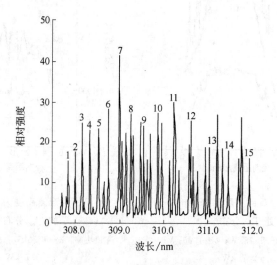

图 2-12　OH 发射光谱

用 OH 基转动光谱法测 T_g 所用的谱线数据列于表 2-5。

表 2-5　T_g 测量用 OH 光谱物理数据

波长/nm	激发电位/eV	gA 值（相对）	波长/nm	激发电位/eV	gA 值（相对）
306.918	4.175	24.8	307.807	4.715	65.3
306.967	4.456	49.1	308.023	4.05	5.7
307.114	4.515	53.2	308.125	4.788	69.3
307.303	4.579	57.2	308.405	4.037	2.7
307.437	4.088	12.8	308.489	4.865	73.4
307.533	4.645	61.3	308.901	4.944	77.4
307.703	4.067	8.9			

除了用 OH 转动光谱法外，用 391.4nm 处的 N$_2^+$ 分子谱带及

323.4nm 处的 O_2 分子谱带也成功地测量 Ar-N$_2$ ICP 和 Ar-O$_2$ ICP 光源的气体温度。

表 2-6 列出用转动光谱法测出的等离子体光源的气体温度值。可以看出，ICP 光源的气体温度显著低于激发温度。还应注意，用发射光谱法测量分子谱带中各谱线强度的准确性受分光仪的分辨率的影响，用中型分光仪器难以获得良好的测量结果。

表 2-6　转动光谱法测量 T_g 的数据

分子谱带	高频电源	工作气体	炬管[①]	气体温度/K
OH	27.12MHz FS10kW	Ar-Ar	G 炬管	3700±150
OH		Ar-O$_2$		4600±600
N$_2^+$		Ar-N$_2$		5500±1000
N$_2^+$		Ar-空气		5300±900
OH	27.12MHz	Ar-Ar	F 炬管	3000~4000
OH	27.12MHz 0.75~1.75kW	Ar-Ar	F 炬管	3760
OH	27.12MHz 1.1kW	Ar-Ar	F 炬管	3253
				3340

① G 炬管为 Greenfild 炬管；F 炬管代表 Fassel 炬管。

2.3.3.3　电离温度及其测量

电离温度（T_{ion}）是表征 ICP 中电离状态的参数，其值可反映光源的电离能力。电离温度越高，光源的电离能力越强，电离电位高的离子谱线则越强。若中性原子与离子通过碰撞达到平衡，则可由 Boltzmann-Saha 方程计算出电离温度 T_{ion}。

$$\frac{I^+}{I^0} = \frac{2g^+ A^+ \lambda^0}{n_e g^0 A^0 \lambda^+} \left(\frac{2\pi m_e kT}{h^2}\right)^{3/2} \exp\left(\frac{E^+ - E^0 - E_{ion} + \Delta E_{ion}}{kT}\right) \quad (2-6)$$

式中，带"+"是离子线有关的数值，带"0"皆为原子线有关的数据；I、g、A、λ、k 意义同式（2-2）、式（2-3）及式（2-5）；m_e 为电子质量；E^+ 及 E^0 分别是离子线和原子线的激发电位；E_{ion} 是该元素的电离电位；$\Delta E_{ion} = 403\text{cm}^{-1}$（$=0.05\text{eV}$）。

当已知电子密度 n_e 及测出元素的一次离子线及原子线强度时，

可用式(2-6)计算出电离温度 T_{ion}。由于分析用 ICP 光源的测光区多不处于局部热平衡状态，故式(2-6)中的"T"不应是同一温度而应引入激发温度 T_{exc} 及电离温度 T_{ion}。

$$\frac{I^+}{I^0} = \frac{2g^+ A^+ \lambda^0}{n_e g^0 A^0 \lambda^+} \left(\frac{2\pi m_e k T_{ion}}{h^2}\right)^{3/2} \exp\left(\frac{-E_{ion} + \Delta E_{ion}}{k T_{ion}}\right) \exp\left(\frac{E_{exc}^+ - E_{exc}^0}{k T_{exc}}\right)$$
(2-7)

将式(2-7)进一步简化为

$$\frac{3}{2} \lg T_{ion} - \frac{5040}{T_{ion}}(E_{ion} - \Delta E_{ion}) + \frac{5040}{T_{exc}}(E_{exc}^+ - E_{exc}^0) + \lg \frac{(gA)^+ \lambda^0}{(gA)^0 \lambda^+} +$$

$$15.684 - \lg n_e - \lg\left(\frac{I^+}{I^0}\right) = 0 \tag{2-8}$$

当已知 n_e 及 T_{exc} 时，可将测出的 I^+ / I^0 值代入式(2-8)计算出 T_{ion}。计算 T_{ion} 所用的几种元素的参数列于表 2-7。

表 2-7　用于 T_{ion} 测量的有关元素参数

元　素	波长/nm	激发电位/eV	电离电位/eV	$gA/10^8 s^{-1}$
Sr	Ⅰ 460.77 Ⅱ 407.77	2.692 3.042	5.692	6.03 5.68
Mg	Ⅰ 285.21 Ⅱ 279.55	4.35 4.43	7.644	14.4 10.4
Cd	Ⅰ 228.80 Ⅱ 226.50	5.42 5.47	8.991	15.9 6.0
Zn	Ⅰ 213.86 Ⅱ 206.19	5.80 6.13	9.391	21.27 13.2
Fe	Ⅰ 252.28 Ⅱ 258.59	4.91 4.79	7.86	29.125 8.009
V	Ⅰ 307.53 Ⅱ 303.38	4.08 5.90	6.74	7.762 13.182

应该注意，和激发温度测量类似，用光谱法测量 T_{ion} 的数值与所用元素的电离电位有关，表 2-8 是用多种元素测量的 ICP 光源 T_{ion} 的数据。所用的光谱仪为顺序扫描型商品 ICP 仪器，高频电源频率为 27.120MHz，功率为 $0.8 \sim 1.3$kW。表 2-8 的数据表明，用 Sr 谱线测量的 T_{ion} 数值最低，而用 Ar 线测量的 T_{ion} 最高。电离电位接近的 Mg 和 Fe 测出的 T_{ion} 相近。故用光谱法测出的 ICP 电离

温度是所用元素电离电位的函数。增加高频功率有利于增高 T_{ion} 及光源的电离能力。

表 2-8　光谱法测量 T_{ion}

元　素	功　率/kW						
	0.7	0.8	0.9	1.0	1.1	1.2	1.3
Sr	6630	6890	7270	7340	7650	7800	8080
Mg	7040	7320	7710	7930	8110	8230	—
Fe	—	7470	7750	7950	8110	8200	
Cd	7030	7190	7450	7660	7800	7920	8090
Zn	7020	7210	7540	7780	7900	8070	
Ar	7490	7660	7920	8090	8200	8290	8480

ICP 光源的电离温度也可用质谱法测定。R. S. Houk 采用 Cd^+/In^+ 及 Zn^+/Gd^+ 离子流信号比测量了高频功率 1.3kW 的 ICP 光源的 T_{ion}，在观测高度为 15mm 处，T_{ion} 分别为 7160K（Cd/In）及 6890K（Zn/Ga），与用 ICP 光谱法测量结果基本相同。不同条件下测量的 T_{ion} 列于表 2-9。

表 2-9　不同条件下光谱法和质谱法测量 T_{ion} 数据

高频功率 /kW	载气流量 /(L/min)	观测高度 /mm	是否去溶剂	T_{ion}/K	
				光谱法	质谱法
1.3	1.2	15	去溶	7210(Cd)[①] 6810(Zn)	7160(Cd/In) 6890(Zn/Ga)
1.4	1.15	14	去溶		6600(Sb/In) 6600(As/Ga)
1.4	0.95	10	去溶		7100(Sb/In) 6670(As/Ga)
1.0	0.65	9.5	去溶 不去溶		6200(Cs/I) 6900(Cs/I)
1.1			不去溶		7250(Cs/I)
1.2	0.88	15	去溶	7500(Cd)	
1.2	0.90	20	不去溶	7530(Zn)	
1.2	1.3	20	不去溶	6850(Cd) 6600(Zn)	
1.25	0.9	16	不去溶	7450(Cd)	
1.00	0.4	14	不去溶	约 7800(V)	

① 括号内为测 T_{ion} 用元素。

2.3.3.4 电子温度及其测量

如已知电子密度 n_e 值，根据 Saha 方程式、Dolton 定律及电荷中性假设（$n_e^+ = n^+$），可以推导出 Ar-ICP 在局部热平衡条件下的计算电子温度 T_e 的关系式

$$\frac{1}{2}\lg T_e - \frac{79430}{T_e} + (38.328 - \lg n_e^2) = 0 \qquad (2-9)$$

梁造等用此式计算了 ICP 光源中当 n_e 为 $(0.6 \sim 3.4) \times 10^{15} \text{cm}^{-3}$ 范围内对应的电子温度 T_e 为 $7400 \sim 8400$K。研究表明，高频功率、载气流量和观测高度对电子温度有很显著影响。图 2-13 是载气流量为 1.0L/min 时高频功率与电子温度的关系。可以看出，当高频功率由 0.7kW 逐渐增加至 1.3kW 时，电子温度同步增高，且低观测高度处有较高的电子温度。

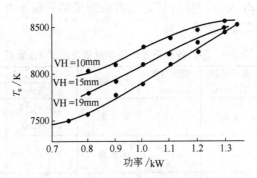

图 2-13　高频功率与电子温度的关系
VH—观测高度

图 2-14 是载气流量与电子温度的关系。可以看出，载气流量增加导致电子温度急剧降低，但功率超过 1.1kW 后变化趋缓。

图 2-15 是观测高度为 4mm 处电子温度的径向分布。

因为式(2-9) 是在热力学平衡条件下推导出来的，对于偏离 LTE 状态的分析用 ICP 光源，其计算结果是近似的。比较准确的方法是激光光源 Thomson 散射法。它依据的是 Thomson 散射强度与 $\Delta\lambda^2$ 成比例，其关系式为

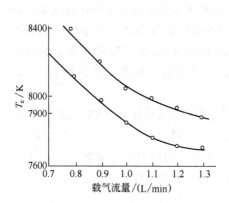

图 2-14　载气流量与电子温度的关系

观测高度—15mm；上线—1.0kW

功率；下线—0.8kW 功率

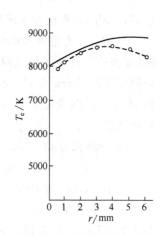

图 2-15　ICP 光源中电子

温度的径向分布

观测高度—4mm；--- 实验

值；——理论值

$$\ln I(\lambda) = C - \frac{m_e c^2}{8k T_e \sin^2(\theta/2)\lambda_0^2}(\Delta\lambda)^2 \qquad (2\text{-}10)$$

式中，$\Delta\lambda$ 是入射激光波长 λ_0 的散射光的位移值；C 是与散射系统有关的常数；m_e 为电子质量；c 是光速；k 是 Boltzmann 常数；θ 为激光入射方向与观测方向的夹角。式(2-10) 中的 T_e 值可用 $\ln I(\lambda)$ 与 $(\Delta\lambda)^2$ 的直线图斜率求出。

2.3.3.5　电子密度 n_e

等离子体与普通气体的主要不同在于它是电的导体，有大量的电子和离子，而电子又在等离子体光源的激发和电离中起关键作用，电场将电子加速，而电子又将从电场得到的动能传递给离子和原子，使等离子体达到较高的温度。因此电子密度 n_e 是等离子体光源有代表性的参数。电子密度是指单位体积中（通常 cm^{-3}）的电子数目。电子密度的大小表征气体电离度高低，对 ICP 光源的分析性能有重要影响。电子密度的测量方法有 Saha 方程法、Stark 变宽法及Thomson 散射法。由于多数学者认为分析等离子体并不处于 LTE

状态，Saha 方程法较少应用，应用最多的是 Stark 变宽法。

电场引起光谱项及谱线分裂并使强度中心频移的物理现象称为 Stark 效应。等离子体光源是处在强电磁场中高速运动的带电粒子导致谱线的 Stark 变宽。由于氢光谱的 Stark 变宽值较大，故而多用 H_β 或 H_α 线变宽值计算等离子体的电子密度，也有用 He 光谱线变宽法。

H_β 的波长为 486.1nm，用 H_β 线半宽度计算电子数密度的公式为

$$n_e = C(n_e, T) \Delta \lambda_S^{\frac{3}{2}} \qquad (2-11)$$

式中，$C(n_e, T)$ 是与电子密度及温度有关的系数，但对于分析用 ICP 中变化不大；$\Delta \lambda_S$ 是 Stark 变宽的半宽度值。与温度和 n_e 有关的 $C(n_e, T)$ 见表 2-10。

表 2-10　H_β 486.1nm 的 $C(n_e, T)$ 值

T/K	n_e/cm^{-1}		
	10^{14}	10^{15}	10^{16}
5000	3.84×10^{14}	3.68×10^{14}	3.44×10^{14}
10000	3.80×10^{14}	3.58×10^{14}	3.30×10^{14}
20000	3.72×10^{14}	3.55×10^{14}	3.21×10^{14}

图 2-16 是 H_β 486.1nm 的光谱图。由光谱扫描所得到的 H_β 半宽度不是真正的 Stark 宽度，而是与 Doppler 变宽、仪器变宽叠加在一起，故准确测量 Stark 变宽值应扣除后两项变宽值。也有学者认为忽略了 H_β 的 Doppler 变宽值测定 n_e 的误差也只有 4%。另一种观点认为必须校正 Doppler 变宽及 Lorentz 变宽的贡献。由于 $C(n_e, T)$ 不够准确，变宽值的校正也不完全有效，n_e 的准确度不大可能优于 20%～30%。

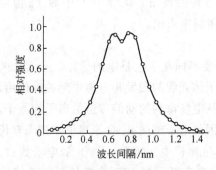

图 2-16　H_β 486.1nm 谱线形状

（电源频率 27.1MHz；载气流量 0.7L/min；观测高度 10mm）

进水溶液和二甲苯溶液样品的电子密度的径向分布如图 2-17 所示，进二甲苯溶液样品的电子密度显著低于进水溶液样品的。

不同观测高度处 Ar-ICP 中电子密度的轴向分布如图 2-18 所示。在观测高度约 12mm 处电子密度呈现最大值，这一高度恰是标准分析区的位置。

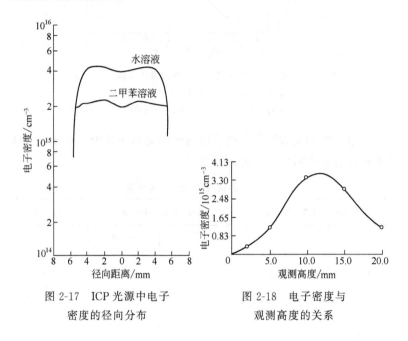

图 2-17　ICP 光源中电子
密度的径向分布

图 2-18　电子密度与
观测高度的关系

图 2-19 是用 Stark 变宽法测定 n_e 时载气流量与电子密度的关系。在载气流量由 0.5L/min 升至 0.9L/min 时，电子密度逐渐降低。

有代表性的 ICP 光源中的电子密度值列于表 2-11，用不同方法测量的 Ar-ICP 电子密度值在 $0.5 \times 10^{15} \sim 2.3 \times 10^{15}/cm^{-3}$ 之间。

2.3.3.6　阿贝尔变换

测定发射光源谱线强度时，所观测到的强度值是沿所观测方向的积分值。由于 ICP 光源各部分温度相差很大，所测得的积分温度与真实的光源温度空间分布相差也较大。为了研究光源中温度的

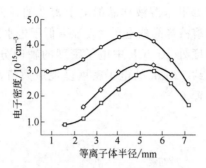

图 2-19　电子密度与载气流量的关系

○—0.5L/min；◇—0.7L/min；□—0.9L/min

观测高度 10mm；高频电源 27.1MHz

空间分布，可采用数学变换把强度的横向分布转换为径向分布，这种变换通常采用阿贝尔（Abel）变换。

表 2-11　不同条件下测出的电子密度

高频功率/kW	载气流量/(L/min)	观测高度/mm	是否去溶剂	$n_e/10^{15}\,cm^{-3}$
1.3	1.2	15	去溶剂	1.57
1.4	1.15	14	去溶剂	0.5
1.4	0.95	10	去溶剂	0.8
1.2	0.88	15	去溶剂	2.0
1.2	0.90	20	不去溶剂	2.3
1.2	1.3	20	不去溶剂	0.64
1.25	0.9	12	不去溶剂	1.3
		16	不去溶剂	1.0
0.8~1.3	1.0	19	不去溶剂	0.6~3.4

假定等离子体是轴对称的圆柱体，其横断面如图 2-20 所示，是半径为 r_0 的圆形，在半径为 r 处的单位体积的发射强度以 $\varepsilon(r)$ 表示，则离圆心为 y 的位置上观测到的横向强度 $I(y)$ 可表达为

$$I(y) = 2\int_0^{(r_0^2-y^2)^{1/2}} \varepsilon(r)\mathrm{d}x \tag{2-12}$$

由图 2-20 可以看出，$x^2 = r^2 - y^2$，代入式(2-12)，可得

34

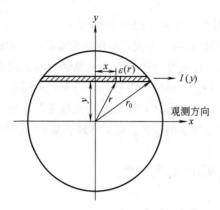

图 2-20　Abel 变换的原理

$$I(y) = 2 \int_{y}^{r_0} \frac{\varepsilon(r)r}{(r^2 - y^2)^{1/2}} \mathrm{d}r \qquad (2\text{-}13)$$

Abel 变换的目的是欲把测得的横向强度分布 $I(y)$ 转换成径向强度分布 $\varepsilon(r)$。由于 $I'(y) = \mathrm{d}I(y)/\mathrm{d}y$，可得

$$\varepsilon(r) = -\frac{1}{\pi} \int_{r}^{r_0} \frac{I'(y)}{(y^2 - r^2)^{1/2}} \mathrm{d}y \qquad (2\text{-}14)$$

要计算出 $\varepsilon(r)$ 值，需先测出各个 y 值位置时的 $I(y)$ 值，再把这些数据处理并求出 $I(y)$ 的函数式，然后将该函数微分，得出像式 (2-14) 的方程，再积分即可求出 $\varepsilon(r)$。这一计算过程可用计算机完成，也可近似地由手工计算来完成。

图 2-21 是 ICP 光源直接测出的横向强度分布和经 Abel 变换的径向强度分布的比较。可以看出 Abel 变换的效果是明显的，特

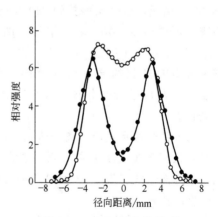

图 2-21　经 Abel 变换前后
ICP 光源强度分布
—○— 变换前，横向强度分布；
—●— 变换后，径向强度分布

35

别在中心通道附近，变换后强度差别很大。

为了进行有效的 Abel 变换，应保持光源有良好的轴对称，否则给出的径向分布缺乏代表性。影响 ICP 光源轴对称的因素有多种，如构成炬管的三个石英管（外管、中管、中心管）不同心，或者炬管与感应线圈不同心。检验光源轴对称的方法比较简单，通入较高浓度盐试样，使 ICP 火焰显明显的颜色，可清楚地观察光源的对称性。

2.4 ICP 光源的光谱特性

2.4.1 分析物的原子发射光谱

ICP 光源中原子发射光谱有两个特点，一是光谱由许多谱线构成，谱图比较复杂，特别是过渡元素、镧系元素和锕系元素；二是离子谱线比较灵敏，强度较高。

由于 ICP 光源有很高的激发温度和较强的电离能力，可以将原子和离子激发到各高能态，产生多条原子谱线和离子谱线，构成较为复杂的原子及离子光谱图。Wohlers 等编制的常用谱线表约有15000 条谱线，后来又增扩到 24000 条谱线。在 ICP 光源中 1% 的铬溶液可观察到 4000 多条铬线。图 2-22 是水及 1mg/L 的 W、Co、U、Fe、V 的 ICP 光谱图。图 2-23 是煤油中钒的 ICP-AES谱图和 ICP 光源的原子荧光谱图（HCL-ICP-AFS）。可以清楚地看出，和原子荧光相比，ICP 光源所激发 V 的原子光谱是很复杂的。

与电弧光源和直流等离子体光源相比，ICP 光源有丰富的离子谱线，且其谱线强度也高于原子谱线，故 ICP 光谱分析常用的灵敏线多为离子线。表 2-12 列出几种发射光谱光源中原子线和离子线强度的比较。

从表 2-12 可以看出，同其他发射光谱光源相比，ICP 光源中镁的离子线强度远高于原子线。但应注意，并非所有元素都是这样，碱金属及某些非金属元素（如 Si、P、B 等）的原子线强度较高。

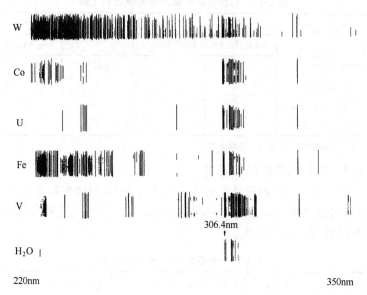

图 2-22　水及 1mg/L 的 W、Co、U、Fe、V 的 ICP 光谱

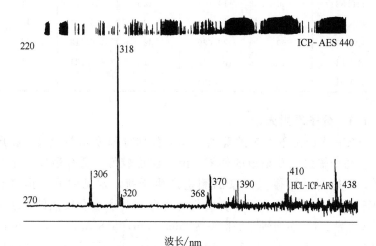

波长/nm

图 2-23　煤油中钒的 ICP-AES 光谱及 HCL-ICP-AFS 光谱

表 2-12　几种光源中镁线相对强度的比较

光　源	电离态及波长/nm			
	Mg Ⅱ 279.65	Mg Ⅱ 280.27	Mg Ⅰ 285.21	Mg Ⅰ 383.83
NBS(1)铜电弧	2	1.2	12	1
MIT(2)电弧	0.5	0.5	1	1
MIT(2)火花	1.5	1.5	0.5	1
AL① ICP 光源	80	42	8	1

① 美国阿莫斯（Ames）实验室数据。

2.4.2　工作气体的发射光谱

作为工作气体的氩气发射线信背比大于 10 的谱线列于表2-13。要注意它们对稀土元素测定的光谱干扰。如用氮气作工作气体还会有较强的 N_2^+ 分子光谱。

表 2-13　较强的 Ar Ⅰ 发射线波长

波长/mm	线背比	波长/mm	线背比	波长/mm	线背比
415.859	＞50	433.356	38	394.898	27
419.832	50	419.103	32	451.074	21
420.068	50	419.071	32	355.431	18
425.936	50	426.629	32	416.418	17
427.213	43	404.442	31	433.534	11
430.010	40	418.188	28		

2.4.3　分子发射光谱

ICP 光源是不均匀的等离子体，各部分温度相差较大。在尾焰、初始辐射区及焰炬的外围，由于温度较低，适合激发分子光谱，可能对某些微量元素的测定产生干扰，常见的分子谱带有 OH、NO、N_2^+、NH。在有机化合物存在时还会有较强的 CN 带及 C_2 带。C_2 分子带的带头为 563.5nm，558.5nm，554.0nm，516.5nm，512.9nm，473.7nm，471.5nm 及 469.7nm。CN 带的带头为 421.6nm，412.7nm，388.3nm，358.6nm。OH 分子带主要分布在 306.0～324.5nm 波段，可能对微量铝的测定产生干扰。

万家亮等研究了 OH 带及对多种元素的干扰情况。图 2-24 为 ICP
光源中某些分子谱带的发射图。

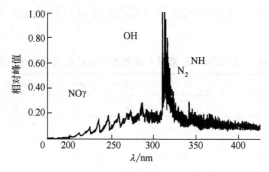

图 2-24　ICP 光源中的分子发射光谱

　　当试液含有高含量稀土元素时，可以产生较强的稀土单氧化物
的发射谱带，如 YO 的发射带头在 597.2nm。

　　OH 等分子谱带在光源中的强度分布与分析物原子发射的谱线
不同。OH 306.7nm，CN 359.0nm，NH 366.0nm 及 N_2 337.1nm
的横向强度分布在中心通道无峰值，而 V 367.02nm，Ca
396.85nm 及 Ar 425.9nm 均有中心对称的峰值。出现这种差别的
原因是因焰炬的周围温度较低，有较强的分子发射，并且它们的形
成与空气组分有关。C_2 438.2nm 也是中心通道进样，故在中心出
现峰值。

2.4.4　连续背景发射光谱

　　虽然 ICP 光源的观测区的光谱背景发射较碳电弧光源低，但
仍有明显的背景光谱叠加在元素光谱上，必须扣除光谱背景，否则
标准曲线不通过原点。ICP 光源的背景光谱主要特点是由远紫外到
近红外波段发射强度逐渐增加，其发射强度的绝对值见表 2-14。
表中 Ar-ICP 背景发射强度是在不进样条件下测量的。所用高频电
源频率 27.12MHz，1250W；等离子体气 12.0L/min。条件 A 辅
助氩气流量 0.53L/min，雾化气（Ar）流量 0.88L/min，观测高
度 14.0～16.0mm，有 25mm 长的炬管冷却延伸管；而条件 B 的

辅助气流量是 0.7L/min（Ar 气），无雾化气及延伸管，观测高度是 3.0～5.0mm。可以看出，条件 B 获得的光谱有较强的背景发射。实验显示，增加载气流量及观测高度可以降低光谱连续背景发射强度。

表 2-14　Ar-ICP 光源辐射连续光谱的绝对强度与波长的关系

λ/nm	$I_λ$/光子·s^{-1}·mm^{-2}·Sr^{-1}·nm^{-1}	
	条件 A	条件 B
192.5	—	$0.28×10^{12}$　±30%
195	—	0.29　±25%
197.5	$0.023×10^{12}$　±30%	—
200	0.025	0.48
205	0.039	0.74
210	0.049	0.84
220	0.070	1.31
230	0.093	1.80
240	0.129	2.3
250	0.183	3.0
260	0.25	4.0
280	0.34	5.2
300	0.49	6.7
325	0.65	8.1
350	0.88	9.8
375	1.02	10.8
400	1.19	12.0
425.4	1.39	13.7
450	1.52	14.2
473.0	1.49	13.9
499.6	1.35	13.5
527.0	1.15	12.0
551.5	1.10	11.3
576.0	1.11	10.4
598.0	1.31	11.3

　　产生连续光谱背景的因素有黑体辐射、轫致辐射及复合辐射三种。高浓度碱土元素和其他元素也能产生较强的散射光，叠加到连续光谱背景上。

（1）黑体辐射　黑体辐射是由炽热物质发出的连续光谱辐射。普朗克在1900年，最早从辐射能量的不连续性假设，推导出黑体辐射公式。辐射能 E_λ 与黑体温度及辐射波长有关

$$E_\lambda = \frac{2\pi c^2 h \lambda^{-5}}{e^{hc/(\lambda kT)} - 1} \tag{2-15}$$

式中，c 为光速；λ 为辐射波长，μm；T 为黑体温度，K；h 为普朗克常数；k 为玻耳兹曼常数。

在某一温度下黑体辐射的最强波长值为

$$\lambda_m = \frac{hc}{4.9650kT} \tag{2-16}$$

例如，当 $T = 2000K$ 时，$\lambda_m = 1.45\mu m$；当 $T = 6000K$ 时，$\lambda_m = 0.483\mu m$。

随着温度的升高，辐射最强的波长向短波方向移动。在 ICP 光源中，一般温度在 5000～8000K 范围内，其辐射峰值在紫光及紫外区域。

（2）韧致辐射　韧致辐射（bremsstrahlung）是电磁辐射的一种，泛指带电粒子在库仑场中碰撞时发出的一种辐射。例如高速电子在库仑场中与其他粒子发生碰撞而突然减速，其损失的能量以辐射形式发出而形成韧致辐射。韧致辐射为连续谱。

（3）复合辐射　自由电子可以被离子俘获。离子俘获电子成为低电荷的离子或中性原子，电子在此过程中失去的能量，以辐射形式释放出来，就形成复合辐射。由于自由电子具有连续的速度分布，所以复合后释放的能量，便形成连续光谱。

复合辐射强度随电子密度的升高而急剧增强，其强度值为

$$I = Kn_e^2 T^{-1/2} \tag{2-17}$$

式中，n_e 为电子密度；T 为光源温度；K 为常数。

在 ICP 光源中，涡流区温度高，电子密度大，故产生很强的光谱背景。当温度从 10000K 降低到 8000K 时，背景强度将降低到原来的 1%。再降低到 7000K 时，背景强度将降低到原来的 0.1%。图 2-25 是黑体辐射和韧致辐射的波长分布图。一般认为在

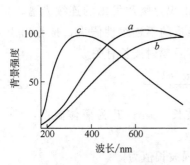

图 2-25　ICP 的背景光谱

a—观测值；b—由韧致辐射产生的连续光谱（计算值）；c—8250K 时黑体辐射的计算值

高温等离子体中，其辐射波长较短，复合辐射和黑体辐射起主要作用，而韧致辐射在长波波段影响较大。

（4）高浓度基体元素产生的连续背景辐射　众所周知，试液中含有高浓度碱土元素 Ca、Mg 及 Al 等元素时会产生很强的连续背景。郑建国等实验观测到不仅碱土元素，过渡元素也可产生连续波长背景（见表 2-15），并讨论了产生背景的机制。

表 2-15　实验观测的连续辐射波长范围

基 体 元 素	连续辐射波长范围/nm
Al	197～216,227～231
Mg	210～232,267～269,245～263,290～293
Ca	190～206,258～268,290～293
Ni	223～224
Fe	196.5～198.5,208～210
Cr	187～203,207～211,226～230

2.5　ICP 光源的激发机理

ICP 光源研究初期，曾把大气压力放电的 ICP 光源看做是热力学平衡体系来处理。后来随着实验数据的积累，提出了一系列在 ICP 光源中存在的非热力学过程。实验表明，在分析用的 ICP 光源中没有统一温度，ICP 的电子温度 T_e、气体温度 T_g、电离温度 T_{ion} 及激发温度 T_{exc} 均不相同，且普遍存在以下关系

$$T_e > T_{ion} > T_{exc} > T_g \qquad (2-18)$$

$$T_{exc} = f(E_{exc}) \tag{2-19}$$

$$T_{ion} = f(E_{ion}) \tag{2-20}$$

式(2-19)及式(2-20)分别表示 T_{exc} 和 T_{ion} 是谱线的激发电位和元素电离电位的函数。而在热力学平衡等离子体或局部热力学平衡等离子体（LTE）各种温度应该是接近相等的。实验表明 ICP 光源中离子谱线强度很高，远高于按局部热力学平衡状态下的计算值。表 2-16 是 ICP 光源中离子线和中性原子线强度的比较。

表 2-16 ICP 光源中离子线和中性原子线强度的比较

元　素	波长/nm		离子线和原子线的强度比		
	离子线	原子线	实测值	计算值	实测/计算
Ba	455.4	553.5	560	1.5	380
La	408.7	521.2	380	1.6	240
V	309.3	437.9	11	0.17	65
Mn	257.6	403.1	13	0.24	55
Mg	279.5	285.2	11	0.035	310
Pd	248.9	361.0	0.27	0.00014	1900
Cd	226.5	228.8	0.87	0.029	30
Be	313.1	234.9	0.94	0.0029	320

从表 2-16 数据可以看出，多数元素离子线强度普遍比原子线强度大十数倍至数百倍，且实验测定值比按局部热力学平衡的计算值大数十倍至数百倍。这些现象吸引研究者去探讨 ICP 光源的电离机理和激发机理，并提出多种激发机理的模型。下面简要介绍其要点。

2.5.1 Penning 电离反应模型

在 1920～1930 年，Penning 研究稀有气体放电时，发现 Ar I 有两个亚稳态，其激发电位分别是 11.55eV 和 11.76eV，见图 2-26。亚稳态是指不能自发地发出辐射而返回基态或低能态的激发态能级，

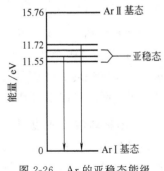

图 2-26 Ar 的亚稳态能级

但它可以通过与其他粒子发生碰撞，把能量转移给其他粒子，使其他粒子激发或电离。所谓 Penning 电离效应就是处于亚稳态的 Ar 原子（通常以 Ar^m 表示）以其高的激发能（11.55eV 和 11.76eV）使分析物原子电离及激发

$$Ar^m + X \longrightarrow Ar + X^+ + e^- \tag{2-21}$$

$$Ar^m + X \longrightarrow Ar + X^{+*} + e^- \tag{2-22}$$

式中，X^+ 代表分析物的离子；X^{+*} 代表分析物离子的激发态；e^- 代表电子。

Penning 电离反应机理解释了分析物离子在 Ar-ICP 光源中有较高的布居，但其前提是分析物原子的电离能和激发能之和不应超过 Ar^m 的激发能，即不超过 11.76eV。为了解释在 ICP 光源出现的更高能的离子谱线，就要引入高能电子的激发过程，即先由 Ar^m 将分析物原子电离，再由高能电子碰撞激发

$$Ar^m + X \longrightarrow Ar + X^+ + e^- \tag{2-23}$$

$$X^+ + e^- \longrightarrow X^{+*} + e^- \tag{2-24}$$

较高能态的原子的激发过程也可以用 Ar^m 的直接激发来解释

$$Ar^m + X \longrightarrow Ar + X^* \tag{2-25}$$

分析物离子 X^+ 也可以与两个电子的复合，即通称的三体复合反应

$$X^+ + 2e^- \longrightarrow X^* + e^- \tag{2-26}$$

有学者认为 Ar-ICP 光源中的高的电子密度和低的电离干扰是与下述反应有关

$$Ar^m + e^- \longrightarrow Ar^+ + 2e^- \tag{2-27}$$

即 Ar^m "被电离"了并产生更多的电子。用原子吸收测量给出了 Ar-ICP 光源中 Ar^m 密度达 $10^{17} \sim 10^{20}\,cm^{-3}$，但后来发现这一数据偏高了，实际绝对 Ar^m 值仅为 $2 \times 10^{11}\,cm^{-3}$，因而把 Ar^m 看成是在 ICP 光源中起主要作用的 Penning 电离模型受到质疑。

2.5.2　电荷转移反应模型

电荷转移反应模型认为 Ar-ICP 光源中，电离和激发反应起主要作用的是 Ar^+，其电离电位是 15.76eV，具有足够的能量使分析

物原子电离并激发，其反应为

$$Ar^+ + X \longrightarrow Ar + X^+ + \delta E \tag{2-28}$$

$$Ar^+ + X \longrightarrow Ar + X^{+*} \tag{2-29}$$

即 Ar^+ 把能量转移给分析物原子 X，使其电离或激发。可以看出，分析物原子 X 的电离电位或电离电位和激发电位之和应接近 Ar 的电离电位 15.76eV，也确实观测到某些元素的离子线强度异常偏高，其激发能与电离电位之和也接近 Ar^+ 的电离电位，如 Mg Ⅱ 279.81nm，其电离电位与激发电位总和为 16.5eV。

电荷转移反应模型的主要缺点是忽略了分析物离子同中性氩原子的电荷转移反应，即上述反应的逆反应

$$Ar + X^+ \longrightarrow Ar^+ + X \tag{2-30}$$

在 Ar-ICP 光源中基态 Ar 的密度高达 $10^{18}\,cm^{-3}$ 数量级，如此高的 Ar 密度与分析物原子或离子碰撞，可能使分析物离子密度降低，并使 ICP 可能接近局部热力学平衡。

2.5.3 复合等离子体模型

ICP 光源的涡流区具有环形结构，即高频感应产生的涡流区呈环路，具有很高的温度和电子密度，而中心通道温度较低，电子和离子从环形高温区流向中心通道的低温区。而在 ICP 的正常分析区的位置（观测高度 10～20mm 处），电子密度相对于该区的温度偏高，则发生离子和电子的复合反应，这一区域称为复合等离子体（recombining plasma）区。在这一区域由于复合反应，使处于 14～15eV 的高能的中性 Ar 原子过剩，因而激发态的 Ar^* 就比 Ar^m 具有更高的能量，可使分析物原子激发和电离，发出较强的离子线

$$Ar^* + X \longrightarrow Ar + X^{+*} + e^- \tag{2-31}$$

$$X^{+*} \longrightarrow X^+ + h\nu（离子谱线） \tag{2-32}$$

然后 X^+ 再进行复合反应发射原子线

$$X^+ + e^- + e^- \longrightarrow X^* + e^- \tag{2-33}$$

$$X^* \longrightarrow X + h\nu（原子线） \tag{2-34}$$

式中，X^* 和 X^{+*} 分别是分析物原子和离子的激发态；Ar 及

Ar* 代表基态和激发态的氩原子；h 为普朗克常数；ν 为发射的原子线或离子线的频率。

2.5.4 双极扩散模型

ICP 光源中谱线强度径向分布的观测表明，多数元素的谱线强度分布呈双峰形，即中心强度较低而径向 2~4mm 处强度较大。以此为依据提出双极扩散效应（ambipolar diffusion）。该模型认为电子质量小，扩散速度比离子快，在通道边沿首先建立起空间电荷而形成电场，因而使离子加速、电子减速。即相当于电子"拖动"分析物离子一起向外扩散，致使中心通道离子布居减少。为了补偿这种减少，中心通道的原子进一步电离，从而使中心通道原子布居也减低。但这一解析不能说明，电子在何种推动力作用下由低密度区向高密度区扩散。双极扩散的另一解释为：在热环区的电子和离子成双成对地扩散到观测区并形成离子流。按照这一模型计算结果与观察结果基本一致：热环区温度为 8000K，观测区温度为约 5000K，靠近管壁温度约为 3000K，电子密度为 $10^{15}\sim10^{16}\,cm^{-3}$。

2.5.5 辐射俘获模型

"辐射俘获"是指分析通道中分析物粒子吸收周围的 Ar* 发射的光子流而处于激发态发光的过程。如前所述，ICP 光源分析通道温度较低，一般为 4000~6500K，其电子密度 n_e 及 Ar* 的密度 n_{Ar^*} 均较小；而 ICP 的热环区（环形涡流区）温度高达 10000K 以上，这一温度会产生较多的 Ar*，并辐射强的光子流，使中心通道中 Ar 及分析物原子或离子激发。辐射俘获模型可解释 ICP 光源中心通道温度不太高但具有较高的激发能力。

2.5.6 分析物的电离和激发过程

在众多电离和激发模型中，多数只能部分解释 ICP 光源的激发和电离现象，尚无实验验证又能圆满地解释所有 ICP 光源特征的模型。出现这种情况的原因是由于影响 ICP 光源中激发过程和电离过程的因素较多，炬管结构、气体流量、高频功率等均有影响。并且作为 ICP 光谱分析的光源功率低，体积小，表面积大，环流加热，与外界有大量热能、辐射能及物质交换。因此其激发机理必然相当复杂，不能用单一因素来解释。等离子体的不同区域，温度与电子密度均不相同，其电离和激发过程并不相同。有学者认为 ICP 光源的环流区是处于局部热力学平衡状态。实验现象观察表明：采用大孔径中心管，低的气体流量，可改善等离子体内的能量传递等有助于获得接近 LTE 的等离子体。也有人认为 ICP 光源中温度梯度很大，它导致等离子体内部每平方厘米有几十瓦的热流，高的热流量显示 ICP 光源的非热平衡特性。

考虑到各种 ICP 光源激发模型的电离和激发机理，可以认为 ICP 光源中分析物电离和激发与下述过程有关（表 2-17）。

表 2-17　分析物电离和激发过程

机　　　　理	反　应　过　程
潘宁电离	$M + Ar^m \longrightarrow M^{+*} + e^- + Ar$
	$M + Ar^m \longrightarrow M^+ + Ar + e^-$
电子碰撞电离	$M + e^- \longrightarrow M^{+*} + 2e^-$
	$M + e^- \longrightarrow M^+ + 2e^-$
电子碰撞激发	$M + e^- \longrightarrow M^* + e^-$
	$M + e^- \longrightarrow M^{+*} + e^-$
辐射离子电子复合	$M^+ + e^- \longrightarrow M^+ + h\nu$
三体离子电子复合	$M^+ + 2e^- \longrightarrow M^* + e^-$
	$M^+ + e^- + Ar \longrightarrow M^* + Ar$
电子转移反应	$M + Ar^+ \longrightarrow M^{+*} + Ar$
粒子的高能 Ar 碰撞激发	$M + Ar^m + e^- \longrightarrow M^* + Ar + e^-$
	$M^+ + Ar^m + Ar \longrightarrow M^* + 2Ar$
	$M^+ + Ar^m \longrightarrow M^{+*} + Ar + h\nu$
	$M^+ + Ar^m + e^- \longrightarrow M^{+*} + Ar + e^-$
	$M^+ + Ar^m + Ar \longrightarrow M^{+*} + 2Ar$
光子激发	$M + h\nu \longrightarrow M^*$

参　考　文　献

[1]　辛仁轩 . 等离子体发射光谱分析 . 北京：化学工业出版社，2005.

[2] 辛仁轩. 等离子体发射光谱分析. 第 2 版. 北京：化学工业出版社，2010.

[3] Boumans P W J M. Inductively Coupled Plasma Emission Spectroscopy . Part I New York：John Wiley and Sons Inc，1987：237.

[4] Houk R S，Yan Zhai. Spectrochimica Acta，2001，56B（7）：1055.

[5] 郑建国，张展霞，钱浩雯. 光谱学与光谱分析，1991，11（1）：38.

[6] 应海，杨凡原，王小如等. 分析化学，1997，25（8）：869.

[7] 唐吟秋. 光谱学与光谱分析，1991，11（1）：49.

[8] Montaser A，Golightly D W. Inductivly Coupled Plasma in analytical atomic Spctrometry. 2end. York：VCH，1992.

[9] 陈新坤. 电感耦合等离子体光谱分析法原理和应用. 天津：南开大学出版社，1987.

[10] MONTASER A，Goligttly D W. 编著. 感偶等离子体光谱分析. 陈隆懋等译. 北京：人民卫生出版社，1992.

[11] 辛仁轩，唐亚平. 分析试验室，2002，21（6）：71.

[12] 辛仁轩，王建晨. 分析化学，2005，33（2）：251.

第3章　ICP光谱仪器

自1975年第一台商品ICP光谱仪诞生以来，仪器不断地改进和创新，目前已有三类ICP光谱仪在使用。第一类是由多色仪和光电倍增管构成的多通道ICP光谱仪，它可以同时进行多元素分析。第二类是由单色器和光电倍增管构成的顺序扫描型ICP光谱仪。第三类是20世纪90年代快速发展起来的由中阶梯光栅分光系统和固体检测器构成的全谱直读ICP光谱仪。还有少数介于这三种类型之间的仪器，如多色仪和固体检测器组合的ICP光谱仪或扫描单色器和固体检测器组合的ICP光谱仪。上述ICP光谱仪主要由两大部分组成，即ICP发生器和光谱仪。ICP发生器包括高频电源，进样装置及等离子体炬管。光源仪包括分光器，检测器及相关的电子数据系统。ICP光谱仪的组成如图3-1所示。它的辅助装置是稳压电源及供气系统。

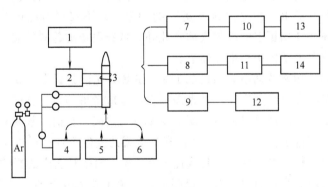

图3-1　ICP光谱装置的原理

1—高频电源；2—耦合器；3—炬管；4—溶液样品；5—粉末样品；

6—固体样品；7—多色仪；8—单色仪；9—摄谱仪；

10,11—积分；12—测光；13,14—计算

3.1 高频发生器

3.1.1 高频发生器的技术要求

高频发生器又称高频电源或等离子体电源。在 ICP 光谱分析技术发展初期,多采用高频电热设备或塑料热合机改装成等离子体电源。改装后的电源频率和功率也不相同,一般频率从 1.5~50MHz,功率从 1~10kW 不等。其性能也有很大差别。经过约 20 年实践和研究,已明确并统一了对高频发生器的要求。

(1) 高频功率应高于 1.4kW 这里所说的高频功率是指输出到等离子体的功率,经常称为正向功率(forward power)。反射功率低于 10W(reflected power)。一般来说,当电源频率为 27.12MHz 或 40.68MHz 时,功率低至 300~500W 仍能维持 ICP 火焰的稳定。但欲获得良好的分析性能,高频发生器的功率应高于 800W。当分析水溶液样品时,通常采用 800~1200W 的正向功率。分析有机溶剂时功率应增加至 1350~1500W。

(2) 高频发生器的振荡频率应为 27.120MHz 或 40.68MHz 这是由分析性能和电波管理制度两者决定的。如果采用更低的频率维持稳定的 ICP 放电必须有更高的功率,这不仅要消耗更多的电能,还要耗用更多的冷却气体。此外,低频电源的趋肤效应弱,不易形成等离子体中心进样通道。

(3) 功率波动不应超过 0.1% 在 ICP 光谱分析中,高频功率显著影响分析线强度和背景光谱强度,是应考虑的主要分析条件之一。功率的波动最终将增加测量误差及检出限。目前多数高频发生器的功率稳定性可达到 0.1%,某些类型的发生器可达到 0.01%。

(4) 频率稳定性应达到或优于 0.1% 频率对测定的影响要比功率的影响小,但也应有一定要求,以免干扰无线电通信。此外,频率的波动也将引起高频趋肤深度的变化,频率增加会导致趋肤深度的降低。

(5) 电磁场泄漏辐射强度应符合工业卫生防护的要求 按我国

《环境电磁波卫生标准》（国标 GB 9175—88），频率 3～30MHz 时一级安全区的电磁波容许强度应小于 10V/m，30～300MHz 频率范围内容许强度小于 5V/m。目前 ICP 电源的电磁辐射场远低于此标准。

目前有两种电路可以满足上述技术要求：自激等离子体高频电源和它激式高频电源。自激式电路和它激式电路是根据供给等离子体能量的那一级的电路性质来分类的。在自激式电路中等离子体的能量是由 LC 大功率自激振荡器直接获得的，通常只有一级，高频振荡是靠输出的一部分正反馈到本级输入端而形成的，因此它的工作频率只取决于本级电路参数。等离子体就是振荡器的负载，负载（等离子体）阻抗的变化会改变振荡器和负载的匹配状态，从而引起输出功率和频率的变化。而在它激式电路中，等离子所需的功率来自于大功率高频放大器。放大器的高频振荡由前一级，叫做激励级供给，激励级的振荡频率由石英晶体振荡器决定，与负载（等离子体）无关。由此可见，本级输入的能量是通过正反馈自激励抑或通过外激励，是两种电路形式的根本区别，它们的流程分别为

自激式电路　电源——→自激振荡器——→ICP 形成

他激式电路　石英晶体振荡器——→电压及功率放大——→ICP 形成

3.1.2　自激振荡器原理

用作 ICP 光源的自激振荡器是由 L-C 振荡回路和正反馈电子管放大器组成。在 ICP 光源中应用的 L-C 自激振荡器是由一个电容（C）和一个电感（L）组成的并联回路（见图 3-2）。当有外加电源时，回路内将产生振荡信号，回路能量交替地储存在电容和电感上。回路的振荡频率 f 和组成回路的电感和电容的关系为

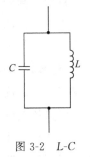

$$f = \frac{1}{2\pi\sqrt{LC}} \qquad (3\text{-}1)$$

图 3-2　L-C 振荡回路

显然，单独一个 L-C 振荡回路是无法维持等

幅振荡并输出功率的，因为回路的能量要逐渐消耗在电阻上，振幅会逐渐降低，振荡最终会停止。为了维持等幅振荡并有一定的功率输出，需要有功率放大器，把 L-C 振荡回路的信号反馈一部分，供给放大器的栅极，经功率放大后再输出给 L-C 回路。这样，L-C 回路不断地从放大器取得能量，除反馈一部分外，大部分能量用电感耦合方式供给等离子体，从而维持稳定的等幅振荡和功率输出。

图 3-3 为带有正反馈的自激振荡器原理图。从原理上讲，它是一个工作于丙类状态的功率放大器，和一个 L-C 并联回路构成。其反馈方法有两种，电容反馈〔见图 3-3(a)〕及电感反馈方式〔见图 3-3(b)〕。

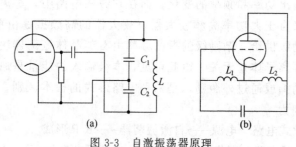

图 3-3　自激振荡器原理

（a）电容反馈型振荡器；（b）电感反馈型振荡器

3.1.3　自激式等离子体电源线路

自激式高频等离子体电源线路有多种，图 3-4 是江苏天瑞仪器公司生产的商品光谱仪 ICP2000 型采用的自激式高频电源的主要线路。线路的核心部分是一个大功率电子管放大器和由电容 C_3、C_5 及电感 L_a 构成的振荡回路。电子管放大器工作于丙类状态以得到较高效率。反馈电压由电感 CH_4 上取得并接到电子管的栅极上。振荡回路的电感线圈 L_a 同时也是负载线圈，该线圈与等离子体相耦合，把高频能量耦合到等离子体上。线圈中的其他部分主要为供给电子管放大器的直流高压电源。外电源为两相电源，经变压器升

52

值高压，再经全波整流及 T 型滤波器（由电感 CH_1、L_2 和电容 C_4 组成），最后得到所需的直流高压电源。由电表 I_a、I_g 及 V_a 分别指示阳极电流、栅极电流及阳极高压（具体位置见图 3-5）。由这几个参数可以观察振荡器的工作状态。发生器的效率约为 50%，频率 40.68MHz，输出功率为 800～1200W。

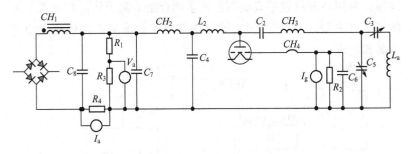

图 3-4　ICP2000 自激式射频电源电路图

由于这种简单自激式电源输出功率稳定性不能满足 ICP 发射光谱分析的要求，故需要采取功率反馈改进输出功率的稳定性。

① 经过 LC 匹配电路使振荡功率通过 50Ω 同轴电缆输出到负载匹配电路，再调节负载匹配电容，使输出功率最大地加到等离子炬上。在 50Ω 同轴电缆传输线上装有定向耦合器，耦合出功率信号，经检波后加到控制电路放大器的输入端，实现功率自动控制。电路原理图如图 3-5。

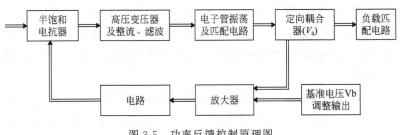

图 3-5　功率反馈控制原理图

② 高频供电之前通过稳压电源稳压之后再送到仪器上，确保了电源的稳定性。

ICP 光源所用的高频电源输出稳定高频功率。图 3-6 是另一种高频发生器的稳流电路原理图。外电源先经变压器调压升压，然后经过整流，滤波得到稳定的直流高压电源，送至 40.68MHz 的振荡器。高频功率通过感应线圈把能量耦合给等离子体，加热工作气体形成 ICP 焰。由 STAGE1 等电路组成恒流电路，达到输出稳定的高频电流。

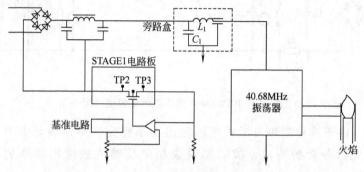

图 3-6　带稳流装置的自激高频等离子体电源

高频振荡器的频率稳定性也很重要，首先频率增加使等离子体的趋肤深度减薄，等离子体中的相对较冷的中心通道和围绕的热环区的体积之比增加了。实验表明，50MHz 的信背比（SBR）比 27.120MHz 的要高。频率对检出限的影响取决于所测元素及谱线，但对离子线的影响最为显著，其影响机理比较复杂。使用较高频率的高频电源需要对其频带严格控制。如频率为 40.68MHz 时允许频率宽度偏差为 ±0.05%。因此要求对自激振荡高频电源设置频率控制线路。自激振荡器的频率控制原理如图 3-7 所示。

从图 3-7 可以看出，自激振荡器的频率控制原理与功率控制原理类似。首先从振荡器取出信号与一个标准频率信号进行比较，当两个信号不同时，将信号差经过低通滤波器和功率放大器产生一个

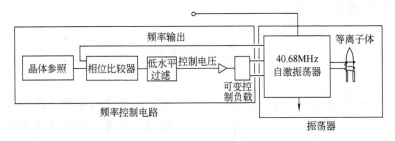

图 3-7　自激振荡器频率控制原理

控制信号调整可变控制负载,将自激振荡器的频率调回到 40.68MHz±0.05% 以内。

3.1.4　他激振荡器

他激振荡器又称石英晶体控制振荡器,是 ICP 光源常用的一类高稳定度的高频电源。它的频率稳定是基于用石英晶体作振源。

首先介绍石英晶体振荡器。它是利用一定尺寸和规格的石英晶体构成,在晶片上镀上金属膜作为电极,利用石英晶体的压电效应,构成一个正弦波振荡器。石英晶体是按一定方位角切制的正方形或长方形薄片,当在晶片上加上一个电场,晶片就会发生机械振动;相反,在晶片上加上一个机械力又会在相应方向上产生电场。这种现象称为石英晶体的压电效应。若在晶片上下电极金属板上施加交流电压,就会产生相应的机械形变,也就是产生机械振动。通常情况下,这种形变的振幅很小,只有在外加交流电压为某一特定频率时,振幅才会突然增加。这种现象称为压电谐振,这一频率就称为晶体的谐振频率,它和晶体的尺寸有关。

可以用一个等效电路来表示石英晶体的谐振效应(见图 3-8)。图中 C_0 为金属板构成的静电容,L、C 为压电谐振的等效参数,R 为振动时摩擦耗损的等效电阻。

图 3-8 是一个并联谐振电路,它的谐振频

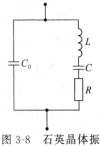

图 3-8　石英晶体振荡器的等效电路

率 f_r 可由下式表示

$$f_r = \cfrac{1}{2\pi\sqrt{L\cfrac{CC_0}{C+C_0}}} \qquad (3\text{-}2)$$

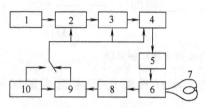

图 3-9 他激等离子体电源框图

1—石英振荡器（6.78MHz）；2——次
倍频（13.56MHz）；3—二次倍频
（27.12MHz）；4—放大器；
5—功率放大器；6—耦合器；
7—感应圈；8—输出功率计；
9—负反馈放大器；10—电源

用石英晶体振荡器构成的高频等离子体发生器的方框图见图 3-9。线路中用一个频率为 6.78MHz 的石英晶体振荡器作为振源，经两次倍频以及两级功率放大得到 27.12MHz、2.5kW 的输出信号。再经过一个耦合器与负载（等离子体）相匹配。

图 3-9 所构成的发生器电源具有下述性能：

振荡频率　27.12MHz；

频率稳定性　优于 0.005%；

输出功率　最大 2.5kW，连续可调；

输出功率稳定性　优于 0.01%；

反射功率　小于 10W。

如果选用其他频率的晶体，经过倍频后也可得到输出频率为 40.68MHz 的高频电源。

国内关于他激式 ICP 电源的研制也有报道。

3.1.5　高频电流的传输

与普通的直流电路和工频交流电路不同，一段数厘米长的导线，它不仅有不可忽略的电阻，而且有很大的感抗和容抗，在回路中不能忽视它的存在。而在直流电路和工频电路中其影响经常可以忽略不计。因此，在 ICP 光谱装置中高频电源和负载（等离子体）

之间的距离愈近愈好，目前许多光谱仪均采用一体化结构，把高频电源和等离子体炬管装在一起，以降低传输引起的高频损耗，如图3-10(a) 所示。但功率较大的高频电源需要独立放置，或者为了某些特殊需要，高频电源和光谱仪要有一定距离，在电路中要有一个匹配器［见图3-10(b)］。

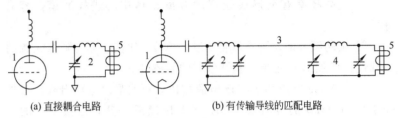

(a) 直接耦合电路   (b) 有传输导线的匹配电路

图 3-10　等离子体电源和负载的匹配电路原理

1—功率管；2—调谐电路；3—传输线；4—匹配电路；5—等离子体负载

高频电源和负载之间的匹配状态会影响电能的传输效率，两者电抗相等时其功率传输效率最高。故在图 3-10 的电路中，均有由可调电容和电感组成的调谐电路和匹配电路。其功能是调节可变电容使负载与高频电源之间阻抗相匹配，以保持等离子体获得足够的功率，维持等离子体稳定运行。当负载变化时（如由水溶液样品改为有机溶剂）负载阻抗会发生明显变化，此时需要改变调谐电路中可变电容，使负载与电路重新处于良好的匹配状态，否则等离子体得不到足够能量将熄灭。

3.1.6　ICP 光源中振荡频率的影响

目前多数 ICP 光源的频率是 27.12MHz 及 40.68MHz，这是由分析性能和国家电波管制规范所决定的。在早期曾使用和研究过多种频率的 ICP 光源：1.6MHz，3.4MHz，4.8MHz，5.4MHz，7MHz，9.2MHz，30MHz，36MHz，40MHz，50MHz。试验表明，27～40MHz 具有较好的分析性能和操作性能。下面具体说明频率的影响。

① 较高的频率可降低维持放电所需的功率：5MHz 时需 5～6kW；9MHz 即降低至 3kW；21MHz 一般仅用约 1.5kW；60MHz

时需 0.8～1.0kW。

② 功率降低也可节省大量工作气体氩气。因为冷却气消耗量减少了。降低功率及增加频率有助于改善 ICP 光谱分析的经济性。

③ 振荡频率的变化影响激发温度和电子密度。一般认为，提高振荡频率将降低激发温度和电子密度。

④ 较高频率有助形成较宽的等离子体中心进样通道，容易进样。

⑤ 振荡频率的增加将降低 MgⅡ/MgⅠ比值，亦即降低光源的稳健性，增加 ICP 光源对基体效应的敏感性。

⑥ 40MHz 电源和 5MHz 电源相比，可明显改进检出限，参见表 3-1。56MHz 的检出限比 27.12MHz 略好一些，但检出限的微小差异并不明显影响检出能力。

表 3-1　电源频率对检出限的影响

元素及分析线 /nm	检出限/(ng/mL)		元素及分析线 /nm	检出限/(ng/mL)	
	5MHz	40MHz		5MHz	40MHz
Al 396.15	30	0.5	P 253.56	5000	160
B 249.77	30	10	Ti 334.90	2	0.25
Mg 279.55	0.05	0.03	W 400.88	100	2.5

⑦ 56MHz 电源较 27MHz 电源有较高的信背比。其信背比改进程度因元素及分析线而异。如在去离子水溶液中，Cu327.396nm 分析线改进的倍数是 8 (56MHz/27MHz 光源)，而 B 208.893nm 仅为 1.7 倍，Ni 231.604 为 3.5 倍。对有机溶剂样品 (二甲苯中油样) 则有相反的效果，V 311.071nm 的改进倍数为 0.8。

⑧ 电源频率对测量精度没有显著影响。27MHz 和 56MHz 的电源测量空白溶液的相对标准偏差相同。

3.2　ICP 炬管

ICP 光源由高频电源和 ICP 炬管构成，而炬管的结构和特性对分析性能有更大的影响，是 ICP 光谱装置的核心构件。

3.2.1 通用 ICP 炬管

材料物理学家为拉制氧化锆单晶体需要，首先设计了由三个同心石英管组成的等离子体炬管。光谱学家 Greenfild 和 Fassel 参照 Reed 的炬管分别设计了两种用作光谱分析的炬管，通常称为 Fassel 炬管和 Greenfild 炬管，它们的具体形状见图 3-11。

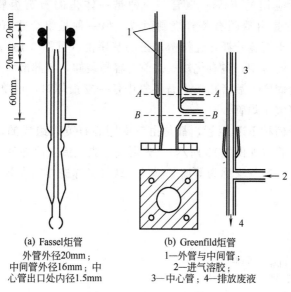

(a) Fassel炬管
外管外径20mm；
中间管外径16mm；中
心管出口处内径1.5mm

(b) Greenfild炬管
1—外管与中间管；
2—进气溶胶；
3—中心管；4—排放废液

图 3-11   通用 ICP 炬管

上述两种炬管都成功地用于光谱分析，并有相近的检出限，但其结构和使用条件仍有显著差别。

① Fassel 炬管的外管外径为 20mm，外管内径为 18mm。而 Greenfild 炬管直径较大，一般为 22～28mm。

② Fassel 炬管中心管孔径 1.0～1.5mm，而 Greenfild 炬管中心管直径为 (2.0±0.1)mm。

③ Fassel 炬管运行功率为 0.8～1.6kW，而 Greenfild 炬管需在较高功率下运行，一般为 1.4～4.0kW。

④ Fassel 炬管用 10～18L/min 氩气冷却，而 Greenfild 则可用 20～70L/min 氮气冷却，辅助气和进样雾化气仍用氩气。

⑤ Greenfild 炬管所形成的等离子体有较强的稳健性，可允许在高含量试液运行，进样管混入空气也不会熄灭等离子体。

Fassel 炬管因其节省气体和电能而被广泛采用，Greenfild 炬管只在少数 ICP 光谱仪上被采用。

实际应用的 Fassel 炬管，一种是一体化的石英炬管（见图 3-12），它是由透明石英管烧制而成；另一种是组合式石英炬管，它是将三支石英管插在经精密加工的基座上（见图 3-13）。两种炬管均有广泛应用，各有优缺点。前者容易装卸，各部尺寸及相对位置均精密固定。后者在三支石英管中任一支损坏时，可单独更换，不会报废整个炬管。

不论何种 ICP 炬管，都是由三支同心石英管组成的，也都有三个进气管（如图 3-12 所示），分别进三股气流：冷却气、辅助气及载气。冷却气又称为等离子体气。载气又称进样气或雾化气，它

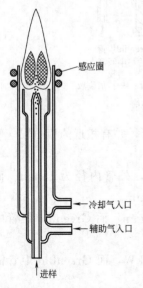

感应圈

冷却气入口

辅助气入口

进样

图 3-12 一体化石英炬管

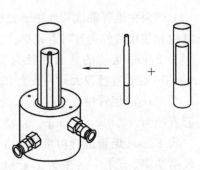

图 3-13 组合式石英炬管

把试液雾化并把气溶胶送入 ICP 光源。

3.2.2　炬管结构及等离子体的稳定性

　　理想的 ICP 炬管应该易点燃，节省工作气体及炬焰稳定。通用 ICP 炬管不足之处是耗气量大，降低冷却气流量又易烧毁炬管。为了降低工作气耗量必须保持高频输入功率和等离子体消耗能量之间平衡，ICP 炬焰才能稳定。等离子体输入功率为高频正向功率，一般为 1kW 左右。输出能量有多项：冷却气流和气流带走的能量；热辐射和光辐射散失的能量；试样和溶剂蒸发、汽化和激发消耗的能量；炬管壁以传导及辐射损失的能量。当这些消耗的能量总和小于输入能量时，等离子体将熄灭。而输入过大时将烧毁等离子体炬管。对于每一支石英炬管都有其相应的稳定曲线，标明等离子体稳定的范围。图 3-14 是直径 22mm 的 ICP 炬管的等离子体稳定曲线。可以看出，冷却气流量（外管气流）过低时炬管很易烧熔（石英管熔化）。

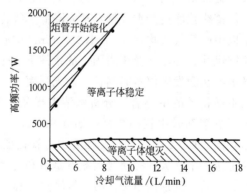

图 3-14　等离子体稳定曲线

　　影响等离子体稳定的重要因素是冷却气流量 F_p，对于 40MHz、1.2kW 的等离子体，稳定工作的冷却气流量应使其通过外管和中间管的环隙时的流速低于 Ar 的临界流速，在上述条件下 (40MHz、1.2kW) Ar 的临界流速约为 3.3m/s（温度 293K 时）。

$$F_p > S_p v_c \qquad (3-3)$$

式中，F_p 为冷却气量；S_p 为外管与中间管间环隙面积；v_c 是冷却气的流速。考虑到等离子体的温度远高于室温，则上式改为

$$F_p > S_p v_c \frac{T}{293} \tag{3-4}$$

式中，T 为等离子体气体温度。

式(3-4)说明，减少外管与中间管间的环隙面积 S_p 可节省冷却气用量。S_p 是炬管的重要参数，何志壮将中间管外径与外管内径的比值称为炬管的结构因子。实验结果表明，结构因子 0.93 较为适宜，当结构因子达 0.98 时，气流速度达 9.9m/s，炬焰不稳，气流啸声大，超过临界流速气体形成紊流。

等离子体外管气流对于形成稳定焰炬起关键作用，其他两股气流对于 ICP 光谱分析也具有主要作用。特别是中心管气流（进样载气）对 ICP 中心通道温度和光谱激发，因而对谱线强度和背景强度影响很大，提高载气流量 ICP 中心通道温度显著降低，光谱背景也降低，但谱线强度更严重降低，从而降低了线背比，严重降低灵敏度，所以中心管气流均在 0.5～1.0L/min。中心管孔径尺寸也是炬管的关键尺寸，在流量及压力固定的条件下，孔径大载气流速低，试样气溶胶在激发区停留时间长，发光强度大。在分析各类样品时要选用不同孔径的中心管，分析水溶液样品一般用 1.0mm 中心管，分析有机溶剂时用较小孔径，如 0.8mm，各种型号的光谱仪配置不尽相同，如 JY 公司的标配炬管中心管孔径是 3mm，在影响焰炬的稳定条件下，大孔径对光谱激发是有利的。中间管气流量有两个作用，一是帮助形成 ICP，第二是保护中心管顶端不被烧熔，在炬管与高频感应圈相对位置合理的情况下，点火后中心管气流可关掉而不影响测定。

3.2.3 低气流炬管

低气流炬管是适度提高结构因子并改进局部构造来节省冷却气的石英炬管。Lowe 提出用和水平成 15°角的切向进气管可节省氩气并获得稳定的等离子体焰。Allemand 等对 ICP 放电模型和炬管

结构进行详尽的研究和计算，试验了2种外管、5种中间管、3种内管的结构和性能，认为设计炬管应遵从下列原则。

① 等离子体应维持较长路径，以延长试样气溶胶的受热过程，用切向旋转气流比轴向流动气流更能有效地延长炬焰中点燃的等离子体寿命；

② 旋转气流在炬管中会形成中心低压区，增强电离能力，有利于点燃等离子体并形成环状结构；

③ 点燃期间产生的轨迹必须是环形，以形成导电气体的闭合回路。

为获得上述性能，对炬管结构设计进行下列改进：

① 为了节省氩气及利于点燃等离子体，采用切向进气的渐缩式小喷嘴（又称 Genna 喷嘴），渐缩形喷嘴可以提高冷却气的流速，而切向进气由于离心力作用可以在炬管中心产生低气压区，增加电子的自由行程，易于点燃；

② 为了减少气体阻力，把中间管由杯形改为喇叭形。

提高结构因子，即增加中间管外径，减少外管和中间管之间的缝隙，提高热屏蔽效果。

依据上述原则，何志壮等设计的低气流炬管见图 3-15。

图 3-15 的低气流炬管采用切向进气和 Genna 喷嘴、喇叭形中间管及较大结构因子，使冷却气流旋转加快，热屏蔽效果更好，冷却气消耗量显著降低。可节省气体用量20％～30％，而信背比和检出限与普通炬管基本相同。表 3-2 是低气流炬管及常规炬管最佳工作条件的比较。

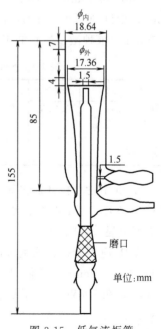

图 3-15　低气流炬管

表 3-2　低气流炬管及常规炬管的最佳工作条件

炬管	点 火 参 数			氩气流量/(L/min)			观测高度 /mm
	阳极电压 V_a/kV	阳极电流 I_a/A	栅极电流 I_g/mA	冷却气	辅助气	载气	
通用炬管	4.0	0.65	140	11～13	0	0.60	11
低气流炬管	4.0	0.67	110	6～8	0	0.85	15

3.2.4　微型炬管

改进炬管的另一个方向是降低炬管尺寸来节省氩气。按照电感耦合等离子体的环形放电模型，等离子体的体积约 $49mm^3$，通常情况下 ICP 的功率密度为 $11.7W/mm^3$，相应地维持等离子体需要 570W 功率。如将炬管直径缩小，则可降低维持 ICP 稳定所必需的功率，因而降低工作气体消耗。这是微型炬管设计的基本考虑。

微型炬管外形同通用炬管相似，但尺寸相应地缩小。炬管内径有 9mm，10.6mm，11mm 几种。9mm 炬管外径为 11mm，内径 9mm；中间管外径 8mm，内径 5mm；中心管外径 2mm，内径 0.75mm，该种微型炬管的工作条件列于表 3-3。

表 3-3　ϕ 9mm ICP 炬管工作条件

参　　数	点燃条件	工作条件	参　　数	点燃条件	工作条件
高频功率	1.0kW	500W	载气	—	0.75
氩气流量/(L/min)			试样进样量/(mL/min)	—	1.2
冷却气	9.8	6.4	观测高度/mm	15.5	15.5
辅助气	0.42	—			

9mm 炬管分析性能测试表明，其检出限与通用炬管相近。当试液中 PO_4^{3-}：Ca 的摩尔比为 50：1 时，PO_4^{3-} 对 Ca I 422.7nm 谱线强度有显著影响。

ARL 应用研究实验室曾设计名为 Minitorch™ 的微型炬管，炬管外径 12.5mm、内径 10.6mm，中间管外径 10mm、内径 1.5mm，在 700W 功率下运行。冷却气 11.5L/min(Ar)，辅助气 0.8L/min(Ar)，载气 0.6L/min(Ar)，其检出限和背景等效浓度接近通用炬管（见表 3-4）。该型炬管的短期精密度（$n=8$）为

1.2%，长期精密度（4h）为 1.7%。2.5% NaCl 溶液中 9 种元素的回收率在 ±5% 内，PO_4^{3-} 的化学干扰也较小。

表 3-4　ARL 微型炬管检出限

元　　素	波长/nm	检出限 /(mg/L)	背景等效浓度 /(mg/L)
Al	308.215	0.04	2.7
Cr	267.716	0.006	0.45
Cu	324.754	0.006	0.37
Fe	259.940	0.009	0.33
Pb	220.353	0.1	4.1
Mg	279.553	0.0007	0.013
Mo	281.615	0.01	0.72
Ni	221.647	0.03	0.92
Ag	328.068	0.006	0.35
Ti	336.121	0.008	0.37

李师鹊等人设计的 11mm 微型炬管可在 8.4L/min 冷却气条件下工作。

3.2.5　水冷炬管

在炬管外加水冷套构成水冷炬管，冷却水流量为 2L/min，冷却气（Ar）降低至 1L/min，辅助气 0.6L/min。炬管由石英吹制，其检出限显著高于通用炬管（见表 3-5）。

表 3-5　水冷炬管检出限　　　　　单位：mg/L

元素及分析线/nm	水冷炬管	通用炬管	元素及分析线/nm	水冷炬管	通用炬管
AlⅠ309.2	2.3	0.002	MgⅡ279.6	0.015	0.0007
BaⅡ455.5	0.03	0.0001	MnⅡ257.6	0.08	0.0007
CaⅡ393.3	0.009	0.00007	TiⅠ334.2	0.14	0.003
CaⅠ324.8	0.25	0.001	UⅠ386.0	8.0	0.03
FeⅡ408.7	1.0	0.005			

3.2.6　层流炬管

Vendt 认为通用的涡流稳定对光谱发射信号的稳定是不必要

的。Horlick 发现，炬管的旋转气流和切向进气是 ICP 发射噪声的主要来源之一。为了消除光源发射的噪声源，Davies 等设计了一种不用涡流稳定的层流炬管。层流炬管的进气管（冷却气及辅助气）均垂直于炬管主体。层流和紊流的界限是在炬管环形区气体的雷诺数 Re 小于 2300。层流炬管在冷却气流量为 13L/min 时 Re 值为 650，炬管的结构因子为 0.95。实验表明，用层流炬管时，ICP 光源的背景噪声值显著低于通用旋转气流炬管，检出限也优于通用炬管。层流炬管的结构较复杂是限制其使用的原因之一。为了形成稳定的层流，要在管口添加导流通道。

3.2.7 分子气体的应用

使用廉价的分子气体作为冷却气是节省氩气的一个方便途径。常用的分子气体是氮气和空气，也试验过氧气。Greenfild 炬管是较早使用氮气的炬管，但它仍需用较大量 Ar 辅助气，实际上并不能节省 Ar 气消耗量。Montaser 等人研究了不同功率下用 N_2 作冷却气时 ICP 分析性能，实现了在 1100W 正向功率下等离子体稳定工作，但其检出限要较氩 ICP 光源差，具体数据见表 3-6。

表 3-6　氩 ICP 及氩/氮 ICP 检出限　　单位：$\mu g/mL$

元素和分析线波长 /nm	Ar-ICP		Ar-5% N_2-ICP		Ar-100% N_2-ICP				IX	X
	I	II	III	IV	V	VI	VII	VIII		
Cr II 205.5	1.4	1.6	2.8	4	100	5.6	18	6	110	6
Cr II 267.7	0.7	1.7	0.4	3.2	19	7	3	4	50	7
Cr II 283.5	0.3	0.6	0.2	2.2	10	0.6	0.3	0.9	8.2	7
Cr I 357.8	1.9	10.0	5	39	0.4	31	26	81	4.1	23
Co II 228.6	0.7	1.0	1.3	3.2	39	5.3	3.0	3.0	29	7
Co II 237.8	0.9	2	1.2	5.4	58	4.3	4.9	3.6	45	10
Co I 345.3	3.7	15	4	62	2.6	10	21	22	6.6	…
Mo II 277.4	1.4	4.8	2.2	17	31	4.7	4.0	4.9	61	25
Mo I 386.4	3.7	37	6	160	0.5	9.7	50	24	7.8	…
Ni II 231.6	1.1	4	1.6	4.3	162	28	6	14	150	15

元素和分析线波长/nm	Ar-ICP		Ar-5% N₂-ICP		Ar-100% N₂-ICP				IX	X
	I	II	III	IV	V	VI	VII	VIII		
Ni I 341.4	3.2	15	3	53	2.2	8	7.5	15	3.6	48
Ni I 351.5	3.4	17	6	75	1.8	27	57	59	5.8	45
Tl II 190.8	4.0	14	21	20	1320	102	62	73	1000	40
Tl I 377.5	17	8.0	40	354	4.0	138	293	327	18	230
Pb II 220.3	12	12	13	22	1825	134	114	68	3320	70
Cd II 226.5	0.8	1.0	0.9	1.7	50	3	3	2.2	93	3
Zn I 213.8	0.4	0.9	1.3	1.4	18	9.1	7.0	1.7	21	2
V II 292.4	0.5	2.3	0.4	6.2	1.5	4.0	7.0	6	5	7
As I 193.7	7.0	15	17	34	356	76	72	54	339	53
Se I 196.0	4.0	13	22	21	370	106	49	80	462	75
高频功率/W	1000	2000	1000	2000	1000	2000	2500	3000	1700	1100
观测高度/mm	15	15	10	10	10	10	10	10	20	15
冷却气流量/(L/min)	15	20	15	15	15	20	40	43	17.5	20
载气流量/(L/min)	1，Ar	1，Ar	1，Ar	1，Ar	2，Ar	2，Ar	2，Ar	2，Ar	1，N₂	1，Ar

何志壮采用自激高频发生器 1.2kW 功率条件下实现 N₂ 冷却 ICP 光谱分析。冷却气氮气 5～7L/min，辅助气 Ar 气 2.5mL/min，载气 Ar 气 1.0L/min。实验表明，以离子线作检测线的元素，N₂ 冷却 ICP 比 Ar 冷却 ICP 差，而对于以原子谱线作分析线的另一些元素，N₂ 冷却 ICP 比 Ar 冷却 ICP 好。

用压缩空气冷却小功率 ICP 光源也是成功的。与 Ar-ICP 光源相比，空气冷却 ICP 光源测定碱金属、碱土金属的检出限相近，但由于 NO 分子谱带的存在，使波长短于 280nm 的谱线受到干扰。用不同比例的氮气、氧气、空气和氩气混合，组成 N₂-Ar、O₂-Ar、空气-Ar 混合物用于冷却 ICP 光源。研究表明，在 1.15kW 高频功率时，氩气中混入 5%～10% 空气后谱线强度大于纯 Ar-ICP 光源。在 Ar 气中混入 10% N₂ 气作冷却气也具有较强的发射谱线强度。空气等离子体曾被成功地用于室内气体中金属气溶胶的连续实时检测。

3.2.8　炬管延伸管

在 Ar-ICP 光源中，除了发射连续背景光谱和线状光谱外，还有一些分子谱带发射。如在小于 200nm 处的 O_2 分子谱带，$200 \sim 250nm$ 的 NO 分子谱带，$300 \sim 320nm$ 的 OH 谱带，$380 \sim 390nm$ 的 CN 谱带。这些谱带多为大气中分子扩散进入 ICP 焰中而形成的，或者与氩气中杂质或试样成分反应形成的。可以用加长炬管或在炬管上套一延伸管，把大气与等离子体炬焰隔离开，能够显著降低这些分子谱线造成的光谱背景，而对分析线强度则影响不大。图 3-16 为加长炬管和炬管延伸管示意图。加延伸管后有利于分析线处在分子谱带区的元素的检测（见表 3-7）。

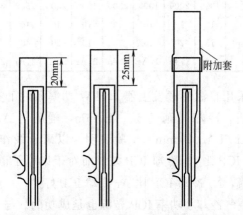

(a) 标准炬管　(b) 加长炬管　(c) 加炬管延伸管的炬管

图 3-16　加长炬管及其延伸管

表 3-7　分子谱带区的元素分析线

元　素	波长/nm	分子谱带	元　素	波长/nm	分子谱带
As	189.04	O_2	Al	309.27	OH
Cu	224.70	NO	V	310.23	OH
W	224.88	NO	U	385.96	CN

3.3 进样装置

ICP 光谱仪器进样系统是把液体试样雾化成气溶胶导入 ICP 光源的装置，通常由雾化器和雾室及相应的供气管路组成。固体试样的进样装置则由烧蚀电源（电弧、火花、激光）及相应气化装置构成。进样装置的性能对光谱仪器的分析性能有重大影响。仪器的检出限、测量精度、灵敏度均与进样装置的性能有直接关系。目前广泛应用的气动雾化进样装置性能仍不理想，经常成为仪器中的薄弱环节；效率低，易出故障，对试液要求苛刻。因而，长期以来，进样装置一直是 ICP 光谱技术研究的一个热点，也提出了许多种改进型的进样装置，但目前仍不能取代通用的气动雾化进样装置。

ICP 光谱仪器的进样装置，按试样性状可以分为液体、气体、固体三大类。每一类中又有许多结构不同的装置。具体装置有下述几种。

（1）液体进样装置　气动雾化器：同心雾化器，交叉（直角）雾化器，高盐量雾化器；超声波雾化器；高压雾化器；微量雾化装置；循环雾化器；耐氢氟酸雾化器。

（2）固体进样装置　电火花烧蚀进样器；激光烧蚀进样器；电热进样装置（也可进液体样品）：石墨炉（棒）电热进样，钽片电热进样；插入式石墨杯进样装置；悬浮液进样装置（浆液进样）。

（3）气体进样装置　氢化物发生器。

专用型气体进样技术：碘离子氧化进样装置，气态硫化氢测硫装置，水中有机碳测定装置，CO_2、碳酸盐测定装置。

限于篇幅，本节只介绍几种常用的进样装置。

3.3.1　玻璃同心雾化器

3.3.1.1　结构和性能

玻璃同心雾化器在 ICP 光谱仪器中应用较多。最初曾将原子吸收光度计上的同心雾化器用在 ICP 光谱装置上。实验表明，这类雾化器载气流量、试液提升量也较高，灵敏度低且试液消耗较

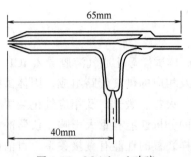

图 3-17 Meinhard 玻璃
同心雾化器

多，不适于 ICP 光谱分析。于是专门研制用于 ICP 光源的低载气流量雾化器，其产品已标准化和系列化。这一工作最初由 Meinhard 等完成的，通称为 Meinhard 雾化器，其结构如图 3-17 所示。

Meinhard 雾化器是典型的双流体雾化器。它有两个通路，尾管进试液，支管进载气。材料多用硬质硼硅玻璃。为了不使载气量超过 1L/min，雾化器喷口要求精密加工和严格的尺寸公差。喷口毛细管（中心管）和外管之间的缝隙为 0.01～0.035mm，毛细管出口处孔径为 0.15～0.20mm，毛细管壁厚为 0.05～0.1mm。

Meinhard 雾化器的规格通常表示为 TR-2××-Ay（如 TR-230-A1），其中 ×× 表示载气流量为 1L/min 时的载气压力的标称值 p_s，单位为 lbf/in^2（1lbf/in^2＝6894.76Pa），y 表示提升量的标称值 R_a(mL/min)。应该注意，标称值和雾化器实测值之间，只是相近而不是相等。例如：

p_s 值/MPa(lb/in^2)		R_a 值/(mL/min)	
标称值	实测值范围	标称值	实测值范围
0.138(20)	0.069～0.172(10～25)	1	0.7～1.4
0.207(30)	0.172～0.276(25～40)	3	2.5～3.5
0.345(50)	0.241～0.414(35～60)	4	3.6～4.9
		5	5.0～6.9
		6	7.0～8.9

Meinhard 玻璃同心雾化器可分为 A 型、C 型及 K 型三种，它们的主要区别在于喷口形状及加工方法。如图 3-18 所示，A 型为标准型，已商品化多年，应用最多，如 TR-230-A1 型雾化器，它的喷口处毛细管和外管处于同一平面，端面用金刚砂磨平。C 型雾

化器端口与 A 型不同，其中心管缩进约 0.5mm，目的在于防止高盐分溶液雾化时在端口沉积，并能提高雾化效率。这种内混式雾化器加工难度较大。K 型玻璃同心雾化器也是内混式，但中心毛细管未经加工磨光。

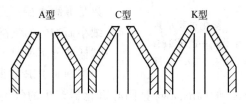

图 3-18　三种 Meinhard 雾化器端口结构

　　在分析高盐溶液时，为抑制盐类在雾化器喷口的沉积，将玻璃同心雾化器外管出口制成喇叭形（见图 3-19），可以雾化含氯化钠很高的试液。

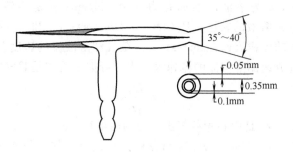

图 3-19　LB 雾化器原理

3.3.1.2　作用原理和参数

　　玻璃同心雾化器的作用是把试液雾化成气溶胶并通过雾室导入到炬管及等离子体。分析溶液用泵或由 Venturi 效应所造成的负压而吸入雾化器。在雾化器毛细中心管出口处，因载气流速很快（约 $150\sim200\mathrm{m/s}$），而试液流速较慢，两者之间产生摩擦力，液流被拉细并被气流冲击破碎成雾滴。形成最初的气溶胶流，称为一次气溶胶。气溶胶流在前进过程中，大气溶胶受到气流沿径向和切向动压力的作用进一步细化，较细的气溶胶被载气送入等离子体。未细

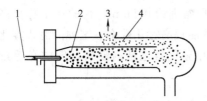

图 3-20 雾化过程示意

1—同心雾化器；2——次气溶胶；3—去 ICP 来源；4—二次气溶液

化的大气溶胶凝结后排至废液容器，图 3-20 为雾化过程示意图。

衡量雾化器性能的主要参数是雾滴直径。光谱分析要求细小而均匀的气溶胶，以利于试样的分解和原子化，同时减少溶剂对 ICP 的毒化作用。

Nukiyama 和 Tanasawa 把同心雾化器产生的气溶胶粒子的直径大小 D_s 与溶液的物理性质和操作参数联系起来给出经验公式如下

$$D_s = \frac{585}{v}\left(\frac{\sigma}{\rho}\right)^{0.5} + 597\left[\frac{\eta}{(\sigma\rho)^{0.5}}\right]^{0.45}\left[\frac{1000Q_1}{Q_g}\right]^{1.5} \quad (3\text{-}5)$$

式中，σ 为溶液的表面张力，10^{-5} N/cm；ρ 是溶液的密度，g/cm；η 是溶液的黏度，P（1P＝0.1Pa·s）；Q_1 和 Q_g 分别为溶液和载气的体积流速，cm^3/s；v 是载气和溶液流的速度差，m/s。通常载气流速比溶液流的流速大得多，可把 v 看成是载气的流速

$$v = \frac{Q_g}{\pi\gamma_0^2} \quad (3\text{-}6)$$

式中，γ_0 是中心管载气出口处的内半径，cm。

Nukiyama-Tanasawa 雾滴方程是在以空气作工作气体及亚声速条件下导出的，其实验的液体参数范围是 $0.8 < \rho < 1.2$，$30 < \sigma < 73$，$0.01 < \eta < 0.3$，适用于大型的喷雾装置，用在 ICP 光谱进样装置会有一定偏差。Canals 等的实验表明，Nukiyama-Tanasawa 方程所计算出的气溶胶尺寸均大大超过实测结果。按照方程式(3-5) 计算的有机溶剂气溶胶平均直径比水溶液大，而实测结果则恰恰相反。

对水溶样品，当温度为 293K，$\rho = 1g/cm^3$，$\sigma = 72.8\times10^{-5}$ N/cm，$\eta = 0.01P$，方程可简化如下

$$d_s = \frac{4991}{v} + 28.64\left(\frac{1000Q_1}{Q_g}\right)^{1.5} \quad (3\text{-}7)$$

同心雾化器的另一个重要参数是试液的提升量，同心雾化器的试液提升量可用 Hagen-Poiseuillsche 经验公式表示

$$Q = \frac{\pi r^4 \Delta p}{8 \eta L} \qquad (3\text{-}8)$$

式中，r 是雾化器毛细管半径；Q 是试液提升量，$\mathrm{cm^3/s}$；Δp 是雾化器管口内外压力差；L 为毛细管长度。

式(3-8) 表明，提升量与毛细管半径的四次方及压力差成正比，而与毛细管长度成反比。图 3-21 为试液提升量与载气流量的关系曲线。增加载气流量并不能正比例地增加试液提升量。只有载气压力才与试液提升量成正比关系。图中 p_s 和 R_a 分别为雾化器载气压力和试液提升量的标称值。

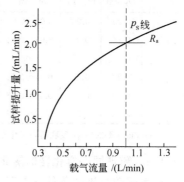

图 3-21　试液提升量与
载气流量的关系曲线

气动雾化器的第三个重要参数是载气流量。从流体力学的伯努利方程可以导出在渐缩形管中流动时的流量为

$$Q_g = F \sqrt{\frac{2gk}{k-1} p_1 \rho \left[\left(\frac{p}{p_1} \right)^{\frac{2}{k}} - \left(\frac{p}{p_1} \right)^{\frac{k+1}{k}} \right]} \qquad (3\text{-}9)$$

式中，F 为管口截面；g 是重力加速度；k 为绝热指数，对单原子气体（如氩气）$k=1.6$，对双原子气体则 $k=1.4$；p_1 为进口压力；p 为出口处压力；ρ 是气体的密度。

由式(3-9) 可知，在气体种类相同的条件下，雾化用的载气流量不仅同喷口截面有关，而且和进口气体的压力有关。所以在选择光谱分析条件时，经常用改变进口载气压力的办法，选择合适的载气流量和提升量。另外，载气压力和流量并不呈线性关系。同心气动雾化器喷口截面和载气压力都是影响分析性能的极为重要的参数。表 3-8 列出一些雾化器规格尺寸和参数的关系。其中 S 为喷口

处环形面积，δ 为气流缝隙宽度，D 为毛细管内径，W 为毛细管壁厚。

表 3-8　玻璃同心雾化器规格及参数

雾化器编号	雾化器尺寸				载气压力/MPa	载气流量/(L/min)	提升量/(mL/min)
	D/mm	W/mm	δ/mm	S/mm^2			
1	0.23	0.03	0.03～0.04	约 0.03	0.078	0.83	1.2
2	0.14	0.03	0.03～0.04	约 0.02	0.196	0.77	0.9
3	0.20	0.07	0.02	约 0.02	0.227	0.77	1
4①	0.23	0.17	0.01～0.02	约 0.02	0.158	0.76	1.6
5	0.20	0.10	0.02～0.03	约 0.02	0.118	0.76	1.6
6	0.35	0.06	0.02～0.03	＞0.04	0.059	0.76	1.6

① Meinhard T-220-A1 玻璃同心雾化器。

3.3.1.3　玻璃同心雾化器的雾化特性

在无蠕动泵进样条件下，载气压力（或流量）是影响雾化特性的重要参数。主要雾化特性包括试液提升量、进样效率及进样速率。进样效率是进入等离子体的试液量与提升量的比值，以百分数表示。进样速率是单位时间进入等离子体的物质绝对量。图 3-22 是玻璃同心雾化器的典型雾化特性曲线。

由图 3-22 可以看出，随着雾化压力的增加，试液提升量逐渐增加，而进样效率却逐渐降低，这是因气溶胶中大颗粒雾滴所占比重增加，废液量增多。对每个雾化器而言，进样速率在某一载气压力下有一最大值。实验表明，增加提升量并不总能获得更高的谱线强度。

玻璃同心雾化器对试液的含盐量是很敏感的，

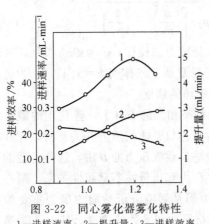

图 3-22　同心雾化器雾化特性
1—进样速率；2—提升量；3—进样效率

因为试液中盐量的增加，显著地改变试液物理性质，将导致提升量的降低，表3-9是试液中含镁量的增加对物理性质的影响。

表3-9　含镁量的增加对物理性质的影响

试液含镁量 /%	提升量 /(mL/min)	密度 /(g/cm³)	表面张力 /(N/m)	黏度 /mPa·s
0	2.80	0.99955	0.0733	1.0997
0.1	2.78	1.00227	0.0734	1.1219
0.2	2.50	1.00397	0.0734	1.1234
0.5	2.40	1.00932	0.0736	1.1564
1.0	2.35	1.02153	0.0742	1.2194
2.0	2.27	1.05177	0.0753	1.3740

　　试液含盐量的增加不仅会影响提升量，而且将导致光谱背景的增加。图3-23 显示含 5％ NaCl 的硝酸溶液在喷雾数分钟后光谱背景急剧增加。造成这种现象的原因是雾化时盐类在喷口处沉积，部分阻塞喷口环形载气通路，降低载气流量，从而提高光谱背景值。图3-23 中背景波长为324.7nm。

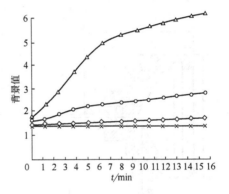

图 3-23　试液含盐量对 Cu（Ⅰ）324.7nm
光谱背景的影响

△—5％ NaCl 2％硝酸溶液；○—1％ NaCl 2％
硝酸溶液；◇—1000mg/L Ca＋Mg 的 2％
硝酸溶液；×—2％硝酸溶液（去离子水）

3.3.2　交叉雾化器

　　交叉雾化器（cross-flow nebulizer），又称直角雾化器，因为它是由互成直角的进气管和进液毛细管构成。其毛细管可使用玻璃质或铂-铱合金，后者可以用于含氟离子试液，基座多为工程塑料。毛细管和基座的连接可以采用固定式或可调节式，两者各有所长。

3.3.2.1 结构和工作原理

交叉雾化器是由两根互相垂直的毛细管和一个用于固定毛细管的基座组成，其剖面图如图 3-24 所示。水平放置为进气管，垂直放置的为进样管。两管的相对位置对雾化性能极为重要。

交叉雾化器的成雾机理和同心雾化器基本相同。见图 3-25。它首先由高速气流在进样管口形成负压，把试液抽提出来，然后冲击成细雾滴。试液提升量仍然遵从 Hagen-Poiseuillsche 关系式。即试液提升量和毛细管半径的四次方成正比，与载气压力差成正比，与毛细管长度成反比。所产生雾滴大小和数量，取决于液体和雾滴表面上所受作用力的大小，亦即气体冲击力 f_p、液体表面张力 f_σ。当 $f_p > f_\sigma$ 时，就使雾滴破碎及大雾滴破碎成小气溶胶。根据实验，一般 $f_p \geqslant 3f_\sigma$。

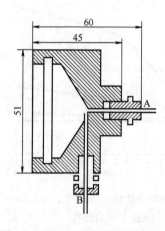

图 3-24　TN-1 型交叉雾化器剖面

A—进气管；B—进样管；单位为 mm

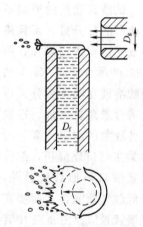

图 3-25　交叉雾化器工作原理

D_g—进气管直径；D_f—进样管直径

交叉雾化器所产生的雾滴临界半径（最大半径）R 由下式决定

$$R = \frac{6f_\sigma}{\rho_g v_g^2} \tag{3-10}$$

式中，f_σ 为液体的表面张力；ρ_g 为载气的密度；v_g 为载气速度。

一般情况下，R 约在 $10\mu m$ 附近。

3.3.2.2 交叉雾化器的性能

与玻璃同心雾化器类似，交叉雾化器的提升量也是随载气压力的增加而增大，但当载气压力达 0.25MPa 后变化趋缓。通用的 TN-1 型交叉雾化器典型技术特性为：载气流量≤1L/min；载气压力范围 0.1～0.27MPa；试液提升量 0.5～2.5mL/min。同时列出玻璃气动雾化器的性能，以资比较。

（1）检出限　相似参数下工作的交叉雾化器与玻璃同心雾化器有相近的检出限。具体数据见表 3-10。

表 3-10　气动雾化器的检出限　　单位：μg/L

元素及分析线 /nm	同心玻璃雾化器	交叉雾化器	元素及分析线 /nm	同心玻璃雾化器	交叉雾化器
Al 396.1	5.0	3.8	Fe 259.9	1.8	1.7
B 249.7	3.0	2.3	Mn 257.6	0.3	0.4
Cd 226.5	3.0	1.4	Mo 203.8	—	5
Co 238.9	2.0	2.7	Ni 231.6	6.0	8.0
Cr 267.7	3.0	3.7	Pb 220.3	30.0	21
Cu 324.7	0.9	1.8	Zn 213.9	3.0	3.6

（2）精密度和背景等效浓度　两种雾化器分析同一试样的精密度及背景等效浓度（background equal concentration，BEC）列于表 3-11。试液为 0.5g 钢样溶解后，稀释到 100mL 进行光谱测定。杂质含量分别为 0.01% 及 1.0%。可以看出，两种雾化器的分析精密度相近，但用同心雾化器时光谱背景要稍低一些。

表 3-11　同心雾化器和交叉雾化器的分析精密度

元素及分析线 /nm	含量/%	分析精密度/%		背景等效浓度/(mg/mL)	
		同心雾化器	交叉雾化器	同心雾化器	交叉雾化器
Si 251.61	0.01	11	9.7	0.08	0.55
	1.0	0.56	3.8		
Mn 257.61	0.01	1.0	1.0	0.10	0.015
	1.0	0.54	0.54		
Cu 327.40	0.01	2.1	5.9	0.008	0.030
	1.0	0.30	2.8		

元素及分析线 /nm	含量/%	分析精密度/%		背景等效浓度/(mg/mL)	
		同心雾化器	交叉雾化器	同心雾化器	交叉雾化器
Ni 231.60	0.01	4.4	1.1	0.015	0.035
	1.0	0.71	0.91		
Cr 267.72	0.01	1.0	1.0	0.015	0.015
	1.0	0.68	0.35		
V 311.07	0.01	18	27	0.01	0.030
	1.0	0.96	0.60		
Co 345.35	0.01	14	270	0.07	0.10
	1.0	0.4	2.3		
Ti 334.94	0.01	8.0	31	0.008	0.012
	1.0	0.56	3.1		
Mg 279.55	0.01	3.9	27	0.015	0.030
	1.0	1.5	0.31		
Zn 202.55	0.01	8.9	24	0.010	0.030
	1.0	0.66	6.2		

（3）含盐量的影响　Gustavsson 试验了不同含盐量试液，以考察交叉雾化器和同心雾化器的稳定性。图 3-26 是雾化时间与试液提升量的关系曲线。曲线表明，在雾化纯水溶液时，两种雾化器的提升量都是稳定的（曲线 a）。而在雾化含 1% NaCl 的溶液时，同心雾化器的提升量随时间而逐渐降低（曲线 b），而交叉雾化器则没有显著变化。其他研究者也指出过，交叉雾化器对高盐试液的稳定性要优于同心雾化器。同心雾化器耐盐量低的主要原因是喷口处盐的沉积，部分阻塞雾化器通路。用载气加湿法可缓解同心雾化器喷口盐的沉积问题。

3.3.3　Babington 雾化器

3.3.3.1　工作原理

1966 年 Babington 发表了他所研制的可雾化高盐量试液的新型雾化器，当时并未引起光谱学者的重视。后来由于通用气动雾化器雾化高盐量试液遇到不易克服的困难，这种新型雾化器才受到重视。目前 Babington 雾化器被竞相采用于雾化高盐量试液，尽管其

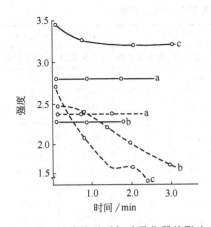

图 3-26 试液盐量对气动雾化器的影响

——交叉雾化器；－－－同心雾化器；

a—纯水溶液；b—含 1‰ NaCl 溶液；

c—含 3‰ NaCl 溶液

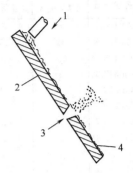

图 3-27 Babington
雾化器原理

1—试液；2—基板；

3—载气流；4—液膜

名称不同，具体结构也不一样。有的叫沟槽雾化器，有的称其商品名如 GMK 雾化器或 BW 雾化器。不论名称如何，其结构原理基本相同。其原理如图 3-27 所示，试液用蠕动泵通过输液管送到雾化器基板上，让溶液沿倾斜的基板（或沟槽）自由流下，在溶液流经的通路上有一小孔，高速的载气流从小孔喷出，将溶液喷成雾滴。由于喷口处不断有溶液流过，不会形成盐的沉积，故可雾化高盐试液。

3.3.3.2 常用的 Babington 雾化器及其性能

（1）高盐量雾化器 这是一种较通用的 Babington 型雾化器，又称高固体雾化器。其外形类似于 TN-1 型交叉雾化器（见图 3-24），可以配用 Scott 型雾室。该雾化器由基座、试液进样管及进气管构成。与交叉雾化器不同的是进样管输入的溶液经过 V 形槽流经进气孔，再被高速载气流冲击粉碎成雾滴，其结构十分简单。由于无盐类堵塞问题，故可雾化饱和氯化钠溶液。用蠕动泵驱动进样，进样量为 3mL/min，比交叉雾化器的 1.5L/min 耗氧量高。高盐量雾化器的分析性能数据列于表 3-12。

表 3-12 高盐量雾化器的分析性能

元素及分析线/nm	检出限/(μg/L)		精密度/%		BEC 值/(mg/mL)	
	交叉雾化器	高盐雾化器	交叉雾化器	高盐雾化器	交叉雾化器	高盐雾化器
Al 396.1	6	5	0.47	2.4	0.58	0.32
As 193.6	12	25	0.48	1.05	0.77	1.2
Ba 493.4	0.4	0.6	0.55	1.1	0.038	0.034
Ca 317.9	4	8	0.48	0.85	0.32	0.60
Cd 228.8	2	1.2	0.46	0.88	0.062	0.049
Co 228.6	2	4	0.46	0.81	0.15	0.24
Cu 324.7	1.7	0.9	0.48	1.8	0.11	0.098
Fe 259.9	2	3.5	0.39	0.96	0.14	0.23
K 766.5	500	40	0.89	4.4	25	2.9
Mn 257.6	0.7	0.9	0.70	0.98	0.031	0.045
Mo 202.0	3	5	0.39	0.92	0.16	0.17
Na 589.0	15	1.5	0.82	5.3	0.80	0.14
Ni 231.6	9	5	0.44	0.88	0.29	0.03
Pb 220.3	15	20	0.57	0.91	0.96	1.2
Pt 203.6	50	40	1.15	0.90	1.1	1.2
Si 251.6	5	25	0.49	1.5	0.28	1.05
Sn 189.9	12	15	0.42	1.1	0.33	0.59
Sr 421.5	0.15	0.25	0.55	1.3	0.012	0.012
Ti 334.9	0.7	1.0	0.47	0.93	0.056	0.070
V 292.4	2	3	0.30	0.93	0.14	0.17
W 207.9	45	10	0.92	1.5	1.8	0.80
Zn 213.8	1.8	1.0	0.40	0.69	0.99	0.069

注：BEC—背景等效浓度。

（2）GMK 雾化器 GMK 雾化器是 Labtest Equipment Company 生产的高盐量雾化器。其构造如图 3-28 所示。它由进样管、进气管和碰撞球组成，进气管端部有 V 形槽，加配钟罩形雾室构成一体化进样装置。由于安置可调节的碰撞球，可使雾滴细化。进样量 1.75mL/min，载气量 1.65L/min，雾化效率可达 2%～4%。在试液中钠浓度 2.5～100g/L（以 NaCl 形式加入）范围内进样效率变化不大。可用于含 NaCl 250g/L 的试液分析。

试验表明，GMK 雾化器有较好的分析性能：

① 检出限较好，Al 等 12 个元素的检出限均略低于通用的气

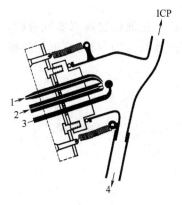

图 3-28 GMK 雾化器构造

1—进样管；2—载气进气管；

3—可调碰撞球；4—排放废液

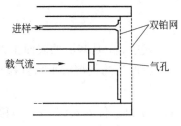

图 3-29 双铂网雾化器

动雾化器；

② 测定多数元素的信背比略高于通用的气动雾化器；

③ 测量精密度为 0.20%～0.41%，与通用气动雾化器相近；

④ 进样平衡时间及清洗时间均比气动雾化器短。

（3）双铂网雾化器 双铂网雾化器是一种改进型的 Babington 雾化器，其结构原理见图 3-29。雾化器主体是用聚四氟乙烯制成。有两层铂网，网孔为 100 目，两层铂网的距离可调，使样品产生的雾滴为最佳状态。试样用蠕动泵输入，流速约 1～1.5mL/min，雾化载气从小孔中喷出，将试液吹散，经过两次铂网雾滴进一步细化，得到高度细化的稳定气溶胶流。双铂网雾化器可以雾化高盐溶液，雾化效率也较高。

3.3.4 超声波雾化器

前面介绍的几种雾化器共同缺点是雾化效率较低，试液的大部分成为废液流失，只有百分之几的试样进入 ICP 光源，因而限制了测定灵敏度的提高。超声波雾化器是利用超声波振动的空化作用把溶液雾化成高密度的气溶胶，有很高的雾化效率和良好的检出限。

3.3.4.1 超声波雾化原理

高频振荡在气液界面产生的表面波，把液体粉碎成细气溶胶，再由载气带入等离子体光源。表面波的波长（λ）与高频电源的振动频率和溶液的表面张力及黏度有关。

$$\lambda = \left(\frac{8\pi\sigma}{\rho f^2}\right)^{1/3} \tag{3-11}$$

式中，σ 是溶液的表面张力；ρ 为黏度；f 为电源频率。

所产生的气溶胶平均直径与波长 λ 有关

$$D = 0.34\lambda \tag{3-12}$$

将式(3-11) 代入式(3-12) 即得

$$D = 0.34\left(\frac{8\pi\sigma}{\rho f^2}\right)^{1/3} \tag{3-13}$$

为了得到较细的气溶胶，高频电源的频率一般在 1MHz 以上，此时气溶胶直径为微米级。

3.3.4.2 超声雾化装置及性能

超声雾化器在 ICP 光谱分析中的应用一直受到重视，曾设计了多种结构的超声雾化进样装置，这里介绍两种已商品化的典型装置，一种是早期的 USN-1 型超声波雾化器，装置的原理和雾化器的结构见图 3-30 和图 3-31。

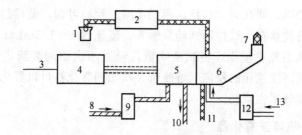

图 3-30　超声雾化装置的原理

1—试样；2—蠕动泵；3—电源；4—高频发生器；5—超声换能器；
6—雾室；7—去火炬；8,10—冷却水；9—流量计；
11—废液；12—流量计；13—载气

USN-1 型超声雾化器是由超声波发生器、超声换能器、雾室

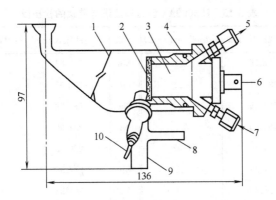

图 3-31　USN-1 型超声波雾化器结构

1—扰流器；2—超声换能器；3—冷却水室；4—雾室

（外径 40mm）；5—水出口；6—电源；7—水入口；

8—载气；9—废液；10—进样

及蠕动泵等组成。超声波频率为 1.4MHz，功率为 50W，多数元素测定的检出限比气动雾化器低约一个数量级。

　　另一种配有去溶剂装置的超声波雾化器是 CEITAC 公司生产的U-5000AT型。其原理如图 3-32 所示。它由超声波发生器和去溶剂装置构成。其超声波振动频率为 1.4MHz，功率 35W。试液提升量 2.5mL/min，载气量 0.7L/min，去溶剂加热温度 140℃，冷却至 5℃除去溶剂。如表 3-13 所示，其检出限比气动雾化器有显著改善，多数元素检出限为 ng/mL，其增强因子多数在 5～20 倍（增强因子为气动雾化器检出限与超声雾化器检出限的比值）。

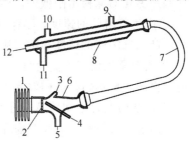

图 3-32　U-5000AT 型超声波雾化器

1—散热片；2—换能器；3—载气入口；

4—进样管；5—废液出口；6—雾室；

7—加热管；8—冷凝器；9—冷却

水出口；10—冷却水入口；

11—废液排放；12—去 ICP

表 3-13　U-5000AT 型超声波进样装置的检出限

元素	分析线波长/nm	检出限/(ng/mL)	元素	分析线波长/nm	检出限/(ng/mL)
Ag	328.06	0.1	Mn	257.61	0.03
Al	396.15	0.2	Mo	202.03	0.3
As	193.69	1	Na	588.99	0.4
Ba	493.40	0.2	Ni	231.60	0.8
Be	234.86	0.03	Pb	220.35	1
Ca	317.93	0.3	Sb	217.58	3
Cd	228.80	0.1	Sc	361.38	0.02
Co	228.61	0.3	Se	196.02	2
Cr	205.55	0.5	Si	251.61	0.4
Cu	324.75	0.06	Sn	189.98	2
Fe	259.94	0.2	Sr	421.55	0.1
Ga	417.20	0.4	Tl	190.86	3
K	766.49	10	V	292.40	0.1
Mg	279.55	0.03	Zn	213.85	0.07

超声雾化器除检出限低外，还有如下特点。

① 产生气溶胶的速度，不像气动雾化器那样依赖于载气流量。因此，产生气溶胶的速度和载气流量可以独立地调节到最佳值。

② 超声雾化法产生高密度的气溶胶，并比气动雾化器产生的气溶胶更细、更均匀。进样效率比气动雾化器高一个数量级。

③ 在结构上无毛细管及小孔径管道的限制，不会堵塞。试液提升量由蠕动泵控制，黏度等物理特性影响较小。

超声雾化装置的明显缺点是结构复杂，价格高，记忆效应也比气动雾化器大。如进 0.5% NaCl 溶液中微量元素，进样后约需 80s 才能将信号清洗至原始值的 1%。因为超声雾化器有加热管及冷凝器，增加了气溶胶在进样系统内的停留时间。此外，还应注意，当试液中含有高浓度的盐量，检出限会显著提高。当雾化含有 1% NaCl 试液时，检出限提高 5～10 倍。

3.3.5 雾室

雾室与雾化器构成进样系统，对于雾化性能有重要影响。ICP光源对雾室的要求是：

① 细化雾珠，去除大颗粒的雾滴，与雾化器配合，向ICP光源提供均匀而细小的高密度试液气溶胶；

② 较小的容积、较低的记忆效应，容易清洗；

③ 缓冲由于进样而引起的脉动，使载气气溶胶流能平稳进入光源；

④ 能连续地、平稳地排出废液。

3.3.5.1 几种典型的雾室

图3-33是三种常用雾室示意图。图3-33(a)是广泛应用的Scott雾室，又称双筒形雾室，增加内筒的目的是使气溶胶流在转向时去除大直径雾滴，同时使气溶胶流平稳地进入ICP光源。图3-33(b)中加入碰撞球用于粉碎大直径雾珠，细化雾滴，提高进样效率。图3-33(c)是近几年广泛流行的鼓形雾室（cyclone spray chamber），又称旋流雾室。由图3-33(c)和(d)可以看出，雾化器的位置使气溶胶流切向进入雾室，利用离心力分离掉大直径雾滴，达到细化气溶胶的目的，这种雾室与高效玻璃同心雾化器配合，可以得到较高进样效率。鼓形雾室的材料多用石英玻璃。曾试验过玻璃、聚丙二醇酯（PP）和聚四氟乙烯等材料，结果表明，

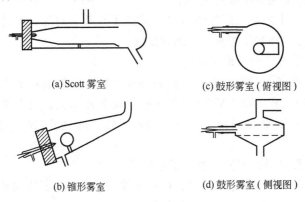

(a) Scott 雾室　　　　　　(c) 鼓形雾室（俯视图）

(b) 锥形雾室　　　　　　(d) 鼓形雾室（侧视图）

图 3-33　雾室

玻璃雾室有较好的谱线强度及精密度。

3.3.5.2 加热雾室

Veillon 首先把气动雾化器和加热室组成的进样系统用于 ICP 光谱装置。其结构见图 3-34。加热雾室是由圆桶形（或锥形）雾室外面绕上电热丝包上保温层，并控制温度保持恒定。

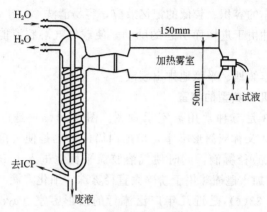

图 3-34 加热雾室进样装置

加热雾室的温度一般控制在 150～300℃，即高于水的沸点，试液雾化后的雾滴很快在雾室内蒸发汽化，进入冷凝器后水汽冷凝，干气溶胶进入 ICP。

加热雾室的主要优点如下。

① 由于除去气溶胶中水分，减少了水蒸气对等离子体的"毒化"作用，增加了等离子体的稳定性。

② 降低了分子谱带强度。

③ 提高了进样效率。经过去溶剂后的干气溶胶，易于传输而不易于凝聚和沉降。Veillon 测得进样效率为 35%。它与雾化器有关，进样效率在 5%～49% 之间变化，远高于 SC-2 雾室的 2%～3%。

④ 提高谱线强度，改善了检出限。

加热雾室虽有上述优点，但一般较少采用，主要原因是增加记忆效应，对分析精度也有不利的影响。

3.3.6 雾化器及进样系统性能的诊断和评价

雾化器和进样系统对光谱仪的分析性能有重要影响，对其特性的诊断和评价广泛受到重视，用粒径测定仪可单独对雾化器产生的雾滴粒径分布进行测定。但由于雾化进样系统的性能与雾室的结构是密不可分的，对雾化器和雾室组成的进样系统进行评价才有实际意义。进样系统特性的评价分两方面：宏观评价和微观评价。宏观评价项目有提升量、雾化效率、质量传输速率、记忆效应、平衡时间及耐盐性等；微观项目有雾滴平均直径、雾滴粒径分布、气溶胶密度等。

（1）提升量　是指单位时间内雾化的试液量。雾化的试液分成两部分，一部分细粒径的气溶胶进入等离子体光源，被原子化和激发发光。剩下的大粒径雾滴凝聚沉降，从雾室的废液管中排掉。提升量又称进样量，单位是 mL/min。

（2）雾化效率　也称进样效率或雾化器效率。以进入等离子体中的试液量占提升量的百分数表示。雾化效率的测量方法是，先测出试液提升量，然后再测量废液量及雾室沾附的试样量，两者之差与提升量的比值即为雾化效率。也可用吸收雾室排出气溶胶中元素量计算雾化效率。Saba 报道了用过滤器抽吸法测量雾化效率，它将盘式过滤器接到炬管出口，另一端用真空泵抽吸，试液气溶胶中雾珠被滤纸吸附，测量吸附元素量计算雾化效率。这种方法可能会改变雾化系统的工作状态，影响测量效率的真实性。辛仁轩等曾采用空气取样器的方法（见图 3-35），收集测量炬管出口处的气溶胶，可较方便准确地测量进样效率。同时可以用扫描电子显微镜观察滤布上收集的气溶胶颗粒形状及尺寸（见图 3-36）。照片上的雾珠或气溶胶是经去溶后，粒径相差很大，小的只有 $0.1\mu m$。

（3）质量传输速率　提升量与雾化效率的乘积即得单位时间内进入 ICP 光源的试液质量或体积。单位为 $\mu g/min$ 或 $\mu L/min$。又称试样进样速率。

（4）记忆效应　是指雾化系统对试样吸附保留的特性，与雾滴体积、结构和材料等因素有关。用进样后清洗所需时间 T 来表示。

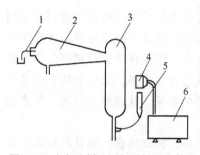

图 3-35 空气取样法测量进样效率装置

1—雾化器；2—雾室；3—冷凝器；

4—过滤器；5—炬管；6—取样器

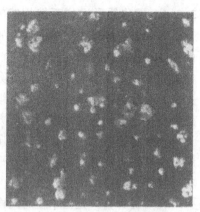

图 3-36 气溶胶的扫描
电镜照片（放大 5000 倍）

如清洗至原样谱线强度 1%，则用 T_1 表达，清洗至 0.1% 则用 $T_{0.1}$ 表示。

（5）耐盐性　指允许长时间雾化进样试液的最高含盐量。一般多用 NaCl 溶液做实验。

（6）雾滴粒径分布　用粒径测定仪测出每一级粒径的数目，以粒径（μm）为横坐标，粒径数为纵坐标绘制粒径分布图。图 3-37

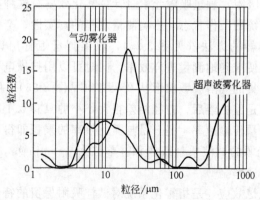

图 3-37　雾滴粒径分布

是气动雾化器和超声雾化器的雾滴粒径分布图。从分布图可以清楚地看出，超声波雾化器雾滴直径较小，有利于试样的蒸发、分解及原子化，因而有较低的检出限。

进样系统和雾化器性能的诊断对于雾化系统的改进和条件优化是有用的。但诊断工作需要一些专用设备和技术，在一般的光谱实验室里多不具备这些条件。郑建国等提出了用 Monte Carlo 方法模拟 ICP-AES 中雾化过程。用模拟方法得到的雾化效率、质量传输速率和气溶胶粒子的大小分布等参数，与实验结果比较吻合，可以用于分布条件的优化和雾化过程的研究。

3.4 分光装置

物质的辐射，具有各种不同的波长。由不同波长的辐射混合而成的光，称为复合光。把复合光按照不同波长展开而获得光谱的过程称为分光。用来获得光谱的装置称为分光装置或分光器。不同波长的光具有不同的颜色，所以分光也称为色散。经色散后所得到的光谱中，有线状光谱、带状光谱和连续光谱。不同激发光源所发射的光谱不同，对分光装置的要求也不同。

3.4.1 ICP 光源对分光系统的要求

前面已经讲过，ICP 光源具有很高的温度和电子密度，对各种元素有很强的激发能力，可以激发产生原子谱线和离子谱线。由于等离子体各部分温度不同，还可发射出分子光谱。所产生光谱的复杂性对分光装置提出很高的要求。

(1) 宽的工作波段 ICP 光源具有多元素同时激发的能力，可以测定多达 72 个元素。其灵敏线分布的波长范围，从 As 188.98nm 至 K 766.491nm，分光装置应具有 $180\sim800$nm 的波段范围。如果再考虑到铝的灵敏线 Al 167.081nm，铯的灵敏线 Cs 852nm，则分光系统的波长范围应为 $165\sim852$nm。但最常用的波长范围是 $190\sim780$nm。

(2) 较高的色散能力和实际分辨能力 因为 ICP 具有很高的

激发温度，其发射光谱具有丰富的谱线。Wohlers 的 ICP 谱线表中记录了 185～850nm 内的约 15000 条谱线，各元素间很容易产生谱线重叠和干扰。提高分光系统的分辨能力可以降低光谱干扰，改善测定的可靠性。同时，高分辨光学系统可降低光谱背景、改善检出能力。

（3）良好的波长定位精度　在 ICP 光源中，谱线的物理宽度在 2～5pm 范围内，要获得谱线峰值强度测量的准确数值，定位精度至少在 ±0.005nm 以内，实际上对分光单色器的波长定位精度要求为 ±0.001nm 以内。

（4）低的杂散光　低的杂散光可测定痕量元素并获得可靠的结果。高浓度的 Ca 溶液可以产生强的杂散光。好的分光系统应在进样 1mg/mL Ca 溶液时，分析线波长处产生的增加值小于 0.01～0.1μg/L。用全息光栅分光装置可降低杂散光。

（5）分光系统应有良好的热稳定性和机械稳定性，提高其对环境的适应能力。

（6）要求具有快速检测能力　在用扫描型仪器时，扫描速度对多元素测定的工作效率是限制因素。为了兼顾扫描速度和定位精度，可采用变速扫描，即在无谱线光区用高速扫描，在谱线窗口区用慢速扫描。

3.4.2　发射光谱仪常用的几类光栅

3.4.2.1　平面光栅

光栅是 ICP 光谱仪中用的主要色散元件。平面衍射光栅是在基板上加工出密集的沟槽，其形状如图 3-38 所示。在光的照射下每条刻线都产生衍射，各条刻线所衍射的光又会互相干涉，这些按波长排列的干涉条纹，就构成了光栅光谱。

图 3-38 表示的是平面光栅衍射的情况。1 和 2 是互相平行的入射光，1′和 2′是相应的衍射光，衍射光互相干涉，光程差与入射波长成整数倍的光束互相加强，形成谱线，谱线的波长与衍射角有关，其光栅方程式为

$$d(\sin\theta + \sin\varphi) = m\lambda \qquad (3-14)$$

式中，θ 为入射角，永远取正值；φ 为衍射角，与入射角在法

线 N 同一侧时为正，异侧时为负；d 为光栅常数，即相邻刻线间的距离；m 为光谱级，即干涉级；$λ$ 为谱线波长，即衍射光的波长。

从光栅方程式可以看出衍射光栅具有以下特性。

① 当 m 取零值时，则 $φ=-θ$，$λ$ 可取任意值，这意味着入射光中所有波长都沿同一方向衍射，相互重叠

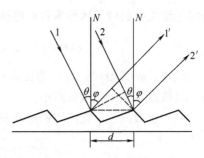

图 3-38　平面反射光栅的衍射
d—光栅常数；N—光栅法线；
1,2—入射光束；1′,2′—衍射光束；
$θ$—入射角；$φ$—衍射角

在一起，得到的仍是一束白光，并未进行色散，称为零级光谱，其实并未形成谱。

② 当 m 取整数且入射角 $θ$ 固定时，对每一 m 值，$λ$ 为 $φ$ 的函数，即在不同衍射角方向可得到一系列衍射光，组成衍射光谱。当 m 取正值，$φ$ 和 $θ$ 在法线的同一侧时，称为正级光谱；当 m 取负值，$φ$ 和 $θ$ 分布在法线两侧时，所得光谱称为负级光谱。负级光谱因其强度较弱，对光谱分析无使用价值。不论是正级光谱还是负级光谱，短波谱线离零级光谱均较近。

③ 级次 m 愈大，衍射角 $φ$ 愈大，即高谱级光谱具有较大的衍射角。

④ 当入射角与衍射角一定时，在某一位置可出现各谱级的不同波长光谱重叠，即谱级重叠，这是光栅光谱的重要特点之一。从光栅方程式可以看出，$mλ=m_1λ_1=m_2λ_2=m_3λ_3=\cdots$，即只要谱级与波长的乘积等于 $mλ$ 的各级光谱就会在同一位置上出现。

光栅分光系统的光学特性包括自由色散区、色散率、分辨率和光强分布。

（1）自由色散区　在光栅光谱中各级光谱可能衍射在同一角度上，即形成光谱重叠。例如一级光谱 600nm，二级光谱 300nm 和三级光谱 200nm 等重叠在一起。但也有不重叠的波段，不受其他

谱级光谱重叠的波长区称为自由色散区。相邻谱级间的自由色散区

$$\delta\lambda = \lambda_m - \lambda_{m+1} = \frac{\lambda_m}{m+1} \tag{3-15}$$

式中，m 为谱级；λ_{m+1} 为更高一级谱级的光谱波长。可以看出，谱级愈高自由色散区愈小。

（2）色散率　将光栅方程对波长微分，即为光栅的角色散率

$$\frac{\mathrm{d}\varphi}{\mathrm{d}\lambda} = \frac{m}{d\cos\varphi} \tag{3-16}$$

可以看出，角色散率与谱级成正比，与光栅常数成反比。离法线很近的衍射光（$\varphi \to 0$），角色散率很小，离法线很远的光谱（φ 愈大），角色散率愈大，当 $\cos\varphi \approx 1$ 时，角色散率为

$$\frac{\mathrm{d}\varphi}{\mathrm{d}\lambda} \approx \frac{m}{d} \tag{3-17}$$

线色散率与角色散率的关系为

$$\frac{\mathrm{d}l}{\mathrm{d}\lambda} = \frac{f_2}{\sin\varepsilon} \times \frac{\mathrm{d}\varphi}{\mathrm{d}\lambda} \tag{3-18}$$

式中，ε 为谱面倾角；f_2 为物镜有效焦距。

光栅光谱仪的线色散率

$$\frac{\mathrm{d}l}{\mathrm{d}\lambda} = \frac{f_2 m}{d\sin\varepsilon\cos\varphi} \tag{3-19}$$

（3）分辨率　分辨率是指有相同强度的两条单色光谱线，可以分辨开的最小波长间隔。按照瑞利（Releigh）准则，当一条谱线主极大正好落在另一条谱线的第一极小位置上时，则认为两条谱线是可分辨的（图3-39），这时两条谱线总轮廓最低处的强度约为最大强度处的81%。

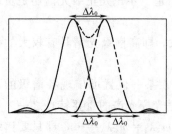

图 3-39　瑞利准则示意

根据瑞利准则可推导出光栅的理论分辨率

$$R = \frac{\lambda}{\Delta\lambda} = mN \tag{3-20}$$

式中，m 为光谱级次；N 为光栅刻线总数。将光栅方程式(3-14)代入式(3-20)，可得

$$R = \frac{\lambda}{\Delta\lambda} = \frac{Nd(\sin\theta + \sin\varphi)}{\lambda} \tag{3-21}$$

Nd 是光栅总宽度，令 $W = Nd$，可得

$$R = \frac{\lambda}{\Delta\lambda} = \frac{W}{\lambda}(\sin\theta + \sin\varphi) \tag{3-22}$$

因为 $\sin\theta + \sin\varphi$ 的最大值不能超过 2，因而分辨率的最大值为

$$R = \frac{2W}{\lambda} \tag{3-23}$$

由式（3-23）可以看出，不能用增加光栅刻线密度来提高分辨率。光栅的理论分辨率只取决于光栅宽度、波长及所用的角度，因而要得到高分辨率必须采用大块光栅及大的入射角及衍射角。

（4）光栅光谱仪分辨率的测量　瑞利准则在很大程度上是理想化的，实际上对于两条强度相等的谱线，两者间距离较瑞利准则规定稍小时仍能分辨。但对强度不同的两条谱线，尤其是强线附近的弱线，两者间距离较瑞利准则规定值大些时才能分辨。

理论分辨率是在假定的理想情况下可能达到的结果：即采用无限窄狭缝，两条谱线是单色的且强度相等，谱线的轮廓和宽度仅由衍射效应决定，成像系统无像差等。但在实际使用仪器的条件下，不可能都满足这些条件。因此更实用的是光谱仪的实际分辨率。通常用两种方法检查仪器的实际分辨率。

① 谱线组法。采用多谱线元素（如 Fe）的已知波长的谱线组，观察谱线是否有效地分开，利用两谱线间波长差计算仪器的实际分辨率。表 3-14 是英国皇家化学会分析方法委员会所推荐的评价 ICP 光谱仪分辨率的谱线组。表 3-15 是我国摄谱仪采用的测量分辨率的谱线组。可以根据波长选用相应的谱线组。

② 半宽度法。用测谱线半宽度的方法来表征仪器的实际分辨率。目前国内外制造的单色器及其他光谱仪器大多用谱线半宽度作为仪器分辨率的技术指标。具体测量应注意，要选择没有自吸收的

谱线及避免误用未分开的双线。

表 3-14　用于检测分辨率的各种元素谱线组　单位：nm

B 208.893	Ge 265.12	Fe 309.997	Hg 313.185	Ti 334.884	Fe 372.438
B 208.959	Ge 265.16	Fe 310.030		Ti 334.904	
		Fe 310.067	Ti 319.08	Ti 334.941	Fe 390.648
Al 237.31	Al 257.41		Ti 319.20		Fe 390.794
Al 237.34	Al 257.44	Be 313.042		Fe 371.592	
		Be 313.107	Na 330.23	Fe 371.645	Ti 522.430
B 249.773	Al 309.27		Na 330.30		Ti 522.493
B 249.678	Al 309.28	Hg 313.155		Fe 372.256	

表 3-15　用于检测分辨率的 Fe 谱线组

λ/nm	$\Delta\lambda/nm$	R	λ/nm	$\Delta\lambda/nm$	R
234.8303	0.0204	11500	350.5061	0.0197	17800
234.8009			350.4864		
249.3180	0.0081	30800	367.0071	0.0043	85400
249.3261			367.0028		
285.3774	0.0088	32400	383.0864	0.0103	37200
285.3686			383.0761		
310.0666	0.0362	8600	448.2256	0.0084	53400
310.0304			448.2172		
309.9971	0.0080	38800	502.7136	0.0076	66100
309.9891			502.7212		
318.1908	0.0053	60000			
318.1855					

3.4.2.2　中阶梯光栅

从衍射光栅的角色散率方程式(3-16)来看，似乎只要增加光谱级次，角色散率就可无限度增加。其实并非如此，因为可观察到的最高光谱级次受条件限制。

$$\frac{m\lambda}{d} = |\sin\varphi + \sin\theta| \leqslant 2 \qquad (3\text{-}24)$$

亦即最高可用光谱级次为

$$m_{max} \leqslant \frac{2d}{\lambda}$$

94

由于提高分辨率，通常采用高密度刻线的平面光栅，d 值很小，限制了最高可观察到的光谱级次。例如，一块 1200 线/mm 光栅，当 $\lambda = 500$nm 时，$m_{max} \leqslant 3.3$，即第 4 级光谱就看不到了。一般平面衍射光栅只能用 1～3 级光谱，远紫外光区最高用到第 4 级光谱，此时可用光谱范围已经很窄。Varian Ltd 的 Liberty 220 型 ICP 光谱仪，采用 1800 线/mm 光栅，第 4 级光谱分辨率高达 0.006nm，但光谱范围仅为 160～235nm。

由式(3-24)可得出光栅常数 $d \geqslant \dfrac{m\lambda}{2}$，即当用 1 级光谱时，必须遵守 $d \geqslant \dfrac{\lambda}{2}$，光栅刻线密度不能无限制增加。当 d 比 λ 小得多时，光栅由衍射作用转为反射作用，不能产生色散。

提高光谱仪分辨能力的有效途径是采用中阶梯光栅分光系统。顾名思义，中阶梯光栅的光栅常数介于阶梯光栅和衍射光栅之间。阶梯光栅的光栅常数是毫米级，使用较高的谱级（m 约为 20000），衍射光栅的光栅常数为亚纳米级，而中阶梯光栅常数为微米级。刻线密度 10～80 线/mm；闪烁角 60°左右；入

图 3-40 中阶梯光栅

射角大于 45°；常用谱级 20～200 级。阶梯宽度比高度大几倍。可以得到高分辨率和大色散率。反射型中阶梯光栅的原理见图 3-40。

普通光栅方程式(3-14)也适用于中阶梯光栅，

$$m\lambda = d(\sin\varphi \pm \sin\theta)$$

一般中阶梯光栅多在 $\varphi = \theta$ 条件下使用，故上式简化为

$$m\lambda = 2d\sin\theta, \quad m = \frac{2d\sin\theta}{\lambda} \tag{3-25}$$

光栅刻线总数 $N = W/d$，W 是光栅宽度，故中阶梯光栅的分辨率为

$$R = \frac{\lambda}{\Delta\lambda} = mN = \frac{2W}{\lambda}\sin\theta \tag{3-26}$$

即用高光谱级次，大的衍射角及较宽的光栅宽度，可以获得很高的分辨率。

表 3-16 列出了平面光栅光谱仪和中阶梯光栅光谱仪性能的比较。可以看出，0.5m 的中阶梯光栅光谱仪的理论分辨率远高于 0.5m 的平面光栅光谱仪。

表 3-16　两种光栅光谱仪性能比较

技　术　指　标	平面光栅光谱仪	中阶梯光栅光谱仪
焦距/m	0.5	0.5
刻线密度/线·mm^{-1}	1200	79
衍射角	10°22′	63°26′
光栅宽度/mm	52	128
光谱级次(300nm)	1	75
分辨率(300nm)	62400	758400
线色散率(300nm)/mm·nm^{-1}	0.61	6.65
倒数线色散率(300nm)/nm·mm^{-1}	1.6	0.15

由于在中阶梯光栅光谱仪中使用高的光谱级，每级光谱覆盖波长范围较窄，由近百级光谱组合方能覆盖从紫外光区至近红外光区。图 3-41 是中阶梯光栅几个光谱级的工作波段，可以看出，从 200～205nm 波段是由 3 个光谱级来覆盖的。

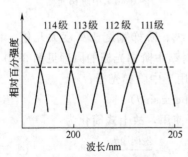

图 3-41　中阶梯光栅的能量
分布（75 线/mm 光栅）

与平面光栅光谱仪不同，中阶梯光栅各级次的色散率不同，短波段色散率高，长波段色散率低。

3.4.2.3　凹面光栅

凹面衍射光栅是一种反射式衍射光栅，呈曲面状（球面或非球面），上面刻有等距离的沟槽。由凹面光栅构成的分光装置如图 3-42 所示。通常凹面光栅安置在罗兰圆上，而入射狭缝及出射狭缝安置罗兰圆的另一侧，罗兰圆的直径多在 0.5～1.0m。凹面光栅在主截面的光栅方程式与平面光栅相同式(3-14)。

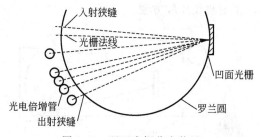

图 3-42　凹面光栅分光装置

凹面光栅的特点是它既作为色散元件，同时又起准直系统和成像系统的作用，显著地简化了系统结构，而且使探测波长小于195nm 的远紫外光区成为可能。因为在远紫外光谱区，特别是波长小于195nm 以下时，反射膜的反射率很低，而凹面光栅本身可起聚光作用，省去几个光学元件，也减少了光能损失。Spectro 分析仪器公司生产的 ICP 光谱仪，采用凹面光栅分光系统和 CCD 检测器，可在 130～190nm 波段内工作。可测定氯（Cl 134.72nm），溴（Br 163.34nm），碘（I 161.76nm），硫（S 180.70nm）。IRIS Intrepid ICP 光谱仪将波长范围延伸到近红外光区（1000nm），可以测定卤素及氧等元素。

3.4.3　光谱仪常用分光装置

3.4.3.1　平面光栅光谱仪

与 ICP 光源配用的平面光栅光谱仪有两种，水平对称成像的艾伯特-法斯梯（Ebert-Fastic）光学系统和切尔尼-特纳（Czerny-Turner）系统。

（1）艾伯特-法斯梯平面光栅光谱仪　它是顺序扫描型 ICP 光谱仪常用的一类分光装置。这种装置是 1889 年首先由 Ebert（艾伯特）提出，1952 年法斯梯加以发展。装置的原理见图 3-43。它利用一块大的凹面反射镜的不同部位，作为准直镜和物镜。由于入射狭缝和出射狭缝对称分布于光轴的两侧，使第一镜面产生的像差可在很大程度为第二个镜面所补偿，彗星像差可以消除，但球差不能消除。这种装置可在较宽的光谱范围内获得清晰而均匀的谱线。它结构紧凑，改变波长比较方便。

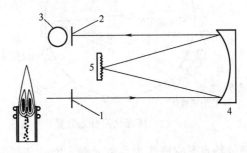

图 3-43　艾伯特-法斯梯平面光栅光谱仪原理

1—入射狭缝；2—出射狭缝；3—光电倍增管；

4—凹面反射镜；5—光栅

（2）切尔尼-特纳平面光栅光谱仪　另一种 ICP 光源常用的分光装置是切尔尼-特纳平面光栅分光装置。这种装置是 1930 年由 Czerny-Turner（切尔尼-特纳）提出的。它是艾伯特装置的一种改型。它采用两个凹面反射镜，一个把入射狭缝来的光变成平行光反射到光栅，即起准直镜的作用。另一块反射镜把光栅衍射的光谱聚焦到出射狭缝。由于像差得到补偿，可以获得较好的成像质量。这种装置在 ICP 顺序扫描光谱仪中得到广泛的应用。

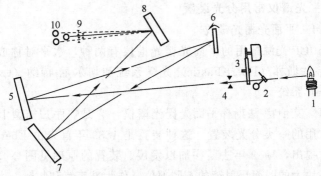

图 3-44　切尔尼-特纳光谱仪原理

1—ICP 光源；2—汞灯；3—滤光片（分级用）；4—入射狭缝；5—准光镜；

6—平面光栅；7—聚光镜；8—平面反射镜；9—出射狭缝；10—光电倍增管

98

图 3-44 中汞灯用于校准仪器波长；滤光片用于分开不同光谱级的重叠；三个光电倍增管光阴极灵敏区不同，分别用于不同波长区的测量。

前面提到，ICP 光源要求分光装置具有高的分辨能力和宽的工作波长范围。这两个要求对分光装置来说难于同时实现，但仪器又必须同时具有这两项功能。光谱仪设计者通常用两种方法来实现这些要求。

第一种方法是采用不同的光谱级次，例如 Atomscan 2000 型顺序扫描光谱仪利用第一、二级光谱，分别工作于 178～380nm（分辨率 0.02nm）和 380～780nm（分辨率 0.04nm）。Light Ace 公司的 Integra XL ICP 光谱仪则可采用 4 级光谱。Varian 公司的 Liberty-220 ICP 光谱仪工作波段为 160～940nm，分别由 4 级光谱来完成，可具有较高的分辨能力。参看表 3-17 的数据。

表 3-17　Liberty-220 的工作波段及分辨率

光谱级	波长范围/nm	分辨率/nm	光谱级	波长范围/nm	分辨率/nm
4	160～235	0.006	2	160～470	0.009
3	160～313	0.007	1	160～940	0.018

解决分辨率和工作波长范围的另一途径是在光路中并联设置两块光栅分光器，高刻线密度的光栅用于高分辨率和较窄工作波长范围；另一块刻线密度较少的用于宽波长范围。图 3-45 是日立 306 型顺序扫描 ICP 光谱仪的光路。它采用两个切尔尼-特纳分光器并联，焦距 0.75m。光栅刻线为 3600 线/mm 的分光器具有 0.007nm 的分辨率和 190～540nm 工作波长范围。第二个单色器采用 1200 线/mm 光栅，分辨率 0.02nm，但可在 180～900nm 的宽波段内工作。

为了降低杂散光和提高分辨能力，还可以将两个分光器串联成复式分光系统。图 3-46 所示为 IL Plasma 200 型顺序扫描 ICP 光谱仪的光路，采用两个小型单色器串联，一个焦距为 330mm，另一个为 165mm。第二个单色器以平方关系将杂散光降低。如第一个单色器杂散光为 0.1%，则经过第二个单色器后杂散光降至

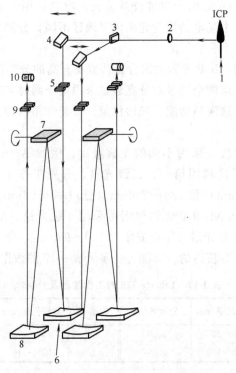

图 3-45　日立 306 型顺序扫描 ICP 光谱仪的光路

1—ICP 光源；2—聚光镜；3—半透射镜；4—反射镜；

5—入射狭缝；6—准直镜；7—平面光栅；8—聚光

镜；9—出射狭缝；10—光电倍增管

0.0001%，这有利于提高谱线的信噪比。

3.4.3.2　凹面光栅光谱仪

在 ICP 光谱仪商品化初期至 1980 年以前，主要用凹面光栅光谱仪作为 ICP 光源的检测器。凹面光栅 ICP 光谱仪称多通道 ICP 光谱仪，如图 3-47 所示。由 ICP 光源发出的光经聚光镜和入射狭缝后射到光栅上，经光栅衍射后的单色光按波长不同分别经出射狭缝进入光电倍增管检测器。光电倍增管和出射狭缝一般有约 48 个，个别仪器可装多达 70 个出射狭缝。

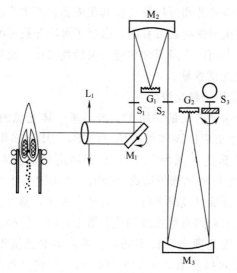

图 3-46　IL Plasma 200 型顺序扫描 ICP 光谱仪的光路

L_1—聚光镜；M_1—平面反射镜；M_2,M_3—凹面反射镜；

G_1,G_2—光栅；S_1,S_2,S_3—狭缝

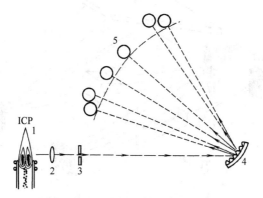

图 3-47　多通道 ICP 光谱仪原理

1—ICP 光源；2—聚光镜；3—入射狭缝；

4—凹面光栅；5—光电倍增管

凹面光栅光谱仪的特点是不需借助单独的成像系统以形成光谱，不存在色差。也不用聚焦系统，使光的吸收和反射显著降低。

故可以用于真空紫外和近红外。但其像散比较严重。由于空间的限制，可安装的出射狭缝数量有限，限制了可测分析谱线数目和元素数目。此外，采用固定通道和狭缝，灵活性欠佳。近年此类仪器已逐渐退出 ICP 光谱领域。

3.4.3.3　中阶梯光栅光谱仪

中阶梯光栅光谱仪最初用于直流等离子体光源的检测。20 世纪 90 年代开始出现的固体检测器（CCD，CID）多配用中阶梯光栅光谱仪，因而使它成为 ICP-AES 领域应用渐多的分光器。图 3-48 是典型的中阶梯光栅光谱仪原理图。由 ICP 发出的光经反射镜进入狭缝后，经准直镜成平行光后射至中阶梯光栅上。分光后再经棱镜分级和聚焦射到出射狭缝和检测器上。由中阶梯光栅光谱仪获得的光谱与平面光栅光谱仪不同，它是由多级光谱组成的二维光谱。由图 3-49 可以看出，从 220～400nm，光谱分布在 60～110 光谱级，不同元素的分析线分布在不同光谱级。

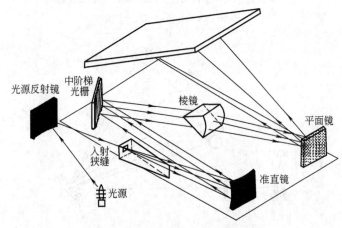

图 3-48　中阶梯光栅 ICP 光谱仪原理

3.4.3.4　顺序扫描等离子体光谱仪的驱动装置

ICP 光源发射的谱线宽度一般在 5～30pm。要准确测量谱线峰值强度必须具有高定位精度的光栅驱动机构。其定位精度不应低于 1pm。可以满足这一定位精度的驱动机构有许多种。如 Baird 的扫

102

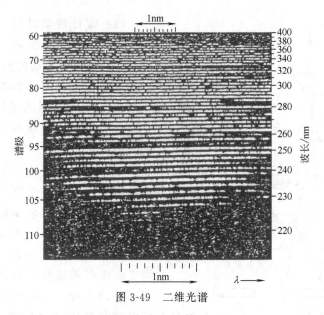

图 3-49 二维光谱

描单色器用步进电机驱动和谐波齿轮传动。P-E 400 ICP 光谱仪用齿轮组传动变速驱动光栅转动。ICPS 1000 则分两步扫描，先用步进电机快速转动光栅粗定位，然后出射狭缝作横向位移，以达到 0.0003nm 的位移步长。下面介绍几种有代表性的 ICP 单色器扫描驱动机构。

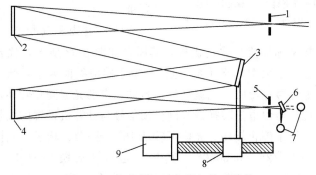

图 3-50　步进电机驱动-螺杆传动机构

1—入射狭缝；2—准直镜；3—光栅；4—聚光镜；5—出射狭缝；
6—反射镜；7—光电倍增管；8—螺杆；9—同步电机

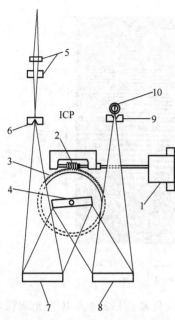

（1）螺杆传动机构 如图 3-50 所示。步进电机带动螺杆转动，通过连杆驱动光栅转动。它是顺序扫描等离子体光谱仪使用较多的光栅驱动机构。它的特点是波长的变化与步进电机的转动成正比。

（2）蜗轮蜗杆传动机构 另一类常用的 ICP 光谱仪驱动机构是同步电机驱动蜗轮蜗杆传动机构。如图 3-51 所示。蜗轮与光栅台固定在一起。利用同步电机带动蜗杆经过蜗轮减速以驱动光栅。这种机构的特点是减速比大，结构紧凑。当采用 2400 线/mm 光栅时，扫描的步距为 0.0012nm；3600 线/mm 光栅的扫描步距为 0.00077nm。定位精度可以达到 0.001nm 的要求。

图 3-51　步进电机驱动-蜗轮
蜗杆传动机构

1—步进电机；2—蜗杆；3—蜗轮；
4—光栅；5—聚光镜；6—入射狭缝；
7—准直镜；8—聚光反射镜；
9—出射狭缝；10—光电倍增管

（3）电磁驱动机构 电磁驱动机构又称检流计驱动机构，其原理如图 3-52 所示。代替步进电机的是一个大型电流计 6，电流计置于感应线圈 8 中，当运算放大器有电信号输出时，电流计发生转动，带动光栅同步转动，其准确转动位移值由电磁转换器 5 的反馈信号与计算机设置的波长信号相等时，转子停止转动。光栅可转动 16°（±8°），转子（光栅）最小转角为 $16°/2^{18}=0.00006°$，其中 2^{18} 是 D/A 转换 16° 的 18bit。当采用 1200 线/mm 光栅时，一级光谱扫描的步距是 0.0018nm，二级光谱的步距是 0.0009nm。它有极快的扫描速度，每秒可扫过 2000nm，而步进电机驱动机械传动装置的扫描速度约为 40nm/s。

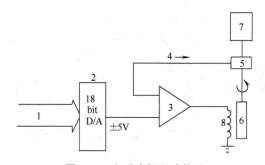

图 3-52　电磁光栅驱动装置

1—计算机数据输入；2—D/A 转换器；3—伺服放大器；4—位置反馈
信号；5—电磁转换器；6—转子；7—光栅；8—感应线圈

3.5　测光装置

原子发射光谱仪用光电转换器件有光电倍增管和电荷转移器件两种。由光电转换器将光强度转换成电信号，在积分放大后，通过输出装置给出定性或定量分析结果。

3.5.1　光电倍增管

光电倍增管由光阴极、倍增极及阳极构成。原子发射光谱分析要求选用低暗电流的管子，其光阴极材料依据分光系统波段范围来选择。如紫外区要选用 Cs-Sb 阴极和石英窗的管子；可见光区用 Ag-Bi-O-Cs 阴极的管子，近红外区则用 Ag-O-Cs 阴极的管子。由于光谱分析的工作波长范围较宽，往往采用 2~3 个光电倍增管组合成光电检测系统。如 Varian 的 Liberty 系列 ICP 光谱仪采用双光电倍增管，一个为用于紫外区的日盲管，具有 Cs-Te 阴极，另一个具有多碱阴极的用于可见光区。Light ACE LTD 的 Integra XL 型等离子体光谱仪用 R166UH 光电倍增管测量紫外线，用 R446 宽波段光电倍增管测量可见光。Jarrell-Ash Atomscan 光谱仪则采用三个倍增管组合，可在 178~800nm 均有较好的响应。图 3-53 是三个光电倍增管组合后的响应曲线。

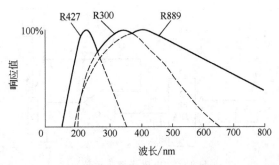

图 3-53   组合光电倍增管的响应曲线

为了获得较好的测量精密度，使用时光电倍增管电压必须要高于一个定值，以获得一定的光电流值。超过此值后，增加光电倍增管电压无助于提高分析精密度。

3.5.2   信号处理单元

光电倍增管输出的电压信号需经处理再输入到计算机。信号处理的目的是增加测量准确度及线性动态范围。有几种处理方式。一种是将输出的光电流用电容器积分，将积分电压（V）信号经 VF 转换成频率（F）数字信号，再经计算机处理。另一种是将光电信号进行分段积分。分段积分是将光电信号经电容作电荷累积，在曝光积分期间，计算机每隔一定时间间隔（如 20ms）询问积分器一次，通过控制器接口，依次将积分电容与运算放大器接通，并经 A/D 转换为数字信号送入计算机，计算机判断此电压是否大于或等于某一数值（如积分电压的最大值的一半为 5V），若大于等于该值，则令相应开关将电容器短路，使积分电容放电，并将相应数字存在内存单元，再开启相应短路开关，让积分器继续充电。若判断此电压值小于该值，则不做进一步处理，让电容继续充电积分。上述充电积分、充电过程反复进行，直至曝光结束，计算机将各次积分电压累加。这种积分方式多用在多通道光谱仪器。由于分段积分最后累加，可以扩大测量动态范围，并增加测量精密度。

图 3-54 是 ICPQ-100 多通道 ICP 光谱仪的积分电路。它的工

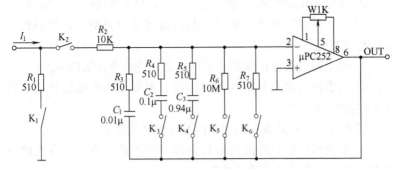

图 3-54 ICPQ-100 多通道 ICP 光谱仪的积分电路

作原理如下：当 K_1 闭合、K_2 断开时，积分放大器不能工作。如断开 K_1、K_2 闭合，同时断开 K_5 和 K_6 开关，此时电容器 C_1、C_2、C_3 开始充电。积分时间到达后立即断开 K_2、闭合 K_1，积分电容上的电荷流向运算放大器 μPC252，经放大后输入 A/D 变换器转成数字信号输入计算机。再将 K_6 闭合，放掉积分电容上的电荷，进行下一次积分运行。

3.6　固态光电检测器及其 ICP 光谱仪中的应用

3.6.1　ICP 光谱仪中的电荷转移器件

电荷转移器件（charge transfer devices，CTD）是新一代光谱用光电转换器件，它是以半导体硅片为基材的平面检测器，已在 ICP 光谱仪器中成功应用的有电荷注入器件和电荷耦合检测器，关于电荷转移器件在原子发射光谱仪器中的应用中山大学张展霞等进行过系统研究。用光电倍增管作检测器的 ICP 光谱仪有明显的限制：每次测量只能测定一条谱线强度，或者测量一个波长的背景强度，不能同时进行多谱线测量，也不能同时测量谱线强度及背景强度，必须进行分时测量，分时测量不仅费时，误差也会增加。ICP 光谱仪器采用固态检测器的优点如下：

① 一次曝光可摄取很宽波段内光谱，可以进行同时多元素测量；

② 在记录分析谱线的同时可记录背景，可方便地扣除光谱背景；

③ 由于可以同时进行多谱线测量及光谱背景测量，使分析效率得到明显提高；

④ 由于同时测量谱线和背景，降低了谱线净强度的误差；

⑤ 由于同时测量分析线和内标线，提高了内标法的效果，是真正的实时内标法。

同光电倍增管光谱仪相比，固态检测器光谱仪有下列不足：

① 不易解决宽光谱波段与高分辨率的矛盾，为了提高光谱分辨率，只能观测很窄波段的光谱；

② 为了提高分辨率，面阵式固态检测器多与中阶梯交叉色散分光系统组合成光谱仪，后者采用多级次光谱，谱线分布在多个光谱级次，谱线之间强度无可比性。

3.6.2 电荷转移器件原理

电荷转移器件是 20 世纪 70 年代发展起来的光电摄影及摄像器件，属于大规模集成器件，其最基本单元是 MOS 电容器，即通称金属-绝缘体-半导体电容器，构造原理如图 3-55 所示，在半导体硅片上，热氧化形成一层二氧化硅薄膜，在上面喷涂一层金属作为电极，称为栅极或控制极。因二氧化硅是绝缘体，便形成一个电容器，可以存储电荷（图 3-55），当栅极被加上电位时，在电极下面形成势阱，可以收集电荷（图 3-56）。

由硅片构成的 MOS 电容器除了能储存电荷，还能在受光照射时产生光生电荷，如图 3-56 所示，当光照射到 MOS 电容器时，硅

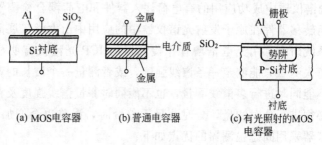

(a) MOS电容器　　(b) 普通电容器　　(c) 有光照射的MOS电容器

图 3-55　MOS 电容器

片内产生光生电子和空穴，电荷被收集于栅极下的势阱，光生电荷与照射光强成比例，因此 MOS 电容器具有产生电荷及收集电荷的功能。

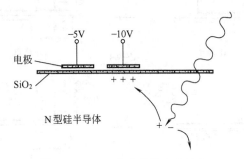

图 3-56　MOS 电容器的光电效应

欲测量光生电荷量需要把电荷转移出去，当相邻两个栅极有电位差时，势阱下的电荷可因电场作用而转移到另一电极下，所以改变电极电位即可使电荷从一个栅极转移到另一栅极下面，故由多个 MOS 电容器构成的器件具有产生电荷、收集电荷和转移电荷的功能，CID 和 CCD 器件就具有这种功能，因而称为电荷转移器件。

3.6.3　电荷注入检测器

电荷注入检测器 （CID） 是 1973 年由美国通用电气公司推出的集成电子器件。美国亚利桑那大学对其应用在 ICP 光谱仪进行长期研究，并由美国热电 TJA 公司在 1991～1992 年首次推出商品 CID-ICP 光谱仪，CID 通用 N 型硅片做衬底，CID 的工作原理如图 3-57 所示，全过程共分四步：图 3-57(a) 中为光生电荷的积分 （收集） 过程，受到＋5V 电位的排斥，正电荷收集在左栅极下；当曝光结束要测量时，改变相邻栅极的电位 ［图3-57(b)］，使左栅极电位高于右电极，正电荷被驱赶到右电极，实现了第一次转移，在转移过程就可测出电荷量，再改变一次栅极电位，进行第二次测量，见图 3-57 (c)；到图 3-57(a) 状态，一次曝光可以多次测量累加，改善精度，这一过程是非破坏性测量 （NDRO）；处理完毕，把两个电极都变为正电位，电荷被排斥注入基片，电容器上电荷清零，即所谓破坏性读出过程 （DRO），可进行下一个样品测定。

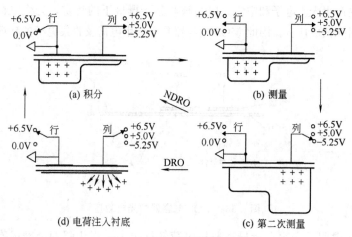

图 3-57　CID 检测器测量过程

实际使用的 CID 检测器是由很多像素组成，构成面阵 CID 检测器，如图 3-58 所示。图 3-59 是 CID 检测器的照片。有的检测器需要有附属电路和构件，因而其整体结构要更为复杂。

CID 检测器作为光谱仪检测器有其优势，与电子相机不同，光谱检测不允许有溢出，即入射光强度过高，产生的电荷超过 MOS

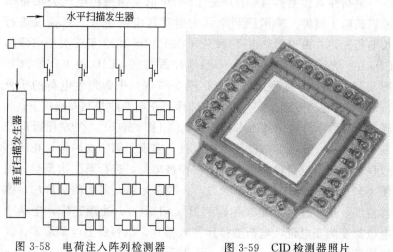

图 3-58　电荷注入阵列检测器　　　图 3-59　CID 检测器照片

电容器的容量，过剩电荷要溢出到附近的 MOS 电容器，得到一个变形的图像。CID 无溢出是其主要特点，另外非破坏性读出，允许信号多次测量，可得到最优化的结果。

3.6.4 电荷耦合检测器

电荷耦合检测器工作原理：电荷耦合器件是电子相机通用的光电转换器件，但 ICP 光谱仪所用的 CCD 却有其不同要求。CCD 的基本构造是 MOS 电容器，目前用于 ICP 光谱仪的有线阵和面阵及分段式三种，其基本原理相同，测量过程基本可分为：光电荷产生，收集，转移，测量。当光照射 MOS 电容时，在半导体硅片内产生光生电荷和光电子，电荷或电子被收集到栅极下的势阱中，利用变化栅极电位通过像素之间耦合转移电荷，由 MOS 电容器构成的 CCD 检测器需由下面几部分组成。

（1）电荷收集　见图 3-60，光照射到半导体硅片上产生电子和空穴，当栅极具有负电位（低电位）时，势阱中收集带正电的空

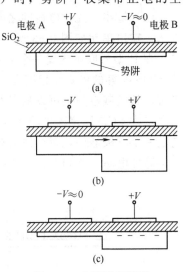

图 3-61　电荷转移原理

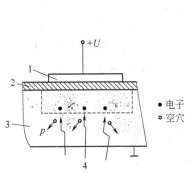

图 3-60　光生电荷的产生和收集

1—栅极；2—二氧化硅；

3—硅片；4—入射光

穴，当栅极具有正电位（高电位）时，势阱中收集带负电的电子。

（2）电荷转移　见图3-61，当电极 A 处在低电位时，电子被吸引在左侧的势阱中［图 3-61(a)］，此时电极 B 的电位 $V_R=0$，当把电极 B 降到低电位，同时把电极 A 升到高电位，电荷就流向 B 电极，完成了电荷从 A 到 B 的转移，如果许多 MOS 电容器连接在一起，电荷可按顺序转移到输出级进行测量。

（3）时钟电路（外电路）　要想按一定顺序依次改变栅极电位，就必须有时钟电路驱动 112 栅极电位顺序改变，图 3-62 为 CCD 时钟驱动

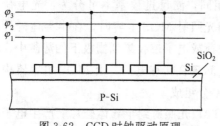

图 3-62　CCD 时钟驱动原理

原理，有三个 MOS 电容器的像素，栅极连接三条相线，通过相线按一定时间规律送出电位信号，改变栅极电位，驱动光电荷在 MOS 间顺序转移最后到达 CCD 输出单元。

（4）输出　光生电荷的输出有多种方式，这里介绍常用的一种方法。输出单元如图 3-63 所示。它是用反向偏置二极管来输出信号。在 P 型衬底中内置一个 PN 结，PN 结的势阱和时钟脉冲控制的 MOS 电容的势阱互相耦合，最后一个电极下的电荷被转移到二极管，从负载电阻上可以测得电压的输出信号。

二维 CCD 原理图见图 3-64，这是一个 4×5 像素的二维 CCD，它是一个三极器件，每个像素有三个 MOS 电容器，阵列右侧是行时钟脉冲电路，阵列下方是移位寄存器及列时钟脉冲。可清楚看出

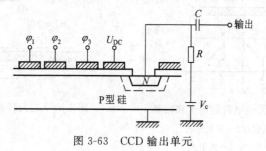

图 3-63　CCD 输出单元

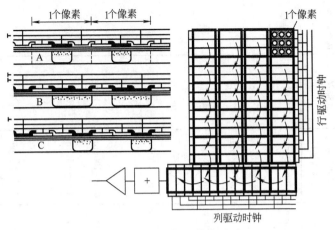

图 3-64　二维 CCD 结构原理

CCD 光生电荷的转移过程，在行驱动时钟和列驱动时钟的推动下，信号电荷按顺序转移到输出单元被检测，获得完整的二维光谱图像。左图显示电荷在像素之间转移。实际 ICP 光谱仪用检测器，其像素从数万个到百万余个不等，视 CCD 的具体结构而不同。

　　一个完整的 CCD 如图 3-65 所示，目前商品 ICP 原子发射光谱仪器的 CCD 检测器型号很多，结构各异，多是专门依据光谱分光

图 3-65　ICP 光谱仪专用 CCD 检测器组件

113

表 3-18　CCD 性能及参数

生产厂及型号	光照方式	像素	光照面/mm	峰值量子效率/%	量子效率超过10%的波段	电荷容量 (e)	读数噪声 (e)
Kodak M1A	正面照射 CCD	1035×1320	7.0×9.0	37%在700nm	450~900nm	$4×10^4$	10
Reticon	正面照射 CCD	404×128	21.0×6.6	NA	420~1000nm	$2×10^6$	45
RCA SID501EX	背照射 CCD	512×320	15.4×9.6	90%在500nm	200~950nm	$4×10^5$	50
Tektronix TK512M-011	正面照射 CCD	512×512	13.8×13.8	35%在750nm	450~950nm	$9×10^5$	6
Texas Instruments	背照射 CCD	800×800	12.0×12.0	90%在550nm	0.1~1000nm	$5×10^4$	7
Texas Instruments TC104-1	正面照射 CCD	3456×1	35.6×01	90%在400nm	200~950nm	$3×10^5$	80
Thomson-CSF TH7882CDA	正面照射 CCD	384×576	8.8×13.2	45%在650nm	420~950nm	$5×10^5$	10

系统的要求设计加工，与电子相机用 CCD 不同。图 3-65 是一种 ICP 光谱仪器用 CCD 组件。表 3-18 是一些商品 CCD 的性能及参数。

3.6.5 电荷转移检测器的特性

（1）光谱响应与量子效率 光谱响应是指光电转换器件对入射光敏感的波长范围，它与硅片性能、照射方式及化学涂层等多种因素有关，电子相机用的 CCD 的光谱响应范围在 400～800nm（可见光区），而 ICP 光源发射的多数最灵敏谱线在紫外光区，为了扩大紫外区的量子效率，通常采用背照射及涂荧光增敏剂等技术。所谓背照射原理，是当光透过栅极和氧化硅层射到基体硅片时被部分吸收（参看图 3-60），导致光电转换效率降低，当光从 MOS 背面入射时，吸收损失明显降低，增加光电转换效率及可用光区范围。另一种办法是在 CCD 的表面涂覆一层荧光物质，把入射的紫外光转化为可见光，扩大紫外区的可测范围及光电转化效率。图 3-66 是一些 CCD 器件的光谱响应曲线。它们分别代表不同类型的 CCD 器件，图 3-67 是 CID 检测器的光谱响应曲线。

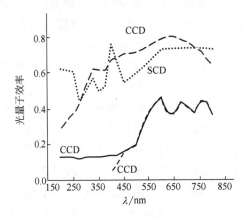

图 3-66 CCD 光谱响应曲线

（2）线性响应范围 作为光电转换器件，入射光与产生的电信号应成正比例，才能准确测出入射光强度，在正常工作条件下，

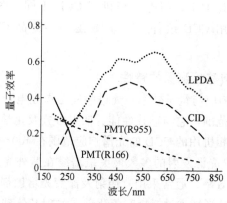

图 3-67　CID 光谱响应曲线

CCD 有很宽的线性效应范围，具有理想的效应特性，一般线性范围可达 9 个数量级。以 750nm 的红光为例，CCD 在 1ms 的照射积分时间范围，对 5×10^9 个光子有线性响应。宽的线性范围光电器件特别适用于 ICP 光源，因为 ICP 光源低自吸收、宽线性，两者匹配是比较理想的。在 ICP 光谱仪器样本中，线性范围的表达却有很大差别，有的表达为 8 个数量级，有的为 5 个数量级，巨大差别的原因是两种意义不同，前者是指检测器线性范围是 8 个数量级，后者是实际绘制的标准曲线的线性范围是 5 个数量级（最大），因为受雾化进样系统的限制。对于 ICP 光谱仪器使用者，前者没有意义，后者才是有意义的指标。

（3）噪声特性　光电转换器件的噪声是影响原子光谱仪器检出限的重要因素。固态检测器件的噪声由三部分组成：信号噪声、读数噪声及暗电流噪声，一般情况下信号噪声在总噪声中是主要的。读数噪声是由测量电路引起的噪声。暗电流是在不曝光条件下在检测器上电荷积累而形成的，是由热过程产生的电荷，与工作温度有关，温度降低可明显降低暗电流，目前的 ICP 光谱仪用固态检测器多数用降低温度来降低暗电流。Otptima 5000 型 ICP 光谱仪 CCD 检测器冷却温度－40℃，暗电流＜1.3e/（像素・s）；Vista MPX 检测器温度－35℃，读出噪声约 13e/ms。Prodigy 光谱仪的

CID 检测器降温至－38℃，暗电流 1e/s。降低检测器温度能有效降低信号噪声，得到很低检出限。

（4）电荷溢出　　CCD 检测器不会像光电倍增管那样因曝光过度（入射光强度太高）而损坏，但却可能因入射光过强、电荷超过 MOS 势阱容量，溢出到相邻像素，造成图像的变形及模糊，图 3-68 是 CCD 溢出的对比，图（a）是光强适度的照片，图（b）是局部光强过高产生溢出，图像变得模糊不清。对于电子相机，有些溢出并不严重影响使用，反而使照片显得柔和，但对于光谱分析图像却造成谱图失真而不能使用。欲把 CCD 检测器用于 ICP 光谱仪器，首先要解决溢出问题。

(a) 无溢出

(b) 有溢出

图 3-68　有无溢出照片的对比

解决的基本途径是用相反符号的电荷去中和，详见图 3-69，过度光照射到中间像素上，就有电荷（电子）溢出，如果相邻处有相反符号的电荷（正电荷），溢出的电子就被中和，溢出问题被成

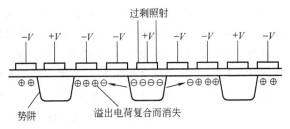

图 3-69　防电荷溢出原理

117

功解决。这种方法是解决 CCD 溢出的基本方法，用到具体 CCD 检测器上还有其不同的技术和专利。对于电荷注入检测器，因其像素之间无电荷通道，电荷不会从一个像素溢出到另一个像素。

3.6.6 固态检测器在 ICP 光谱仪中的应用

（1）电荷注入检测器光谱仪 　CID 是最早成功用于商品 ICP 光谱仪的光谱检测器，20 世纪 80 年代美国亚利桑那大学 Denton 及其同事对固态检测器用于发射光谱进行系统研究和对比，最终选用 CID 作为 ICP 光谱仪检测器。该技术由热电加雷阿什仪器公司（TJA 公司）进行商品生产，于 1992 年推出 IRIS 系列型 ICP 光谱仪，图

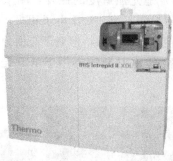

图 3-70　IRIS 型 CID-ICP 光谱

3-70 是其第五代产品 IRIS Intrepid Ⅱ，图 3-71 为其光路原理图。ICP 光源是 27.12MHz 或 40.68MHz 晶体型控制高频发生器供电，直接与负载耦合，功率范围 750～1600W，功率稳定性＜0.01%，频率稳定性＜0.004%。炬管水平或垂直安装，可径向或轴向观测，分光装置是由棱镜和中阶梯光栅构成交叉色散系统，中阶梯光栅刻线 52.69 线/mm，焦距 38.1cm，闪耀角 64.1°，波长范围 165～1000nm，200nm 处分辨率 0.005nm，带真空紫外附件波长可延伸到 130nm 的真空紫外波段，可测定 Cl 134.724nm，用 GE 公司生产的专利 CID38APIC 检测器，有 262000 个感光单元，半导体制冷至 -40℃，组合式石英炬管，冷却氩气紫外波段的非金属谱线也有良好检出限，仪器重 375kg。仪器较好地体现了固态检测器与中阶梯光栅分光系统构成新一代 ICP 光谱仪的特点：高灵敏、高分辨、低噪声、高效率。该类仪器在后来的十多年里成为原子发射光谱的主流仪器，在钢铁、有色金属、环境、地矿、材料、生化、食品等领域得到广泛应用。笔者曾对该仪器性能和应用进行过系统研究。

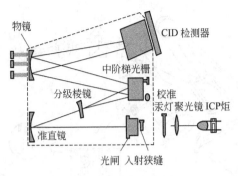

图 3-71 光谱仪光路原理

2004 年经过重新设计研发出新一代的 iCAP 6000 系列电荷注入检测器 ICP 光谱仪投放市场。据介绍该型仪器的设计理念是高性能、高效率、操作简便、运行成本低。采用改进型的 RACID86 检测器，三级半导体制冷，固态电路自激型高频发生器，半组合石英炬管。

（2）CCD 中阶梯光栅交叉色散 ICP 光谱仪　在与 Denton 和热电公司开发 CID 光谱仪的同时，Baranrd 和 PE 公司进行 CCD 检测器的研发，并于 1993 年推出市场，型号为 Optima 3000，其原理如图 3-72 所示。激发光源用自激式 40MHz 高频发生器，用中阶梯交叉色散分光系统，经中阶梯光栅色散后通过元件 7 将光分成两束，进入两个光学系统，分别进行紫外及可见光的分光，并由两个 CCD 检测器分别进行检测，光谱范围分别是 165～403nm 及 404～800nm。仪器的中阶梯光栅刻线 79 线/mm，焦距 503mm。CCD 检测器是专门设计的 SCD 检测器，专利检测器的特点是采用分段方法解决电荷溢出问题，利用导流通路把过剩电荷排出，其原理如前节所述。图 3-73 是早期发表的 SCD 光谱响应曲线。该类型 ICP 光谱仪后来推出多个系列的改进型，具有灵敏、快速、高分辨等一系列特点，是分析实验室主流原子发射光谱仪之一。

（3）线阵 CCD 检测器凹面光栅 ICP 光谱仪　目前许多 ICP 光谱仪采用二维阵列固态检测器及中阶梯光栅分光系统，1999 年

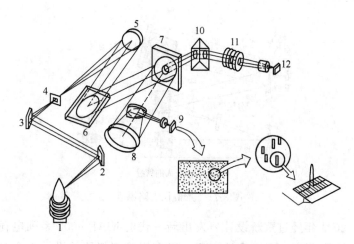

图 3-72　CCD 检测器 ICP 光谱仪光路原理

1—ICP 光源；2,3—曲面反光镜；4—狭缝；5—准直镜；

6—中阶梯光栅；7—Schmidt 光栅；8—紫外区照相物镜；

9—紫外 CCD 检测器；10—可见区棱镜；11—组合聚光镜；

12—可见光区 CCD 检测器

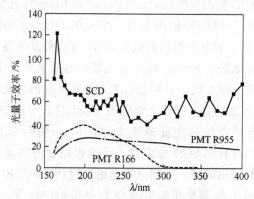

图 3-73　SCD 检测器的光谱响应曲线

德国斯派克仪器公司推出线阵 CCD 检测器凹面光栅 ICP 光谱仪，其光路原理见图 3-74。分光系统用 750mm 焦距的 Paschen-Runge 装置，光栅刻线 2924 线/mm，安装 22 块线阵 CCD 检测器，其

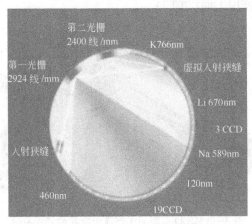

图 3-74 凹面光栅固态检测器光路原理

中 19 块用于测量 125～460nm 光区的谱线，零级光谱投射到第二块光栅上，用于检测 460nm 以上的长波谱线（主要是碱金属分析线），由于采用密封充氩的光学系统限制空气对真空紫外波段的吸收，因而可以测定 Br 154nm，Cl 134nm 及 I 142nm 等非金属谱线。

（4）CCD 检测顺序扫描平面光栅分光系统　目前，主流等离子体光谱仪大多采用中阶梯光栅交叉色散固体检测器系统，其优点是紫外区色散率很好，通常在 200nm 波长处可达到 0.006～0.008nm，但这种分光系统的明显不足是长波波段色散率不佳，因为随波长的增加，色散率逐渐下降，对测定灵敏线在 400nm 光区的元素光谱干扰明显增加，光谱背景也会增加，例如稀土族元素的测定采用中阶梯光栅交叉色散固体检测器系统就会遇到分辨率不足的问题，有人专门对比了百万像素的中阶梯光栅交叉色散固体检测器系统和顺序扫描光电管检测的 ICP 光谱仪测定高纯稀土试样的情况，结果表明后者效果较好，顺序扫描平面光栅分光系统在工作光区色散率变化很小，在长波波段也有较好的分辨率。图 3-75 是顺序扫描平面光栅 CCD 光谱仪的原理图，系统由切尔尼-特纳平面光栅分光器、CCD 光电器件入射狭缝、外光路及等离子体炬组成，检测器也不需用大面积 CCD。

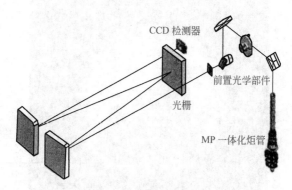

CCD 检测器

前置光学部件

光栅

MP 一体化炬管

图 3-75　CCD 检测顺序扫描平面光栅分光系统

（5）带中间狭缝的串联分光系统 CCD 光谱仪　系统有两个色散元件，光源来的入射光，经外光路进入入射狭缝经三棱镜预分光后通过中间狭缝进入光栅分光器，经过两次色散后射到 CCD 检测器上，这样就能得到很高的分辨率，在 200nm 像素分辨率可达到 0.003nm，中间狭缝可降低杂散光，进行波段预选减少检测器的负担，改善分光质量。这一设计是美国 PE 公司精心设计的产品。仪器的焦距 $f=0.3m$，光栅刻线 79g/mm，工作波长范围 160～900nm，用背照射 CCD 检测器测光。

（6）平面光栅 CCD 分段全谱直读等离子体光谱仪　与 CCD 检测顺序扫描平面光栅分光系统不同，它的检测器是专门为平面光栅分光系统设计大宽度的 CCD，2048×512 像素，像素总数超过百万，像素尺寸 $13.5\mu m×13.5\ \mu m$，是背照式 CCD 检测器，−30℃下工作，用高刻线双面平面光栅，双面光栅刻线密度为 4343 刻线/mm 和 2400 刻线/mm 工作波长范围为 160～800nm。实际光学分辨率（实测谱线半峰宽）：≤0.010nm（160～430nm），在工作波段内有均匀分辨率。该系统的特点是可以高分辨率进行多元素的同时测定，并能同时扣除光谱背景。HORIBA Jobin Yvon 的 ACTI-VA-s 型光谱仪属于该类仪器（见图 3-76）。

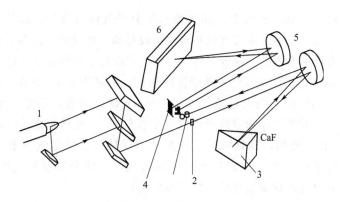

图 3-76　串联分光系统 CCD 光谱仪原理图
1—等离子体光源；2—入射狭缝；3—CaF 棱镜；
4—CCD 检测器；5—准光镜；6—中阶梯光栅

3.7　为什么 ICP 光谱仪用氩气做工作气体？

从 1974 年出现第一台商用 ICP 光谱仪器至今已 40 多年，在原子发射光谱技术中，其发展和普及速度是较快的，这是由于该技术具有某些明显特点：检出限较好，基体效应较低，可进行多元素同时测定；其缺点也很显著：氩气用量过大，运行成本高。从 ICP 技术诞生开始就一直为解决氩气耗量问题进行过不懈的努力。ICP 光谱技术创始人之一的英国 Greenfild 就采用氮气作等离子体冷却气，但广泛应用是 Fassel 炬管，长期使用 12～18L/min 氩气作为工作气体。为了降低氩气用量，其后曾试验了多种节省氩气技术，采用节气技术确实可以明显降低工作氩气用量，也能形成稳定的等离子体焰炬，并可进行 ICP 光谱的定量测定。但是，与 Ar-ICP 光源相比分析性能存在某些不足，到目前还未能取代 Ar-ICP 光源。

3.7.1　几种非氩气气体用作 ICP 的工作气体概况

非氩气气体用作 ICP 工作气体如氮气、空气等常温下均为分子状态，又叫分子气体，非氩惰性气体（He 等）由于价格昂贵不在考虑之列。在 ICP 光源中已经试验过的分子气体有氮气、氧气、空气、二氧化碳等。用氮气代替氩气形成等离子体是研究最多，也是被认为最有希望的一种分子气体。ICP 光谱技术创始人之一的英国 Greenfild 就采用氮气作等离子体冷却气，高频功率 3～4kW，直径炬管（28mm），用大量氮气（40L/min）冷却炬管，还需要 10～20L/min 的氩气作为等离子体气（中管气流），虽然元素检出限接近 Ar-ICP 光源，并且对湿气溶胶的承受能力也比氩气 ICP 光源高。但需要高达 10～20L/min 中间管氩气，并未节省氩气用量，这种 ICP 光谱仪商品化后未能被推广应用。

低功率（<2kW）试验较多，Barnes 则以 1.3kW 的发生器产生全部使用氮气的 ICP 放电，证实了低功率氮冷 ICP 的可行性。使用通用 Fassel 炬管，20L/min 以下的氮冷却气，正向高频功率 1～2kW 条件下运行，由于低功率氮气形成稳定的等离子体比较困难，还需用少量氩气作中间管气体，这类 ICP 光源又称氮-Ar-ICP 光源（N_2-Ar-ICP），它有别于混合气体光源，所形成焰炬的外观也与纯 Ar-ICP 不同，体积缩小，中心通道变窄，这种 ICP 对激发能中等或较低的元素（如 Cr、Co、Ni、Mo、Tl 等），其原子谱线同 Ar-ICP 光源相比有较好或相近的检出限，而较高激发能的原子线及离子线检出限比 Ar-ICP 光源要差 1～2 个数量级。

用空气冷却 ICP 光源曾经是一个更有吸引力的节省氩气的途径，正向高频功率 1200W，冷却气流量 15L/min（空气），辅助气 3L/min（氩气），雾化气 0.7L/min。实验数据表明，分析线波长 >300nm 激发能低于 4eV 的原子线，空气冷却的 ICP 光源优于 Ar-ICP 光源，分析线波长 <300nm 及激发能 >5.1eV 的原子线和离子线检出限均比 Ar-ICP 光源差 1.5～2 个数量级。分子气体光源在形成等离子体时，由于氮等离子体阻抗不同于氩等离子体，其反射阻抗较高，当回路失配时易损坏高频发生器。温度测量显示，与 Ar-ICP 光源相比，氮-ICP 温度要低 1000K，等离子体更接近局部热力学平衡状态，缺少亚稳态 Ar 参加的 Penning 电离和激发过程，因而不存在 Ar-ICP 中许多元素离子谱线较强的规律。实验显示，易激发的原子线 Ar-ICP 和空气-ICP 有相近的检出限；而激发电位较高的原子线空气-ICP 检出限较差；而空气-ICP 中离子线检出限比 Ar-ICP 光源差很多，可差 1～2 个数量级。我国光谱分析研究者对于分子气体用于 ICP 光谱分析做过许多工作，何志壮等用自制的改进型 Fassel 炬管，1.2kW 高频功率，外管气氮气 7L/min，中间管氩气 2.5L/min，雾化气氩气 1L/min，用于测定钛合金中多种金属元素。但这些非 Ar-ICP 光源光谱分析技术均并未能推广应用。

3.7.2 气体的物理化学参数与 ICP 光源的分析性能

从大量实验结果可以得出这样结论：用 Fassel 炬管，1.2 kW 高频功率，用不高于 20L/min 氮气或空气作外管气体（冷却气）可以维持稳定的等离子体。但为什么至今商品 ICP 光谱仪不用价廉且来源方便的氮气及空气作工作气体？原因讨论如下：

① 分子气体 ICP 光源的检出限不如 Ar-ICP 光源，虽然对易激发元素的原子谱线与 Ar-ICP 光源检出限相近，但较高激发能的原子谱线和离子谱线则差 1～2 个数量级，激发温度较低及激发能不足是分子气体 ICP 光源的重要缺点。

② 形成等离子体较难（点火难），欲直接用氮气及空气点火生成 ICP 需要在很高的高频功率或强电场下才有可能，在 2kW 以下的高频功率很难直接形成稳定 ICP。通常需用氩气点火生成稳定等离子体后再逐渐转换成分子气体，同时在运行时还要用氩气作中间管气体（辅助气）及雾化进样气。

③ 分子气体 ICP 光源紫外光谱区有较强的背景辐射，它们是氮、氧的分子光谱和谱线，影响分析元素的谱线与背景比值，有些还可能干扰分析线的测定。

造成分子气体与 Ar-ICP 性能不同的原因在于气体的物理化学性质的差别。计算机模拟计算表明，在频率 50MHz，炬管直径 18mm，冷却气 10L/min，中心管载气 1.5L/min 的条件下，输入到等离子体的能量主要加热流动状态的工作气体与炬管壁散热损失，用于激发发光的能量及分解试样用的能量不到 5%～10%。

ICP 的能量平衡与工作气体的物理化学性质直接相关。与单原子气体的氩气不同，氮气要电离形成等离子体必须首先吸收能量原子化，再吸收能量电离，才能形成部分电离的弱等离子体，H—H键、N—N键、O—O键化学键能分别是 435kJ/mol、159kJ/mol 及 138 kJ/mol，而氩气在生成等离子体的不需要这部分能量，分子气体所形成的等离子体的组成也比 Ar-ICP 复杂，其组成取决于气体分子的解离平衡和原子电离平衡，消耗高频电源的较多能量。据认为，当将高频功率增加到 3～4kW 时才能使等离子体具有低功率 Ar-ICP 光源类似的检出能力和稳定性。表 3-19 是 ICP 光源用气体的物理化学参数。

表 3-19　气体的物理化学参数

气体	原子量	第一电离能/eV	热导率/[$\times 10^5$J/(cm·s·℃)]	定容比热容/[J/(g·℃)]
H_2	1.0	13.59	49.94	19.2
O_2	16	14.53	7.43	0.65
N_2	14.0	13.62	7.18	0.74
Ar	39.9	15.76	5.09	0.31
He	4.0	24.59	39.85	3.14

高频电源供给等离子体的能量消耗在 4 个方面：用于工作气体的电离及原子化；激发原子及分子产生发射光谱；炬管壁及焰炬的热辐射损失；工作气体流动带走的热能损失。

这些能量的消耗都与气体的物理化学性质有关。分别比较各种工作气体生成等离子体所需能量。

(1) 氢气　H—H 键能 435 kJ/mol，热导率最大，比热也最大，氢气形成 ICP 所需能源最多，是最难形成稳定等离子体的气体，没有人研究用氢气取代氩气用作工作气体。

(2) 氦气　单原子气体，不需要解离能，但其热导率仅次于氢气，比氩气、氮气、氧气高很多，电离电位较高，也是一种较难形成等离子体的气体。并且其价格很高，氦气不在分析 ICP 用工作气体考虑范围内。但它可在低功率微波等离子体光源用于检测有高的激发电位的非金属元素。

（3）在氩气、氮气、氧气三种气体的热导率及比热值中，氩气最低，它们的第一电离电位相近，并且单原子气体氩气并不需要原子化过程，Ar-ICP 较氮气、氧气更容易形成稳定 ICP。

由于 Ar 气在 ICP 中热导率小，热量损失少，形成等离子体过程需要的能量也少，容易形成稳定的等离子体。此外，Ar-ICP 作为光谱光源还有另一特点，Ar（I）有两个亚稳态能级，其激发电位分别是 11.55eV 和 11.76eV，当亚稳态氩原子返回基态时其能量用于激发和电离分析物原子，因而在 Ar-ICP 光谱光源中有较强的电离和激发能力，有比局部热力学平衡状态（计算值）更强的离子线，通常认为 Ar-ICP 非局部热力学平衡等离子体、氮-ICP 及其他分子气体 ICP 光源中是不具有这种性质的。另外，氩 ICP 光谱背景比较"干净"，不像氮 ICP 或空气 ICP 有很强的分子光谱带，这就是为什么现在商品 ICP 光谱仪至今还用氩气做工作气体的原因。

参 考 文 献

[1]　黄本立，吴绍祖，王素文. 分析化学，1980，8（5）：416.

[2]　辛仁轩，林毓华，陈欣欣等. 光学与光谱技术，1984，4（2）：57.

[3]　Iacamba L A, Masamba W R, Nam S, et al. Journal of Atomic analytical Spectromet ry，2000，15（5）：491.

[4]　Reed T B, Journal of Appled Shyscis，1961，32（12）：2534.

[5]　Horner J A, Hieftje G M. Applied Sspectroscopy，1999，53（6）：713.

[6]　Dudnikov S Y, Kartasheva M A, Moshkovich. ICP Information Newsletter，1995，20（8）：573.

[7]　Sesi N N, Galley P J, Hieftye G M, Journal of Atomic analytical Spectrometry，1993，8（2）：65.

[8]　李义久，周有福，何世龙等. 分析测试学报，1999，18（1）：35.

[9]　Smith T R, DentonM B, Applied Sspectroscopy，1990，44（1）：21.

[10]　Heoenig M, Decekalova H, Daeten H. Journal of Atomic analytical Spectrometry，1998，13（3）：195.

[11]　郑建国，张展霞. 光谱学与光谱分析，1994，14（2）：57.

[12]　Hu Yanping, Zhang Zhanxia. Journal of Atomic analytical Spectrometry，1994，

9 (6)：701.

[13] 李全臣，蒋月娟 . 光谱仪器原理，北京：北京理工大学出版社，1999.

[14] 陈隆懋 . 光谱学与光谱分析，1997，17 (4)：73.

[15] 辛仁轩，王国欣 . 分析仪器，1991，(3)：12.

[16] Allemand C D, Barnes R M. Appled Spectroscopy, 1977, 31 (5)：434.

[17] 辛仁轩，林毓华，王国欣 . 光学与光谱技术，1981，2 (4)：1.

[18] Wohlers C C. ICP Information Newsletter, 1985, 10 (8)：593.

[19] 张展霞，肖敏 . 分析试验室，1995，14 (5)：80.

[20] 辛仁轩，宋崇立 . 分析化学，2002，30 (11)：1375.

[21] Gustavasson A. ICP Information Newsletter, 1979, 4 (6)：312.

[22] 辛仁轩，余正东，郑建明 . 电感耦合等离子体光谱仪及应用，北京：冶金工业出版社，2012.

[23] Montaser A, Goligttly D W 编著 . 感偶等离子体光谱分析 . 陈隆懋等译 . 北京：人民卫生出版社，1992.

[24] 辛仁轩 . 电感耦合等离子体光谱仪器技术进展与现状 . 中国无机分析化学，2011，1 (4)：1.

[25] 辛仁轩 . 等离子体发射光谱分析 . 北京：化学工业出版社，2005.

[26] 辛仁轩 . 等离子体发射光谱分析 . 第 2 版 . 北京：化学工业出版社，2010.

第4章 光谱分析原理

4.1 原子发射光谱的产生

4.1.1 光谱的产生

原子（离子）受电能或热能的作用，外层电子得到一定的能量，由较低能级 E_1 被激发到较高能级 E_2，这时的原子（离子）是处于激发状态。原子（离子）获得的能量 $\Delta E = E_2 - E_1$ 称为激发能或激发电位，常用电子伏特 eV 或 cm^{-1} 来表示。在高能级上运动的电子处于不稳定状态，当它直接跃迁回原来的能级时就发射一定波长的光，在光谱中形成一条谱线，其波长（λ）为

$$\lambda = \frac{c}{\nu} = \frac{ch}{E_2 - E_1} \qquad (4\text{-}1)$$

式中，c 为光速；h 为普朗克常数；ν 为频率；E_2 为较高能级的电子能量；E_1 为较低能级的电子能量。

当处于激发态原子（离子）中的电子也可能经过几个中间能级才跃迁回原来的能级，这时就会产生几种不同波长的光，在光谱中形成几条谱线，其波长分别为

$$\lambda_1 = \frac{ch}{E_2 - E_a}; \ \lambda_2 = \frac{ch}{E_a - E_b}; \ \cdots; \ \lambda_n = \frac{ch}{E_{n-1} - E_1} \qquad (4\text{-}2)$$

式中，$E_a, E_b, \cdots, E_{n-1}$ 是中间能级的能量。

一种元素某谱线的激发电位愈高，则表示该谱线愈难激发。

激发态的原子约在 10^{-8} s 时间内，其处于高能级的电子就会向低能级跃迁，并同时释放出光子，这种发光称为自发发射。原子在某些高能比较稳定，可以停留较长时间（约 10^{-3} s），这种能级称为亚稳态。在氩等离子体中，Ar 原子有两个亚稳态。其激发电位分别是 11.55eV 及 11.72eV。它们在 ICP 光源的激发过程中起一

定作用。

由原子被激发发射的谱线称为原子线。原子在获得足够能量后，可使外层电子脱离原子体系，分别成为离子和自由电子，原子失去一个电子形成离子的过程，称为一级电离。离子受激发射的谱线称为离子线。原子线在元素符号后加注罗马数字Ⅰ表示，一次电离的离子发射谱线加注罗马数字Ⅱ。如 Mg 的原子线和离子线分别写为 MgⅠ及 MgⅡ。在 ICP 光源分析性能诊断时经常使用 MgⅡ和 MgⅠ的强度比。

4.1.2　谱线的宽度及变宽

任何谱线，都不会是绝对单色的，而具有一定的波长范围。谱线强度按波长分布的确定形状，称为谱线的轮廓（图 4-1）。谱线的波长，一般指谱线峰值强度 I_0 处的波长 λ_0。谱线轮廓所覆盖的波长范围，就是谱线的宽度。但因谱线轮廓的边沿很难确定，因而习惯上把谱线强度峰值的一半（$I_0/2$）处的宽度，即半宽度 $\Delta\lambda = \lambda_2 - \lambda_1$，称为谱线宽度。

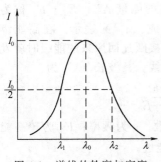

图 4-1　谱线的轮廓与宽度

由于原子在激发态有一定的停留时间，激发态的能级又具有一定的宽度，因而谱线的波长具有一定的宽度。这个谱线宽度是原子所固有的，因而称为自然宽度。在一般情况下，谱线的自然宽度约为 10^{-2} pm，与其他原因引起的展宽相比是很小的，可以忽略。

在等离子体光源中，由于其他粒子对辐射原子的碰撞作用而引起的谱线展宽，称为碰撞变宽或压力变宽，有时也称为 Lorentz 变宽。在 Ar ICP 光源中，由于 Ar 基态原子具有很高的密度，故它是碰撞变宽的主要微扰物。

高温等离子体光源中，各种粒子总是处在热运动状态，所以发光的原子总是相对于观测仪器而运动的。这种相对运动所引起的变宽，称为 Doppler 变宽，可表示为

$$\Delta\nu_0 = 7.16 \times 10^{-7} \nu_0 \sqrt{\frac{T}{M}} \qquad (4\text{-}3)$$

式中，ν_0 为辐射的中心频率；T 为等离子体的温度；M 为辐射原子的质量。对于某一原子来说，谱线的多普勒变宽直接决定于等离子体光源的温度。故在测定 ICP 光源中气体温度时，经常采用 Doppler 变宽法。谱线的 Doppler 宽度约在 $1 \sim 8$pm 之间，它是决定谱线物理宽度的主要因素之一。

电光源中各种粒子均处在强电场中，一个简并能级可分裂成数个组分，等离子体中由带电粒子引起的 Stark 效应可使谱线变宽。ICP 光源中电子密度多用 H_β 线的 Stark 变宽法测量。

4.1.3 谱线的自吸

光谱分析用电光源均为有限体积的发光体，其温度的空间分布是不均匀的。原子或离子在等离子体的高温区域被激发，发射某一波长的谱线，当光子通过等离子体的低温区时，又可以被同一元素的原子或离子吸收，这种现象称为谱线的自吸。由于自吸收的发生，谱线强度和轮廓将发生变化。如图 4-2 所示，当没有自吸时，谱线的轮廓如曲线 1。当有自吸时谱线中心强度开始降低，轮廓也发生变化。自吸的程度与等离子体中元素的浓度有关。当

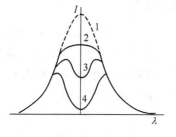

图 4-2　谱线的自吸
1—无自吸；2—有自吸；
3—自蚀；4—严重自蚀

自吸严重时，谱线中心产生凹陷（曲线 3，4），称为自蚀。

ICP 光源由于是中心通道进样，等离子体是光学薄层，因而自吸现象比较轻微，多数工作曲线线性范围可达 $4 \sim 5$ 个数量级。然而，当元素浓度较高时（例如超过 $1000\mu g/mL$ 时），通常也会发生自吸，特别是碱土元素及碱金属元素，如 Ca II 393.367nm 及 Sr II 421.552nm，Sr II 407.771nm 均会产生自吸现象，此时标准曲线

的高浓度段会向下弯曲，在配制标准溶液时应考虑所用分析线的线性范围。

4.2 定量分析原理

4.2.1 谱线强度与浓度的关系

设等离子体光源中被测定的元素原子总数为 N_0，要产生某一波长的谱线，需经原子激发能 E，使原子外层电子由基态激发至 m 能级的激发态，则被激发到 m 能级（E_m）的原子数为

$$N_m = K N_0 e^{-\frac{E_m}{kT}} \tag{4-4}$$

式中，K 为统计常数；k 为玻耳兹曼常数；T 是等离子体温度。

当电子由激发态返回基态时，发射频率为 ν 的光波，辐射光的强度应为

$$I = N_m A_{mn} h\nu = K A_{mn} h\nu N_0 e^{-\frac{E_m}{kT}} = K' N_0 e^{-\frac{E_m}{kT}} \tag{4-5}$$

式中，$h\nu$ 是一个光子的能量；A_{mn} 为跃迁概率。

又因等离子体中被激发的某元素的原子数 N_0 与试样中该元素的含量 c 成正比，即

$$N_0 = \beta c \tag{4-6}$$

式中，β 是与等离子体温度及元素性质有关的比例常数。所以

$$I = K' \beta c\, e^{\frac{E_m}{kT}} \tag{4-7}$$

对具体谱线及具体分析条件，E_m、k、T、K'、β 均为定值，故谱线强度与试样含量成正比，即

$$I = ac \tag{4-8}$$

考虑到实际光谱光源中，某些情况下会有一定程度的谱线自吸，使谱线强度有不同程度的降低，必须对上式加以修正

$$I = ac^b \tag{4-9}$$

式中，b 是自吸收系数，一般情况下 $b \leqslant 1$，b 值与光源特性、样品中待测元素含量、元素性质及谱线性质等因素有关。在 ICP

光源中，多数情况下 $b \approx 1$。

式(4-9) 是 Lomakin 等由实验得出的，通称 Lomakin-Scherbe 公式。

4. 2. 2 标准曲线法定量分析

当试液中元素含量不特别高时，罗马金公式中的自吸收系数接近于 1，此时谱线强度和浓度呈直线关系。可配制 3～5 个浓度的标准样品系列，在合适的分析条件下激发样品，在线性坐标中绘制标准曲线。一般情况应得到通过坐标原点良好线性的标准曲线。利用待测样品的谱线强度由标准曲线上求出试样含量。目前，光谱仪器均为光电测量及计算机处理数据，可直接由计算机输出测定结果和打印分析报告。图 4-3 为低浓度（高纯水）样品分析所用的标准曲线。

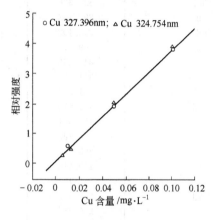

图 4-3　分析高纯水用的
低浓度标准曲线

由于 ICP 光源的自吸收比较低，并且仪器稳定性也在不断改进，一般情况下标准曲线的线性及稳定性均佳，在分析较低浓度样品时，有时可用两点法绘制标准曲线。即用一个标准溶液及一个空白溶液校准仪器，然后进行样品分析。

笔者曾检查了 ICP 光源中多种元素的自吸收系数值，数据见表 4-1 及表 4-2。数据表明，在分析条件下（高频功率 1150W，载气流量 0.4L/min），多数元素的自吸收系数值为 1 左右。而碱金属的自吸收系数均低于 1，线性范围较窄，标准溶液浓度范围不宜过宽。

对于被测元素的含量较大、谱线的自吸较大的样品，可以用对数坐标绘制 lg$I$-lg$c$ 曲线。此时不仅线性范围扩大，线性度也会改善。

表 4-1 自吸收系数 b 值

元　素	波长/nm	光谱级	b
Al I	308. 215	84	0. 998
Al I	309. 271	84	1. 038
Al I	394. 409	66	0. 029
Al I	396. 152	65	1. 032
Cu II	223. 008	80	0. 986
Cu II	224. 700	79	0. 997
Cu I	324. 754	115	0. 980
Cu I	327. 396	116	1. 008
V II	292. 402	88	0. 984
V II	292. 402	89	0. 997
V II	309. 311	84	1. 005
V II	310. 230	84	1. 007
V II	311. 071	83	0. 999
Eu II	381. 967	68	1. 014
Eu II	412. 970	63	1. 013
B	182. 641	142	0. 942
B I	208. 893	124	0. 978
B I	208. 959	124	0. 974
B I	249. 678	104	1. 008
B I	249. 773	104	1. 030
Co II	228. 616	113	0. 998
Co II	230. 786	112	1. 004
Co II	238. 892	109	1. 019
Co II	240. 705	108	1. 015
Fe	240. 488	108	1. 012
Fe II	259. 940	100	1. 011
Fe I	302. 049	86	0. 995
Fe I	371. 994	70	1. 003
Cd	214. 438	121	0. 998
Cd II	226. 502	114	0. 999
Cd II	226. 502	115	1. 002
Cd I	228. 802	113	0. 993
Cd I	228. 802	114	0. 989
Be I	234. 861	111	0. 999
Be I	234. 861	110	0. 999
Be II	313. 042	83	1. 009
Be II	313. 107	83	1. 001
Sr I	460. 773	56	1. 080
Sr II	421. 552	62	1. 010

表 4-2 碱金属元素的自吸收系数

分析线/nm	自吸收系数	相关系数(r)	线性范围/(mg/L)
Li 670.784	0.92	0.9963	0.01～10
Li 610.364	0.93	0.9992	0.01～1000
Li 460.286	0.90	0.9952	0.3～1000
Na 588.995	0.88	0.9997	0.1～1000
Na 589.592	0.89	0.9998	0.1～1000
K 766.490	0.93	0.9991	0.1～1000

4.2.3 标准曲线非线性问题

在一般情况下，所用 ICP 光源光谱法的标准曲线的线性是良好的，这也是 ICP 光源的优点之一。但实验中也会碰到标准曲线非线性问题，造成非线性的原因有多种，需要具体分析。

4.2.3.1 线性坐标中的标准曲线

按照罗马金公式，当自吸收系数 $b=1$ 时，标准曲线应是通过坐标原点的直线，造成标准曲线非常变化的原因有下面几个。

① 当标准溶液系列有显著空白值，或光谱背景未扣除或未扣除干净时，标准曲线将不通过原点，而是平行向上移动的一条直线。

② 当试样浓度过高，又同时选用灵敏度很高的共振线时，由于产生自吸而使标准曲线在高浓度区向下弯曲。

③ 当采用灵敏度很高的谱线，由于谱线强度过高超过光谱仪数据系统 ADU 的容量时，标准曲线高强度段会向下弯曲。

④ 当标准溶液系列中含盐量不一致，并且由低到高单方向变化时，由于高盐量溶液的进样效率、雾化效率及原子化效率均较低，造成谱线强度下降，绘制的标准曲线上端会向下弯曲。在采用非搭配法配制多元素混合标准溶液系列时会出现这种情况。

⑤ 当用连续稀释法配制混合标准溶液系列时，共存元素对分析线的光谱干扰，将导致该元素标准曲线斜率改变。

4.2.3.2 对数坐标中的标准曲线

如图 4-4 所示，造成标准曲线弯曲原因如下。

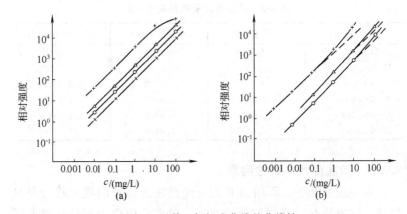

图 4-4　对数坐标标准曲线的非线性

(a) +B 249.773nm；△B 208.958nm；◦B 208.893nm；×B 182.64nm

(b) +Li 670.784nm；△K766.490nm；◦K769.896nm

① 由试剂空白和基体空白值造成的标准曲线低浓度段向上弯曲。在微量分析中某些易污染的元素，如 Na、Mg、Ca、Fe、Si 等的标准曲线易出现这种现象。

② 由于光谱背景扣除不干净也会造成标准曲线低浓度段向上弯曲。

③ 由于强度过高，超出数据系统量程导致标准曲线高浓度段向下弯曲。见图 4-4(a)。

④ 图 4-4(b) 中碱金属元素的标准曲线高浓度段向上弯曲，造成这种现象的原因可能是电离效应引起的。

造成标准曲线弯曲的原因较多，有光源的原因，也有样品组成及浓度的原因，还有元素和谱线性质以及分析参数等原因，需要具体分析。图 4-4 所用的 IRIS/AP 轴向观测光源，中阶梯光栅光谱仪，1150W 功率及 0.4L/min 载气流量。

4.2.4　其他定量分析方法

4.2.4.1　标准加入法

标准加入法可以抑制基体的影响，对难以制备有代表性样品时，这种方法比较适用。另外，对低含量的样品，标准加入法可改善测定准确度。

标准加入法是先进行一次样品半定量测定，了解样品中待测元素的大致含量，然后加入已知量待测元素后，对溶液进行第二次测定。可通过作图或根据信号的增加计算出原样品中物质的含量。

标准加入法必须满足三个条件：待测物质浓度从零至最大加入标准量范围，必须与信号呈线性关系；溶液中干扰物质浓度必须恒定；加入的标准所产生的分析响应必须与原样品中待测物质所产生的分析响应相同。

设被测定元素浓度为 c_x，加入不同浓度的标准溶液 c_1，c_2，c_3，在同一条件下激发光谱，因 $I=ac^b$，且 $b\approx1$，则谱线强度与浓度呈线性关系。

$$I=a(c_x+c_i), c_i=c_1, c_2, c_3 \tag{4-10}$$

当 $I=0$，则

$$c_x=\frac{I_x}{I_i}c_i$$

绘成标准曲线如图 4-5 所示，c_x 即为待测元素含量，I_x 为其谱线强度，I_i 为标准溶液 c_i 的谱线强度。有些光谱仪有标准加入法软件，可直接测出 c_x。

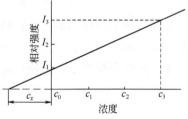

图 4-5 标准加入法校正曲线

4.2.4.2 在线标准加入法

标准加入法要求配制多个含不同浓度标准的试样溶液，在线标准加入法可利用双通道蠕动泵，分别将试样溶液和标准溶液泵入进样系统，而不含试样的标准溶液系列容易配制，且可用于多个试样分析。蠕动泵是光谱仪基本配置，故在线标准加入法可节省制备溶液时间，有较好的实用性。

4.2.4.3 流动注射标准加入法

和在线标准加入法不同，流动注射（FI）标准加入技术要配置流动注射分析仪（FIA），至少要有一个采样阀。流动注射标准加入法有许多种方式，常用的有单通道流路（图 4-6）及双通道 FI 合并带流路（图 4-7）。

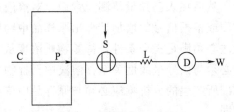

图 4-6　单通道 FI 流路

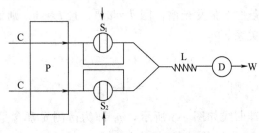

图 4-7　双通道 FI 合并带流路

单流路体系由蠕动泵、采样阀及传输管组成。以样品溶液作为载流，由蠕动泵 P 将载流引入，标准溶液由采样阀 S 注入，采样环控制采样体积的大小，为使试样在传输过程中混合均匀又不致过度分散，传输管不宜过长。

当采用双通道 FI 合并带装置时，以水为载流，分析试样溶液和不同浓度的标准溶液通过采样引入流路，经合并后在传输管内混合，最后进入雾化装置。

图 4-8 是用上述两种流路 FI-ICP 光谱法的标准曲线。

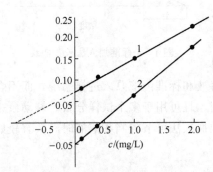

图 4-8　FI 标准加入法标准曲线

1—合并带标准加入法；

2—单流路 FI 标准加入法

合并带标准加入法操作简单，所需试样量较少。每次测定仅需不足 0.5mL 的样品，每分析一个样品也只消耗不足 1.5mL 试样溶液，分析速度也比较快。

4.2.4.4 内标法

（1）内标法原理 内标法光谱分析是在试样和标准样品中加入同样浓度某一元素，利用分析元素和内标元素谱线强度比与待测元素浓度绘制标准曲线，并进行样品分析。加入内标元素及利用分析线与内标线强度比进行标准化的目的是为了抵消由于分析条件波动引起的谱线强度波动，提高测定的准确度。在电弧和电火花光源光谱分析中，广泛采用内标法提高测定的准确度。在 ICP 光谱分析中，因光谱光源稳定性好，基体效应比较低，一般情况下不采用内标法。但对于基体效应较大的样品分析，采用内标法有助于改善分析准确度。

若以 I_x、c_x 代表分析线强度和分析元素浓度，以 I_R、c_R 代表内标线强度和内标元素浓度，根据罗马金公式可得分析线和内标线强度分别为

$$I_x = a_x c_x, I_R = a_R c_R$$

当内标元素浓度 c_R 为固定值时，则 a_x，a_R，c_R 均为定值

$$R = \frac{I_x}{I_R} = \frac{a_x c_x}{a_R c_R} = a_0 c_x \tag{4-11}$$

式（4-11）是内标法定量分析的关系式。

（2）内标的作用 内标线的合理选择对发挥内标法的作用比较重要。在电弧光源和火花光源的光谱分析中要求内标元素和分析元素的蒸发速度、电离能及原子量要接近；要求内标线和分析线的激发能和波长要接近；要求两谱线均无自吸现象。对于 ICP 发射光谱分析，由光源具有高的

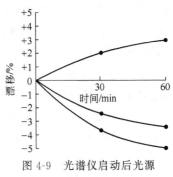

图 4-9 光谱仪启动后光源
发射与时间的关系

温度及独特的环形结构，提供了很强的蒸发和激发能力。在选择内标时要求放低了。由于引起分析线强度值漂移的原因较多，对于应用于 ICP 光源的内标技术仍需要研究。

图 4-9 是光谱仪启动后的热漂移曲线，可以看出，仪器冷启动后由于温度的变化造成的影响，对于分析线、氩谱线及光谱背景各不相同。若采用内标法可明显抑制热漂移造成的影响（表 4-3）。试验所用光谱仪是 Plasma 300 型顺序扫描等离子体光谱仪和多通道光电光谱仪。

表 4-3 启动 1h 后的热漂移 单位：%

元素及分析线/nm	无内标	有　内　标	
		顺序型光谱仪	同时型光谱仪
Cd 214.44	+3	0	0
Cr 267.71	+2	−1	−1
Fe 238.20	+4	0	−1
Mn 257.61	+3	+1	+1
Zn 213.86	内标线	—	—

ICP 光谱技术一般采用液体进样技术，溶液的物理性质，特别是溶液的黏度成为影响谱线强度的重要原因。表 4-4 列出了当标准样品与分析样品溶液黏度不同时内标的作用。试验所用的是含 1% HNO_3 的多元素混合标准溶液，而试样溶液则含 5% H_2SO_4，两者黏度不同。表 4-4 数据显示，在无内标时测定结果的偏差约为 8%～10%，而有内标时偏差可降低仅为 1%～2%。故内标法可显著抑制试样溶液由于物理性质差异而造成的偏差。

在 ICP 光源中基体效应是造成偏差的另一个重要原因。表 4-5 介绍了内标法对抑制基体效应的数据。试验溶液是含 5% NaCl 的混合多元素溶液，含待测元素浓度各 1μg/mL。标准溶液不含基体。表 4-5 数据说明，加入内标元素后可以校正由于 NaCl 基体效应而引起的偏差。

（3）内标的选择 在 ICP 光源中，尽管对内标元素及内标线

表 4-4　溶液黏度的影响

元素及分析线/nm	无内标测定偏差/%	有内标偏差/%	
		顺序光谱仪	多通道光谱仪
Cd 214.44	−13	−2	−2
Ni 231.60	−11	−1	−1
Fe 238.20	−9	−1	+1
Cr 267.71	−8	+2	+2
Cu 327.40	−8	+1	+1
Mn 251.61	内标线		

表 4-5　NaCl 的基体效应

元素及分析线/nm	无内标光谱法测定值	内标法测定值
Cd 214.44	0.89±0.15	1.00±0.004
Cr 267.71	0.93±0.010	1.02±0.007
Fe 238.20	0.94±0.019	1.01±0.007
Ni 231.60	0.88±0.031	0.99±0.016
Cu 327.40	0.98±0.012	1.02±0.006
Mn 257.61	内标线	

注：表中数据为 5 次测量的平均值。

的选择要求不如电弧光源那样严格，但大量实验结果表明，要想获得最好的内标法效果，还应认真选择内标元素及内标线。首先看表4-6 的分析物与内标相关性的试验数据。用谱线 Cr I 425.43nm 和谱线 Eu II 420.50nm 作为内标线与其他谱线相关。测量 20 次，每次改变一个分析参数（共考虑高频功率、样品提升量、载气及等离子体气流量四个主要参数），每个参数改变 5 次，每次参数改变量不大于 5%。把这 20 次测定结果进行回归计算，算出相关系数及精密度。

由表 4-6 及其他多个实验室的研究结果，可以归纳如下内标选择的规律。

Ar 谱线不能作为内标线，与原子线或离子线配对效果均不佳。Belchamber 也得出相同结论。

表 4-6 内标与分析物相关性

元素及谱线/nm	激发电位/eV	电离电位/eV	分析/内标Cr	相关系数/%	RSD	分析/内标Eu	相关系数 RSD/%	
Ar I 419.83	14.74	14.76	Ar I /Cr I	0.585	1.06	Ar I /Eu II	0.717	0.93
Eu II 420.51	2.95	5.64	Eu II /Cr I	0.880	0.541	—	—	—
Sr II 421.55	2.94	5.69	Sr II /Cr I	0.887	0.631	Sr II /Eu II	0.999	0.12
Ca I 422.67	2.93	6.54	Ca I /Cr I	0.998	0.246	Ca I /Eu II	0.779	1.00
Sc II 424.68	3.23	6.54	Sc II /Cr I	0.898	0.731	Sc II /Eu II	0.997	0.15
Ga I 417.21	3.07	6.00	Ga I /Cr I	0.916	0.325	Ga I /Eu II	0.553	0.60
Cr I 425.43	2.91	6.76	—	—	—	Cr I /Eu II	0.834	0.70

分析线和内标线均为原子线或离子线对有较好的效果。尽管 Sc II 424.68nm 和 Eu II 420.5nm 的电离电位和激发电位相差较大,但配对后效果仍较好。Belchamber 认为离子线与离子线配对效果最好,原子线与原子线配对效果较好。郑建国等认为内标法为校正基体干扰,分析元素与内标元素电离能应相近。Ivaldi 等给出的结果也表明,用离子线 Y II 371.030nm 作内标线与离子线配成线对,其 RSD 为 $0.1\%\sim0.2\%$,同未用内标法相比,精密度改进因子为 $3\sim4$;而 Y II 与原子线配成线对,其精密度在 $0.2\%\sim0.7\%$,而精密度改进因子仅为 $1.5\sim3$。

为了校正基体干扰,分析线的原子半径或离子半径应与内标元素的相匹配。

为了校正分析参数波动(高频功率、进样速度及载气流量)引起发射强度变化,A 族元素(主族)以 A 族元素为内标,B 族元素以 B 族元素为内标,其信号随分析参数变化相对较小。

由于高浓度的基体会产生连续背景光谱,因而分析线的波长与内标线的波长应尽量接近,以减少背景变化的影响。

在稳健性条件下用内标法校正基体效应的效果好,而非稳健性条件下用内标法效果要逊色。参看表 4-7 的数据。所谓稳健性

（robust）条件是采用较高功率和较低的载气流量。表 4-7 中稳健性条件是 1400W 高频功率及 0.6L/min 载气流量。非稳健性条件采用 1200W 高频功率及 1L/min 的载气流量。内标法的效果以偏差值来表示，偏差值 $=\dfrac{c_{测定}-c_{配制}}{c_{配制}}$，其中 $c_{测定}$ 及 $c_{配制}$ 是指溶液中某元素测定浓度及配制浓度。以 NaCl 为基体，浓度是 10g/L。用 Ni Ⅱ 231nm 作内标线。采用径向观测方式。

表 4-7　光谱条件对内标效果的影响　　　单位：%

元素及分析线 /nm	稳健性条件		非稳健性条件	
	无内标	有内标	无内标	有内标
ZnⅡ 206	−24.7	6.4	76.4	12.8
CrⅡ 205	−27.7	1.9	130.5	49.1
CdⅡ 226	−28.2	1.3	61.4	3.2
CoⅡ 228	−28.4	0.85	76.4	14.4
BaⅡ 233	−28.5	0.2		
MnⅡ 257	−28.4	1.0	133.2	50.4
CrⅡ 267	−28.1	1.3	112.5	36.9
MgⅡ 280	−29.7	1.8	195.6	89.5
TiⅡ 336	−28.4	1.0	63.6	3.5
ScⅡ 361	−28.4	0.7	91.1	21.8
BaⅡ 455	−30.6	−1.9	138.3	48.4

在轴向观测方式中采用内标法校正基体干扰的效果不如径向观测方式。在轴向观测时无法选择最佳观测区域。

用固态阵列检测器光谱仪作内标法光谱分析，因为内标线和分析线同时测量，称为实时内标（real-time internal standardization），具有较分时内标法更好的效果。

某些样品可以用基体作内标，如铀浓缩物中少量 Fe、Mo、V 的测定，利用铀谱线作为内标线进行测定。碳钢中 Ni、Cr、Cu、Mn、Si、P 的测定可用铁作内标，因这几类样中杂质量较少，主成分是单一元素且含量无明显变化。这种以基体元素作为内标的方法又称为内参比法。

4.2.5 定性和半定量分析

4.2.5.1 定性分析

在过去半个世纪中，电弧光源摄谱法定性分析是发射光谱分析的重要应用领域。等离子体光源的出现，简化并加快了光谱定量分析过程，对光谱定性分析的需求有所降低。但光谱定性分析仍是无机定性分析的主要手段。由于光电测量技术和计算机技术在光谱仪器中的应用，使光谱定性分析更为简便，但光谱定性分析所依据的原理，仍然与经典电弧光源定性光谱分析一样。要确认试样中存在某个元素，需要在试样光谱中找出三条或三条以上该元素灵敏线，并且谱线之间的强度关系是合理的；只要某元素的最灵敏线不存在，就可以肯定试样中无该元素。

定性分析还要具有一些准备知识，如在实验条件下各常见元素的检出限，以及常见元素灵敏线强度的相对关系。这些数据在光谱仪的谱线库中可以查到，也可参考光谱谱线表。

具体定性分析操作方法因仪器而异。多通道ICP光谱仪因可测量的谱线数有限，一般不能用于定性分析。下面介绍两种定性分析方法。

（1）比较谱线法　对于顺序等离子体光谱仪，可在进样后摄取待测元素的几条灵敏线的光谱图，并用差谱法扣除空白值。然后用前述方法判断试样中是否有该元素存在。

固体检测器ICP光谱仪用于定性分析更为快捷。首先摄取样品光谱及空白试样光谱，用差谱法从试样光谱中减去空白试样光谱。再选择要定性检查的元素，在二维光谱图上立即显示试样中这些元素的谱线，有些仪器还可显示出谱线强度及背景强度。由此可以判断样品中存在的元素。图4-10是用于定性分析的二维光谱。

（2）半自动定性分析　计算机软件法定性分析过程分三步，先摄取试样光谱及空白溶液光谱，然后用差谱法从试样光谱中扣去空白溶液光谱，最后启动软件程序对样品定性分析。确定某条谱线存在的原则是信背比（SBR）≥5。当SBR＜5时就认为该谱线强度过低，不能用于分析。定性分析的流程见图4-11。

144

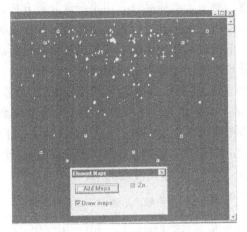

图 4-10 定性分析用光谱

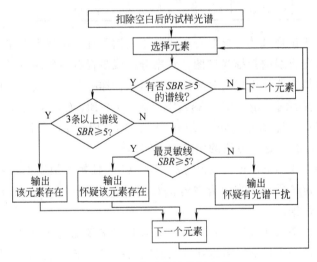

图 4-11 自动定性分析流程

4.2.5.2 半定量分析

光谱定量分析过程要求配制标准溶液系列、选择分析参数、排除干扰等一系列操作程序，需要有一定时间和工作量。但有些试样并不要求给出十分准确的分析数据，允许有较大偏差，但需要尽快给出分析数据。对于这类样品可采用半定量分析方法。ICP光源的半定量分析方法尚无通用方法，因仪器类型和软件功能而异，应用也不够广泛。下面介绍几种用ICP光源的半定量分析法。

（1）部分校准法　光谱定量分析要求对全部待测元素进行标准化校准，即用标准溶液校准仪器的波长及强度。部分校准法是Kahn等提出的，其原理是用一个含有3个元素的标准溶液校准仪器，然后用该程序可半定量测定多达29个元素的试样。标准溶液含Ba、Cu、Zn 3个元素，浓度及分析线见表4-8。分析线的选择使其涵盖200～450nm的常用波段范围。

表4-8　混合标准溶液的浓度及分析线

元素	分析线	浓度/(mg/L)	元素	分析线	浓度/(mg/L)
Ba	233.53	5	Cu	324.75	10
Ba	455.40	5	Zn	213.86	10

由于试样基体可能对分析线产生光谱干扰，该程序首先要显示出全部分析线的扫描光谱图，观察分析线是否有畸形或不对称的情况，换掉有明显干扰的分析线，然后进行样品分析。该程序包括主要的常见元素Ag、Al、As、B、Ba、Be、Bi、Ca、Cd、Co、Cr、Cu、Fe、Li、Mg、Mn、Mo、Na、Ni、Pb、Pt、Sb、Se、Si、Tl、V、Zn。这一方法的偏差约±25％。

用NBS 1645河川沉积物及NBS-1566牡蛎及地质标准物质检验，测定结果与标准值有较好的相关性。表4-9为Fe/Mn富矿石半定量数据。

（2）持久曲线法　近几年来，ICP光谱仪器稳定性不断改进，许多仪器一次校准后可以在较长时间内稳定工作。特别是一些固体检测器光谱仪，由于光谱仪无可移动部件等原因，几乎不需要经常进行波长校正而能长期工作。谯斌宗等考察了其所用的顺序扫描等离子体光谱仪，发现光谱仪校准后两个月不再标准化，测定6种元素的回收率在75.2％～112.0％。与定量分析方法相比，持久曲线法误差在－2.84％～＋31.7％之间，可以满足某些样品的快速半定

表 4-9　Fe/Mn 富矿石半定量数据

元素	标准值	半定量方法	标准 ICP 定量分析法
Fe	18.6%±1.8%	18.99%	19.4%
Mg	0.64%±0.05%	0.8%	0.7%
Mn	2.23%±0.2%	2.4%	2.3%
Si	6.1%±1.4%	6.1%	6.18%
As	4000±450μg/g	3900μg/g	3900μg/g
Ba	4700±800μg/g	5213μg/g	5300μg/g
Ni	55±5μg/g	46μg/g	50μg/g
V	39±10μg/g	59μg/g	41μg/g
Zn	220±70μg/g	248μg/g	220μg/g

量分析的要求。用这种半定量方法，分析某幼儿园奶糖中毒事件，很快发现奶糖中含有超常量 Cd 引起中毒。

　　由于 ICP 光源温度高，其发射光谱谱线多而复杂，经常会有不同程度的光谱线干扰，所以 ICP 光源的半定量分析方法应用受到限制。半定量分析结果的偏差大小会因试样的复杂程度及仪器的特性而异。分析高含量组分偏差较小。对于以富线元素为基体的样品中微量元素的半定量分析是困难的，应用半定量分析方法应予注意。Taylor 等曾研究了用顺序等离子体光谱仪进行 ICP 光源的定性和半定量光谱分析，认为应用炬管延伸管屏蔽以降低 OH、NH、CN、NO 谱带造成的复杂光谱背景，以减少对测定的干扰。

4.3　光谱分析条件

　　在 ICP 发射光谱中，影响分析性能的因素较多。除仪器特性明显影响分析性能外，有几个主要分析参数影响分析性能，它们是高频功率、工作气体流量及观测高度。适当地选择分析参数，使用同样的仪器可获得较好的分析性能。分析性能通常是指检出限、灵敏度、精密度、准确度、线性动态范围及基体效应等。

4.3.1 高频功率的影响

输出到等离子体的高频功率变化时，等离子体温度、电子密度及发射强度的空间分布均发生变化，对不同元素及不同谱线其影响不同。图 4-12～图 4-16 介绍了高频功率对几种不同性质的分析线的影响。

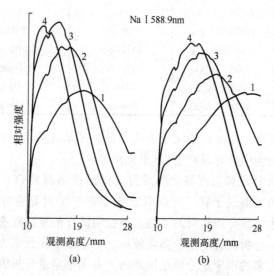

图 4-12　高频功率对 Na I 588.9nm 的影响
高频功率：1—1.25kW；2—1.5kW；3—1.75kW；4—2kW
载气流量：（a）0.8L/min；（b）0.9L/min

从图 4-12～图 4-16 可以看出，当高频功率增加时，不论载气流量大小，分析线发射明显增强。但空间分布曲线的峰值位置（观测高度）却不相同。第一类，如 Na I 及 Ca I。随着功率的增加，其峰值强度逐渐向低观测高度方向移动。如 Na I 588.9nm 发射强度峰值，1.25kW 功率时在约 20mm 处；当功率增加至 2kW 时发射强度峰值降至 10mm 以下。而 Ca I 228.8nm 和 Mn II 257.6nm 发射强度峰值，不论高频功率如何变化均不发生位移。第三类分析线，如 Ca II 393.3nm 则介于前两类之间，高频功率增加时，发射强度空间分布的峰值略呈下移趋势。可以归纳为，在 ICP 光源中，

148

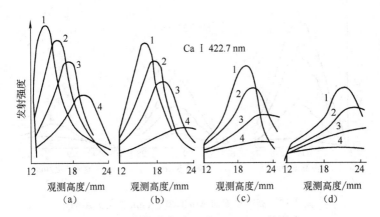

图 4-13　高频功率对 Ca I 422.7nm 的影响

高频功率：1—2kW；2—1.75kW；3—1.5kW；4—1.25kW

载气流量：(a) 0.9L/min；(b) 1.0L/min；(c) 1.1L/min；(d) 1.2L/min

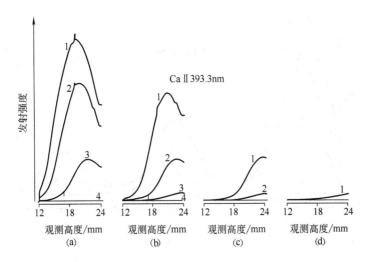

图 4-14　高频功率对 Ca II 393.3nm 发射的影响

高频功率及载气流量均同图 4-13

"软线"发射的峰值随功率增加而逐渐移向低观测高度处；而"硬线"峰值观测高度几乎不发生移动。"软线"是指电离电位较低元

149

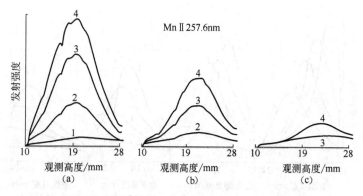

图 4-15　高频功率对 MnⅡ 257.6nm 发射的影响

高频功率同图 4-12

载气流量：(a) 0.9L/min；(b) 1.0L/min；(c) 1.1L/min

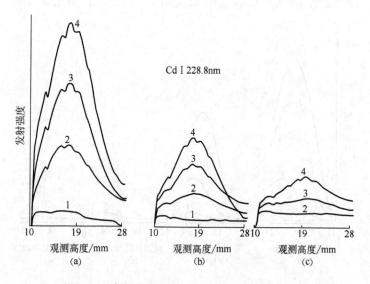

图 4-16　高频功率对 CdⅠ 228.8nm 发射的影响

高频功率及载气流量均同图 4-15

素的原子线及其激发电位较低的一次电离的离子线。硬线是指较难电离元素的原子线及离子线。

150

图 4-17 给出多种元素的原子线和离子线谱线发射强度与高频功率的关系。应该注意，不同观测高度处，各谱线强度之间强弱关系可能有不同的规律。如图 4-13(a) 所示，在观测高度为 15mm 时，谱线强度与功率的关系是曲线 1＞曲线 2＞曲线 3＞曲线 4；而在观测高度 20mm 处则曲线 4＞曲线 3＞曲线 2＞曲线 1。

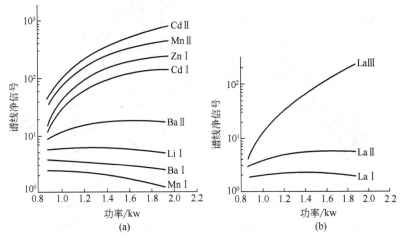

图 4-17　高频功率与谱线发射强度关系

载气流量 1.0L/min；观测高度 15mm

表 4-10 列出若干谱线的标准温度值（normal temperature）。将表 4-10 标准温度与图 4-17 曲线变化趋势联系起来，明显表明，在标准温度 8000K 左右的谱线发射强度基本不受高频功率波动的影响；标准温度高于 10000K 的谱线强度随功率增加而增强；标准温度低于 8000K 的谱线强度随高频功率降低而减弱。

表 4-10　标准温度

元素及谱线/nm	标准温度/K	元素及谱线/nm	标准温度/K
CdⅡ 226.5	15000	BaⅠ 553.5	3500
MnⅡ 257.6	14000	MnⅠ 403.1	5000
ZnⅠ 213.9	11000	LaⅢ 237.9	17000
CdⅠ 228.8	11000	LaⅡ 408.7	8500
BaⅡ 455.4	8000	LaⅠ 531.2	4000
LiⅠ 670.8	4000		

高频功率在影响分析线发射强度的同时，还要影响光谱背景的发射。图 4-18 为高频功率对光谱背景发射的影响。由于光谱背景发射随提高功率而急剧增强，所以信背比随功率提高而降低，不论其谱线性质如何（图 4-19）。

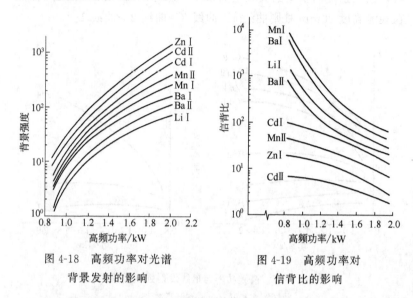

图 4-18　高频功率对光谱
背景发射的影响

图 4-19　高频功率对
信背比的影响

检出限与信背比有关，增加高频功率导致信背比下降，也导致检出限增高，降低了检出能力。图 4-20 是纯水体系及 Ni-Co 基体中，In II 230.606nm 谱线强度、背景强度、信背比及检出限与高频功率的关系。图 4-20 显示，增加高频功率，In 230.606nm 的检出限也提高。故用较低的高频功率可获得较好的检出限。

较低的高频功率可获得较低的检出限，但低功率会导致较明显的基体效应。图 4-21 是在 10mg/L KCl 基体中，各分析线的基体效应与高频功率的关系。基体效应是以有基体时谱线强度 I 与无基体时谱线强度 I_0 之比来表示。$I/I_0 > 1$ 表示基体增强分析线强度。

4.3.2　工作气体流量

用 Fassel 炬管可用三股气流：载气、辅助气和等离子体冷却

152

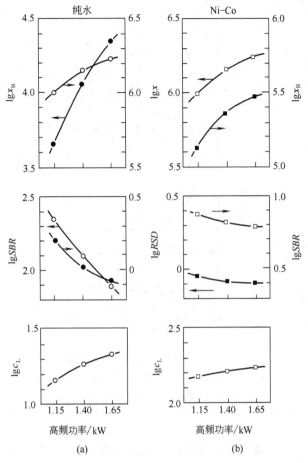

图 4-20　高频功率对信背比和检出限的影响

x—分析线净强度；x_B—背景强度；SBR—信背比；

c_L—检出限；RSD—相对标准偏差

(a) 纯水；(b) Ni-Co 合金 1mg/L；分析线 In Ⅱ 230.606nm

气。其中等离子体冷却气及辅助气的波动对谱线强度影响不显著，一般不作为主要分析条件来研究。载气流量对谱线强度有很明显影响。图 4-22 是三股气流量（Ar）分别对 Mn Ⅱ 257.6nm 强度的影响。

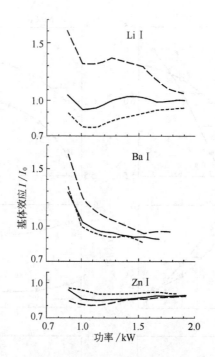

图 4-21　高频功率与基体效应的关系

基体：KCl 10mg/mL；Li I 670.8nm；Ba I 553.5nm；

Zn I 213.9nm；载气流量 1.3L/min；

观测高度： ———h＝17mm； ——h＝15mm； -----h＝13mm

图 4-23 是载气流量对各种元素谱线净强度及平均背景强度的影响。采用 1.1kW 高频功率及 15mm 观测高度。载气流量对谱线强度影响的原因是多方面的。首先载气流量影响等离子体中心通道温度、电子密度及分析物在等离子体中心通道的停留时间，同时载气量的大小也会影响试液提升率及雾化效率，多种因素综合作用的结果使载气流量的影响曲线呈多种形状。在所述条件下，载气流量增加导致较高标准温度的谱线发射强度下降，对低标准温度的谱线强度影响较小。综合对分析线和光谱背景的作用结果，增加载气流量分析线的信背比如图 4-24 所示。载气流量增加可明显降低光谱

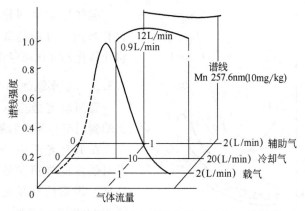

图 4-22 气体流量（Ar）对 Mn Ⅱ 257.6nm 的影响

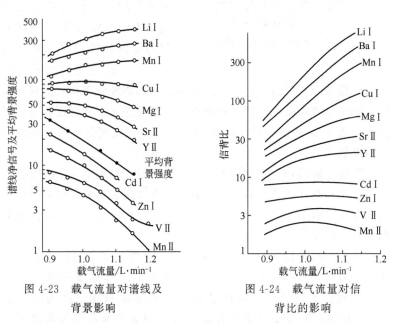

图 4-23 载气流量对谱线及
背景影响

图 4-24 载气流量对信
背比的影响

背景发射强度是普遍现象，因为它降低了 ICP 中电子密度和温度。

载气对基体效应也有显著影响，增加载气流量时，多数元素及谱线的基体效应增加了（见图 4-25）。这里基体效应的规定与图 4-21 相同。

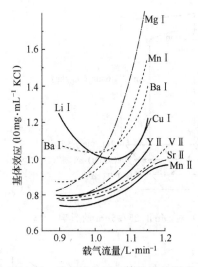

图 4-25　载气流量对基体效应的影响

基体：10mg/mL；分析线波长见表 4-10

载气压力对测量精密度也有影响，过低的载气压力将使雾化器雾化稳定性降低。

4.3.3　观测高度

观测高度是指从感应圈上端到测定轴为止的距离。

在 ICP 光源中分析谱线发射强度的峰值位置（观测高度）因谱线性质而异。如图 4-26 及图 4-27 所示，各元素离子线的峰值位置大致相同（图 4-26），而原子谱线发射的峰值位置却因元素及谱线而异，在很宽的范围内分布。一般来说，低电离电位易激发的元素的谱线分布在较低观测高度，如碱金属和碱土元素，难电离及难激发的元素分布在较高观测高度。图 4-28 是各元素分析线（nm）沿观测高度分布与分析线标准温度的关系。

谱线的峰值观测高度和炬管的结构，特别是和炬管中心管内径有关，也和高频功率和载气流量有关。增大高频功率将降低峰值观测高度（参看图 4-12 及图 4-13）；增加载气流量将使谱线峰值观测高度向上移动。

前面介绍了谱线发射与高频功率、载气流量等分析参数的关系。造成这种关系的机理是分析参数对等离子体温度和电子密度及其空间分布的影响。增加高频功率和降低载气流量均将导致 ICP 光源温度和电子密度的升高。图 4-29 是高频功率与等离子体温度的关系图。可以看出，高频功率由 0.75kW 增加到 1.75kW 时，光源温度由 4500K 升至 7000K。谱线峰值观测高度大致与光源轴向通道的最高温度位置一致。图中虚线是进二甲苯溶液时的温度。

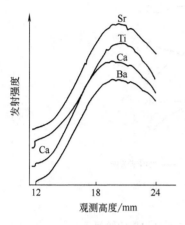

图 4-26　离子谱线发射强度
沿高度的分布

高频功率：2.0kW；

中心通道气流：1.0L/min

Ba Ⅱ：455.4nm；Sr Ⅱ：407.7nm；

Ca Ⅱ：393.3nm；Ti Ⅱ：334.9nm

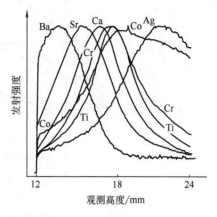

图 4-27　原子谱线发射强度
沿高度的分布

Ba Ⅰ：553.6nm；Ag Ⅰ：328.1nm；

Sr Ⅰ：460.7nm；Ca Ⅰ：422.7nm；

Cr Ⅰ：425.4nm；Ti Ⅰ：399.9nm；

Co Ⅰ：345.4nm

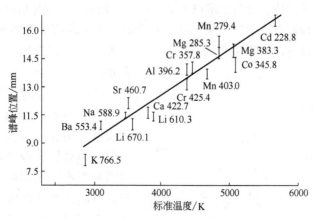

图 4-28　谱线峰值观测高度与标准温度的关系

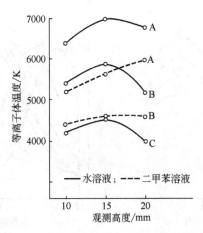

图 4-29　高频功率对等离子体温度的影响

高频功率：A—1.75kW；B—1.25kW；C—0.75kW

4.3.4　其他分析参数

在 ICP 光谱分析中，除上述三个主要分析参数外，还有一些建立分析方法时应该选择的条件，但这些参数只需根据经验选择便可，不需进行研究。

（1）等离子体气流量　等离子体气主要用于冷却炬管及维持等离子体的形成。分析水溶液样品时使用较低流量。在分析有机溶剂时要用较高等离子气流量，以便有效地冷却由高功率产生的热量。同时，高冷却气流可有效抑制由 CN 带等分子光谱造成的强光谱背景。

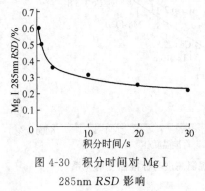

图 4-30　积分时间对 Mg I

285nm RSD 影响

（2）积分时间　积分时间与光谱仪检测装置有关，各仪器之间差别较大。曝光积分时间对仪器检出限和测定精密度有一定影响。增加积分时间会使精密度改善并在一定程度上降低检出限。如果噪声信号完全是随机的，

158

则 RSD 应与积分时间的平方根成反比。也有人认为积分时间对 RSD 影响不大。图 4-30 是积分时间与 RSD 关系图。可以看出，积分时间只在很窄范围内对 RSD 有显著影响。

（3）溶液提升量　气动雾化器多采用蠕动泵进样，进样量可在较宽范围内变动。有时为了节约试样采用较低进样量。进样量对分析线信背比影响试验表明，降低进样量可使谱线强度及信背比降低，但其影响并不显著，表 4-11 是稀土元素溶液进样量的影响。数据表明，试样溶液提升量由 2.22mL/min 降至 0.37mL/min 时，La 398.852nm 谱线强度只降低约 40%，而信背比降低约 60%，其降低的比例远比进样量降低少。降低进样量对检出限和精密度无明显影响。

表 4-11　进样量对稀土谱线的影响

La 398.852nm	进样量/mL·min^{-1}					
	2.22	1.85	1.48	1.11	0.74	0.37
谱线强度	1115.4	1069.8	1041.4	1001.4	915.4	708.9
背景强度	22.3	28.0	28.0	30.3	31.7	35.2
信背比	50.0	38.2	37.1	33.1	28.9	20.1

4.3.5　分析参数的优化

在 ICP 光谱分析中，分析线强度和光谱背景发射是受多个因素影响。为了得到最佳分析性能，需要对各个主要参数进行优化。首先要考虑优化的目标。在 ICP 光谱分析实验中，对于不同类型样品有各种不同的优化目标，归纳如下。

① 分析线强度值较大。

② 信背比或信噪比较大。

③ 背景等效浓度较低。

④ 基体效应较小。

⑤ 干扰等效浓度较小。

（1）分析线强度作为优化目标的依据是，在 ICP 光源中谱线强度值与光度测量精密度有关，许多实验表明，不论采用光电倍增管或固态阵列器件检测器，当相对强度值很低时，光强度测量的精密度（简称光度精度）很差，只有分析线相对强度达到一定值后，才能获得良好的测定精密度。图 4-31 是用固态阵列检测器光谱仪测量稀土元素的光度精度与分析线相对强度的关系图。以分析线强度作为优化目标对于低含量元素测定是有用的，但由于分析线的检出限不是依赖分析线强度，而是与信噪比有关。故以分析线强度为优化目标，往往得不到最好的检出能力。

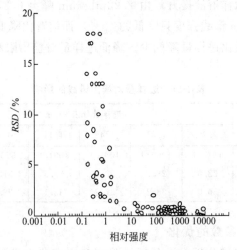

图 4-31　光度精度与分析线相对强度的关系

（2）信噪比作为优化目标可以得到较好的检出限，是在 ICP 光谱分析中常用的优化目标。

（3）以背景等效浓度作为优化目标的结果与以信噪比作为优化目标相同，也可得到较好的检出限。这两个参数互为倒数关系。

（4）以基体效应较小作为优化目标的方法是在实际样品分析有实用价值的方法。Mermet 等系统地研究诊断等离子体光源及评价光谱仪器的方法。认为评价 ICP 光源性能及光谱仪，不仅要看其检出限，还要考察其稳健性（robustness），所谓稳健性即激发光源承受基体影响的能力。良好的 ICP 光源及分析参数应有较强承受基体影响的能力。具体实验是考察 Mg II 280/Mg I 285 比值的大小，稳健性条件的 Mg II / Mg I 比值较大，非稳健性条件比值较小。图 4-32 是不同稳健性条件下盐酸浓度对 V II 292nm 谱线的影响，可以看出稳健性条件下分析线受基体影响较小。

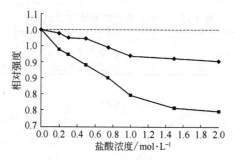

图 4-32　稳健性对盐酸浓度和 V II 关系的影响
◆ 稳健性条件；■ 非稳健性条件

稳健性（Mg II / Mg I 强度比）受高频功率、载气流量和观测高度的影响。增加高频功率和降低载气流量能增加 Mg II / Mg I 强度比。也就是得到较高的稳健性。炬管中心管内径和观测高度也与 Mg II / Mg I 强度比有关。图 4-33 是 Mg II / Mg I 强度比与功率和观测高度的关系。ICP 光源的稳健性与分析条件有关。一般认为，较高的高频功率和较低的载气流量可获得较大的 Mg II / Mg I，也就是稳健性较好。Ivaldi 等在轴向观测光源中，使用的稳健性条件是 1450W 的高频功率和 0.60 L/min 的载气流量，非稳健性条件是 950W 高频功率及 0.95L/min 载气流量。

分析条件的优化要考虑分析样品的要求和特点。如

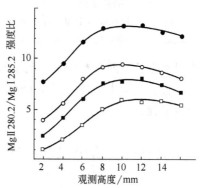

图 4-33　Mg II / Mg I 强度比与功率和
观测高度的关系
高频电源 27MHz；功率：□ 1kW；■ 1.2kW；
○ 1.4kW；● 1.8kW；
强度比 = Mg II 280.2 / Mg I 285.2

微量元素分析要求有较低的检出限，则优化的目标应是信噪比或 RSD_b。各种型号仪器分析条件优化结果比较接近，对水溶液样品分析的优化条件大致在表 4-12 所列范围内。

表 4-12　ICP 光谱分析水溶液样品条件

高频功率/kW	0.9～1.2	等离子体气流量(Ar)/L·min⁻¹	12～18
载气流量(Ar)/L·min⁻¹	0.6～1	溶液提升率/mL·min⁻¹	0.6～2
辅助气流量(Ar)/L·min⁻¹	0～1	观测高度/mm	14～18

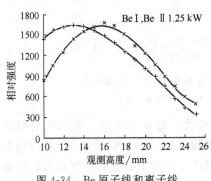

图 4-34　Be 原子线和离子线沿高度分布

+ Be Ⅰ 234.861nm；× Be Ⅱ 313.042nm；
高频功率 1.25kW；载气流量 0.45L·min⁻¹

如果分析有机溶剂样品，则高频功率及冷却气均应增加。通常采用 1.4～1.5kW 高频功率和 15～20L/min 的冷却气流量。如果考虑降低基体效应，则应采用稳健性条件。采用 1.4kW 的正向高频功率和 0.5～0.6 L/min 的载气流量。

（5）内参比点及折中条件　原子线与离子线在强度沿高度的空间分布方面有明显差异。两条曲线的交点相应的观测高度代表其折中条件（图 4-34）。该交点称为内参比点，具有很好的重复性。

4.4　灵敏度、检出限和精密度

4.4.1　分析灵敏度

按国际纯化学与应用化学联合会（IUPAC）规定，在分析化学中，分析方法的灵敏度 S 定义如下。

$$S = \frac{\mathrm{d}X}{\mathrm{d}c} \tag{4-12}$$

式中，dX 是响应量的变化值；dc 是浓度的变化值。灵敏度就是单位浓度变化所引起的响应量的变化。它相当于标准曲线的斜率。

4.4.2　检出限

在 ICP 光谱分析中，能可靠地检出样品中某元素的最小量或最低浓度称为检出限。

IUPAC 定义检出限为："检出限的浓度（或质量）表示，指由特定的分析方法能够合理地检出的最小分析信号（X_L）求得的最低浓度 c_L（或质量 q_L）"，表达式为

$$c_L（或\ q_L）=(\overline{X}_L-\overline{X}_b)/S=\frac{K\sigma_b}{S} \tag{4-13}$$

式中，S 为标准曲线在低浓度范围内的斜率；$\overline{X}_b$ 为空白平均值，空白指不含待测组分且与样品组成一致样品所得分析信号；σ_b 为空白标准偏差。IUPAC 规定 $\overline{X}_b$ 和 σ_b 应通过实验以足够多的测定次数求出，如 20 次。英国皇家化学学会分析化学分会分析方法委员会建议不少于 10 次，K 为与置信度有关的常数。IUPAC 建议取 $K=$ 3 作为检出限计算的标准，$K=3$ 对应的置信度为 99.6%。

在 ICP 光谱分析中所说的检出限分两类，一是仪器的检出限，它是用不含基体的无机酸水溶液测量而求出的，可以表征光谱仪器的检测能力。另一种是分析方法的检出限，也就是在有基体的条件下求出的检出限。一般情况下分析方法检出限要高于仪器检出限。

由于 $\overline{X}_b$ 及 σ_b 是依据有限测定次数得到的，其误差规律不易确定，检出限值的误差波动较大。一般认为检出限相差 2～3 倍以内应认为无显著性差异。故在检出限附近的测定值，不能作为定量分析结果对待，尤其是通过 3～5 次平行测定给出的检出限值有较显著的波动。

在 ICP 光谱分析中常用信背比（SBR）或背景等效浓度（BEC）来表达检出限计算式。

$$c_L = \frac{K\sigma_b}{S} = \frac{K \cdot RSD_b \cdot c}{I_x/I_b} = K \cdot RSD_b \frac{c}{SBR} \qquad (4\text{-}14)$$

式中，RSD_b 是空白溶液的相对标准偏差；c 为产生强度为 I_x 谱线强度相应的浓度；$SBR = I_x/I_b$。

也可用 BEC 来表达 c_L。

$$c_L = \frac{K \cdot \sigma_b}{S} = \frac{K \cdot RSD_b \cdot I_b}{S} = K \cdot RSD_b \cdot BEC \qquad (4\text{-}15)$$

式中，$BEC = \dfrac{I_b}{S}$。

在有光谱干扰时检出限会明显增大，这时空白溶液光谱叠加有干扰线造成的强度，空白值的相对标准偏差也增大，检出限 c_L 要多一项由干扰造成的增加量，其计算方法可参考有关文献。

定量限与检出限不同，在测定下限浓度时，应能给出准确测定值。在 ICP 光谱分析中通常用 5 倍检出限浓度作为定量限。

4.4.3 精密度

精密度通常用单次测定结果的相对标准偏差来表示。即在固定光谱条件下重复多次测量，计算平均值

$$\overline{x} = \frac{x_1 + x_2 + \cdots + x_n}{n} \qquad (4\text{-}16)$$

求出每个测定值与平均值之间差值

$$d_i = x_i - \overline{x}(i = 1, 2, \cdots, n)$$

单次测定的标准偏差为

$$S = \sqrt{\frac{\sum\limits_{i=1}^{n} d_i^2}{n-1}} \qquad (4\text{-}17)$$

单次测定的相对标准偏差为

$$RSD = \frac{S}{\overline{X}} \times 100\% \qquad (4\text{-}18)$$

在 ICP 光谱分析中，相对标准偏差与试样浓度（图 4-35）和谱线强度有关（图 4-36），并受光谱分析条件和仪器性能的影响。

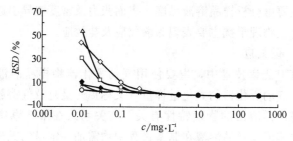

图 4-35　精密度与浓度的关系

◇ Ir；□ Pt；△ Pd；× Ru；◆ Rh；○ Os

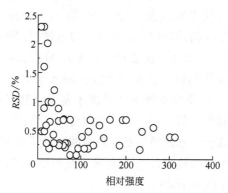

图 4-36　S，P，As，Se 谱线强度与精密度关系

4.5　干扰效应

干扰效应是指干扰因素对分析物测定的影响。ICP 光源的干扰效应可以依据其产生干扰的机理分为如下几类：物理干扰、化学干扰、电离干扰、光谱干扰、激发干扰。同火焰光源及电弧光源相比，ICP 光源的电离干扰、化学干扰及激发干扰比较小，但复杂基体存在时的光谱干扰比较严重。

4.5.1 物理干扰

试液物理特性不同导致的干扰效应称为物理干扰，又称为物性干扰，主要由分析样品溶液黏度、表面张力及密度差异引起谱线强度的变化。物理干扰主要表现为酸效应及盐效应。

4.5.1.1 酸效应

在 ICP 光谱技术中，主要使用气动雾化器将样品溶液雾化为气溶胶。气动雾化器的雾化进样量（又称提升量）及气溶胶颗粒的大小均与试样溶液的物理特性有关，其关系式在第 3 章中已介绍过。标准溶液及样品溶液在制备过程中均需加一定量的无机酸以防止分析物的水解和沉淀。由于各种无机酸的黏度、密度等物理性质不相同，加入量不同时引起所谓"酸效应"。即溶液酸度值及酸类型不同将影响谱线强度。表 4-13 列出 Ni、Co、Cu、Fe、Cr 五个元素在不同酸度时的酸效应。酸效应是以有酸时谱线强度与无酸时（去离子水溶液）谱线强度比表示。表 4-13 数据表明，各元素的谱线强度变化规律很相似，其相对差别一般低于 10%，典型数据相差仅 1%～2%。这说明酸效应的机理不是来自激发过程，而主要由进样雾化过程产生的。此外，还可以看出：含酸溶液的提升率及元素谱线强度均低于水溶液样品；随着酸度的增加谱线强度显著降低；各种无机酸对谱线强度的影响按下列顺序递增：$HCl < HNO_3 < HClO_4 < H_3PO_4 < H_2SO_4$。

4.5.1.2 盐效应

物性干扰的另一种表现为盐效应。溶液的黏度等物理性质均随溶液含盐的增加而增大，从而影响溶液的进样量、雾化效率及气溶胶传输效率并最终影响谱线强度。表 4-14 是溶液中铝盐（以氯化物形式）对溶液物理性质及谱线强度的影响。数据显示，随着溶液中盐量的增加及物理性质的改变，溶液的提升量及谱线强度逐渐降低，其影响十分显著。用蠕动泵强制进样虽能降低溶液提升量的波动幅度，但含盐量对进样效率及谱线强度的影响不能消除。消除盐效应的根本方法是基体匹配法，保持标准溶液和分析溶液有相同的含盐量。

应该指出，造成盐效应的机理不仅是溶液物理性质的原因，还有其他多种因素共同造成谱线强度降低。含盐量对谱线强度的影响规律也不完全相同。

表 4-13　无机酸的酸效应

试液	酸质量分数/%	$I_酸/I_水$					提升率比值[①]	$S_r^{[②]}$
		Ni 361.9nm	Fe 259.9nm	Co 345.3nm	Cr 425.4nm	Cu 324.7nm		
H_2O	—	1.00	1.00	1.00	1.00	1.00	—	—
HNO₃	9.5	0.92	0.93	0.90	0.92	0.91	0.92	0.955
	22.5	0.81	0.82	0.79	0.79	0.80	0.80	0.88
	41.0	0.63	0.64	0.64	0.63	0.61	0.63	0.685
HCl	4.2	0.90	0.92	0.90	0.90	0.91	0.90	0.953
	10.2	0.80	0.81	0.83	0.80	0.81	0.81	0.89
	19.2	0.76	0.77	0.77	0.74	0.76	0.76	0.77
HClO₄	8.8	0.86	0.86	0.86	0.90	0.87	0.87	0.96
	20.4	0.80	0.80	0.80	0.83	0.79	0.80	0.915
	36.4	0.69	0.69	0.69	0.68	0.67	0.68	0.77
H_2SO_4	16.7	0.66	0.59	0.69	0.67	0.68	0.66	0.67
	37.3	0.42	0.39	0.43	0.40	0.43	0.41	0.49
	63.5	0.16	0.16	0.17	0.19	0.17	0.17	0.17
H_3PO_4	17.4	0.78	0.72	0.76	0.84	0.76	0.76	0.74
	33.0	0.49	0.45	0.50	0.50	0.47	0.48	0.47
	57.2	0.19	0.18	0.19	0.19	0.19	0.19	0.22

① 酸溶液与水溶液样品提升率比值。

② 强度比 $I_酸/I_水$ 的相对标准偏差。

表 4-14　试液中铝盐量对物理性质和锌谱线强度影响

Al质量分数/%	黏度/mPa·s	密度/g·cm⁻³	提升量/mL·min⁻¹	雾化效率/%	进样速率[①]/mL·min⁻¹	Zn谱线相对强度
0	1.097	1.044	0.71	17	0.12	1.00
0.1	1.116	1.045	0.64	14	0.09	0.82
0.2	1.150	1.049	0.61	13	0.08	0.72
0.5	1.225	1.058	0.59	12	0.07	0.56
1	1.359	1.061	0.52	12	0.06	0.50
2	1.787	1.088	0.44	11	0.05	0.41

① 进样速率＝提升量×雾化效率。

4.5.2　化学干扰

化学干扰又称"溶剂蒸发效应"，是在火焰光源经常发生的干扰效应。如 PO_4^{3-} 和铝盐对钙的干扰等，往往要加入释放剂来降低化学干扰。ICP 光源中的化学干扰，比通常的火焰光源中要轻得多。但在某些特殊体系和分析条件下仍有化学干扰现象存在。

图 4-37 是 ICP 光源中磷酸对钙的发射强度的影响。溶液中含钙量为 $0.5\mu mol/mL$，观测高度为感应线圈上 20mm。图 4-37 表明，磷酸对钙的影响并不显著。当 H_3PO_4/Ca 摩尔比接近于 1000 时，才观察到轻微的抑制现象。而这种轻微的抑制产生的原因可

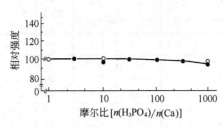

图 4-37　磷酸对 Ca 发射强度的影响
○ Ca422.7nm；● Ca393.4nm

能并不完全由化学干扰造成的，因为在该摩尔比条件下，溶液中磷酸的浓度可达到 5%，溶液已经有可观的黏度。

另一易发生化学干扰的体系是 Al-Ca 体系。在 ICP 光源中，铝对钙的影响见图 4-38，可以看出，在通常观测高度 15～20mm，Al/Ca 摩尔比 10 倍时，化学干扰很轻微。在 25mm 观测高度处

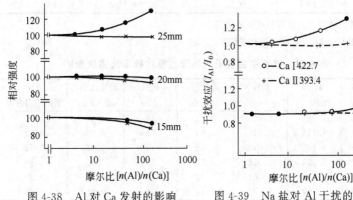

图 4-38　Al 对 Ca 发射的影响
● CaⅠ 422.7nm；× CaⅡ 393.4nm

图 4-39　Na 盐对 Al 干扰的抑制

Ca I 422.7nm 谱线强度增加，是由于 Al 原子电离产生的电子造成对 Ca 原子电离的抑制。如在溶液中加入钠盐（2mmol/L）时，Al 对 Ca I 的影响被进一步抑制（图 4-39）。因此在一定条件下化学干扰可以不予考虑，对测定的准确度不会产生显著影响。

4.5.3　电离干扰

易电离元素进入 ICP 后，使电子密度增加，从而使电离平衡 M $\rightleftharpoons$ M$^+$ + e$^-$ 向中性原子移动，于是离子浓度降低，而原子浓度升高。谱线强度也相应受到影响。在火焰光源中电离干扰是比较严重的；在 ICP 光源中这种影响要弱得多，但仍然存在。易电离元素 Na 对 Ca 发射强度的影响示于图 4-40。

图 4-40 显示钠对钙的电离干扰有如下规律。

① 钠对离子线和原子线的影响不同，前者是发射强度减弱，而后者谱线强度明显增加。因为碱金属电离产生的电子抑制了钙原子的电离反应，相对地增加了中性原子浓度而降低了离子浓度。

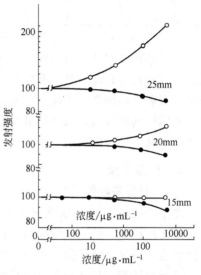

图 4-40　钠对钙发射强度的影响
○ Ca I 422.7nm；● Ca II 393.4nm

② 在观测高度为 15mm 时，Na 原子在溶液中浓度高达 7000μg/mL 时，对 Ca I 422.7nm 发射强度仍无影响。在合适的分析条件下，电离干扰可以较低，对测定准确性不产生影响。

③ 观测高度增加，电离干扰现象显著增强，因为 ICP 尾焰温度较低。

笔者在用 ICP 光谱法测定镍电解液中钙含量时，曾观察到，钠盐的电离干扰同载气流量有很明显的关系。如表 4-15 所示，增加载气流量明显地增强了电离干扰现象。载气压力增加，等离子体中心通道温度降低，抑制电离干扰的能力减弱了，使 Na 盐的电离干扰更为显著。

表 4-15　载气对电离干扰的影响

载气压力/MPa	Ca II 393.3nm 强度		I_{Ca+Na}/I_{Ca} [①]
	无 Na	有 Na	
0.08	1571	1764	1.12
0.11	415	817	1.97
0.14	109	309	2.86

① I_{Ca+Na}/I_{Ca} 为有 Na 及无 Na 时 Ca 线强度比。

为了消除 ICP 光谱分析中的电离干扰，首先要选好分析条件。采用适当的观测高度，并选择较高的高频功率和较低的载气压力及流量，有利于抑制电离干扰。另外，也可采用分析样品和标准样品中加入同样的碱金属，来补偿电离干扰的影响。适当选择分析谱线是降低电离干扰的最简便方法。

4.5.4　光谱干扰

4.5.4.1　光谱干扰的类型

光谱干扰在 ICP 发射光谱光源中比化学火焰光源中要严重。在一般光谱仪工作的波长范围内约有数十万条光谱线，经常会出现不同程度的谱线重叠干扰。另外，ICP 光源还发射连续光谱背景及某些分子光谱带，建立分析方法时在选择分析线和校正光谱干扰往往花费很多工作量。为了获得准确可靠的数据，必须重视 ICP 光源的光谱干扰问题。

根据光谱干扰产生的特点，光谱干扰分四种类型，如图 4-41 所示。

(1) 简单平滑光谱背景　如图 4-41(a) 所示，分析线谱峰被平滑背景叠加后，平行向上移动。采用离峰单点校正法，可以准确地扣除光谱背景引起的干扰。即在谱峰一侧或两侧测出背景强度值，从含有背景值的峰值强度中扣除之。

(2) 斜坡背景　如图 4-41(b) 所示，这类光谱背景随波长渐变的，但其变化是线性的。用离峰左右两点法可以对其进行准确校

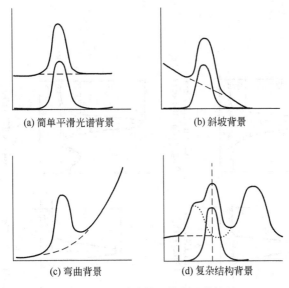

(a) 简单平滑光谱背景

(b) 斜坡背景

(c) 弯曲背景

(d) 复杂结构背景

图 4-41　光谱背景干扰的几种情况

正。即在谱峰两侧等距离地测定两处背景强度，然后取其平均值从峰值强度的测量值中扣除之。

（3）弯曲背景　如图 4-41(c) 所示，分析线处在共存元素高强度谱峰的一翼，形成渐变弯曲斜坡背景。如果分析线强度较大，则仍可按线性斜坡背景的扣除法进行校正。但如果分析线强度较低，则这种校正背景方法误差太大，会给出错误的分析数据。为了准确校正弯曲斜坡背景，要用多个离峰测点准确地描绘光谱背景，然后扣除背景值。对于这种光谱背景的校正，用在峰法或差谱法是很简便的。即用不含待测元素的溶液（含有等量形成光谱干扰的元素）在峰测出背景值，然后从样品中扣除之。

（4）复杂结构背景及谱线重叠　如图 4-41(d) 所示。这种光谱背景通常由分子谱带或谱线混合叠加形成。对于这种背景，采用空白溶液校正法是比较有效的。简单的离峰单点或两点法校正往往得出错误的结果，单单根据一幅样品溶液的谱图无法得知峰谱下光谱背景的真实情况。

介绍几种光谱干扰的实例说明光谱干扰的形成。图 4-42(a1)是纯 Ca 溶液的 Ca Ⅱ 422.67nm 分析线，其强度为 I_A，由等离子体

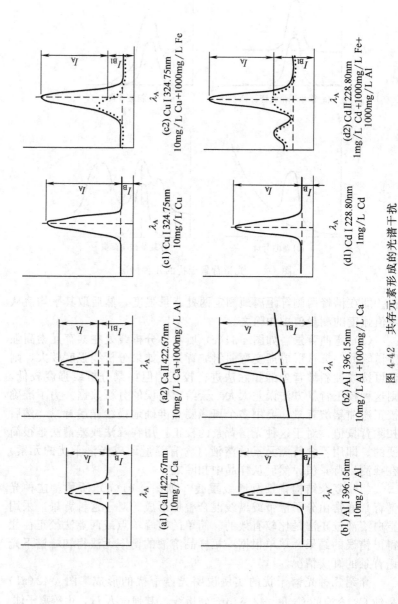

图 4-42　共存元素形成的光谱干扰

(a1) Ca II 422.67nm
10mg/L Ca

(a2) Ca II 422.67nm
10mg/L Ca+1000mg/L Al

(b1) Al I 396.15nm
10mg/L Al

(b2) Al I 396.15nm
10mg/L Al+1000mg/L Ca

(c1) Cu I 324.75nm
10mg/L Cu

(c2) Cu I 324.75nm
10mg/L Cu+1000mg/L Fe

(d1) Cd I 228.80nm
1mg/L Cd

(d2) Cd II 228.80nm
1mg/L Cd+1000mg/L Fe+
1000mg/L Al

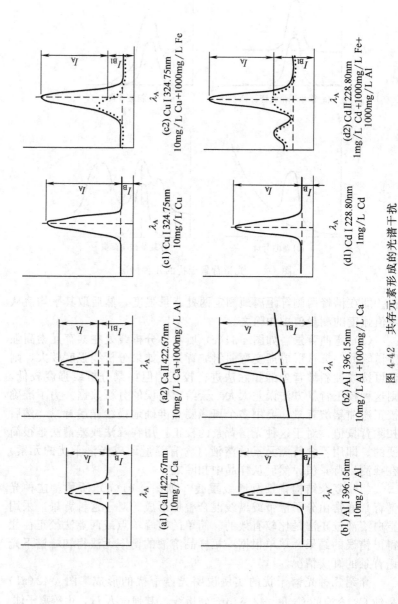

172

辐射造成的光谱背景强度为 I_B。当溶液中含有 1000mg/L Al 时，光谱背景强度显著增大到 I_{B1} [图 4-42(a2)]；图 4-42(b1) 是无干扰时 Al 369.15nm 分析线，在加入 1000mg/L Ca 后，如图 4-42(b2) 所示，产生光滑的斜坡背景。图 4-42(c1) 及图 4-42(c2) 是由 1000mg/L Fe 造成对 Cu Ⅰ 324.75nm 谱线的部分重叠；图 4-42(d1) 及图 4-42(d2) 是 1000mg/L Fe 及 1000mg/L Al 造成对 Cd Ⅰ 228.80nm 谱线重叠干扰。

扣除平滑光谱背景干扰及斜坡背景干扰的方法见图 4-43。这种离峰扣背景的方法只适用于简单光谱背景。对于简单平滑背景，可用直接差减法扣除 [图 4-43(a)]。

$$I_A = I_{AB} - I_{B1} = I_{AB} - I_{B2} \tag{4-19}$$

对于斜坡背景则用两点法扣除 [图 4-43(b)]。

$$I_A = I_{AB} - \frac{n(I_{B1} + I_{B2})}{m + n} \tag{4-20}$$

对于谱线重叠类型光谱干扰的校正则较繁琐，首先要知道干扰线是属于何种元素。然后在分析线波长 λ_A 附近，找一条强度适中的干扰元素谱线 λ_2，求出 λ_1 和 λ_2 强度的比值（图 4-44）。

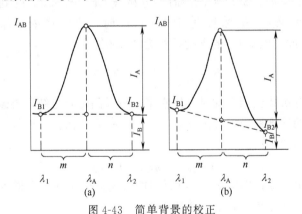

图 4-43　简单背景的校正

$$K_1 = \frac{I_1}{I_2}$$

用下式计算分析线净强度

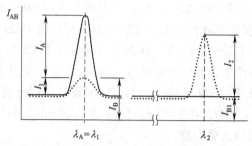

图 4-44　谱线重叠干扰的校正

$$I_A = I_{AB} - I_{B1} - I_1 = I_{AB} - I_{B1} - K_1 I_2 \tag{4-21}$$

4.5.4.2　干扰系数法

干扰系数可表征干扰元素对分析元素干扰的程度，也称干扰因子或 K 系数。干扰系数法是实际应用最广泛的校正干扰的数学方法，多数 ICP 光谱仪软件中均采用这种方法。其他许多校正干扰的数学方法，虽然比较精密，但至今多数未能在商品 ICP 光谱仪软件中实际采用。

干扰系数是指干扰元素所造成分析元素浓度升高与干扰元素浓度的比值。如分析地矿样品时，分析线 Cr 205.55nm 受到铁的干扰。当溶液中 Fe 浓度为 1000mg/L 时，造成铬浓度增加 0.2 mg/L，此时铁对 Cr 的干扰系数为 0.0002。

$$K = \frac{0.2\text{mg/L}}{1000\text{mg/L}} = 0.0002$$

当分析线受到干扰时，用它来分析样品时测定结果要偏高，这时测得的浓度称为表观浓度 $c_{表观值}$。用 K 系数法校正后可得代表真实浓度的校正值。

$$c_{校正值} = c_{表观值} - K c_{干扰} \tag{4-22}$$

式中，$c_{干扰}$ 是溶液中干扰元素的浓度。现代 ICP 光谱仪中均有用干扰系数法校正光谱干扰的软件。

从式(4-22)可以看出，要想用干扰系数法校正干扰，必须要知道干扰元素浓度，即在测定样品时同时要测定出干扰元素浓度。当干扰元素的分析线再被另外元素干扰时，即产生链状干扰或循环干扰。

用 K 系数法校正干扰时应注意以下几点。

① 式(4-22)应用的条件是干扰系数 K 在分析溶液浓度范围内是常数。当 K 值随干扰元素浓度而变化时会对测定造成误差。

② 干扰系数 K 与光谱仪的分辨能力有关，用不同仪器测出的干扰系数不同。文献资料中的干扰系数只作为参考，不能套用。K 值必须在所用仪器及具体分析条件下测定。分析参数变化也会引起 K 值的变化。

③ 要注意不要把沾污造成的空白值当成干扰去校正它。

4.5.4.3 常见元素的干扰系数

熟悉常见元素灵敏线受干扰的情况及其光谱干扰系数，对于提高分析工作效率和改善分析质量有帮助。

（1）ICP 光源中典型光谱干扰 ICP 光源中典型谱线干扰列于表 4-16。

表 4-16 ICP 光源中的典型谱线干扰

元　素	分析线/nm	干扰线/nm
Al I	309.271	OH 带 309.271
	396.153	Zr 396.159
	193.759	W?
		C I 193.09
		Fe I 193.727?
	199.035	W
B I	249.678	Fe I 249.699
		Fe I 246.653
	249.773	Fe 249.772
		Fe II 249.782
		Al II 249.785
Be II	313.042	OH 带 313.028
		$P_1(10)$
Bi I	306.772	OH 带 306.778
		$R_2(9)$
Cd I	228.802	As?
Ce II	413.380	Fe I 413.387
Co II	238.892	Fe II 238.863
Cr II	283.563	Fe I 283.546

175

元　素	分析线/nm	干扰线/nm
	284. 325	Ar 284. 337?
	357. 869	?
Cu I	282. 437	OH 带
	324. 754	Ar 324. 755?
		Nb Ⅱ 324. 747
Dy Ⅱ	396. 839	?
Fe Ⅱ	259. 940	?
Ga I	417. 206	Ti Ⅱ 417. 190
Gd Ⅱ	336. 223	NH 带
Hg I	253. 652	Fe Ⅱ 253. 667?
In I	410. 176	Hg 410. 173
La Ⅱ	394. 910	Fe 394. 915
		Cr I 407. 768
Ta I , Ⅱ	301. 254	Co Ⅱ 238. 636
Te I	317. 514	OH 带
	238. 578	W 238. 616
Ti Ⅱ	337. 221	Ni I 337. 199
		Fe I 337. 208
	323. 452	Ar 324. 755
	334. 941	?
U Ⅱ	367. 007	Ar I 367. 067
		Fe 367. 007
U Ⅱ	424. 167	Zr I 424. 169
	409. 164	Mn 408. 994
U Ⅱ	367. 007	Fe 367. 007
	355. 217	Fe 355. 211
	405. 004	Cr I 405. 003
	398. 580	Fe I 398. 617
		Li I 398. 579
	393. 203	Ti Ⅱ 393. 202
	433. 374	Ar 443. 556
Mg Ⅱ	279. 079	Mn 279. 108
		Nb 279. 057
Nb I	405. 893	Ce?
		Mn?
	358. 028	Ce?
		Fe
	412. 381	Ce?
		V?
	371. 302	Ce?

176

元　素	分析线/nm	干扰线/nm
		Cr?
Nb Ⅱ	309.418	V Ⅱ 309.420
Os Ⅰ	442.047	Ru 442.084
		Cu?
		Ni?
P Ⅰ	213.618	Cu Ⅱ 213.598
		Fe 213.596
		Al Ⅰ 213.473
	253.561	Fe Ⅰ 253.560
P Ⅰ	185.891	Al Ⅱ 185.808
Pb Ⅱ	220.351	Fe 220.346
Pb Ⅰ	405.782	Mg Ⅰ 406.763
Pt Ⅰ	265.945	Ru Ⅰ 265.962
Sb Ⅰ	206.833	Fe?
Se Ⅰ	196.090	Fe?
Si Ⅰ	251.611	?
	288.158	?
Sn Ⅰ	303.412	Fe Ⅰ 303.454?
	189.989	Zn 189.98
Sr Ⅱ	407.771	Cu 407.771
		Mo 407.768
	386.592	Fe Ⅰ 386.553
	385.958	Fe Ⅰ 385.921
		Fe Ⅰ 385.991
	383.147	Ni 383.169
	374.641	Fe Ⅰ 374.648
	370.152	Fe 370.109
		Ti 370.154
	367.258	Fe 367.271
		V 367.24
V Ⅱ	292.402	Fe Ⅰ 292.385
	290.882	?
	310.230	OH 带
W Ⅰ	400.875	Ti Ⅰ 400.893
W Ⅰ	400.875	Fe 400.887
Zn Ⅰ	213.856	Cu Ⅰ 213.853
Zn Ⅱ	202.548	Cu Ⅱ 202.547
		Mg 202.582?
	206.191	Zr 206.185

注:? 为未经确认。

177

（2）常见元素谱线的光谱干扰系数　测量干扰系数所用的是Leeman Plasma-spec 等离子体发射光谱仪。高频功率 1000W，载气流量（Ar）0.3～0.5L/min，样品提升量是 0.9～1.0mL/min。基体元素是 Fe、Al、Ca、Mg、K、Ti、Na、P、Cr、Mn 等。干扰系数列于表 4-17。

表 4-17　常见元素的干扰系数

谱线/nm	干扰元素及干扰系数
Al 309.271	V 0.00045　Mg 0.00031
Al 396.152	Ti 0.00040　Ca 0.02100
As 197.262	V 0.0200　Al 0.00245
As 228.812	Fe 0.00914
B 249.773	Fe 0.00094
B 249.678	Fe 0.00280
Ba 493.409	Fe[①]
Ba 455.403	Ti[①]　Ni[①]　Cr[①]
Bi 223.061	Ti 0.00350　Cu 0.02610
Bi 306.772	V 0.06540　Fe 0.00140
Ca 393.366	V 0.00660
Ca 396.366	V 0.00700　Fe 0.00280
Cd 214.438	Al 0.00810　Fe 0.00011
Cd 228.802	Al 0.00150　Fe 0.00490　Ni 0.09100
Ce 413.767	Ti 0.00410　Fe 0.02000　Ca 0.05000
Ce 418.667	Fe 0.00010　Ti[①]
Co 228.616	Cr 0.00035　Ti 0.00046　Ni 0.00030
Co 345.350	
Cr 205.552	Fe 0.00040　Ni 0.00017　Al[①]
Cr 283.586	V 0.00034　Fe 0.00022　Mg 0.00031
Cu 324.754	Ti 0.00140　Cr 0.00030　Ca 0.00012　Fe 0.00028
Cu 224.700	Ti 0.00110　Ni 0.01400

178

谱线/nm	干扰元素及干扰系数					
Dr 353.171	Mn 0.00355					
Eu 420.505	V 0.00465　Cr① 　Cu① 　Fe① 　Mn①					
Er 337.271	Ti 0.05120　Fe 0.00071　Cr 0.00045　Ni①					
Fe 238.204	V 0.00046　Cr 0.00035					
Fe 259.940	Mn 0.00150　Ti 0.00050　Cr 0.00028					
Mn 257.610	V 0.00048　Al 0.00010　Fe 0.00156					
Mn 259.373	Fe 0.00600					
Mo 202.030	Al 0.00020　Fe 0.00014					
Mo 281.615	Mn 0.00150	Cr 0.00282	Al 0.00184	Mg 0.00413	Fe 0.00011	
Na 588.995	Ti 0.00065					
Na 589.592	V 0.00044　Ti 0.00120　Fe 0.01800					
Nd 430.358	Ca 0.00155　Fe 0.00045					
Nd 415.608	Ca 0.00430　0.00148					
Ni 221.647	V 0.00035　Fe 0.00042　Cu 0.00075					
Ni 232.003	Fe 0.00050					
P 213.618	Fe 0.00550　Al 0.000165　Cr 0.00360　Cu 0.08000					
P 214.914	Al 0.00355　Cu 0.00050					
Pb 220.353	Cr 0.00510　Fe 0.01300　Al 0.00860					
Pd 340.458	V 0.00310　Ti 0.00056					
Se 203.985	Mn 0.01200　Cr 0.02000　Al 0.00040　Mg 0.00250					
Se 206.279	V 0.00200	Ti 0.00650	Cr 0.00340	Al 0.00160	Fe 0.00040	Ni 0.00045
Sm 356.826	V 0.00200　Cr 0.01000　Ca 0.00035　Ti 0.00056					
Sm 359.290	V 0.00450　Ti 0.00015　Cr 0.00100					
Sn 235.484	V 0.01000　Ti 0.00430　Fe 0.00560　Ni 0.00945					
Sn 283.999	Mn 0.00350	Cr 0.00130	Al 0.00056	Fe 0.00145	Mg 0.00600	Ti 0.00147
Sr 407.771	Fe 0.00620　Ti 0.00051　Cr①					

谱线/nm	干扰元素及干扰系数					
Sr 421.552						
Tb 350.917	V 0.00450	Ti 0.00053	Cr 0.00460			
Tb 370.285						
Te 214.725	V	Ti	Cr	Al	Fe	Ni
	0.05100	0.00620	0.00450	0.00152	0.00011	0.00054
Ti 334.941	Cr 0.00150	Ca①	V①			
Ti 336.121	V 0.00013	Cr 0.00028	Ni 0.00015			
Gd 342.247	Ti 0.00058	Cr 0.00310	Fe 0.00032	Ni 0.00023		
Gd 376.840						
K 766.490	Ti 0.00057					
K 769.896	Cr 0.15000	Ti 0.00045				
La 379.478	V 0.00165	Ca 0.00046	Fe 0.00036			
La 408.672	Ca 0.00075	Cr①	Fe①			
Li 670.784	V 0.00048	Ti 0.00081				
Mg 279.553	Fe 0.00465	Mn①				
Mg 280.270	V 0.00055	Cr 0.04300	Fe 0.00153			
Tl 276.787	Mn	V	Ti	Cr	Fe	Mg
	0.00450	0.00146	0.00118	0.05100	0.00237	0.00241
Tl 377.280	V	Ti	Ca	Fe	Ni	
	0.00260	0.00021	0.00340	0.00956	0.00246	
V 309.311	Mg 0.00150	Al 0.00035	Cr 0.00045	Fe 0.00051		
V 310.230	Ti 0.00112	Fe①	Ni①			
Y 317.030	V 0.00038	Ti①				
Y 377.433	Fe①	Mn①	Ti①	V①		
Yb 369.799	Ca①	Fe①	Mn①	Ni①	Ti①	V①
Zn 213.856	V	Ti	Al	Cu	Ni	Fe
	0.00140	0.00064	0.00310	0.00180	0.00150	0.00080
Zn 202.548	Al	Cu	Mg	Ni	Cr	Fe
	0.00285	0.01600	0.00058	0.00029	0.00024	0.00094

① 光谱表中查得的干扰元素，但实验中未观察到干扰现象。

4.6 基体效应

4.6.1 ICP 光源的基体效应

ICP 发射光谱分析技术具有许多优点，已成为最通用的无机多元素的分析工具，尽管同某些化学分析比较，ICP 光源的干扰效应是比较低的，在某些情况下甚至可以忽略不计，但在测定低含量及微量元素时其基体干扰效应还存在，有时还很严重。所谓基体效应是试样主要成分变化对分析线强度和有关光谱背景的影响，它是 ICP 光谱干扰效应的一种。基体效应的产生实质上是各种干扰效应的总和。在第 4.5 节介绍过，ICP 光源谱分析中的干扰效应可分为 4 种：物理干扰，化学干扰，电离干扰，光谱干扰。前 3 类通常又叫非光谱干扰。基体效应主要是非光谱干扰，但也包括光谱背景干扰，造成基体效应还有一种干扰效应，称作激发干扰，激发干扰是样品成分变化导致 ICP 光源温度、电子密度、原子及离子在光源中分布发生变化，引起谱线强度或光谱背景变化，故基体效应是多种干扰效应综合作用的结果，通常很难分开产生干扰原因和机理。例如测定氯化稀土中杂质时，基体稀土元素的存在，导致试液黏度、密度变化，影响雾化进样过程，抑制谱线强度，这种影响是物理干扰。但稀土元素又具有较低电离电位，有电离干扰产生，同时产生复杂的光谱背景。光源中大量稀土原子存在要改变等离子体的温度和电子密度，可产生激发干扰。因此，这种基体元素对谱线和光谱背景的影响，包括从溶液进样到激发发光全过程，对于光谱分析应用而言，不容易确切知道基体影响的原因，所以把它统称基体效应。

4.6.2 基体效应的特点

① 基体效应是多种因素影响的综合效应，是多种干扰效应的综合效果，对于应用光谱学工作，通常不去研究其产生原因，应用光谱分析关心基体效应对谱线强度和背景强度的影响，关心如何消除基体效应造成分析数据的不利影响。基体效应的存在可造成分析

线强度的增加或降低，增加谱线强度的基体干扰称增敏效应，降低者称为抑制效应。

② 基体与干扰元素（基体）种类有关，也与基体含量有关，当基体降低到一定浓度，基体影响可忽略不计。

③ 基体效应与被测定元素性质及分析线性质有关。

④ 基体效应的规律比较复杂，不同元素、不同元素组合、不同溶液体系基体效应不同，还无简单规律可以表达，没有统一的规律和表达方式。

1976 年 Greenfild 实验观察到的碳链有机酸等有机溶液对谱线有明显增强作用，并给出有机酸及甲醇体系谱线强度与水溶液体系谱线强度比值符合关系式(4-23)：

$$\frac{I_{有}}{I_{水}} = \frac{\eta}{(\sigma\rho)^{1/2}}\left(\frac{7.055}{\eta} + 1.245\right) \tag{4-23}$$

式中，$I_{有}$ 和 $I_{水}$ 分别代表有机相与水相中同一光谱线的强度；η、σ、ρ 分别为试液的黏度、表面张力、密度。而后来实验表明这一关系式并无普遍意义，仅对于乙酸及该实验所用的光谱条件适用。对于其他有机溶剂和光谱分析均不适用。按照该式，有机溶剂应对谱线有增强效应，但实验证明，许多有机溶剂对谱线有抑制效应。辛仁轩等人用自制的自激线路高频发生器，在乙醇-煤油-磷酸三丁酯体系中这一规律并不存在。

⑤ 基体效应受等离子体参数影响，主要是载气流量，高频功率及观察高度影响；载气流量较低，高频功率较高，基体效应较低。不同观测高度基体影响不同。

⑥ 基体效应的影响随基体量增加逐渐增加，是量变过程，没有突变点，开始影响可忽略，到一定程度超过承受能力，必须设法解决。如铝合金的基体效应，1mg/mL 以下，可不计。

⑦ 有多种途径可抑制或降低基体效应的影响。

⑧ 基体效应不仅影响谱线强度和光谱背景强度，还影响精密度及检出限。

评价基体效应通常采用有基体与无基体谱线强度比值来表达

[式(4-24)]，当 $K=1$ 时，有基体与无基体时谱线强度一样，该条件下，基体对谱线强度没有影响，当 $K>1$ 时，基体有增强效应，当 $K<1$ 时，基体抑制谱线强度。K 有时又称为基体干扰因子。

$$基体效应 \qquad K=I_{有基体}/I_{无基体} \qquad (4\text{-}24)$$

基体产生谱线重叠干扰的处理方法和产生机理都不同，不在基体效应内讨论。

4.6.3 重要基体效应及其处理方法

造成基体效应主要有五种原因，即物理效应、化学干扰、电离效应、光谱背景影响及激发干扰。在光谱分析实践中有些干扰效应并不严重，在优化分析条件下它们的影响可以考虑，例如化学干扰，在较高高频功率和较低载气条件下化学干扰可以忽略，在高温等离子体条件下，生成的难溶化合物也能有效地原子化。这里重点讲经常会遇到的基体效应。

4.6.3.1 酸基体效应

酸基体效应是经常会遇到的，ICP 光谱通用的进样体系是无机酸体系，无机酸的黏度、密度、表面张力均比纯水高，因此，随无机酸酸度增加，谱线强度逐渐降低，这是普遍规律。为了降低酸基体效应，要采取如下办法。

① 样品消解处理尽量降低用酸量，过量酸可用加热挥发除去，一般用高氯酸加热冒烟赶过量硝酸和盐酸；

② 样品处理，首选硝酸和盐酸，这两种无机酸黏度最低，对谱线强度影响最小；

③ 在必须采用高黏度的无机酸（磷酸、硫酸）时，应尽量保持绘制校正曲线的标准溶液系列酸度与分析样溶液酸度一致，避免造成系统误差；

④ 用内标法在一定程度上消除酸的基体效应。

4.6.3.2 盐基体效应

这里所谓盐是指溶液样品中可溶性固体。溶液中可溶性固体的增加也将逐渐增加溶液黏度，导致谱线强度降低。表 4-14 列出可溶性铝盐对进样和谱线强度的影响。不同盐类溶液的浓度、密度不同，对分析线强度和背景影响差别很大。一般规律是，碱金属、碱土金属的盐基体效应较低，而重金属、镧系元素、锕系元素的盐基体效应较大。图 4-45 是铝盐对光谱背景的影响，高浓度的铝盐在紫外光谱 190～230nm 产生强的连续光谱背景，其他盐类浓度高时也有类似效应，波段可能不同，表 4-18 是各种盐类在紫外光谱区产生的连续光谱背景。盐基体效应的影响因素比较复杂：

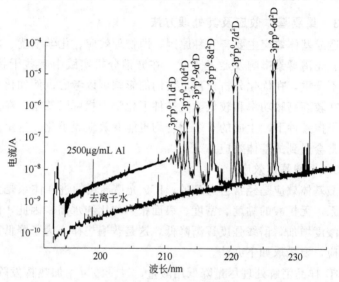

图 4-45　铝盐的基体效应

表 4-18　各种盐类在紫外光谱产生的背景

基 体 元 素	背景波长范围
Al	197～216nm，227～231nm
Mg	210～232nm，267～269nm，245～263nm，290～293nm
Ca	190～206nm，258～268nm，290～293nm
Ni	223～234nm
Fe	196.5～198.5nm，208～230nm
Cr	187～203nm，207～211nm，226～230nm

① 影响试样溶液的物理性质，增加黏度，影响雾化进样；

② 产生光谱背景干扰，降低信背比，降低检出能力，增加检出限；

③ 产生激发干扰，改变等离子体成分，影响等离子体温度，改变激发环境。

抑制盐基体效应的方法有下面几种。

（1）基体匹配法 基体匹配法是在配制标准溶液系列时，加入与分析样溶液相同量的基体，使标准溶液系列主要成分与分析样相同或相近。例如，分析纯氧化钇中稀土杂质时，在标准溶液系列中，加入高纯钇基体（纯度 99.999%），浓度为 10g/L。

表 4-19 是各种样品用基体匹配法消除基体效应的分析要点。

表 4-19　基体匹配法消除基体效应的分析要点

样品	测定元素	基体	条件
纯铜	Fe，Mn，Ni，P，Zn，A，Se，Ag，Cd，Sn，Sb	铜＞99.999% 5mg/mL	1200W，0.7L/min
锆合金	Sn，Nb，Fe，Cr，Ni	高纯锆 2mg/mL	1150W，27psi
球墨铸铁	La，Ce，Y	纯铁＞99.988%	1200W 0.4L/min
铬酸钾	Ca，Mg，Ba，Co，Cd，Sn，Al，Cu，Mn，Pb，Sr，Zn，Fe，Ni，Ti，V，Si	高纯 K_2CrO_4	交叉雾化器
70 钛铁	V，Sn	70%Ti，30%Fe	1150W，0.80L/min
铜精矿	Ag，As，Pb，Zn	FeCu，500mg/L。变化 300～900mg/L 用中值 25%	1.3kW
钕铁硼合金	Nd，La，Ce，Pr，Sm，Dy，Gd，Co，Mn，Zr，Ba，Ga，Al，Cu	铁	1.3kW，0.8L/min
尿液	Be，V	人工模拟尿液，NaCl，磷酸铵，尿素，肌酐，硫酸	1150W，0.21MPa

注：1psi=6894.76Pa。

（2）标准加入法 分析较高纯度样品时，基体匹配法需要有高纯基体，一般要比分析样纯度高 1～2 个数量级，有时难以得到高纯基体，这时可用标准加入法。标准加入法，不需要用基体。例如，分析高纯镍是无法得到比高纯镍纯度更高的镍基体，标准加入法不用基体。

（3）化学分离基体　　分析高纯产品时经常需要采用化学分离的方法去除基体，富集杂质元素。可用氢氧化铁共沉淀分离高纯阴极铜，测定微量铅、铋和碲。

4.6.3.3　易电离元素的基体效应

易电离元素通常指碱金属、碱土金属等电离电位较低的元素。这些元素在各类样品中经常大量存在，易电离元素的基体效应经常在碱金属之间或碱金属和碱土金属之间产生。参看式(4-25)，例如样品中含有大量钠、钾元素时，钠在等离子体高温条件下电离产生大量自由电子，造成钾原子的电离平衡向左移动，使钾原子浓度增加，钾原子谱线增强、离子浓度减少，同样高浓度钾的浓度也对钠的原子谱线有相似影响。

$$M^0 \Longleftrightarrow M^+ + e^-$$
$$Na \Longleftrightarrow Na^+ + e^- \qquad (4-25)$$
$$K \Longleftrightarrow K^+ + e^-$$

易电离元素基体效应的特点是对原子线和离子线影响不同，高浓度的易电离元素使原子线增强，而减弱了离子线强度。易电离元素的基体效应受光谱参数影响很大，等离子体温度较高条件，电离干扰较低。

抑制或消除易电离元素的基体效应可采用匹配法或内标法，或标准加入法。合理地选择分析参数可以明显抑制易电离元素的基体效应影响。

4.6.3.4　有机溶剂的基体效应

当有机溶剂或含有有机物溶液进样时，ICP 发射光谱会发生很大变化，导致变化原因是复杂的，首先有机溶剂的物理性质（黏度、密度等）与水溶液有很大差别。辛仁轩等报告了乙醇添加到水溶液后导致试液黏度增加，表面张力、密度下降，试样提升量降低，等离子体激发温度和气体温度下降，Ca、Mg、Ni、Cu、Pb

等常见元素灵敏度降低而稀土元素的灵敏度得到改善。导致有机溶剂基体效应的机理：第一，试液物理性质变化影响雾化进样；第二，有机溶剂的挥发性能不同于水溶液，进入 ICP 的气溶胶量有变化；第三，有机溶剂等离子体原子化后产生大量碳、氢、氧等气体，改变了等离子体成分。故又叫溶剂的基体效应，包括，物理干扰效应，溶剂挥发效应及激发干扰。克服有机溶剂基体效应，单纯用内标法不能克服有机溶剂影响，要从改变仪器分析参数、样品处理方法及基体匹配等方面综合处理。

4.6.3.5　分析条件对基体效应的影响

为了抑制基体效应选择合理的激发条件很重要。

（1）功率对钙基体效应的影响　表 4-20 为钙基体时高频功率对基体效应的影响。

表 4-20　钙基体时高频功率对基体效应的影响

分析线及波长/nm	Ca 干扰因子	
	1.0kW	1.3kW
Cd Ⅰ 228.802	0.88	0.93
Cd Ⅱ 214.440	0.80	0.85
Cu Ⅰ 324.752	1.03	1.06
Cu Ⅱ 224.700	0.87	0.92
Fe Ⅱ 238.204	0.75	0.84
Fe Ⅱ 273.955	0.76	0.84
Mn Ⅰ 222.184	0.84	0.99
Mn Ⅱ 257.610	0.80	0.87
Pb Ⅰ 217.000	0.88	0.96
Pb Ⅱ 220.353	0.83	0.90
Se Ⅰ 196.026	0.74	0.87
Zn Ⅰ 213.857	0.90	0.96
Zn Ⅱ 206.200	0.79	0.86

对于基体 Ca，功率较低时（1.0kW）干扰效应离 1.00 较远者多，说明谱线受 Ca 基体干扰程度较大；功率为 1.3kW 时，干扰因子大部分比较靠近 1.00，说明谱线受抑制程度降低，即适当增大

功率可以减少 Ca 基体干扰。选择较高功率（为 1.3kW），以抑制基体效应的干扰。图 4-21 显示功率变化对基体效应的影响。可以看出，较高功率有利降低基体效应，不同元素的基体效应随功率的变化也有差别，影响基体效应的因素比较复杂。

（2）载气流量影响　图 4-25 表示载气流量对基体效应的影响，显示载气流量增加，总体趋势是基体效应更为严重。一般认为，较低的载气流量、较高的等离子体温度，有利于降低基体效应。

（3）观测高度的影响　ICP 焰是不均匀等离子体，中心通道的温度与观测高度有关，等离子体的四区（预热区、初始辐射区、正常分析区、尾焰）中，正常分析区温度最高，基体效应相对较低。不同观测高度基体干扰效应差别很大，有的是正干扰，有的是负干扰，由正干扰过渡到负干扰时产生一个零干扰点，在该点正干扰因素和负干扰因素相等，表现出无基体效应。遗憾的是，零干扰点的观测高度不在正常分析区内，该位置的谱线强度较低、灵敏度较差，无实用性。

（4）稳健性条件　对某一具体样品，选择分析条件应当考虑样品的特点及分析要求，如果要求得到最好的检出限，则应选择较低的高频功率。如果优化条件的目的是要降低基体效应就应选择较高功率。由于载气对等离子体温度也有明显影响，所以把主要分析条件（功率和载气）综合考虑，光谱学家默赫麦提出一个分析条件的专有名词 rubst，译为稳健性条件，又称强化条件，它把功率和载气综合在一起考虑，在稳健性条件下基体效应较低，意味着受外界影响比较小。具体稳健性条件的数值没有特定的数据，与 ICP 光谱仪器有关，一般是用较高的功率和较低的载气压力或流量。表 4-21 为 10mL/mL 锂基体中稳健性条件和非稳健性条件下各种元素的基体效应，表中 K 值×100。表 4-21 数据显示稳健性条件下原子线与离子线有相似变化规律，而非稳健条件两者基体效应相反，锂对原子线显示增强效应，而锂对离子线有强烈抑制效应。

表 4-21　稳健性条件对基体效应的影响

元素及波长/nm	激发能或激发电位和电离电位总和/eV	稳健条件 1500W，载气 0.65L/min	非稳健条件 800W，载气 1.2L/min
Cr Ⅰ 357.868	3.46	80.22	112.75
Mg Ⅰ 285.213	4.35	83.51	173.10
Cd Ⅰ 228.802	5.42	74.12	145.83
Ni Ⅰ 232.138	5.61	73.85	103.67
Pb Ⅰ 217.000	5.71	75.86	124.98
Zn Ⅰ 213.857	5.80	70.77	110.02
Mg Ⅱ 280.270	12.07	59.63	41.45
Cr Ⅱ 267.716	12.92	63.48	42.83
Ni Ⅱ 231.604	14.03	58.44	23.84
Cd Ⅱ 226.502	14.47	59.86	—
Pb Ⅱ 220.353	14.79	56.68	26.64
Zn Ⅱ 206.200	15.40	59.33	31.09

参 考 文 献

[1] Huang Benli, et al. An Atlas of High Resolution Spectra of Rare Earch Elements, for ICP-AES. Cambridge：Royal Sociefy of chemistry. 2000.

[2] 辛仁轩. 电感耦合等离子体光源-原理装置和应用. 光谱实验室编辑部, 1984.

[3] Montaser A, Golightly D W. 感偶等离子体在原子光谱分析中的应用. 陈隆懋等译. 北京：人民卫生出版社, 1992.

[4] Montaser A, Golightly D W. Inductivly Coupled Plasma in analytical atomic Spctrometry. 2nd. New York：VCH, 1992.

[5] 辛仁轩, 唐亚平. 分析试验室, 2002, 21（6）：71.

[6] 陈新坤. 电感耦合等离子体光谱分析法原理和应用. 天津：南开大学出版社, 1987.

[7] 辛仁轩, 宋崇立. 岩矿测试, 2002, 21（4）：284.

[8] 徐金瑞, 田笠卿. ICP发射光谱分析, 南京：南京大学出版社, 1990.

[9] 郑天明. 分析试验室, 2010, 29（增刊）：289.

[10] 陈建国, 江祖成. 分析科学学报, 2002, 18（4）：281.

[11] 张琳，王建晨，辛仁轩 . 光谱学与光谱分析，2005（10）.

[12] 郑建明 . 广州化工，39（2）：141.

[13] Todol J L，Mermet J M . J. Anal. At. Spectrom.，2001，16（5）：514-520.

[14] 廖振环，李凤，陈世忠等 . 武汉大学学报，1999，45（6）：825.

[15] 郑建国，张展霞 . 分析测试学报，1996，15（1）：21.

[16] Mermet C M. Journal of Analutical Atomic Spectrometry，1993，8（6）：795.

[17] 刘琰，夏阳，牟新玉 . 安徽冶金，2005，（3）：16.

[18] 李岩，安肃，于锦强等 . 理化检验（化学分册），2000，36（3）：124.

[19] 夏辉，王小强，杜天军 . 岩矿测试，2015，34（3）：297.

[20] 兰景凤，朱玲，刘晓燕等 . 大学化学，2015，30（3）：56.

[21] 马惠芬 . 大众标准化，2006，（5）（增刊）：95.

[22] Andreas Limbeck，Maximilian Bonta and Winfried Nischkauer. J. Anal. At. Spectrom，2017.

[23] 辛仁轩，宋崇立 . 分析实验室，2003，22（5）：41.

[24] 谯斌宗，杨元，田华 . 理化检验（化学分册），2009，45（3）：253.

[25] 颜广灵，童坚，李娜等 . 分析实验室，2008，27（12）：107.

[26] 董仁杰，辛仁轩 . 理化检验（化学分册），2004，40（3）：133.

[27] 辛仁轩，宋崇立 . 分析化学，2002，30（12）：1451.

[28] 辛仁轩，余正东 郑建明 . 电感耦合等离子体光谱仪原理及应用 . 北京：冶金工业出版社，2012.

[29] 辛仁轩，等离子体发射光谱分析 . 北京：化学工业出版社，2005.

[30] 辛仁轩 . 等离子体发射光谱分析 . 第 2 版 . 北京：化学工业出版社，2010.

第5章 ICP光谱分析的应用

5.1 概论

ICP光谱分析技术从诞生之始就直接服务于各类实际样品的分析应用，这是由该技术的基本特点所决定的：第一，电感耦合等离子体是高温光源，其温度远超化学火焰，焰炬中心通道温度达$5000\sim6000K$，可以将液体或固体样品原子化并有效地激发发光，利用电火花或激光烧蚀附件也可直接分析固态样品；第二，ICP光谱技术可以测定元素周期表中的多数元素，包括稀土元素、稀有元素、重金属及放射性元素，能够激发的元素多达73种；第三，凡是通过消解处理可转化为液体的样品都可直接雾化进样，简便地进行测定；第四，可分析的浓度范围较宽，线性范围达5个数量级，ICP光谱技术测定的浓度范围处于微量分析至常量分析，样品浓度在$10^{-6}\sim10^{-2}$量级，适用浓度范围较宽；第五，可进行多元素的同时测定，工作效率高，据报道可测定镝铁合金中主量元素和34个微量元素。由于上述原因，ICP光谱技术诞生后不久就成为化验室的通用分析工具，最初在地质领域推广应用。在20世纪80年代初商品ICP光谱仪诞生不久，核工业地质研究院购买一台岛津公司生产的ICPQ-100型ICP光电光谱仪，承担了该单位大量常规样品的分析，显著减轻了化学分析工作人员的负担。最早研究应用的领域还有核燃料和核材料分析，它们需要检测高纯核燃料中许多微量杂质元素。随着商品ICP仪器的大量涌现，在有色金属、合金、环境保护等样品量大的领域也得到应用。随着我国国民经济的发展，重金属污染对人们生态和生活的影响日益显现，从粮食、食品、蔬菜、水果、饮用水、药材、空气、土壤、水质、大气到日用品及儿童玩具等均受到重金属污染的威胁。为了了解重金属污染的程度并设法控制它对人类的危害，分析这类样品成为 ICP 光谱技术应用的新领域。ICP 光谱技术在我国应用领域如下：

① 环境（环境水质、废水、土壤、大气飘尘、固体废物）；

② 食品饮料（粮食，饮料，肉类，蔬菜，酒，水产品，水果）；

③ 有色合金（轻有色合金、重有色合金、贵金属、稀土金属）；

④ 生物化学样品（血液、体液、毛发、植物）；

⑤ 无机非金属材料（耐火材料、无机材料、陶瓷、玻璃）；

⑥ 地矿（地质、矿物）；

⑦ 钢铁（生铁、低碳钢、高碳钢、合金钢、铁合金、铁矿石）；

⑧ 核燃料及核材料；

⑨ 化学品（涂料、化学试剂、化肥、盐碱类、催化剂）。

5.2 环境样品分析

5.2.1 土壤分析

用微波法消解和湿法消解土壤的结果比较如下。

微波法消解所用试剂为硝酸-氢氟酸-过氧化氢，取 0.2500g 试样，加入 8mL 硝酸，浸泡 30min，去除有机物，再加 2mLHF＋1mL 过氧化氢消解。微波炉参数为：低功率 10min→中功率 5min→高功率 2min→低功率 1min，取出后在聚四氟乙烯烧杯中加热赶酸，用 1% 硝酸稀释，定容至 50mL，用于测定。

电热板消解法所用试剂为硝酸-氢氟酸-高氯酸，取 0.2500g 试样于聚四氟乙烯烧杯中，加 10mL 浓硝酸，反应停止后转移到低温电热板上，加入 5mL HF，加热 10min，冷却，加 5mL 氢氟酸，加热 10min，冷却，加入 5mL 高氯酸蒸发到近干，再加 2mL 高氯酸重复操作，冷却，加 25mL 1% 硝酸煮沸，定容至 50mL，同时做空白，用于测定。

两种消化方法的结果比较列于表 5-1，数据表明，用电热板（硝酸-氢氟酸-高氯酸）消解测定 Cu、Zn 数据较好，不加高氯酸试样分解不完全，结果偏低。

表 5-1　土壤样品两种消解方法得到结果的比较

消解方法	铜/(mg/kg)	锌/(mg/kg)
微波(硝酸-氢氟酸-过氧化氢)	15.3	92.5
电热板(硝酸-氢氟酸-过氧化氢)	17.3	85.6
电热板(硝酸-氢氟酸-高氯酸)	24.6	69.8
GSS-8 土壤标样	24.3±1.8	68.6±6

两种土壤样品消解方法精密度和回收率比较见表 5-2，数据表明，用电热板消解土壤的精密度和回收率均好，但开放式电热板操作时应注意环境污染问题，要测定微量 Zn、Mg、Si 等元素，需要注意如下环境及操作：室内无尘；器皿、试剂、去离子水均不含 Zn，用前需用稀硝酸浸泡 12h 以上；加热操作需用乳胶手套，化石粉、护手霜均影响测定结果；赶酸时不能蒸干，不然会形成铁铝氧化物，包裹待测元素，使测定数据偏低。

表 5-2　土壤消解法的精密度和回收率

项目	微波	电热板(硝酸-氢氟酸-高氯酸)
精密度	7.2%	2.6%
加标回收	83%～116%	92%～103%
时间	6～7h(一批 12 个)	10～12h(一批 20～30 个样)

5.2.2　生活饮用水分析

环境水样不经浓缩可直接测定 10 种元素，如 Ca、Mg、Si、Na、K、Li、Ba、Sr、Fe、S、Zn 等。用蒸发浓缩 10 倍可测得约

20 种元素。取 100mL 水样，浓缩到 2～3mL，加 1mL 硝酸，稀释到 10mL 测定，Ca、Mg、Si 浓度太高不能采用浓缩法。用超声雾化进样也可测定较低浓度的元素，还有其他的化学处理法可测定更低的浓度，如萃取法、沉淀法等。下面介绍用 ICP 光谱仪直接分析生活饮用水的方法。

（1）仪器与试剂　PQ9000 型电感耦合等离子体原子发射光谱仪（德国耶拿公司）；砷、镉、铬、铅、汞、硒标准储备溶液（1000μg/L，国家标准物质研究中心）；硝酸（优级纯）；标准溶液制备：将 1000μg/mL 砷、镉、铬、铅、汞、硒标准储备溶液分别用稀硝酸（5%）稀释，标准曲线浓度（μg/L）为：As，Hg，Se0，5，10，50，100，500，1000；Cd，Cr，Pb 为 0，5，10，50，100，500。

（2）分析线及仪器参数　As188.979nm，Cd214.441nm，Cr267.716nm，Pb220.353nm，Hg184.886nm，Se196.028nm。高频功率 1200W，等离子体气流速 12L/min，辅助气流速 0.5L/min，雾化气流速 0.5L/min 轴向观测。

（3）结果　六元素检出限在 0.04～3.20μg/L，ICP-AES 法的相对标准偏差为 0.74%～2.2%，加标回收率为 95.8%～98.0%。

应该说明，这里用的 ICP 光谱仪是目前分辨率较高的仪器，检出限比较低。

5.2.3　水样中主要元素的 ICP 光谱分析

采用 ICP-AES 法直接测定水样中 K、Na、Ca、Mg、Fe、H_2SiO_3 和 SO_4^{2-}，分析结果符合《生态地球化学评价样品分析技术要求》，可大幅度提高分析效率。

（1）仪器与试剂　K、Na、Ca、Mg、Fe、H_2SiO_3 和 SO_4^{2-} 标准储备溶液均采用光谱纯试剂配制，浓度均为 1mg/L，并经国家标准物质研制中心配制的标准比对验证。

取单元素标准贮备溶液配制多元素混合标准溶液，介质为 7% HCl，其中空白溶液为 7% HCl。

分别吸取地表水原水及加酸水 5mL，置于塑料试管中，若样品浑浊，需用 $0.45\mu m$ 膜过滤，以免堵塞进样系统。用 IRIS Intrepid 全谱直读电感耦合等离子体发射光谱仪测量。

（2）样品测定　采用 ICP 光谱法分别测定了地表水原水和加酸水，同时与采用其他测定方法进行对比。结果表明，应用 ICP-AES 法同时测定地表水中的 K、Na、Ca、Mg、Fe、H_2SiO_3 和 SO_4^{2-}，Fe 的差异较大，由于 Fe 不能在原水中直接测定，Fe 在中性溶液中损失较为严重。K、Na、Ca、Mg、H_2SiO_3 和 SO_4^{2-} 均可在原水中直接测定，且测定结果与火焰光度法、原子吸收光谱法和分光光度法基本一致。

（3）结果和讨论　将各元素标准溶液稀释，连续测定 10 次，相对标准偏差（RSD）值在 $0.23\%\sim0.90\%$ 之间。用 ICP 光谱法对 SO_4^{2-} 的测定实际上是全硫的结果，但经过大量数据对比，对于无污染或污染较轻的水如矿泉水、地下水而言，结果差异不大。对于重度污染的水（如工业废水、各种污水），必须用 HCl 酸化、煮沸，除去低价态的硫后再进行测定。

5.2.4　测定废水中多种痕量重金属元素

（1）仪器与条件　仪器：美国 PE 公司 Optima 2100DV 全谱直读等离子体发射光谱仪，高频功率 1200W，冷却气流量 12L/min，辅助气流量 0.2L/min，载气流量 0.80L/min，轴向观测方式。

（2）取样　用聚乙烯瓶采集样品，采集后立即加入浓硝酸固定，使得水样的 pH≤2。

（3）消解　取均匀样品 100mL，加入 5.0mL 硝酸，置于电热板上加热消解，确保溶液不沸腾，缓慢加热至近干，取下冷却，重复这一过程，直至试样溶液颜色变浅或稳定不变。冷却后再加 2 次蒸馏水少量，置于电热板上缓慢加热，使残渣溶解，最后用稀硝酸定容，使溶液保持 4%（体积分数）的硝酸酸度。

（4）检出限和测定下限　进行 12 次空白测定，根据 IUPAC 的检出限的定义计算出检出限和检出下限，结果见表 5-3。

表 5-3　方法检出限和检出下限

元素	分析线 /nm	标准曲线 相关系数	检出限 /(μg/L)	检出下限 /(μg/L)
Fe	239.6	0.99995	5.32	21.28
Zn	206.2	0.99991	11.9	47.6
Cu	324.7	0.99990	1.36	5.44
Pd	220.4	0.99998	21.2	84.8
Cd	228.8	1.00000	3.13	12.52
As	189.0	0.99994	88.4	353.6
Cr	267.7	0.99996	3.56	14.24

（5）精密度和回收率　同时检测废水中 Cu、Fe、Zn、Pb、As 等 7 种微量重金属元素的相对标准偏差（RSD）均小于 5%，回收率在 89.9%～102.5% 之间，最低检出限能满足废水检测的要求。方法满足对工业废水中重金属元素进行准确的监测。

5.2.5　微波消解法测定飞灰中的多种金属元素

环境中 $PM_{2.5}$ 有 6 个重要来源，分别是土壤尘、燃煤、生物质燃烧、汽车尾气与垃圾焚烧、工业污染和二次无机气溶胶。如果将燃煤、工业污染和二次无机气溶胶 3 个来源合并起来，化石燃料燃烧排放成为 $PM_{2.5}$ 污染的主要来源。燃煤形成的飞灰是大气颗粒物的主要来源之一。参考《固体废物　痕量金属元素的测定电感耦合等离子体发射光谱法》方法标准，使用全谱直读 ICP 光谱仪建立了测定飞灰中多种金属元素含量的分析方法。

（1）仪器及试剂　ICP E-9000 全谱发射光谱仪（日本岛津公司），MILESTONE 微波消解仪 ETHOS。实验所用玻璃器皿均用硝酸溶液（1+1）浸泡 24h 后，用去离子水冲洗，干燥备用；实验所用 HNO_3、HF 和 H_2O_2 均为优级纯试剂，实验用水为超纯去离子水（MILLIPORE 公司，电阻率为 18.2MΩ·cm）。

（2）仪器条件和参数　采用岛津 Mini 型炬管（节省氩气）和真空型光室的 ICP　E-9000 型光谱仪，采用岛津双向观测自动切换的模式，同时分析测定样品中的高、低元素含量。仪器工作条件为：观测方向，轴向/纵向；雾化器类型，同心；炬管类型，Mini型；雾化室，旋流；辅助气流速，0.6L/min；等离子气流速，10L/min；载气流速，0.7L/min；高频频率，27.12MHz；高频输出功率，1.2kW。

（3）样品前处理　精确称取 0.2g 飞灰试样于微波消解罐中，加入 10mL HNO_3、3mL H_2O_2 和 5mL HF，进入微波消解仪，设置升温程序进行消解。微波消解的升温程序为：升温 5min 至 120℃；升温 5min 至 160℃；升温 5min 至 210℃；210℃ 恒温 20min。消解完成的样品冷却后转移至聚四氟乙烯烧杯中，加入少量去离子水清洗，清洗液完全转移至聚四氟乙烯烧杯中，置于电热板上加热赶酸，将溶液蒸发近干至约 1mL 时，加入 5mL（1＋1）硝酸溶液回溶，冷却后，转移并定容至 100mL 容量瓶中，待测。按照上述方法做样品空白实验。

（4）分析方法　使用 2.5%（体积分数）硝酸溶液配制 As、Cd、Cu、Fe、Mn、Ni、Pb、Sb、V 和 Zn 元素的不同浓度的标准溶液于 100mL 容量瓶中。对于像飞灰这样具有复杂组成样品中元素的测定，在选择分析线时主要考虑低含量元素的灵敏度和各元素之间的谱线干扰以及是否能够合理地扣除光谱背景。

（5）方法检出限和精密度实验及飞灰样品分析　使用 ICP-AES 法直接测定 BCR-176R 飞灰标准物质中的 10 种金属元素，同时对样品空白的分析元素进行了 10 次测定，标准曲线自动计算各元素的检出限（3σ），结果见表 5-4。实验结果表明，分析结果与标准值吻合。

表 5-4　检出限及 BCR-176R 飞灰样品分析结果

测定元素	检出限 /(mg/L)	标准值 /(mg/kg)	测定结果 /(mg/kg)	RSD /%
As	0.01	54±5	52.30	2.00
Cd	0.0004	226±19	211	1.57
Cu	0.003	1050±70	1080	0.36
Fe	0.002	13100±500	12600	0.21

测定元素	检出限 /(mg/L)	标准值 /(mg/kg)	测定结果 /(mg/kg)	RSD /%
Mn	0.0004	730±50	764	0.30
Ni	0.0008	117±6	111	1.32
Pb	0.003	5000±500	4630	1.44
Sb	0.004	850±50	852	1.67
V	0.0005	35±6	35.3	1.66
Zn	0.003	16800±400	16700	0.26

5.2.6 ICP 光谱技术在环境应急监测中的某些应用

采用 ICP 发射光谱法同时测定环境应急水样中 Al、As、Be、Cd 等 11 种元素。通过定性分析发现水样中主要的污染元素有 As、Cd、Cr、Cu、Ni、Pb 6 种，常量元素有 Fe、Mn、Zn 3 种，微量或不存在的元素有 Al、Be 2 种。根据定性分析结果，对水样中 Al、As、Be、Cd 等 11 种元素的含量进行了定量分析。实验结果表明，该方法简便、快速，检出限、精密度和准确度均符合环境应急水质监测的要求。

(1) 实验仪器和工作条件　IRIS Intrepid Ⅱ XDL 全谱直读光谱仪（美国热电公司），CETAC ASX-520 自动进样器。工作参数：射频功率 1150W，雾化气 29psi，辅助气 0.5L/min，冷却气 14.0L/min，蠕动泵提升量 1.85mL/min，轴向观测。

(2) 标准空白溶液、多元素混合标准溶液　标准空白溶液　取浓 HNO_3 用超纯水稀释成 2%（体积分数）的 HNO_3 溶液。多元素混合标准溶液：GSB 04-1767—2004，100mg/L。使用时，用 2% 的 HNO_3 溶液逐级稀释成 5.000mg/L、2.000mg/L、0.500mg/L，摇匀待测。人工样。

(3) 定性分析　用 IRIS Intrepid Ⅱ XDL 全谱直读光谱仪进行定性分析很简易，将空白溶液、混合标准溶液和分析样品，在同样测试条件下进行摄取光谱，将谱线强度进行对比，高于空白样的，即表明样品中存在该元素。在定性分析中，利用全谱 ICP 光谱仪可以用多谱线同时分析的特点，选择 Al、As、Be、Cd、Cr、Cu、Fe、Mn、Ni、Pb、Zn 共 11 种元素的 2～3 条特征谱线进行测量，以提高定性的准确性。定性分析中选定的元素分析谱，图 5-1 为定性光谱记录。从上到下为空白样、人工样、未知样、水样 1 和水样 2。

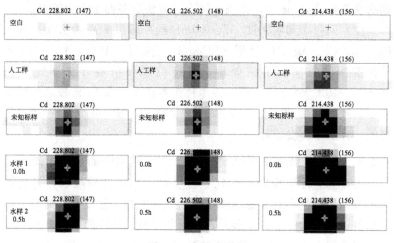

图 5-1　定性光谱图

（4）定量分析　在同样测试条件下用标准曲线法可以进行多元素的定量测定。标样测定的相对标准偏差（RSD）在 0.02%～6.8%之间，实际水样的加标回收率在 92.3%～104.0%之间。

5.2.7　巯基棉分离富集测定冶金废水中痕量铅、镉、铜、银

冶金废水经化学沉淀后引入了大量盐分，使得金属元素含量变得极低，难于准确测定。巯基棉可有效地分离实际样品中大量存在的硫酸根离子和钠离子基体，并富集待测元素。

（1）仪器及工作参数　Optima 2100DV 电感耦合等离子体发射光谱仪（美国 PerkinElmer 公司），宝石喷嘴十字交叉雾化器。ICP-AES 工作条件：高频功率 1300W，雾化气（Ar）流量 0.8L/min，冷却气（Ar）流量 15L/min，蠕动泵转速 1.5mL/min，辅助气（Ar）流量 0.2L/min。

（2）分离方法　取 100mL 样品溶液于 150mL 烧杯中，用稀氨水调节 pH 值为 7，以流速 15mL/min 通过巯基棉柱，用去离子水洗烧杯和吸附柱各三次，吸附完毕弃去流出液。以 1.5mol/L 盐酸分别以 2mL、1mL 各 3 次淋洗巯基棉柱，洗脱液接在带有刻度的比色管中，以去离子水定容至 10.00mL（可根据样品情况，取适宜的富集倍数），摇匀，待测。按上述方法制备两个空白溶液。

（3）回收率和精密度　取 100mL 经处理后的高盐水样，加入 Pb、Cd、Cu、Ag 浓度分别为 20μg/L、2μg/L、100μg/L、10μg/L 的标准溶液按实验方法处理，测定结果表明本方法回收率在 95.0%～102.0%之间。同一份水样按本法平行取 12 份独立处理及测定，计算其相对标准偏差（RSD），结果 RSD 在 3.1%～9.4% 之间，方法精密度较好。

5.2.8　微波消解 ICP-AES 法测定大气颗粒物中的金属元素

大气总悬浮颗粒物是大气中粒径≤100μm 的颗粒物，是我国大多数地区空气中的首要污染物，大气颗粒物组分复杂，需测定多个项目，其中包括多种金属元素。采用过氯乙烯滤膜收集样品，密闭微波消解 ICP 光谱法测定大气颗粒物中的铅、镍、铬、铜、铁、锌、锰、钡、镉等重金属。

（1）仪器与试剂　IRIS 1000 型 ICP 光谱仪（美国热电公司）；TH-1000C 型大流量 TSP 采样器（武汉天虹公司）；微波消解仪（意大利 MILESTONE 公司）。100mg/L 铅、镍、铬、铜、铁、锌、锰、钡、镉混合标准溶液（美国 SPEX 公司）；过氯乙烯滤膜；试剂硝酸、盐酸、高氯酸、双氧水，均为优级纯；试验用水为去离子水。

（2）样品采集　用 TH-1000C 型大流量 TSP 采样器和过氯乙烯滤膜采集样品，采样流量为 1050L/min，采样中应防止滤膜被冲破。从早上 9：00 开始采样，累积采集时间为 12h，采样完毕，尘面朝里对折两次成扇形，编号保存，同时记录气温和气压。

（3）样品预处理　微波消解：用塑料镊子将剪下的试样滤膜放入干净的 Teflon-TFM 样品消解罐中，加入少许水润湿，再依次加入 2mL 硝酸、6mL 盐酸、0.25mL 双氧水，轻轻摇动消解罐，使样品完全被酸浸没。放置一段时间后加顶盖和容器盖，置于有排气管的转子上，设置消解程序，消解完毕，待消解罐冷却，将消解液过滤并定容至 50mL 待测。

电热板消解：取试样滤膜置于烧杯中，加入 50% 盐酸溶液 10mL，盖上表面皿，在通风橱内放置过夜。次日在电热板上慢慢加热至起泡停止，冷却后加入 2mL 高氯酸，蒸发至近干。冷却后，加入 10mL 水和 50% 盐酸溶液 2mL 溶解残渣，再加入 50% 硝酸溶液 10 滴，移入 50mL 容量瓶中，用水定容待测。

（4）光谱测定参数及分析线　功率 1.15kW；频率 27.1MHz；雾化压力 179.27kPa；冷却气流量 12L/min；辅助气流量 0.6L/min。铅、镍、铬、铜、铁、锌、锰、钡、镉分析线分别为 220.353nm、231.604nm、267.716nm、324.754nm、240nm、213.856nm、257.610nm、233.527nm、226.502nm。

（5）结果　各元素的检出限在 0.001～0.01mg/L 之间，滤膜样品测定的 RSD 为 0.6%～2.9%，加标回收率为 96.0%～105%。取 10 张样品滤膜，分别采用微波和电热板两种方法消解后测定，结果无显著差异，微波消解法测定的 RSD 相对较小。

5.2.9　微波消解测定水系沉积物中的微量元素

湖泊沉积物作为环境物质输送的宿体，汇集了流域侵蚀、大气沉降及人为释放等多种来源的环境物质。水体沉积物是水体中重金属污染物的载体和指示剂。

（1）试剂与仪器　Optima 5300DV 电感耦合等离子体发射光谱仪（美国 P-E 公司）；MDS-2000A 型密闭微波消解仪（上海新仪微波化学科技有限公司）；ECH21 型电子控温加热板（上海新仪微波化学科技有限公司）。混合标准溶液，美国 PE 公司的金属标准储备溶液稀释而成，有两种标准储备液，第一种是 1000mg/L（SPEXCerti Prep）酸度为 10% 的硝酸，包含 Al、As、B、Ba、Ca、Co、Cr、Cu、Fe、K、Li、Mg、Mn、Ni、P、Pb、V、Zn、Be、Bi、Cd、Se、Sr 和 Na 等元素，第二种是 1000mg/L（SPEX

Certi Prep）酸度为 5％的硝酸，包含 S、Mo、Pd、Pb、Re、Si、Sn、Ti、W 和 Sb 等元素；HNO_3（优级纯）含量 65％～68％；HCl（优级纯）含量 36％～38％；$HClO_4$（优级纯）含量 70.0％～72.0％；H_2O_2（分析纯）含量 30％。

（2）样品消解　取样品 0.5000g，180℃电热板上预处理约 15min，消解时选择酸比例为 4∶4∶2 的 HNO_3-HF-$HClO_4$ 体系，消解工序采用约 0.5×10^2kPa/3min，21.0×10^2kPa/2min，21.5×10^2kPa/5min，22.0×10^2kPa/10min 的逐步加热工序。消解完毕并冷至室温后，将消解罐中的溶样全部转入聚四氟乙烯烧杯中，置于电热板上中温加热赶酸，待蒸至近干时，取下冷却，再加 1％稀硝酸，电热板上恒温溶解残渣，转入 100mL 容量瓶中，2％硝酸定容，同时做平行样和空白，过滤后用 ICP 光谱测定。

（3）方法的准确性　用 HNO_3 空白溶液分别连续测定 11 次，其结果的 3 倍标准偏差所对应的浓度值即为各元素的检出限。对水系沉积物成分分析标准参考物质 GSD29（GBW07309）用上述方法进行消解处理，发现方法的准确度和精密度均较好。

5.3　食品饮料分析

5.3.1　微波消解法测定大米中八种元素

（1）仪器与设备　6300 型电感耦合等离子体发射光谱（美国 Thermo Fisher 公司）；Mars6 型微波消解仪（美国 CEM 公司）；电热平板消解仪（北京莱伯泰克仪器有限公司）；电子分析天平（德国 Sartourious 公司）；A11 基本型研磨粉碎机（德国 IKA 公司）。

（2）材料与试剂　大米（市售散装）；硝酸（优级纯）；铜、锰、铁、锌、钾、钠、镁、钙八种元素单元素标准溶液（1000mg/L，国家有色金属及电子材料分析测试中心）；混合标准系列溶液（临用前用 5％硝酸逐级稀释标准溶液配制成所需要的浓度，所有的玻璃仪器均用 10％的硝酸浸泡过夜，用水反复冲洗，最后用超纯水冲洗干净并自然晾干）。

（3）样品前处理方法　称取 0.5g 样品于消解管中，加入 7mL 硝酸，浸泡 2h 后，加盖密封。将消解管对称地放入微波消解仪中，设定条件开始消解。待消解程序结束后，取出消解管冷却，将样液转移至 25mL 小烧杯中，于 180℃ 电热平板上赶酸。待消解液剩余 1mL 后取下烧杯，转移至 10mL 比色管中，用去离子水定容至刻度。混匀，备用。

（4）测试条件　样品冲洗时间 30s，短波积分时间 15s，长波积分时间 5s，RF 功率 1150W，辅助气流量 0.5L/min，雾化器流量 0.6L/min，垂直观测高度 12.0mm，冲洗泵速 50r/min。

（5）前处理条件的选择　ICP 光谱法测定样品的消解液多采用 HNO_3、HCl、H_2O_2 及其混合酸。试验比较了 HCl-HNO_3、H_2O_2-HNO_3、HNO_3 等对大米的消化情况，结果表明三种消解液均能达到满意的效果。从简化操作，且分解产物简单方面考虑，选用 7mL 的 HNO_3 作为消解液，在微波炉中以程序升温和密闭的方式消解大米样品。

（6）方法的检测性能　见表 5-5。

表 5-5　方法的检出限与精密度

元素及波长/nm	检出限/(mg/L)	回收率/%	RSD/%
Cu 224.7	0.0015	97.8	0.07
Fe 238.2	0.0009	102.1	0.30
Mn 257.6	0.0045	96.7	3.12
Zn 213.8	0.0009	99.7	0.29
K 766.4	0.0081	104.3	4.81
Na 589.5	0.010	98.1	0.83
Mg 285.2	0.0010	101.2	2.62
Ca 317.9	0.012	—	→

（7）大米中营养元素含量　经检测多种市售大米中含有丰富的 K、Mg、Ca 等常量元素，同时也含有 Zn、Fe、Mn、Cu 等人体必需的微量元素。其中 Cu 0.95～1.74mg/kg，Mn 7.97～11.47mg/kg，Fe 4.31～60.89mg/kg，Zn 11.52～16.80mg/kg，K 390.75～1205.69mg/kg，Na 5.56～17.42mg/kg，Mg 163.48～272.16 mg/kg，Ca 41.40～67.71mg/kg。不同品牌大米中铁、钾元素含量差别较大，这可能是由于不同大米生长环境和加工方式差异等因素造成的。

5.3.2　泰国大米主要元素的光谱分析

从泰国南部和东南地区稻田取香米脱壳后的糙米样品用 ICP 光谱测定 P、K、Mg、Ca 含量。光谱仪器预先用标准参考物质检定，大米主要元素的浓度顺序为 P＞K＞Mg＞Ca。项目由国际原子能机构经费资助。

（1）试剂和仪器　元素标准溶液（AccuStandard 公司产），标准参考物质大米粉 NIST1568a、沉积物 NMIJ7302a（日本国家计量研究院），Optima5300DV 型 ICP 光谱仪。

（2）试样采集　从泰国南部及东南部三地稻田采集，每处取 5 份平行样，经 600℃烘干 4h，然后用研磨机磨成细粉，过 60 目筛，大米粉再次在 50～600℃烘干至恒重，保存在聚乙烯瓶中置于干燥器中待用。

（3）试样消解　取样 0.5g 置于聚四氟乙烯容器中，用 65%硝酸和 48%氢氟酸在电热板上消解，样品溶解后蒸发近干，干渣用 65%硝酸和 40%过氧化氢溶解，烘干后用 4%硝酸稀释至 10mL，用于测定，每样平行三份。

（4）光谱测定　光谱仪参数：高频功率 1300W，等离子体气 15L/min，雾化气 0.8L/min，辅助气 0.2L/min，进样量 1.5mL/min。在此条件下用 NIST1568a 及 NMIJ7302a 两种标准物质检测光谱仪及方法，最后测定分析样，糙香米元素平均值为：Ca100mg/kg，K1611mg/kg，Mg1152mg/kg，P3462mg/kg。

5.3.3　微波消解测定莴笋中矿质元素

莴笋（Lactuca sativa L.）是人们经常食用的蔬菜，也称莴苣、青笋等。莴笋富含维生素、莴笋素以及矿物质，还具有食疗效果，适宜小便不通、水肿、高血糖、高血脂等患者食用。用 HNO_3/H_2O_2 微波消解法对陕西咸阳地区产莴笋中的 17 种矿物元素进行测定。

（1）仪器与测试条件　ICP 715-ES 全谱直读电感耦合等离子体发射光谱仪（美国 Agilent 公司）；MDS-6 微波制样系统、ECH-1 电子控温加热板（上海新仪公司）；FD5-5 冷冻干燥机；济南众标科技有限公司出品的 K、S、Ca、P、Na、Mg、Si 等单元素标准溶液；国家有色金属及电子材料分析测试中心出品的多元素标准溶液（Al、Zn、Fe、Ba、Cu、Mn、Sr、B、V、Cr 等）；北京世纪奥科生物技术有限公司的生物成分分析标准物质 GBW10015（GSB-6）——菠菜。

（2）样品采集与处理　在咸阳 3 个农贸市场分别采集 3 个莴笋（肉质根）样品，每个样品大于 2kg。将采集的样品放入样品袋中密封，回实验室后去叶，去皮，留可食用茎部分用自来水、蒸馏水清洗，吸水纸擦干表面水分。切碎，按照四分法缩分至 50g，称重。冷冻干燥机干燥 48h，分别测量干燥前后的质量，计算新鲜莴笋的含水率（分别为 96.3g/100g、95.2g/100g、95.4g/100g），将干燥后的样品密封备用。

（3）微波消解方法　取 50mL 聚四氟乙烯消解罐，加入称定的约 0.5g 干燥后的莴笋样品，然后再加入 2mL H_2O_2、5mL 浓 HNO_3，加盖后将消解罐置于微波消解仪中按程序进行消解。消解完毕，将消解罐置于冷水浴中，降温、降压至常温、常压后开罐，再次将消解罐放到 110℃ 电热板上，至无黄烟冒出；若溶液透明、清澈，无任何杂质，说明消解完全；用超纯水洗至聚丙烯容量瓶中，定容至 50mL 备用。

（4）莴笋中所含矿质元素的分析　首先对莴笋样品进行 69 种元素 ICP-OES 鉴定分析后，莴笋中有 17 种矿质元素，按含量大小依次为：K、S、Ca、P、Na、Mg、Al、Zn、Fe、Ba、Si、Cu、Mn、Sr、B、V、Cr 等。各待测元素的分析线和检出限见表 5-6。

表 5-6 元素分析线和检出限

元素	分析线/nm	检出限/(mg/L)	元素	分析线/nm	检出限/(mg/L)
Al	396.152	0.025	Mn	257.610	0.00098
B	249.772	0.039	Na	589.592	0.33
Ba	455.403	0.0011	P	213.618	0.14
Ca	396.847	0.36	S	181.972	0.25
Cr	267.716	0.054	Si	251.611	0.028
Cu	327.395	0.0050	Sr	407.771	0.0097
Fe	238.204	0.012	V	309.310	0.0052
K	766.491	0.44	Zn	213.857	0.026
Mg	279.553	0.062			

(5) 样品测定结果 咸阳地区产莴笋中的 K、S、Ca、P 等 17 种矿物元素，不同市场采集的三个样品中 K、S、Ca、P、Na、Mg、Al、Cu、Mn、Sr、B、V 等 12 种矿质元素的含量差别不大（偏差 20% 以内）；偏差在 20%～40% 之间的有 3 种元素，分别为 Zn、Fe、Si；含量差别超过一倍的元素有 Ba；Cr 元素只在部分样品中检出。另外，关于 Cd、Pb、As、Hg 等重金属元素，测定结果都低于本方法的检测限，可认为在样品中未检出这些重金属元素。从平均结果看，莴笋中含量超过 1mg/g 的元素有 K、S、Ca、P、Na、Mg 6 种，含量在 0.1～0.3mg/g 的元素有 Al 和 Zn，在 0.05～0.1mg/g 的元素有 Fe 和 Ba，含量甚微（<0.02mg/g）的元素有 Cu、Mn、Sr、B、V、Cr 等。

5.3.4 盐酸浸提测定奶粉中的金属元素

奶粉样品的前处理方法通常有干法灰化法、湿式消解法等。干法消化干扰少，污染少，但在消化过程中一些元素易挥发而损失；湿法消化则存在污染环境的缺点。酸提取法是利用 HCl、HNO_3 等酸对金属元素具有强的溶解能力，选择提取样品中的待测元素，方法操作简便、干扰少，是一种较为实用的样品预处理方法。

(1) 仪器与试剂 IRIS-1000ZR 型全谱直读 ICP 光谱仪，工作条件：RF 发生器，功率 1150W，频率 27.12MHz，辅助气流量 1.0L/min，冷却气流量 15L/min，雾化压力 170kPa，提升量 1.8mL/min，蠕动泵泵速 100r/min，CID 积分时间高波 10s，低波 20s。试剂：HNO_3（GR）、H_2O_2（30%）（AR）、$HClO_4$（AR）；1.00mg/mL K、Ca、Zn、Pb、Cu 标准溶液（国家标准物质研究中心）；实验用水为超纯水，实验中所用玻璃仪器使用前均 1＋1 HNO_3 溶液中浸泡过夜。

（2）样品前处理方法 HCl 浸提法：称取经 70～80℃下烘 4h 的奶粉 0.6g 左右（精确至 0.1mg）于 50mL 具塞玻璃试管中，加入 2.00mL 水溶解试样，然后加入 100mL 2.0mol/L HCl 溶液，充分摇匀，置于沸水浴中浸提 30min，取出后冷却至室温，用慢速滤纸过滤于 50.00mL 容量瓶中，1% HCl 溶液洗涤残渣，定容，待测。同时做空白试液。为了比较湿式消解法与全消解法的差异，同时采用全消解法处理奶粉样。称取试样 0.6g（准确至 0.1mg）于小烧杯中，加入 10mL HNO_3、2mL 高氯酸，盖上表面皿，浸泡过夜，次日，置电炉上加热至红棕色气体冒尽，取下冷却，然后继续加热至冒浓白烟，冷却，用水冲洗瓶壁，溶解结晶物，移入 50mL 容量瓶中，用水定容，于 4℃下贮存，待测。同时做空白试验。

（3）结果 通过与全消解法比较，HCl-浸提法处理奶粉样品，微量营养元素 K 的平均回收率为 96.1%，Ca 的平均回收率为 96.7%，Zn 的平均回收率为 94%，Cu 的平均回收率为 93.9%，Pb 的平均回收率为 93.8%，洗提法处理奶粉样品具有操作简单、快速准确、干扰少等优点，是一种较为理想的样品预处理方法。

5.3.5 ICP-AES 测定坛紫菜中的重金属

坛紫菜（*Porphyra haitanensis*）是浙江、福建等沿海地区出口的主要特色海产品之一，是一种高蛋白、低脂肪、富含多种矿物质的天然海洋保健食品。但由于近年来工业污水排放，近海海域海洋环境污染严重，坛紫菜中重金属超标成为影响紫菜产品质量安全的主要因素。

（1）仪器与试剂　KP-I型电子控温加热板（上海新仪微波化学科技有限公司）；高速超微粉碎机（上海力箭机械有限公司）；CEMMARS5密闭式微波消解仪（美国培安公司），OPTIMA 2100 DV电感耦合等离子体发射光谱仪（美国Perkin Elemer公司）；各玻璃器皿均用质量分数为5%的硝酸浸泡24h，然后用超纯水洗净，烘干。试剂：混合标准溶液（镉、锌、铝、铜、砷、铅、铬、铁、镁等21种）（美国SPEX公司）；硝酸（优级纯）；高氯酸（优级纯）。

（2）样品处理　坛紫菜样品均来自东海海域某紫菜养殖场，收集该养殖场头水的坛紫菜若干，冷藏备用。将采集的样品用超纯水洗至无泥沙后进行干燥处理，干燥后的样品经高速粉碎机粉碎，40目过筛后放置干燥器皿中备用。微波仪消解法：以质量分数为65%的硝酸作为消解液，称取0.2000g的坛紫菜样品至高压消解罐中，加入消解液，静置1~2h后将消解罐放入微波消解仪中消解。样品消解后冷却15min至40℃以下，转移至25mL容量瓶中，用超纯水定容、摇匀，静置过夜待测，重复测定3次。以超纯水为空白试剂，作对照实验。湿法消解法：称取0.2000g的坛紫菜样品于消化灌中，放数粒玻璃珠，加10mL混合酸（9mL硝酸＋1mL高氯酸），加盖一小漏斗浸后泡24h后，电炉上分步消化：①在100℃进行低温消化，溶液变透明即可；②升温至200℃（注意防止炭化），若溶液开始变成红棕色，拿下冷却再加硝酸，同时向空白样中等体积加入硝酸，至冒白烟，消化液呈无色透明或略带黄色，放冷，将试样消化液洗入25mL容量瓶，混匀备用。每份样品测平行3次，同时以不加紫菜样品的样为空白对照组。

（3）仪器工作条件和检出限　高频功率1300W，等离子体气流量15L/min，辅助气1L/min，进样1mL/min。分析线及波长：Pb 220.353nm 0.039μg/mL，Cr 267.716nm 0.036μg/mL，Cd 228.802nm 0.003μg/mL。不同消解方法对坛紫菜中3种重金属加标回收率在95%~105%之间。

（4）两种消解方法比较　实验中应用2种消解方法均能得到澄

清的消解液，无固体残留，2 种消解方法均能应用于多种金属元素的测量，消解液应用电感耦合等离子体发射光谱法测得的结果稳定性较好。但是，微波消解方法具有时间较短、操作简单、节约试剂用量等特点。比较测定结果可看出，微波消解法较湿法消化法能更彻底地完成对样品的消解。因此，微波消解法更适用于坛紫菜中重金属的电感耦合等离子体发射光谱法的测定。

5.3.6 鱼肉中多种有害元素的光谱测定

采用硝酸-高氯酸湿法消解鱼肉样品，用 ICP-AES 法测定 12 种鱼肉（6 种淡水鱼和 6 种海水鱼）中的有害元素镉、砷、铅和汞。

（1）仪器与试剂 IRIS Intrepid 电感耦合全谱直读等离子体发射光谱仪（美国热电 TJA 公司），DKP2Ⅰ型电子加热板（上海新仪微波化学科技有限公司）。As 和 Hg 标准储备液购自国家钢铁材料测试中心，Pb 和 Cd 标准储备液由各自的高纯物质配制，用硝酸（优级纯）、高纯水（电阻率 18MΩ·cm）按标准方法配制成浓度为 1mg/mL。混合标准溶液：用四种元素的标准储备液，分别配成浓度为 0、0.25μg/mL、0.5μg/mL、2.0μg/mL、5.0μg/mL，硝酸介质为 5% 的混标液。

（2）样品制备 淡水鱼类由杭州市农科院水产研究所提供，海水养殖鱼类为市售商品，其主要产地为浙江舟山。称取中段鱼肉捣碎后取 3.00g 于清洗好的聚四氟乙烯烧杯内，加入 15mL 硝酸（2+1），加盖放置于电子加热板上缓慢加热 100℃ 0.5h 后，冷却浸泡一夜，再在 170℃ 下加热至清样（必要时适当加高氯酸），用高纯水定容于 50mL 容量瓶中（平行样品为 3 个）。

（3）ICP 仪器参数优化及测定样品数据 ICP 仪器操作参数主要影响因素是射频发生器 RF 功率、雾化压力、试液提升量。试验表明：对于一些电离电位能较高的元素，如 Cd、Hg、As 和 Pb，适当增加 RF 功率和降低雾化器压力（psi），可提高各元素信背比，降低检出限（以 Cd 为例）。试液提升量改变对 As、Pb 和 Hg 元素的参数优化无影响（以 Pb 为例），但适当增加 Cd 元素试液提升量有利于提高信背比。优化参数：高频功率1150W，雾化气压力25psi，试液提升量1.6mL/min。分别考察对Cd、As、Pb、Hg元素可能受到的光谱干扰，建立消除干扰的IECs模型，算出干扰效应的校正系数，利用TEVA软件扣除干扰信号强度，降低元素的测试误差。选择的分析线波长（nm）为：元素Cd 226.502、As 189.042、Pb 220.353、Hg 184.952。方法的回收率均在92.8%～110.1%之间，方法的准确度达到较高的水平（见表5-7）。

表5-7 鱼肉样品的测定数据 单位：mg/kg

元素	Cd	As	Pb	Hg
鲫鱼	0.0131	0.0172	0.260	未检出
三角鲂	0.0108	0.0172	0.0157	未检出
丁鲑	0.0160	0.0492	0.0575	未检出
白鲢	0.0090	0.0058	0.0152	未检出
鳎鱼	0.0170	0.0167	0.0567	未检出
包头鱼	0.0105	0.0202	0.0207	未检出
黄鱼	0.0142	0.132	0.0133	0.00817
目鱼	0.0597	0.159	0.0177	0.0238
朕鱼	0.0165	0.0852	0.0122	0.0123
鲳鱼	0.0135	0.153	0.0132	0.00770
带鱼	0.0187	0.0555	0.0242	0.0127
勒鱼	0.0135	0.193	0.0317	0.00983

（4）结果　鱼肉中有害的金属元素Cd和Hg含量均很低，在安全范围内。淡水鱼肉类中的Pb含量普遍高于海水鱼，在淡水鱼中可能的最大污染源为Pb元素，而海水鱼As含量普遍高于淡水鱼，在海水鱼中有可能存在的最大污染源为As元素。鱼肉中As、Pb、Hg的安全食用指标分别为：As≤0.5mg/kg，Pb≤0.5mg/kg，Hg≤0.3mg/kg。

5.3.7 速溶咖啡中元素的快速测定

通常速溶咖啡的ICP光谱分析需要将样品消解转化成溶液进样，缺点是容易造成被测组分的损失和样品被污染，耗费较长时间，比较试验了6种样品处理的方法，以测定速溶咖啡的13种营养元素，即 Ba、Ca、Cd、Cr、Cu、Fe、Mg、Mn、Ni、P、Pb、Sr 和 Zn。

（1）咖啡样品、试剂和仪器　波兰华沙 Wroctaw 地方药店购买 6 种咖啡样品，分别为：传统的速溶咖啡；戒瘾咖啡；糖尿病患者用咖啡；瘦身咖啡；减肥咖啡；绿色咖啡（生物活性）。试剂：硝酸、过氧化氢、盐酸、四甲基氢氧化铵均为分析纯试剂。顺序扫描等离子体光谱仪 JY38S 型（Jobin Yvon，法国），微波消解炉 Milestone（意大利）。

（2）运行参数　高频功率 1.2kW，等离子体气 15L/min，隔离气 0.2L/min，载气 0.38L/min，V 形槽雾化器，斯科特型雾化室，进样率 1.1mL/min。分析线：Ba Ⅱ 233.53nm，Ca Ⅰ 317.93nm，Cd Ⅱ 228.80nm，Cr Ⅱ 267.72nm，Cu Ⅰ 324.75nm，Fe Ⅱ 259.94nm，Mg Ⅰ 285.21nm，Mn Ⅱ 259.37nm，Ni Ⅱ 221.65nm，P Ⅰ 214.65nm，Pb Ⅱ 220.35nm，Sr Ⅱ 407.77nm 和 Zn Ⅰ 213.86nm。

（3）试验了 6 种方法用于样品处理　微波消解：精确称取 0.5g 咖啡样，放入聚四氟乙烯罐中，加 6mL 浓硝酸，和 1mL30% 过氧化氢溶液，微波功率 600W 加热 45min，冷却后定量转移至 25mL 容量瓶。

电热板消解：取 0.5g 咖啡放入 150mL 硬质玻璃烧杯中，加 10mL 浓硝酸，在电热板上加热到 85℃ 3h，冷却后加 5mL30% 过氧化氢溶液，加热到溶液清亮，体积降到 2mL，定量转移到 25mL 容量瓶中，加去离子水至刻度。

王水浸出法：称取 0.5g 咖啡样，放入 30mL 聚丙烯离心试管中，加入 2mL 王水，在超声波水浴上超声处理 15min，然后，用去离子水稀释至 5mL，在 12000r/min 离心 15min。

TMAH 浸出法：称取 0.5g 咖啡样，放入 30mL 聚丙烯离心试管中，加入 0.5mL 25%TMAH 水溶液，试管在 800℃ 温度下振荡 30min，冷却，用去离子水稀释至 25mL，在 12000r/min 离心 10min。

硝酸浸出法：称取 1.0g 咖啡样，放入 30mL 聚丙烯离心试管中，溶到 10mL 2.0％硝酸水溶液中，在 12000r/min 离心 10min，除去固体颗粒。

水浸取法：称取 1.0g 咖啡样，放入 30mL 聚丙烯离心试管中，加 10mL 水，在 12000r/min 离心 10min，除去固体颗粒。

（4）结果　比较了 6 种样品处理方法，从元素测定精密度、准确度及检出限来比较，王水浸出法结果最好，检出限为 0.11～108ng/mL，精密度和准确度为 0.6％～5％，测定元素浓度同湿法硝酸-过氧化氢消解法相符合，分析速度较快。

5.3.8　彩色猕猴桃中的无机元素测定

彩色猕猴桃不仅富含维生素 C 及人体必需的多种氨基酸，而且还含有多种矿物质元素。

（1）仪器和试剂　仪器：WX-4000 微波消解仪（上海屹尧微波化学技术有限公司），SPS8000 ICP 原子发射光谱仪（北京科创海光公司）。试剂：Cu、Zn、Fe、Mn、Mg、Ni、Al 和 P 的 1000μg/mL 标准溶液（北京国家标准物质研究中心）；硝酸（优级纯）。

（2）样品处理　取新鲜的猕猴桃果实，用自来水冲洗 3 次，再用去离子水清洗，切片，105℃ 处理 30min，然后 60℃ 烘 48h，烘干后装入自封袋中室温保存。准确称取 0.5000g 研细的样品，放入聚四氟乙烯消解罐底部，加入 5mL 硝酸，盖好内盖，置于微波消解系统中进行消化。消化完毕，将消解罐置于 150℃ 电热板上加热赶酸。待溶液颜色由黄色变为无色，消解罐冷却后将消解液转入 50mL 容量瓶中，用蒸馏水清洗罐内壁，清洗液一并转入容量瓶，定容。

（3）分析条件　功率 1.0kW，雾化气（CHMB）0.8L/min，辅助气（AVX）0.5L/min，氩气压力 0.2MPa，等离子气（PLA）15L/min。

（4）检出限及猕猴桃果实中元素含量　彩色猕猴桃果实中均检出其中的 7 种元素，微量元素 Fe 和 Mn 的含量比较高，Al 和 Zn

次之，Cu 最低（见表 5-8）。

表 5-8　元素分析线及检出限

元素	分析线/nm	猕猴桃果实($n=3$) （mg/kg）	检出限/(μg/mL)
Mg	285.213	788.525	0.0001
Al	396.152	3.830	0.005
Mn	257.610	7.929	0.0003
Fe	259.940	10.5	0.002
Cu	324.754	0.500	0.001
Ni	221.647	—	0.004
Zn	213.856	3.531	0.001
P	213.618	645.107	0.04

经测定，方法加标回收率为 94.30％～104.00％。

5.3.9　干法消解测定茶中的微量元素

茶是健康饮品之一，它含有 300 多种化学成分。用电感耦合等离子体发射光谱法可测定茶叶中的铝、钙、铜、铁、钾、镁、锰、钠、锶、锌 10 种微量元素。

测定茶叶中的微量元素，样品的前处理方法有干法消解、湿法消解及微波消解。不同的处理方法各具优缺点。干法处理由于样品灰化后大量的有机物已经挥发，测定时试液中有机成分对仪器的干扰大大减少，有利于测定。干法分解可以大批量样品同时处理，有利于生产和市场大批量的应急检测，但缺点是如果灰化温度和灰化时间没有控制好，微量元素会有损失，造成结果偏低。

（1）仪器试剂与测试条件　仪器 IRIS 22 型全谱直读光谱仪（美国 TJA 公司）；冲洗泵速（r/min），100；分析泵速（r/min），100；射频功率 1150W；雾化气压力 32.0psi；辅助气 1.0L/min。

铝、钙、铜、铁、钾、镁、锰、钠、锶、锌标准储备液均为国家标准物质中心提供；本实验所使用的 HCl、HNO_3、$HClO_4$ 均为优级纯。

（2）试样制备与消解　　将茶叶样品置于粉碎机中粉碎均匀，装入有密封条的塑料袋中，保存于空调房中，防止样品发霉或者虫蛀，导致成分变化。称取 1g（精确至 0.0002g）试样于 30mL 瓷坩埚中，置电炉上小心炭化，直至样品冒完黑烟，盖上盖子，放入高温炉中于 550℃灼烧 4h。取出，冷至室温后，往盛灰坩埚中加入 1+1 盐酸 10mL，低温加热，将此溶液转入 25mL 比色管中，冷却至室温，用超纯水稀释至刻度，摇匀，为试样液。

（3）溶液检出限与样品检出限　　对空白进行 11 次平行测定，按标准偏差的 3 倍计算各元素检出限分别为：铝 0.02mg/L、钙 0.03mg/L、铜 0.02mg/L、铁 0.03mg/L、钾 0.04mg/L、镁 0.02mg/L、锰 0.05mg/L、钠 0.05mg/L、锶 0.04mg/L、锌 0.03mg/L。

样品中各元素的检测限分别为：铝 0.50mg/kg、钙 0.75mg/kg、铜 0.50mg/kg、铁 0.75mg/kg、钾 1.00mg/kg、镁 0.50mg/kg、锰 1.25mg/kg、钠 1.25mg/kg、锶 1.00mg/kg、锌 0.75mg/kg。

（4）精密度与回收率　　铝的回收率为 95.6%～99.2%，精密度为 0.54%；钙的回收率为 97.0%～99.1%，精密度为 0.78%；铜的回收率为 93.0%～101%，精密度为 0.83%；铁的回收率为 96.9%～98.7%，精密度为 0.50%；钾的回收率为 94.1%～101.4%，精密度为 0.34%；镁的回收率为 98.1%～100.2%，精密度为 0.41%；锰的回收率为 92.2%～97.9%，精密度为 0.54%；钠的回收率为 95.4%～98.4%，精密度为 0.71%；锶的回收率为 83.0%～95.0%，精密度为 1.13%；锌的回收率为 92.4%～101.6%，精密度为 0.62%。

5.3.10　微波消解测定面制食品中的铝、镉、铜

铝、镉、铜都是对人体有毒的金属元素，铝有促发老年性痴呆，引起骨质软化的作用；镉的慢性中毒可导致"骨痛病"，严重时骨骼变形，肌肉萎缩；人体中铜摄入量过大或长期积累，会使大量铜元素蓄积于肝脏，引起铜中毒，甚至可致畸、致癌。经典方法测定食品中的铝、镉、铜是将样品湿消化后采用分光光度法和原子

吸收法测定，利用微波消解等离子体发射光谱法分析速度快，可同时测定 3 种元素，每个样品测定只需 2min 左右，适合批量样品的测定。

(1) 仪器与试剂　微波消解仪（美国 Q. C11），IRIS Intrepid Ⅱ XSP 型光电全谱直读等离子体发射光谱仪（美国 Thermo Elemental 公司）。硝酸、过氧化氢均为优级纯，$100\mu g/mL$ 铝、镉、铜元素标准储备液（国家标物中心提供）。标准应用液：以 2% 硝酸为介质，临用时将储备液逐级稀释，配制成混合标准溶液。标准参考样：灌木枝叶 GBW07602 (GSV-1)，地球化学勘查研究所提供；标准参考样小麦粉 GBW0853b，国家粮食局科学研究院提供。

(2) 样品制备　北京市海淀区部分超市和快餐店提供样品。样品的消解方法：将试样（不包括夹心、夹馅部分）粉碎，称取 30g 于 85℃ 烘箱中干燥 4h，准确称取 0.50g 样品放入聚四氟乙烯内衬杯中，加入 10mL 浓硝酸，冷消化放置过夜，加入 5mL 过氧化氢，按设定的程序消解 8min，取出冷却至室温，此时消化液澄清透明，用 2% 硝酸定容至 25mL 容量瓶中，平行制备空白 2 份。面食质量判定标准依据：Al，GB 15202—2003《面制食品中铝限量卫生标准》；Cd，GB 15201—94《食品中镉限量卫生标准》，Cu，GB 15199—94《食品中铜限量卫生标准》。

① 仪器操作条件　高频发生器功率 1150W；雾化器压力 30psi；冷却气流量 14L/min；辅助气流量 1.0L/min；蠕动泵速率 120r/min；分析谱线：Al 396.1nm，Cd 226.5nm，Cu 324.8nm。为了控制测试质量，采用灌木枝叶 GBW07602 (GSV-1) 和小麦粉 GBW0853b，每周测定 1 次，测定值在允许误差范围内。

② 检出限与回收率　Al 396.1，0.087mg/L，Cd 226.5，0.0008mg/L，Cu 324.8，0.008mg/L。方法的相对标准偏差小于 4.0%，回收率在 94%～103% 之间。

5.3.11　水浴蒸干和微波灰化测定葡萄酒中的铁、锰、铅和铜

酒中金属元素可以影响葡萄酒的感官性状，如铁能形成不溶性沉淀物；铜与酒的浑浊、异味有关；锰会影响葡萄酒的发酵过程，

葡萄酒中锰的主要来源是酒基的除杂脱臭；铅是一种具有累积性的重金属元素，对神经系统、造血系统和消化系统都有明显的不良影响。采用微波灰化技术对样品进行预处理，由于其取样量比一般的湿法消化大5～20倍，不仅使样品的代表性更好，减少了样品稀释倍数，大大提高了实际样品的检出限，而且大大缩短了样品的处理时间，仅为用马弗炉处理时间的1/5，损失少，安全可靠。

(1) 仪器及试剂　OPTIMA3000型等离子体发射光谱仪（美国Perkin Elmer公司）；MAS-7000微波灰化仪（美国CEM公司）；SIMS5000超纯水器（美国Millipore公司）；HH-W21-600电热恒温水温箱（上海医用恒温设备厂）；硝酸、盐酸、硫酸均为优级纯；铁、锰、铅、铜标准溶液（1000mg/L），国家标准物质中心提供。

(2) 标准溶液的配制　准确移取铁、锰、铅、铜标准溶液（1g/L）各10mL，用0.5mol/L硝酸稀释定容至100mL，配制成100mg/L铁、锰、铅、铜混合标准储备液。将标准储备液用0.5mol/L硝酸逐级稀释至1.0mg/L、2.0mg/L、5.0mg/L、10.0mg/L、20.0mg/L，配制后存于4℃冰箱内。

(3) 样品处理　取10.0～15.0mL样品置于100mL坩埚中，放在恒温水浴箱上，90～95℃条件下蒸干，放入微波灰化仪中，500℃ 70min灰化后取出，冷却至室温。用0.5mol/L硝酸将灰化后的样品溶解并移入25mL容量瓶中，定容，摇匀后30min过滤，取滤液待测，同时做试剂空白。

(4) 仪器工作参数、检出限、回收率、精密度　RF正向功率1.35kW；冷却气流量14L/min；辅助气流量0.6L/min；载气流量0.8L/min；观察高度14mm；蠕动泵进样流速1.5mL/min。分析线波长（nm）：Fe 238.204、Mn 257.610、Pb 220.353、Cu 327.393。方法的回收率为89.8%～102.6%，精密度为1.83%～4.96%。

5.3.12　牛奶及奶制品中微量元素的测定

牛奶是人类膳食中蛋白质和钙的最佳来源，并含有钙、磷、铁、铜、锰、铜等矿物质，其中呈碱性元素多于呈酸性元素，有助于调节体内酸碱平衡。牛奶含钙量丰富，是人体钙的最佳来源。

（1）仪器与试剂　离子体发射光谱仪（美国 PE 公司），Mars 微波消解仪，Milli-Q 纯水系统。硝酸、双氧水（均为优级纯），钙、钾、钠、镁、磷、铁、锌、锰、铜单元素标准溶液（1000mg/L），国家标准物质中心提供。

（2）样品处理及光谱仪参数　平行称取质量为 1g 左右 3 份牛奶、奶粉样品，放入微波消解罐中，采用 HNO_3-H_2O_2 消化体系，程序升温，将消化好的样品放入聚酯塑料容量瓶中，用超纯水定容至 25.0mL，上机待测。光谱仪条件：等离子气流量 15L/min，辅助气流量 0.2/min，雾化气 0.82L/min，高频功率 1300W。元素 Mn、Cu、Fe、Zn 径向观测，元素 Ca、K、Na、Mg 轴向观测。元素分析线波长（nm）：Ca 317.933，K 766.490，Na 589.592，Mg 285.213，P 213.617，Zn 206.200，Fe 253.939，Cu 327.393，Mn 259.372。

（3）检出限、回收率和精密度　方法溶液中的检出限为 0.027～0.87mg/L，各元素的相对标准偏差（RSD）为在 0.021%～2.01%，测定计算平均回收率为 88.66%～108.65%，RSD 在 3.6%～8.9%。

5.3.13　灰化法和微波消解法测定植物油中的磷

磷脂是一种含磷的类脂化合物，促使油脂更容易水解，降低油脂贮藏的稳定性。用微波消解和活性炭炭化灰化法两种前处理方法对植物油进行消解，选择 213.617nm 和 214.914nm 两条分析线用 ICP 光谱法测定了植物油中的磷。

（1）仪器与试剂　Optima 5300DV 电感耦合等离子体发射光谱仪（美国 PE 公司）；ETHOSE 微波消解仪（意大利 Milestone 公司）；高温炉（上海新苗医疗器械制造有限公司）；HNO_3、H_2O_2 为优级纯；HCl、H_2SO_4、ZnO、硫酸联氨、钼酸钠、KOH 为分析纯；活性炭（粒径小于 0.074mm）；磷、铜标准溶液

（1000mg/L，国家标准物质中心提供）。仪器参数：轴向观测，等离子体功率为 1300W；冷却气（Ar）15L/min；雾化气（Ar）0.9L/min；辅助气（Ar）0.2L/min；进样量 1.5mL/min；分析线 P 213.617nm 和 P 214.914nm。

（2）植物油消解法　微波消解法：消解罐中加入 6mL HNO₃（ρ 1.42mg/mL）和 2mL H₂O₂，按程序进行消解，消解液用水转移至 100mL 烧杯中，在电热板上赶酸，蒸至近干，转移到 10mL 比色管中，用 1+49 HNO₃ 溶液定容备用。

活性炭炭化灰化法：称取植物油样品 10g 于瓷坩埚中，加入 0.5g 活性炭，在电炉上炭化至不冒烟，将瓷坩埚放入高温炉中，在 600℃下灼烧至灰白色，取出冷却后，加 2mL（1+1）HNO₃，在电热板上加热溶解残渣，冷却后转移至 25mL 比色管中，用 1+99 HNO₃ 定容，备用。

（3）分析线选择　磷的分析谱线（nm）主要有 213.617、214.914、178.221 和 177.428nm 等，由于 213.617nm 和 214.914nm 分别受到 Cu 213.597nm 和 Cu214.898nm 干扰，所以在以往的研究中多采用无光谱干扰的 178.22nm，但这条谱线灵敏度不高，且处在远紫外区，需要用纯氮气吹扫光谱仪来消除空气中的氧对紫外线的吸收干扰，仪器运行成本高。利用 MSF 校正技术来消除铜对 213.617nm 和 214.914nm 两条灵敏度更高的分析谱线的干扰。

（4）方法的检出限　在选定的工作条件下，重复测定体积分数为 2% 的 HNO₃ 空白溶液 11 次，用空白标准偏差的 3 倍计算得到 P 213.617nm 和 P 214.914nm 的仪器检出限分别为 0.021mg/L 和 0.023mg/L。活性炭炭化灰化法在 P 213.617nm 和 P 214.914nm 的方法检出限分别为 0.053mg/kg 和 0.058mg/kg，微波消解法在 P 213.617nm 和 P 214.914nm 的方法检出限分别为 0.42mg/kg 和 0.46mg/kg。

（5）结论　方法已用于测定各种食用油（菜油、豆油、花生油等）。将两种前处理方法进行比较表明，两种方法都能应用于食用植物油中磷的分析，但由于微波消解法称样量少，稀释倍数大，所以对于含磷量较低的样品（＜2mg/kg），微波消解法测定结果的标准偏差和相对误差要比活性炭炭化灰化法测定结果的大，特别是在其方法检出限附近。

5.3.14 浓缩苹果汁中磷、锌、铜等9种元素的测定

据统计，2003年中国出口苹果浓缩果汁48万吨，出口苹果浓缩果汁占世界市场的57%，苹果浓缩果汁中钾、钠、钙、镁、磷、铁、锌、铜和铅的含量是极其重要的质量指标，按照欧盟果蔬汁饮料工业协会（AIJN）的规定和 GB/T 18963—2003 标准，使用 ICP-AES 进行测定。用石英烧杯进行湿法硝化，避免了钾、钠的污染，减少了易挥发元素的损失，样品经硝化稀释后，直接测定。

（1）仪器及试剂 Intrepid II 等离子体发射光谱仪（美国热电公司）。激发功率 1352W，雾化气压力 172.4kPa。溶液冲洗流量 1.85mL/min，溶液分析流量 1.85mL/min，样品冲洗时间 30s。将质量浓度为 1g/L 的 K、Na、Ca、Mg、P、Fe、Zn、Cu 和 Pb 标准溶液用 5% HNO_3 稀释，配成浓度 1mg/L、5mg/L、10mg/L 的 K、Na 混合标准溶液，1mg/L、5mg/L、10mg/L 的 Ca、Mg、Fe、Zn、Cu 和 Pb 混合标准溶液，1mg/L、5mg/L、10mg/L 的 P 标准溶液。

硝酸为优级纯，其他试剂均为分析纯，实验用水为蒸馏水经去离子处理的超纯水。

（2）样品及处理 苹果浓缩果汁选用市售100%苹果果肉果汁。取苹果浓缩果汁 5.00mL 于石英烧杯中，加入浓硝酸 10mL，表面皿加盖，放置过夜 12h，在低温电炉上加热回流蒸发至近干；再加入 10mL 浓硝酸加热蒸发至近干，移入 50mL 容量瓶中，加水稀释至刻度，摇匀，此溶液为待测液。

（3）分析谱线及工作参数 根据被测成分谱线波形，分析每条谱线的强度、灵敏度以及干扰情况，选择分析谱线如下：K 766.491nm、Na 589.592nm、Ca 393.366nm、Mg 279.553nm、P 177.499nm、Fe 259.940nm、Zn 213.856nm、Cu 324.754nm、

Pb 220.353nm。

高频功率为 1352W，雾化气压力为 172.4kPa，溶液中硝酸的酸度为 5%。

（4）灵敏度与检出限　测定系列标准溶液得到校准曲线方程，求得灵敏度分别为 $S_K = 15.3 (mg/L)^{-1}$、$S_{Na} = 136 (mg/L)^{-1}$、$S_{Ca} = 19054 (mg/L)^{-1}$、$S_{Mg} = 1521 (mg/L)^{-1}$、$S_P = 3.21 (mg/L)^{-1}$、$S_{Fe} = 19.4 (mg/L)^{-1}$、$S_{Zn} = 240 (mg/L)^{-1}$、$S_{Cu} = 42.1 (mg/L)^{-1}$、$S_{Pb} = 5.49 (mg/L)^{-1}$。

按 IUPAC 的定义，测定空白液 11 次，检出限按公式 $C_L = 3\sigma n - 1/S$ 计算，结果分别为 K 0.03mg/L、Na 0.01mg/L、Ca 0.01mg/L、Mg 0.001mg/L、P 0.01mg/L、Fe 0.005mg/L、Zn 0.002mg/L、Cu 0.008mg/L、Pb 0.01mg/L。

（5）回收率和精密度　方法测定 9 种元素的回收率在 90.8%～110% 之间，各元素精密度（RSD）在 3.0%～9.4% 之间。

5.4　生物样品的分析

生物样品的 ICP 分析要求对样品进行干燥和灰化，合理地选择干燥及灰化方法对获得准确的分析数据很重要。通常化验室常用干燥方法有四种：冷冻干燥、烘箱干燥、等离子体灰化及高温灰化。干燥灰化后待测元素的回收率是考虑的主要指标。表 5-9 列出 4 种方法的损失率的实验数据。

从表 5-9 的试样数据可以看出以下规律。

① 冷冻干燥所研究的 4 种材料中，Se、Zn、Cd 和 Mo 均无任何损失。

② 烘箱烘干的 4 种材料中，Zn、Mo 均无明显损失，人发中 Se 和 Cd 均有不同程度的损失，这可能与元素的形态有关，不能简单地用元素的化学性质来解释。

③ 等离子体灰化的 4 种材料中，Zn、Cd、Mo 无损失，但 Se 损失严重。

表 5-9　4 种方法的损失率

元素	样品	冷冻干燥	烘箱干燥	等离子体灰化	高温灰化
Zn	鼠血清	9.7±2.24(4)	98.6±(4)	100.6±(4)	101.1±2.4(4)
	鼠肝	100.5±1.4(4)	107.2±(4)	97.0±(4)	103.9±2.9(4)
	野葱	102.9±1.7(4)	103.4±(4)	99.0±(4)	100.8±3.9(4)
	人发	102.0±4.3(4)	98.1±(4)	101.4±(4)	99.3±1.0(4)
Se	野葱	98.1±2.4(4)	100.9±(3)	64.3±(4)	47.7±8.9(4)
	人发	99.8±0.4(3)	89.8±(4)	48.4±(4)	7.4±6.7(4)
Cd	野葱	107.7±4.2(4)	100.0±(4)	104.2±(4)	89.4±8.7(4)
	人发	95.3±5.9(4)	94.6±(4)	100.5±(4)	87.6±10.8(4)
Mo	鼠血清	99.7±0.9(4)	102.2±(3)	99.8±(4)	78.0±4.6(3)
	鼠肝	96.1±0.8(4)	99.8±(4)	104.1±(4)	93.7±4.4(4)
	野葱	101.5±5.0(4)	96.7±(3)	101.6±(4)	96.2±0.8(3)
	人发	99.6±5.0(4)	97.1±(4)	99.7±(4)	96.4±4.0(4)

④ 高温灰化条件下，Zn 无任何损失，但 Se 损失严重，Cd 和 Mo 也有不同程度的损失。

造成某些元素损失的原因，不能简单归因于挥发或蒸发损失，试验表明，经 600℃ 的高温灰化处理后，Zn、Cd、Mo 均能明显地吸附在容器壁上，而这种吸附量与灰化温度无关。应该指出，高温灰化时元素的损失率与多种因素有关，如与是否添加载体及灰分的组成有关，也与灰分总量有关。试验还表明，同一元素在不同样品中灰化时损失率是不同的，所以，用一种样品代表另外一种样品检查回收率的方法是不够准确的，而这是许多分析工作者经常采用的方法。

5.4.1　人血清样液制备方法的比较

测定人血清中多种微量元素，通常用稀释法或消化法制备待测液。不同待测液制备方法测得的结果不尽相同，研究比较了酸消化和酸稀释法制备待测液，用 ICP 光谱测定血清中 Fe、Zn、Cu、Cr、Cd 和 Pd 的差异。

（1）取样及处理　无疾病健康人 18 例，空腹取血 3mL，LD422A 离心机 4000r/min，离心 10min，分离血清，贮于塑料瓶中，−20℃冰箱中保存待测。

消化法：取血清 0.500~1.000mL 于聚四氟乙烯坩埚中，加 HNO_3 5mL，$HClO_4$ 1mL，加盖静置过夜，120℃加热至棕色气体消失，溶液清亮，升温至 180℃加热冒白烟，继续加热至近干，内容物无色，冷却，加 1+1 HCl 2mL，微热溶解内容物，冷却转移定容至 5~10mL（视血清取样量而定）待测。同法制备空白液。

稀释法：取血清 0.500~1.000mL 于聚乙烯离心管中，加等量含 0.1%抗坏血酸的 1+1 HCl，静置过夜，4000r/min 离心 5min，取上清液 0.500~1.000mL，按 1+4 加去离子水，摇匀待测。同法制备空白液。

两法样品稀释同为 10 倍，待测液酸度为 10% HCl，用相同方法分别制备牛血清标准物质（GBW09131）各一份。

（2）方法的检出限　使用 Baird PS24 33+1 道电感耦合等离子体发射光谱仪，各个元素检测限（mg/L）为：Fe 0.0011，Zn 0.0003，Cu 0.001，Cr 0.001，Cd 0.0005，Pb 0.0138。本法条件下实测的检测限，完全满足血清 Zn、Fe、Cu、Cr 测定的高灵敏度和准确性。血清待测液中 Pb 和 Cd 的浓度接近检测限，灵敏度稍差。血清待测液中大量 NaCl 的分子吸收（248.3nm）不干扰测定。主元素的光谱干扰和背景干扰，通过标准溶液的匹配克服。

（3）不同待测液制备方法中微量元素的测定结果　39 份血清样本，分别用消化法和稀释法制备待测液，在相同条件下，测定血清中的 Fe、Zn、Cu、Cr、Cd 和 Pb，统计结果表明，消化法测得血清中 Fe、Zn 和 Cr 显著高于稀释法；血清中 Cu 和 Pb 两法测的结果无显著性差异；消化法测得血清 Cd 显著低于稀释法。相关分析表明，血清中 Fe、Cu、Zn 和 Cr 两法测得值正相关，血清中 Cd 和 Pb 两法测得无相关性，同血清待测液中 Cd 和 Pb 浓度接近检测限、灵敏度不高有关。

5.4.2　毛发中铊的标准加入法测定

近些年铊慢性中毒案件较多，而且一般铊在毛发中含量较高，同时可根据毛发的生长周期判断摄取铊的时间和数量。测定毛发中铊的方法。最大的问题是基体干扰，为解决这一问题，应该用标准加入法测定。

（1）仪器、工作条件及试剂　电感耦合等离子体发射光谱仪（Leeman ABS Inc，profiLe 型）。测定分析线波长 190.86nm，功率 1.1kW，载气压力为 0.28MPa，冷却气流量 19L/min，辅助气流量 0.8L/min，泵速 1.7mL/min，雾化气压力 344.5kPa。硝酸、双氧水均为优级纯。GB 62070—90（8101）铊单元素标准溶液浓度为 1000.0μg/mL，由国家钢铁材料测试中心提供，临用时用 2% 的硝酸稀释成一定浓度。

（2）样品处理与消解　毛发取自无烫发、染发经历的人的枕部头发，用中性洗涤剂清洗发样，将发样剪碎，然后在干燥箱中 105℃ 的条件下风干，干燥器中保存。消解方法：取 0.2g 毛发于聚四氟乙烯消解管中，加入 3.0mL 浓硝酸及 0.5mL 双氧水，按以下程序进行微波消解：功率 1200W，功率利用率 50%，以 5min 升至 120℃（恒温 10min），再以 5min 升至 140℃（恒温 10min），再以 5min 升至 160℃（恒温 10min），再以 5min 升至 200℃（恒温 30min）。结束后，冷却，赶酸至 0.5mL。然后，用 2% 硝酸定容至 10.0mL，用 0.45μm 亲水性滤头过滤。根据标准加入法对滤液进行定量分析。

（3）标准加入测定方法　取平行消解样品 6 份（或 1 份消解样品平均分成 6 份）。其中 1 份通过标准曲线法粗略地测定毛发中铊的含量，另外 5 份，加入不同浓度的铊标准溶液，用 2% 的硝酸定容，制成浓度范围在 50%～150% 之间的系列加标样品溶液。分别测定系列加标样品溶液在 190.86nm 波长下的发射强度。以浓度为横坐标，扣除试剂空白的发射强度为纵坐标绘制曲线，外推曲线与横坐标相交的绝对值即为所测样品中铊的含量。

（4）光谱测定参数　经条件优化得出载气压力为 0.28MPa，Tl 分析线波长 190.86nm。为了选择高频功率，在载气压力为 0.28MPa 的条件下，考查了高频功率（kW）分别为 0.9、1.0、1.1、1.2、1.3、1.4、1.5、1.6、1.7、1.8、1.9 时的信号强度、背景强度和信背比。结果见图 5-2，曲线表明，Tl 随功率的增加，信号强度增强；随功率的增加，背景强度也增强；随功率的增加，信背比降低。为得到较好的检出限（背景强度低、信背比高）和灵敏度（信号强度强），综合实验结果，选择了高频功率为 1.1kW。

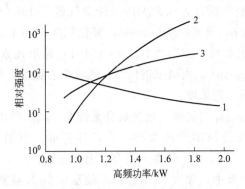

图 5-2　高频功率的影响

1—高频功率与信背比的关系；2—高频功率与光谱背景的关系；
3—高频功率与谱线信号强度的关系

（5）回收率与检出限　按实验方法平行制备 11 份空白毛发测定液，根据测定结果计算标准偏差，以 3 倍标准偏差对应的浓度作为方法的检出限。毛发中 Tl 的方法检出限为 4.7ng/g。回收率实验取毛发 0.1g，共 5 份，分别添加 1.0μg 铊标准溶液，放入聚四氟乙烯管中（同时做空白毛发 5 份），按照文中方法进行有机质破坏，定容后进行检测。空白毛发溶液检测值的平均浓度作为背景值，加标检材测量值的平均浓度扣除背景值即为平均测定值。结果 Tl 的回收率分别为 101.2%，RSD 为 2.6%。

5.4.3　人发中铜、锌、钙、镁、铁 5 种元素的测定

微量元素与人发有特殊的亲和力，身体中微量元素积蓄于人发中，其含量过高或偏低预示着会患有某种疾病的危险。样品经硝酸-高氯酸消化溶解，高氯酸冒烟，盐酸溶解盐类后，在盐酸（5%）介质中，在选定的测定条件下，ICP 光谱法测定人发中微量元素铜、锌、铁、镁、钙。

（1）仪器与试剂　Thermo 6300 全谱直读光谱仪（美国热电公司），iTEVA 操作软件。ICP 工作参数：高频功率 1150W，雾化气 0.7L/min，辅助气 0.5L/min。Cu、Zn、Fe、Ca 元素标准储备溶液（1mg/mL），Mg 标准储备溶液（0.5mg/mL）（国家标准物质研究中心）。

（2）样品处理　首先，将人发样品放在漏斗中用水清洗，然后转移到烧杯中，用洗衣粉水浸泡 10min 后，将洗衣粉水倒出，用水冲至无泡沫，再用纯水冲洗 3～5 遍。将洗好的人发放到烘箱中于 105℃ 干燥 2h，干燥器中冷却后称重。准确称取 0.2000g 样品于 25mL 烧杯中，加 10mL HNO_3，置电热板上加热消解，待无发丝痕迹后加 2mL $HClO_4$ 蒸至冒烟。取下冷却后加 2mL HCl(1+4) 提取，转移到 10mL 比色管中，用水稀释至刻度后摇匀，上机测定。

（3）检出限和回收率　选用 Cu 327.3nm、Zn 206.2nm、Fe 238.2nm、Mg 279.5nm、Ca 315.8nm 分别作为铜、锌、铁、镁、钙的分析线。方法加标回收率为 98.6%～101%，铜、锌、铁、镁、钙的精密度（RSD，$n=8$）为 0.37%～2%，准确度为 $-3.4\%～1.15\%$，检出限（μg/mL）分别为 0.0023、0.0016、0.0046、0.0030、0.0014。方法克服了分光光度法和原子吸收光谱法操作繁琐、周期长、成本高等缺点。用于测定人发样品中的铜、锌、铁、镁、钙元素，测定结果与原子吸收光谱法测定值基本一致。经 GBWO7061 标准物质和自制标样分析验证，测定值与标准值吻合，结果准确可靠。

5.4.4　测定尿液中 17 种元素

尿液中微量元素排泄量反映了人体新陈代谢及生理病理的状况，测定其含量对探索病因有着重要意义。

（1）仪器和工作条件　仪器：等离子体发射光谱仪（美国 Leeman Labs 公司），水平炬管，PS 软件，H-G 型双铂网雾化器。功率 1.1kW，冷却气流量 19L/min，辅助气流量 0.5L/min，雾化器压力 344.74Pa，提升量 1.6mL/min。

（2）样品制备　把冷冻保存的尿样放在 37℃ 水浴中 30min，取样 3.5mL 于 10mL 具塞刻度试管中，放于定温于 130℃ 的石墨恒温消化器上，蒸发掉一部分水分至剩余约 1mL 时，加入 65% 的工艺超纯硝酸 1mL，继续加热消化至澄清透明时取出，用 2% 酸定容至 7mL，在漩涡混样器上振荡均匀待测。

（3）检测限和回收率　表 5-10 的碱金属的检出限很差，原因是所用的仪器问题，而不是方法问题，回收率在 95%～104% 之间。

表 5-10　方法检出限

元素分析线/nm	检测限/($\mu g/L$)	元素分析线/nm	检测限/($\mu g/L$)
Fe 259.940	2.6	Mn 257.610	0.74
Cu 3241754	4.7	Ba 455.403	0.59
Zn 2061200	1.3	Cd 214.438	0.55
Al 308.215	3.8	Li 670.784	1.7
Cr 267.716	2.5	Sr 407.771	0.1
Ni 231.604	4.5	K 766.490	56
Co 228.616	4.4	Na 589.592	88
Mo 202.030	2.9	Ca 317.933	6.0
		Mg 279.553	0.09

（4）试剂污染　尿液中除了钾、钠、钙、镁等元素外，其他元素含量很低，常为 ppm（10^{-6}）或 ppb（10^{-9}）级，因此在整个实验过程中避免各种污染，保证结果的准确显得格外重要。清洗容器和仪器都采用杂质含量很低的亚沸高纯水，使用工艺超纯硝酸进行消化、定容以及配制溶液等，以减少或避免水及试剂污染，降低空白水平，使样品中含量极低的元素也能达到检出限要求。

5.4.5　测定男子肝脏中 8 种微量元素

采集 16 例急死正常成年男子尸体的肝脏样品。采用硝酸和高氯酸湿法消解肝脏样品，ICP-AES 直接测定样液中 Na、K、Ca、Mg、Fe、Zn、P 和 Ba，内标元素钇可补偿基体效应。

（1）仪器和试剂　北京科创海光仪器有限公司生产的台式 SPS8000 单道扫描型 ICP 光谱仪。光学系统为双单色器，波长重复性 0.001nm，波长范围 175～800nm，最大寻峰时间 5s，半宽 0.006nm，双光电倍增管检测器。前级单色器焦距 20cm，衍射光栅为全息凹面衍射光栅。中阶梯光栅单色器焦距 30cm，分辨率 0.009nm（313nm 处），高频发生器（40.68MHz 它激式射频发生器）。

试剂：BV-1 超净高纯硝酸（北京化学试剂研究所产品）；优级纯高氯酸；分析标准参考物质为人发 GBw09101。

（2）样液制备　准确称取 0.50g 人肝样品，置于 15mL 石英烧杯中，加入 6mL HNO_3 和 0.6mL $HClO_4$，放置 12h 后，逐步升温加热为 100℃→120℃→140℃→160℃→180℃，到达消解终点后，加入高纯水赶酸至终点，冷却，定量转移至 10mL 容量瓶中并定容。

（3）仪器参数　最佳参数如下：入射功率 1.2kW；载气流量 0.4L/min，雾化气 0.8L/min，冷却气 15L/min，辅助气 0.6L/min。为了考察方法的准确性，对国家一级标准物质人发 GBw00101 进行独立 6 次测定，其测定结果中 Na、K、Ca、Mg、Fe、Zn、P 和 Ba 的测得值与标准值吻合。

（4）肝脏样品分析结果　采用 HNO_3 ＋ $HClO_4$ 湿法消解肝脏样品，对 16 例人体肝脏中 Na、K、Ca、Mg、Fe、Zn、P 和 Ba 8 种微量元素的含量进行了 ICP 光谱测定，其结果与文献估计值作了比较，测得值都在文献估计值范围内。

5.4.6　干灰化-碱熔测定生物样中硅、铝等元素

生物样品中的硅、铝等元素都属两性元素，采用常规的生物样品处理方法即湿硝化法或干灰化后酸溶，都溶解不完全，易造成结果偏低。而直接碱熔会引入大量熔剂，造成高空白值，并因溶液含盐量高而要求进行高倍稀释，是试样前处理的一个难题。本法采用干灰化结合偏硼酸锂碱熔灰分的前处理方法，能定量分析生物样品中的 Si、Al、Ca、Mg、Fe、Na、P、Sr、Ti、Mn 等元素，经不同种类生物样品国家标准物质验证，结果令人满意。

（1）仪器及试剂　IRIS-Advantage 全谱直读等离子体发射光谱仪（美国 TJA 公司），波长范围 172～1050nm，512×512CID 检

测器，玻璃同心雾化器，旋流雾室。可调温电热板，马弗炉，铂坩埚，用光谱纯石墨棒车制为内径 12mm、壁厚 3mm、高 24mm 的小坩埚，瓷坩埚。优级纯的硝酸、盐酸。分析纯偏硼酸锂（$LiBO_2 \cdot 8H_2O$），多种标准物质如 GBW07602（灌木枝叶）等。

（2）样品的处理方法　将样品于 80℃烘干 4h，根据样品中灰分的百分含量估算样品称样量（使灰分尽量在 30mg 以下），精确称取样品，置于铂坩埚中，在电热板上预灰化至无烟后取下，再放入马弗炉升温至 600℃灰化 3h 后取出，转入碳棒车制石墨坩埚，并把装有样品的石墨坩埚放入瓷坩埚中，如灰质疏松先把灰倒入净称量纸中，直接小心地转移至石墨坩埚中，如灰质较硬，把灰倒入净称量纸，用称量纸将灰包裹好后，隔纸把样品碾碎后，再用干净毛刷移至石墨坩埚中，按质量比 4：1（熔剂：熔质）的比例覆盖 $LiBO_2$ 120mg，混匀。放入已升温至 1000℃的马弗炉中熔 15min 后取出，于熔融状态倒在已装有约 10mL 5％王水，容积为 50mL 的玻璃烧杯中，使高温的样品熔融体骤冷裂成碎片，并马上将烧杯放入超声清洗器中，利用超声溶解样品，如采用加热来加速溶解或没有立即进行超声溶解，由于溶液局部碱性过强或受热不均匀，Si 会以硅酸的形式析出，熔珠完全溶解后用 5％王水转移至 25mL 比色管中，再加入 1mL 镉内标溶液，定容至刻度。

（3）标准溶液的配制　浓度 $250\mu g/mL$ 的 Cd 作为内标溶液。标准及内标元素 Si、Al、Ca、Mg、Fe、Na、P、Sr、Ti、Mn、Cd 均采用光谱纯或优级纯配制，标准贮备液均为 $1000\mu g/mL$。标准溶液用标准贮备液逐级稀释而成，Si、Ca、Na、Mg、P 的标准溶液浓度均为 $100\mu g/mL$，并加入内标溶液 Cd，使其最后浓度和样品一致，Al、Fe、Sr、Ti、Mn 标准溶液浓度均为 $10\mu g/mL$。由于采用偏硼酸锂熔样，样品溶液中引入了大量的锂盐，因此在配制标准溶液时，加入了与样品溶液相当的偏硼酸锂，并加入一定量的王水，以便保证标准溶液的基体和酸度与样品溶液基本一致。

（4）光谱测定条件及检出限　RF 功率 1150W，雾化器压力

28psi，蠕动泵转速130r/min，辅助气流量1.0L/min，冷却气流量15L/min，溶液提升量2.0mL/min，结果见表5-11。

表 5-11　分析线与检出限

元素	分析线/nm	空白平均值/(μg/mL)	检出限/(μg/mL)
Si	212.4	0.17	0.12
Si	251.6	0.15	0.12
Al	396.1	0.031	0.020
Fe	240.4	0.19	0.20
Ca	183.8	0.14	0.16
Ca	317.9	0.17	0.17
Mn	260.5	0.006	0.005
Mg	285.2	0.036	0.033
Mg	383.8	0.040	0.052
Na	589.5	0.12	0.097
P	213.6	0.026	0.051
Sr	407.7	0.001	0.001
Ti	334.9	0.017	0.055

（5）与 Al 的酸溶法结果比较　Al 属于典型的两性元素，理论上来说，酸溶法的结果应该偏低。但也经常有人试图用湿硝化法或干灰化后酸溶等经典方法处理生物样品并测量 Al 的含量。本实验分别用干法灰化后酸溶和直接微波酸溶法处理标准物质，并用 ICP 光谱法对 Al 进行测定，结果见表 5-12。数据表明：大部分样品两种酸溶法的结果都偏低，特别是干灰化后酸溶，可能是样品中的 Al 在灰化过程都被氧化成 Al_2O_3，更加不易用酸提取。文献上经常用加标回收来检验方法的准确度，由于加入样品的是 Al 的标准溶液，Al 本来就是以离子状态存在的，回收率理想并不能代表样品中 Al 能全部溶解。所以还是应该尽量用标准物质的测量结果来检验方法的准确性。

5.4.7　玉米秸秆中微量元素含量的测定

玉米是中国三大粮食作物之一。使用廉价的玉米秸秆作为培养基，利用微生物同步糖化发酵生产乙醇是解决秸秆资源高值化利用

表 5-12　几种处理方法测定铝的数据比对

样品	推荐值	灰化后碱溶	灰化后酸溶	微波酸溶
GBW10010(大米)	0.037 ± 0.006	0.037	0.015	0.027
GBW10011(小麦)	0.011 ± 0.002	0.009	0.0047	0.009
GBW10012(玉米)	0.033 ± 0.003	0.029	0.0032	0.021
GBW10013(黄豆)	(0.047)	0.053	0.020	0.024
GBW10014(圆白菜)	0.0166 ± 0.0022	0.0175		0.0045
GBW10015(菠菜)	0.060 ± 0.005	0.057	0.031	0.038
GBW10016(茶叶)	0.094 ± 0.009	0.081	0.052	0.085
GBW10017(奶粉)	(0.0035)	0.0022		
GBW10018(鸡肉)	0.015 ± 0.002	0.013	0.012	0.013
GBW10019(苹果)	0.0066 ± 0.0008	0.0064	0.0007	0.0064

矛盾以及缓解能源危机非常有效的手段之一,采用高压硝化罐处理样品,以 ICP-AES 法测定了我国不同省区不同品种玉米秸秆中 Zn、Mg、Mn、Sr、Fe、Co、Ni 和 Se 八种微量元素的含量。

(1) 实验仪器与工作条件　仪器:Optima 5300 DV 电感耦合等离子体发射光谱仪,轴向观测,40MHz 自激式射频发生器,CFT-33 水冷循环系统。样品经过高压硝化处理,选定仪器工作参数:功率 1.3kW,辅助气流量 0.2L/min,冷却气流量 15L/min,载气 0.8L/min。

(2) 试剂与标准溶液　硝酸,高氯酸,氢氟酸 (优级纯);高纯水 (Millipore Milli-Q 超纯水机)。标准储备液:Zn,Mg,Mn,Sr,Fe,Co,Ni 和 Se 的标准液均为 $1000\mu g/mL$ (国家钢铁材料测试中心)。混合标准溶液:将标准储备液用 2% 的硝酸逐级稀释,各元素按 0.00、$0.02\mu g/mL$、$1.00\mu g/mL$、$5.00\mu g/mL$、$10.00\mu g/mL$ 梯度进行配制。

(3) 样品处理　称取样品 0.5g,电炉上炭化至无烟,在马弗炉中以 600℃ 灰化 1h。取出后稍冷,放入高压硝化罐中,加入 5mL 硝酸、3mL 高氯酸、3mL 氢氟酸,拧紧盖,130℃ 油浴内放置 4h。稍冷后移入 50mL 容量瓶中,加入 0.5mL 双氧水,0.5mL 硝酸,用高纯水定容。将试液分别取 5mL 稀释 5 倍供 ICP-AES 测定用。每个试样重复 6 次。

（4）回收率 方法测定各地区玉米秸秆中 Zn 的回收率在 96.5%~103.8%之间，Mg 的回收率在 98.0%~102.5%之间，Mn 的回收率在 95.7%~104.1%之间，Sr 的回收率在 97.1%~103.2%之间，Fe 的回收率在 95.1%~101.3%之间，Co 的回收率 95.1%~104.5%之间，Ni 的回收率在 97.0%~103.5%之间以及 Se 的回收率在 95.9%~104.6%之间。所有元素测定结果的相对标准偏差均小于 5.00%。

5.4.8 香烟中 6 种重金属含量的测定

香烟及其烟雾中含有 3800 多种化合物，其中有毒有害物质有几百种，至少有 43 种是致癌物质。研究表明，香烟中不同元素在吸食前和吸食后有差异，吸食后的结果均低于吸食前，并且个别元素的含量降低较大。其元素按照降低大小顺序，依次为：Cd＞Cr ＞Pb＞Fe＞Zn＞Co＞Mn＞Ca＞Mg＞Cu＞Ni，对人体毒害程度较大的镉（致癌物）减少的量远远大于其他金属元素。有数据显示，每人每天吸一包香烟（20 支），相当于经过人的口中的铅和镉的量分别是 $44.3\mu g/g$ 和 $35.4\mu g/g$，而吸入肺部和进入人体环境的铅和镉分别是 $11.7\mu g/g$ 和 $15.6\mu g/g$。

（1）仪器与试剂 SPS8000 ICP 原子发射光谱分析仪（北京卓信博澳仪器有限公司），101-2 型电热鼓风干燥箱；SX-25-10 箱式电阻炉（北京科伟永兴仪器有公司）。硝酸（优级纯），高氯酸（优级纯），超纯水，锰、锌、铅、铜、镉、铬标准溶液 $1000\mu g/mL$（国家钢铁研究总院）。

（2）样品处理 干灰化法：随机从每种香烟中取出烟 6 支，除去过滤嘴及外层纸，将烟丝混合均匀，40℃下干燥 24h，研磨，取样 3 份，每份 1g。将烟粉末倒马弗炉中 450℃下灰化 5h，冷却。将灰化样品转倒锥形瓶中，加 10mL 硝酸溶解，用体积分数 3%的硝酸溶液淋洗坩埚，将淋洗液也加到锥形瓶中混合均匀。加热溶液，使其酸含量减少，至溶液几乎无色透明为止，冷却后，倒入 50mL 容量瓶中定容。

湿法酸消解法：同上面前处理方法，取粉末样 3 份，每份 1g。

将烟粉末样品放到锥形瓶中，加硝酸 20mL，密封过夜，次日加高氯酸 5mL 后于电热板上缓缓加热，消化至液体无色透明近干为止，冷却。加硝酸 2mL，去离子水 20mL，缓缓加热煮沸除去残酸至产生白烟为止，冷却。将溶液转移到 50mL 容量瓶中，用去离子水定容。

（3）结果　通过湿法酸消解处理后，测得的 Mn 元素含量为 3.65～153μg/g，锌元素含量为 4.80～31.30μg/g；铅元素含量为 12.90～19.55μg/g，铜元素含量为 3.80～13.20μg/g，镉元素含量为 2.05～4.65μg/g，铬元素含量为 3.00～15.30μg/g。本次实验所选择的 10 种香烟中，重金属元素含量的平均值为：Mn(35.155μg/g)、Zn(12.28μg/g)、Pb(14.66μg/g)、Cu(6.55μg/g)、Cd(2.93μg/g)、Cr(6.025μg/g)。FAO/WHO 规定了每人（以 60kg 为标准值）每日允许摄入量（ADI）为：Pb，0.42mg/d；Cd，0.06mg/d。也就是说，比如对于铅元素，每天吸烟最好不要超过 3 支。

试验还表明，干灰化法处理的样品比酸消解法处理的样品中金属元素含量普遍减少。干灰化法造成的元素损失比湿法酸消解多，使得测定结果与实际不符，误差增大。

5.4.9　高压消解测定木材中的有害元素

常用木材防腐剂 CCA 由铜、铬和砷的化合物组成，其中砷化合物对白蚁、真菌和蛀木虫等有很强的毒杀力，铜化合物可以提高毒性，增加抗流失性，铬化合物可使 CCA 与木材有良好的固着作用，所以 CCA 使用效果好，性能稳定。木材、木制品及其废弃物中有害物质（主要是针对砷）产生的危害和污染问题已受到极大关注。

（1）仪器及工作条件　仪器：Prodigy ICP-AES 光谱仪（美国 Leeman Labs 公司）中阶梯光栅分光系统，L-PAD 检测器，波长范围为 170～1099nm，垂直炬管。工作条件：频率为 40.68MHz，入射功率为 1.1kW，工作气体为氩气，冷却气流量为 16L/min，辅助气流量为 0.5L/min，载气压力为 30psi（1psi≈6894.76Pa），样品提升量为 1.2mL/min。各元素的分析线：Cr 267.716nm，As

189.042nm，Cu 327.396nm。美国 CEM 公司 MARS 5 密闭微波消解系统，微波消解条件：12min 升至 120℃，维持 12min；然后6min 升至 180℃，维持 30min。

（2）试样制备及试样消解　将木材锯成碎屑后，过孔径为0.5mm 的筛，混合均匀，再用网格法分样。在 105℃烘干 4～5h后，放入干燥器中冷却。

消解法：密闭微波消解系统：称取 0.4000g 试样（准确至0.0001g）于 100mL 高压微波消解罐内，加入 10mL 硝酸和 4mL H_2O_2，敞口放置至初始反应结束，然后装好微波消解罐，按选定的条件进行消解。消解结束后将试液转移至 100mL 容量瓶中，用水定容。

标准溶液的配制：Cu、Cr 和 As 的标准溶液系列（mg/L）分别为 0.0、0.5、1.0、5.0、10.0，10％（体积分数）的硝酸介质。

（3）方法的精密度和回收率　铜、铬、砷的检出限（3σ）分别为：1.2mg/kg、0.2mg/kg、7.1mg/kg，相对标准偏差为0.2％～1.5％，回收率为 92％～106％。

5.4.10　测定天然植物中的金属元素

用微波消解和湿热消解两种前处理方法对海南本地两种天然植物产品荔枝和茄子中的金属元素含量进行测定，采用电感耦合等离子体发射光谱法同时测定 8 种金属元素含量。

（1）仪器与试剂　仪器：IRIS Intrepid Ⅱ型全谱直读等离子体发射光谱仪（美国热电公司）；MARS 密闭微波消解系统（美国CEM 公司），植物粉碎机，电热板。硝酸，高氯酸，双氧水。

（2）样品预处理和消解　预先将待消解的样品用清水洗净，除去不可食用部分（蒂、核等），再用去离子水漂洗 3 次，将皮和肉分离并切块，粉碎至约 1.0mm 大小的碎屑，研磨成浆状，在－20℃冷藏备用。开始称样测定前在－4℃冰箱中解冻 1h。用两种消解方法处理。

湿热消解法：准确称取 1100～2100g 样品于 100mL 烧杯中，分别放数粒玻璃珠，加 10mL 硝酸，加表面皿盖浸泡过夜，于电热板上消煮 210h；稍冷，再加硝酸与高氯酸混合液（体积比为 4∶1）10mL，于电热板上消煮至冒白烟，消化液呈无色透明或略带黄色，放冷，将试样消化液移入 25mL 容量瓶中，用硝酸液（0.5%）少量多次洗涤烧杯，洗液合并于容量瓶中并定容至刻度，混匀备用。

微波消解法：准确称取 1.00～2.00g 样品于聚四氟乙烯消解罐中，分别加入 510mL HNO_3、210mL 30% H_2O_2 浸泡，盖好盖子，将消化罐置于微波消解炉内的托盘上。在功率 800W 下消化 15min，消化完成后取出样品冷却，再将消解液赶酸后用 0.5% 硝酸液定容于 25mL 容量瓶中，备用。

（3）分析参数及检出限　RF 功率 1150W，辅助气流量 0.5L/min，雾化器压力 28psi，元素分析线和检出限（μg/mL）：Zn 213.8nm（0.0008），Mn 257.6（0.00015），Fe 259.9（0.0008），Mg 279.5（0.007），Ni 221.6（0.001），K 766.4（0.035），Ca 317.9（0.00006），Cu 324.7（0.0007）。

（4）结果　采用微波消解处理时方法的回收率为 92.99%～115.57%，$RSD<10.0\%$，微波消解法的前处理效果优于湿热消解法，微波消解节省时间，节省试剂，空白值低，不污染环境。

5.4.11　测定松树中的矿质元素

思茅松和云南松是云南森林的主要树种之一，在生态维护和木材生产方面具有重要地位。

（1）仪器与试剂　仪器：VISTA-MPX 型电感耦合等离子体发射光谱仪（美国 Varian 公司）；波长范围 175～785nm；RF 发生器频率 40.68MHz；波长范围：175～785nm。钙、镁、铁、锌、钾、锰、磷、硼标准储备溶液（国家钢铁材料测试中心），浓度均为 1000μg/mL；硝酸、氢氟酸、高氯酸、双氧水均为分析纯。

（2）样品采集　思茅松样品及云南松样品采自云南林场，均为健康植株，取样部位距地面 2～2.5m 的主干木质部，树龄均为 23～25 年，各取 10 株进行测定。

（3）样品处理　将新鲜木质样品用去离子水洗净表面的灰尘，在温度为 105℃ 的烘箱中干燥至恒重，冷却，研磨粉碎后放入干燥器内待用。精确称取 0.500g 干燥样品于 PTFE 烧杯中，加入 5mL HNO₃，盖好盖子，放置过夜。次日再向烧杯中加入 1mL HNO₃、1mL H₂O₂ 和 0.5mL HF，控制电热板温度在 180℃ 条件下消解 5h，去盖，将溶液缓慢加热至全干。向残渣中滴入 2mL HClO₄，缓慢加热至冒白烟，以驱除多余的 F⁻。稍冷，加入 2mL HNO₃，缓慢加热以溶解残渣，最后，将溶液定量转移至 50mL 容量瓶中，用 5% 的 HNO₃ 定容，同时做全程样品空白。

（4）分析条件、分析线和元素测定结果　功率 1.10kW，等离子气流量 15L/min，辅助气流量 1.5L/min，雾化器压力 200kPa。分析谱线（nm）：B 249.678，Ca315.887，Fe238.204，K769.897，Mg 279.800，Mn 257.610，Zn213.875，P213.618（nm）。

分析结果，思茅松（mg/kg）：Ca 731.49，Zn339.36，P122.67，Fe99.22，K543.55，Mg141.8，Mn 149.16，B 14.15。云南松（mg/kg）：Ca 1042.55，Zn18.39，P62.49，Fe551.59，K362.10，Mg213.64，Mn 44.25，B2.371。

（5）回收率与精密度　HNO₃-HF-HClO₄ 湿法消解松材样品后测定其中的矿质元素，思茅松除了 B 元素加标回收率为 15.47% 外，其余 7 种元素的加标回收率为 97.61%～105.3%，相对标准偏差（RSD）为 0.4%～2.4%；同样云南松也是除了 B 元素加标回收率为 13.62% 外，其余 7 种元素的加标回收率为 95.63%～108%，相对标准偏差（RSD）为 0.3%～1.5%。两种松材样品的 RSD 值均＜5%，该结果表明湿法消解结合 ICP 光谱测定松树中的矿质元素，除了 B 元素以外，对其余 7 种元素均具有良好的准确度及精密度。

5.5　无机非金属材料

无机非金属材料包括玻璃、陶瓷、陶器、耐火材料、催化剂、石英砂、石墨、活性炭等，与金属材料相比，消解比较困难，成分复杂，基体成分对光谱测定影响较大。

5.5.1 内标法测定紫砂制品中的溶出元素

紫砂是紫砂陶器的简称，其溶出元素的种类及其含量直接与使用者的身体健康息息相关，用钇内标法改进精密度和准确度。

（1）仪器与试剂　Optima 7000DV 型等离子体发射光谱仪（美国 PE 公司）。高频功率 1450W；辅助器流量 0.5L/min；雾化器流量 0.7L/min；等离子体气流量 15L/min；冷却水温度（18±1）℃；蠕动泵流速 1.5mL/min；观测方向为轴向。分析谱线：铅 220.353nm、镉 228.802nm、钡 223.527nm、锰 257.610nm、铬 267.716nm、钴 228.616nm、钇 371.03nm。试剂：分析纯冰乙酸；优级纯硝酸；1000μg/mL 的铅、镉、钡、锰、铬、钴、钇 7 种单元素标准溶液（中国计量科学研究院制）。

（2）样品制备　据 GB/T 5009.156—2003 食品用包装材料及其制品的浸泡试验方法通则，先用 4%（体积分数）乙酸溶液在 20℃±2℃温度下浸泡紫砂壶 24h±20min，然后用玻璃棒搅拌均匀后移入 100mL 容量瓶中。用 4% 的乙酸溶液稀释，配制成系列标准溶液，该系列标准溶液中铅、镉、钡、锰的浓度为 0μg/mL、0.05μg/mL、0.1μg/mL、0.2μg/mL、0.3μg/mL、0.4μg/mL、0.5μg/mL；钴、铬的浓度为 0μg/mL、0.005μg/mL、0.01μg/mL、0.02μg/mL、0.03μg/mL、0.04μg/mL、0.05μg/mL。使所用标准溶液中均含有 5mg/L 的钇。

（3）方法的检出限、精密度和回收率　Pb、Cd、Ba、Mn、Cr、Co 的检出限（μg/L）分别为 1、0.1、0.03、0.1、0.2、0.2；$RSD \leqslant 2.5\%$，回收率为 95%～108%。

（4）样品分析结果　样品钡的浓度：有 79% 的浓度在 0～0.12mg/L；有 16% 的浓度在 0.12～0.20mg/L；有 5% 的浓度在 0.20～0.5mg/L。样品锰的浓度：有 76% 的浓度在 0～0.06mg/L；有 20% 的浓度在 0.06～0.12mg/L；有 4% 的浓度在 0.12～0.5mg/L。样品钴的浓度：有 100% 的浓度在 0～0.004mg/L。

5.5.2 检测日用陶瓷器皿中金属元素的溶出量

陶瓷器皿中的铅、镉、汞、锰等元素的溶出对使用者身体健康有影响。

(1) 仪器及工作条件　Prodigy 全谱直读电感耦合等离子体发射光谱仪（美国 Leeman 公司），分辨能力为 0.005nm，H-G 双铂网雾化器。光谱仪工作条件为：功率 1100W，等离子体气流量 19L/min，辅助气流量 0.5L/min，雾化器气体压力 34psi，蠕动泵流量 1.4mL/min。

(2) 试剂　冰乙酸：分析纯（密度为 $1.05g/cm^3$），避光保存。标准溶液：铅、镉、汞和锰各元素标准溶液均采用国家标准溶液，其质量浓度均为 $1000\mu g/mL$。

(3) 试样处理　试样的清洗：用弱碱性洗涤剂将试样洗涤干净，再用蒸馏水或离子交换水漂洗干净，晾干，备用。填充浸泡液至陶瓷制品的口沿（沿试样表面测量）5mm 内有颜色或容积小于 20mL 的位置，或用 4% 乙酸溶液填充至溢出口沿；其余制品填充至离口沿 5mm 处。必要时测定浸泡液的体积，准确到 ±3%。试样的萃取：在（22±2）℃的条件下，浸泡 24h±20min，用具有耐化学腐蚀且不含有铅、镉、汞和锰物质的硼硅质玻璃或聚乙烯等类器皿将试样遮盖，以防溶液蒸发，浸泡时应避免光照。萃取液的提取：将器皿中的溶液混匀，将混匀后的萃取液移入容器中保存，并尽快进行测定，以免溶液中的待测离子被器壁所吸附。

(4) 分析线、回收率和精密度　分析线波长（nm）：Pb 220.353，Cd214.441，Hg194.227，Mn 257.610。分别向样品萃取液中加入 $2\mu g/mL$ 的铅标液和 $0.2\mu g/mL$ 的镉标液，测其回收率，测得回收率值均在 96.5%～99.6% 之间，相对标准偏差（RSD）为 2.81%～3.39%。

5.5.3　测定硼硅酸盐玻璃中的常量及微量元素

样品前处理用三种方法：用硫酸-氢氟酸分解样品测定其氧化钙、三氧化二铝、氧化镁、三氧化二铁、二氧化钛；用无水碳酸钠熔融处理样品测定氧化硅；用氢氧化钠熔融分解样品测定三氧化二硼。

(1) 仪器与试剂　IRIS 型 ICP 光谱仪（美国 TJA 公司）；单

元素标准储备液（100μg/mL 和 1mg/mL），核工业北京化工冶金研究院；工作标准溶液，由标准储备液逐级稀释而成；盐酸、硫酸、氢氟酸、碳酸钠、氢氧化钠、碳酸钙为优级纯试剂；硼硅酸盐玻璃样品：白色粉末状，广西某硼硅酸盐玻璃企业生产。

（2）仪器工作条件及分析线　高频功率 1150W；辅助气流量 0.5L/min；载气流量 0.9L/min；冷却气流量 14L/min；样品提升量 1.85L/min；雾化器压力 199.9kPa；泵速 100r/min。元素的分析线波长（nm）：Si 251.612，Ca 393.366，Al 396.152，B 249.773，Mg 279.553，Fe 259.940，Ti 323.452。

（3）样品处理　称取约 0.01g 固体样品（精确至 0.0001g），置于铂皿中。用少量水润湿，加入 0.1mL 硫酸（1+1）和 1.0mL 氢氟酸（40%），置电炉上低温加热蒸发至近干，升高温度直至白烟驱尽，冷却。然后加入 0.2mL 盐酸（1+1）和 10mL 水，置于电炉上低温加热至残渣完全溶解，冷却后，将其移入 100mL 容量瓶中，用水稀释至刻度，此溶液为试液 A，供氧化钙、三氧化二铝、氧化镁、三氧化二铁、二氧化钛的测定。

称取约 0.01g 固体样品（精确至 0.0001g），置于铂坩埚中。加入 0.1g 无水碳酸钠，与样品混匀，再加入 0.1g 无水碳酸钠铺在表面，盖上坩埚盖。先低温加热，逐渐升高温度至 1000℃，熔融至透明状，继续熔融 15min，摇动坩埚，使熔融物均匀附于坩埚底部，冷却。用热水浸取熔块于铂蒸发皿中，加入 2.0mL 盐酸（1+1）溶解熔块，将蒸发皿置于沸水浴上蒸发至无盐酸味，取下，冷却。将试样转入 1000mL 容量瓶中，定容，此溶液为试液 B，供二氧化硅的测定。

称取约 0.01g 固体样品（精确至 0.0001g），置于镍坩埚中。加入氢氧化钠（粉末固体）0.05～0.1g，盖上坩埚盖，置电炉上加热，待熔化后，摇动坩埚，再熔融约 20min，使熔融物均匀附于坩埚底部，冷却。用 25mL 热水浸取熔块于 100mL 烧杯中，加入 1 滴甲基红指示剂（2g/L 乙醇溶液），加入盐酸（1+1）中和至溶液呈红色。缓慢加入碳酸钙（固体）至红色消失，盖上表面皿，置低温电炉上微沸 10min。趁热用快速定性滤纸过滤，用 100mL 容量瓶承接滤液，冷却，定容至刻度线，此溶液为试液 C，供三氧化二硼的测定。

（4）检出限、精密度和回收率　方法检出限（$\mu g/mL$）：SiO_2 0.026，Ca 0.0002，Al 0.028，B 0.005，Mg 0.0002，Fe 0.006，Ti 0.005。样品测定结果的相对标准偏差（$n=6$）在 0.02% ～ 1.47% 之间，加入标准溶液的回收率为 93.0%～103.2%。采用该方法对硼硅酸盐玻璃标准样品进行测定，测定值与标准值一致。

5.5.4　沉淀分离铝后测定氧化铝中的微量元素

氧化铝是重要的工业原料，特别用于微电子器件基片，医学上用于制造生物陶瓷等。在 ICP 光谱测定时，约 1000mg/L 高浓度的铝在光谱 190～250nm 区域产生强光谱背景，降低谱线的线背比，影响微量元素的测定，在 ICP 的高温条件下，铝会与炬管材料石英反应生成 $3Al_2O_3 \cdot 2SiO_2$ 化合物，影响炬管寿命，故用沉淀法分离基体铝，再进行光谱测定 Ca、Fe、Ga、Na、Si 及 Zn 等元素。

（1）仪器与试剂　Spectro Ciros CCD 型 ICP 光谱仪（Spectro Analytical Instruments Co，Kleve，德国），轴向观测，Burgner T2100 雾化器，该雾化器允许溶液中小于 $450\mu m$ 固形物存在。硝酸、盐酸、氢氟酸、硫酸、磷酸为分析级。钙、铁、镓、钠、硅、锌储备液为 1000mg/L，内标元素 Be、Gd、Dy、In、Sc 也是 1000mg/L。标准参考物 Alumina Reduction Grade-699 由 NIST 提供，所有溶液都用分析级试剂制备。

（2）微波消解样品处理　玻璃器皿和聚丙烯容量瓶用洗涤液清洗，然后用 10% 硝酸溶液浸泡 24h，用二次去离子水清洗，烘干，保存于密封聚丙烯容器中。

微波消解：称取 250mg 标准参考物质 Alumina Reduction Grade-699，用三种混合酸消解：①1mL 氢氟酸＋4mL 硫酸＋4mL 磷酸；②3mL 盐酸＋2mL 硝酸＋2mL 水；③5mL 盐酸＋1.5mL 硫酸＋1.5mL 水，然后开始按两步程序加热，加热结束将空白溶液及试样溶液转移到 20mL 容量瓶，并用去离子水充到刻度。然后，进行沉淀分离铝程序，用氢氧化铵调节溶液 pH 值，由于加氨水将增大溶液体积，增加试剂的空白值，故采用加气态氨气的方法，即往氨水中加氢氧化钠溶液生产气态氨气，生成氢氧化铝沉淀，分离后溶液残留铝不影响光谱测定。

(3) 分析条件 RF 功率 1.4kW，等离子体气 14.0L/min，辅助气 1.0L/min，雾化气 0.7L/min。分析线波长（nm）Ca（Ⅱ）396.847，Na（Ⅰ）330.232，Be*（Ⅱ）313.042，In*（Ⅰ）325.609，Fe（Ⅱ）275.573，Si（Ⅰ），288.158，Dy*（Ⅱ）353.170，Sc*（Ⅱ）355.854，Ga（Ⅰ）294.364，Zn（Ⅰ）213.856 Gd*（Ⅱ）342.364，带 * 的谱线是内标元素谱线；括号内罗马数字（Ⅰ）为原子线，（Ⅱ）代表离子线。

(4) 结果 三种消解方法中，只有两种是有效的，即 1mL 氢氟酸＋4mL 硫酸＋4mL 磷酸和 5mL 盐酸＋1.5mL 硫酸＋1.5mL 水，但磷酸黏度过大，需要多倍稀释，并且氢氟酸也是应尽量避免的试剂。故实际采用是 5mL 盐酸＋1.5mL 硫酸＋1.5mL 水微波消解样品，方法回收率 83%～117%。

元素定量测定下限 LOQ（10LOD，$\mu g/g$）：Ca 1.14，Fe 0.26，Ga 0.04，Na 0.13，Si 0.32，Zn 0.002%。

5.5.5 测定 Al_2O_3 基催化剂中的铂

催化剂中铂含量对催化剂的性能有较大影响，催化剂的活性随铂含量的增加而增强，但铂含量太高催化剂成本增加。实验采用火试金法预富集 Al_2O_3 基催化剂中的铂，经硝酸-盐酸溶解贵金属合粒后采用 ICP 光谱法测定溶液中的铂含量。

(1) 试剂与仪器 无水碳酸钠（工业纯），氧化铅（分析纯），硼砂（工业纯），二氧化硅（工业纯），淀粉（分析纯），纯银 $[w(Ag) \geqslant 99.99\%]$。醋酸、盐酸、硝酸均为分析纯。覆盖剂：1 份硼砂与 2 份无水碳酸钠，混匀。铂标准储备溶液（1000$\mu g/mL$）。

试金用箱式电炉（最高加热温度为 1350℃）。Agilent725-ES 系列全谱直读电感耦合等离子体发射光谱仪（美国安捷伦公司），实验选定的 ICP 最佳工作条件如下：高频功率 1200W，辅助气流量 0.6L/min，载气 0.5L/min，冷却气 15L/min，分析线 Pt 214.424nm。

（2）分析过程　称取 2.00g 试样，将其置于已加入 25g 碳酸钠、150g 氧化铅、15g 硼砂、10g 二氧化硅、5g 氟化钙的试金坩埚中，加入约 40mg 的金属纯银，搅拌均匀，覆盖上 5mm 厚的覆盖剂。将试金坩埚放入 900℃ 的箱式电炉内，50min 内升温至 1100℃，保温 10min。将熔融物倒入铸铁模中，冷却后取出铅扣，除去熔渣，将铅扣砸成立方体，铅扣质量应为 30～40g。灰吹：将铅扣放入已在 950℃ 下预热 30min 的镁砂灰皿中，待熔铅脱去黑膜后打开炉门，使炉温降至 880℃ 进行灰吹。当铅扣剩约 2g 时将灰皿取出冷却。洗涤：从灰皿中取出合粒，用细毛刷除去表面黏附的杂质，放置于 25mL 坩埚中，加入 15mL 醋酸（1＋3），置于低温电热板上，保持近沸约 5min，倾去溶液，用温水洗涤合粒三次，于电炉上烤干，取下冷却。溶解：将合粒在铁砧上砸成约 0.2mm 厚的薄片，放置于 100mL 烧杯中。往烧杯中加入 10mL 硝酸（1＋1），加热保持近沸，合粒完全溶解后加入 15mL 盐酸，煮沸，待除尽氮氧化物后取下。冷却后用盐酸（10％）转移到容量瓶中，以盐酸（10％）稀释至刻度，摇匀，静置至溶液澄清。在选定的工作条件下，测定上清液中的铂含量。

（3）检出限及检测下限　测定空白试液 10 次，以测定结果的标准偏差的 3 倍作为检出限，测得检出限为 0.011μg/mL；以测定结果的标准偏差的 10 倍作为测定下限，测得测定下限 0.037μg/mL。选取了 5 个 Al_2O_3 基催化剂样品，按拟定分析方法进行精密度实验，方法测定 Al_2O_3 基催化剂中铂的相对标准偏差在 3％ 以下。

5.5.6　测定石英砂中的铁、铝、钙、钛、硼、磷

用 ICP-AES 法同时测定石英砂中的 Fe、Al、Ca、Ti、B、P，试样用 HF 和 H_2SO_4 加热分解，HCl 溶解盐类。

（1）仪器与试剂　IRIS Intrepid Ⅱ XSP 型等离子体发射光谱

仪（美国热电公司）。HF（分析纯）、H₂SO₄（分析纯）、HNO₃（分析纯）、HCl（分析纯）。Fe、Al、Ca、Ti、B、P元素标准液，单个元素的标准储备液用光谱纯金属或化合物配制。

（2）分析条件　功率1150W，频率27.12MHz，雾化器压力0.168MPa，泵速120r/min，辅助气流量0.5L/min。元素分析线波长（nm）：Fe 259.94，Al 396.15，Ca 317.93，Ti 323.65，B 249.77，P 178.28。

（3）样品处理　取约50g试样于称量瓶中，置于100℃烘箱中烘2h，取出，冷却。取约10g烘干样品于马弗炉中，从低温升至550～600℃保温1h，取出放于干燥器中冷却备用。称取2g经灼烧样品（精确至0.0002g），置于铂坩埚中，在通风橱中，加15mL HF酸和0.5mL浓H₂SO₄至坩埚中，将坩埚放在已加热的电热板上缓慢加热，直至糊糊状，再加入5mL HF，直到稠密的白色烟雾不再产生。用5mL 10%的HCl加热溶解剩余物，并转移到50mL容量瓶中，稀释至刻度摇匀。

（4）结果　用HG/T 3062～3070—1999中原子吸收法、容量法、光度法等检测6个待测样品，将ICP测定结果与行标方法进行比较，ICP测定与行标方法测定结果相吻合。回收率为95%～105%。

5.5.7　镁铬质耐火材料的光谱法测定

采用电感耦合等离子体发射光谱法（ICP-AES）同时测定镁铬质耐火材料中Cr₂O₃、SiO₂、Fe₂O₃、TiO₂、CaO、Al₂O₃等次量及微量成分。通过试验确定了熔样方法、工作参数、ICP分析条件等，同时研究了基体效应。

（1）仪器及工作条件　iCAP 6000 Series型电感耦合等离子体发射光谱仪（美国热电公司）。仪器工作功率1150W；雾化器压力0.2MPa；辅助气氩气流量0.5L/min；冲洗时间30s；冲洗泵速100r/min，分析泵速50r/min；积分时间，长波5s，短波15s。分析谱线（nm）：Si 212.412，Fe 238.204，Ti 334.941，Ca

393.366，Cr 267.716，Al 308.215。试剂与标准溶液：$Li_2B_4O_7$、Li_2CO_3、HNO_3、HCl 为优级纯。水为二级反渗透高纯水。

（2）样品分解　选用 $Li_2B_4O_7$ 和 Li_2CO_3 混合熔剂，其中加入 Li_2CO_3 易于样品的浸取。考虑要让样品充分熔解的同时，还要避免盐类过高给雾化器带来的不利影响，本实验选择熔剂与试样的比例为 10∶1。称取试样 0.2000g 于铂坩埚中，加入 1.5000g $Li_2B_4O_7$ 和 0.5000g Li_2CO_3 混合熔剂，将其置于高温炉内，升温至 1000℃左右熔融，待试样完全分解（5～30min）。将坩埚及盖置于盛有 20～30mL 沸水及 10mL 盐酸（1＋1）的烧杯中，低温加热至熔融物全部溶解，取下冷却后，移至 200mL 容量瓶中，用 5％盐酸定容。

（3）基体效应　由于分解样品时引入大量碱金属和 $Li_2B_4O_7$，它们影响待测元素谱线强度，需要用基体匹配法消除其影响。

（4）结果　分析镁铬质耐火材料标样 BCS369 和 BCS370 的相对标准偏差（RSD）均小于 1％，测定值与标准值一致，有较好的准确度。采用本法对同一样品连续进行了 6 次平行测定，方法的相对标准偏差（RSD）小于 1％，说明本法具有很好的精密度。

5.5.8　碳酸盐型石墨中硅等 9 种元素的测定

石墨国标"GB/T3521—2008"中没有关于 Si、Ca、Mn、Mg、Ti、K、Na、Al、Fe 元素的分析方法，因此建立一种既可以克服碳的影响，又能一次分析出多种元素的方法就很有必要性。

（1）仪器和试剂　PE7300V 型等离子发射光谱仪（美国 PE 公司）：射频功率 1250W，泵速 75r/min，辅助气流速 0.5L/min，尾吹气流 0.2L/min。HNO_3、H_2SO_4、HCl 均为优级纯（北京化学试剂研究所）；偏硼酸锂（优级纯）；Si、Ca、Mn、Mg、Ti、K、Na、Al、Fe 标准储备溶液（1000mg/L，国家有色金属以及电子材料分析测试中心提供）；蒸馏水为电阻率小于 18MΩ·cm 的去离子水。

（2）样品的处理　称取 0.20g（精确至 0.0001g）样品置于铂坩埚中，把样品放到 950℃马弗炉中灼烧 30min，取出铂坩埚冷却至室温，把铂坩埚中剩余样品倒入石墨坩埚中，再加入 1.0g 偏硼酸锂，搅拌均匀后放入 800℃ 马弗炉中熔融 10min，取出石墨坩埚，趁热把样品倒入放有 25mLHCl（1＋1）的烧杯中，把溶液移入 100mL 比色管中，加入 1mL Cd 标准溶液定容，摇匀，上仪器测定。

（3）元素分析线、检出限　各元素的分析线和检出限见表 5-13。

表 5-13　分析线和检出限

元素	分析线/nm	检出限/（μg/g）
Si	251.1	85
Ca	317.9	45
Mn	255.2	2.0
Mg	285.2	20
Ti	331.1	5.0
K	760.0	25
Na	589.8	100
Al	308.9	100
Fe	259.9	10

（4）回收率和精密度　各种杂质元素的加标回收率在 98.5%～102.2%，结果可靠，把同一样品在相同条件下重复测定 11 次，得到各元素的相对标准偏差（RSD）在 0.45%～2.0%，结果满足测定要求。

5.5.9　测定镧玻璃废粉中的稀土元素

稀土已成为战略物资，且非再生资源，节约稀土资源和稀土再生循环利用是重要发展方向。准确测定稀土含量成为回收稀土工艺中关键的一环。样品经碱熔融后分离硅、铝等元素及钠盐，用硝酸和高氯酸破坏滤纸和溶解沉淀，用 ICP 光谱法测定稀土元素的总量和配分量。

（1）主要仪器参数及试剂

光谱仪：Optima 7300V 型 ICP-AES 仪（美国 PE 公司）。仪器的主要参数：射频功率 1.2kW，冷却气流量 15L/min，辅助气流量 0.5L/min，雾化气流量 0.72L/min，观测高度 10mm。

试剂：氢氧化钠（分析纯）；过氧化钠（分析纯）；盐酸（优级纯）；硝酸（优级纯）；高氯酸（优级纯）；氢氧化钠洗液（2%）；氧化镧标准储备溶液（1000μg/mL，国家标准物质中心）；氧化镧标准使用液（50μg/mL）：由氧化镧标准储备溶液稀释而成，介质为 HCl（5%）；二氧化铈标准储备溶液（1000μg/mL，国家标准物质中心）；二氧化铈标准使用液（50μg/mL）：由二氧化铈标准储备溶液稀释而成，介质为 HCl（5%）；实验用水均为二次去离子水。

（2）样品处理　准确称取试样 0.5g（精确至 0.1mg），放入盛有 3g 预先加热除去水分的氢氧化钠镍坩埚中，覆盖 1.5g 过氧化钠，盖好坩埚盖，置于 750℃ 高温炉中熔融 10min，取下稍冷。将坩埚置于盛有 120mL 热水的烧杯中浸取，用水冲洗坩埚及外壁，加入 2mL 盐酸（1+1）洗涤坩埚，用水洗净取出坩埚及坩埚盖，控制体积约为 180mL，将溶液煮沸 2min，稍冷。用中速滤纸过滤，以氢氧化钠溶液洗涤烧杯及沉淀。将沉淀连同滤纸放入原烧杯中，加入 30mL 硝酸、3~5mL 高氯酸，盖上表面皿，破坏滤纸和溶解沉淀，待剧烈作用停止后，继续冒烟并蒸至体积约为 2~3mL，冷却至室温，加入 5mL 盐酸（1+1），加热，溶解清亮，取下，冷却至室温。转移至 200mL 容量瓶中，以水稀释至刻度。移取 5mL 试液于 200mL 容量瓶中，加入 10mL 盐酸稀释至刻度，混匀。对此溶液直接上 ICP 光谱仪测定 La 408.672nm 和 Ce 413.765nm 的浓度。

（3）干扰　共存元素的影响：在选定的波长下，共存元素 Nb_2O_5、TiO_2、ZrO_2、NiO、CaO、ThO_2、Fe_2O_3、Al_2O_3、MnO、MgO 总和对测定的影响少于 10%，可以视为无干扰。

（4）检出限和定量限　对流程空白溶液连续测定 11 次，计算标准偏差。3 倍的标准偏差作为检出限，10 倍的标准偏差作为定量限，各元素检出限和定量限统计结果为（μg/mL）：La_2O_3 检出限 0.039，测定限 0.13；CeO_2 检出限 0.0086，测定限 0.029。实际样

品测定的 RSD 在 $0.15\%\sim1.1\%$，：加标回收率为 $97\%\sim105\%$。

5.6　核燃料和核材料分析

核燃料是一种纯度很高的放射性物质，它不仅有放射性，其操作环境也与普通样品不同。为了鉴定其纯度，通常几乎要把其中所有微量杂质元素都检测出来，能够同时多元素的 ICP 光谱法能有效地满足其要求，在我国最早开展 ICP 光谱技术研究的很多是核技术研究和应用单位，如核工业矿冶研究院、清华大学核能研究所、核工业部原子能研究院、核工业 504 厂等单位，在商品 ICP 光谱仪出现之前几年，它们就开始用自制 ICP 光源进行 ICP 光谱技术的研究，我国第一台通过技术鉴定的是核工业矿冶研究院刘虎生研究员主持研制的高频等离子体发生器，在轴向观测 ICP 商品化之前的十多年，核工业 504 厂的潘复兴就用自制的空气切割 ICP 尾焰的轴向 ICP 光源分析八氧化三铀中微量杂质元素，其原理与现在美国 Perkin Elmer 公司 ICP 光谱仪轴向观测装置类似，当时国外的分析仪器公司还没意识到该技术的优势。核燃料主要是铀、钍、钍的氧化物、金属及盐类，以及这些含有这类元素的矿物及中间产品。核材料则是高纯核石墨、反应堆用锆合金等产品。

5.6.1　二氧化铀微球中钐、铕、钆、镝的测定

稀土元素具有较大的热中子俘获截面，直接影响核燃料的性能和质量。因此，必须对核燃料中的稀土杂质元素含量进行严格的控制和准确的测定，为了消除铀对测定的影响，采用强碱性阴离子交换树脂分离法将铀与稀土元素分离。

（1）仪器与试剂　单道和多道 ICP 真空型光量计 3580B ICP/DC（ARL 公司）；石英离子交换柱 $\phi 9mm\times 300mm$，树脂高度为 100mm；高频功率 650W；振荡频率 27.12MHz；辅助气 0.9L/min；载气 0.8L/min；冷却气流量 7.5L/min；超声波雾化器功率 20W；超声波雾化器去溶温度 140℃；蠕动泵进样速率 1.3mL/min；样品提升量 2mL/min；积分时间 10s；观测高度 15mm。主要试剂：

盐酸，优级纯，再经热扩散纯化；硝酸，优级纯，再经二次蒸馏纯化；水，去离子水，再经二次蒸馏；711 型强碱性阴离子交换树脂；粒度 0.25～0.55mm；单元素标准溶液使用时逐级稀释成各元素标准系列工作溶液（3mol/L 盐酸介质）。分析线：Dy 353.170nm，Sm 359.260nm，Gd 376.84nm，Eu 381.970nm。

（2）离子交换分离铀　称取 1.0000g 二氧化铀样品（准确至 010001g）于石英烧杯中，加入 2mL 3mol/L 盐酸和几滴硝酸，在电炉上加热溶解，样品溶解后蒸至近干，用 9mol/L 盐酸溶解并转移至已用 9mol/L 盐酸平衡好的交换柱上，再用 9mol/L 盐酸以流速为 0.6mL/min 淋洗交换柱，弃去前 9mL 流出液，收集后 25mL 流出液。然后，将收集液在电炉上蒸至近干，滴加 3mol/L 盐酸溶解残渣并用水定容至 10mL 容量瓶中。测定其中的 Sm、Eu、Gd、Dy 含量。

（3）回收率与精密度　对同一标准样品进行测定和标准加入回收试验，得到方法平均回收率在 90%～102% 之间，相对误差小于 2.1%。

5.6.2　高纯钚化合物的化学分离 ICP 光谱测定

（1）钚像稀土元素一样是多谱线元素，在光源中激发产生很深的光谱背景，其放射性严重影响环境，为了除去放射性物质钚，均需对样品进行化学分离，曾用过离子交换、色谱分离及萃取分离除去钚。这里介绍印度采用的三烷基氧化膦（Cyanex923）萃取剂分离测定 22 个元素。三烷基氧化膦是锕系元素的有效萃取剂，在酸性介质中三烷基氧化膦可将 Pu(IV) 萃入 Cyanex923-甲苯溶液，杂质元素留在水相中，经处理后进行光谱测定。

（2）试样处理　高纯钚溶于硝酸-氢氟酸混合酸中，过量的氢氟酸用浓硝酸蒸发去除，添加过氧化氢将钚转化成 Pu(IV)，调配成 4mol/L 硝酸溶液用于萃取分离，用 30%Cyanex923-二甲苯溶液萃取 5 次分离钚，水相用于光谱测定。

（3）仪器和分析条件　ICP 光谱仪 Jarrell-Ash1100 和 Jobin-Yvon50P，高频功率 1～1.25kW，冷却气 16～20L/min，载气

0.6～1.1L/min，方法可测定 22 个元素，即 Al，B，Be，Ca，Cd，Ce，Co，Cr，Cu，Dy，Er，Eu，Fe，Gd，Li，Mg，Mn，Na，Ni，Pb，Sm，Zn。

5.6.3 高纯钍化合物分析高纯二氧化钍

二氧化钍溶于硝酸-氢氟酸溶液中（含氢氟酸 0.005mol/L），完全溶解后，在电热板上蒸发除去氢氟酸，配成 100mg/L 的硝酸钍溶液，用 20% Cyanex923-二甲苯溶液萃取 10min，经 5 次萃取可除去料液中硝酸钍，杂质元素也有不同程度损失，Cd、Eu、Ce 分别损失 7.0%、2.4%、及 2.5%，水相用于 ICP 光谱测定，表 5-14 为方法测定的 17 个元素检出限及精密度。

表 5-14　检出限及测定精密度

元素及分析线/nm	检出限/(ng/mL)	精密度(RSD)/%	元素及分析线/nm	检出限/(ng/mL)	精密度(RSD)/%
Al308.2	8.0	0.14	Mn257.6	0.2	0.20
B249.7	2.0	0.40	Ni232.0	0.4	0.77
Be234.9	0.1	0.18	Ce380.2	0.5	0.52
Ca396.8	0.1	0.22	Dy353.2	0.4	0.17
Cd228.8	0.6	0.93	Er326.5	20	0.13
Cr205.6	1.0	0.28	Eu382.0	0.03	0.23
Cu324.8	0.5	0.15	Gd342.2	0.4	0.14
Fe259.9	0.4	0.20	Sm359.3	1.0	0.34
Mg285.2	0.2	0.21			

5.6.4 核纯石墨中 Sm、Eu、Gd 和 Dy 的测定

石墨是工业及科学研究中常用的材料，由于它具有良好的核性能及较高的强度，是原子反应堆用的重要反射层材料。核纯石墨中需要控制的主要杂质是热中子吸收截面大的元素稀土和镉、硼等。

（1）仪器及试剂　ARL3580B ICP/DC 单道和多道 ICP 真空型光量计。光谱范围 170～800nm；光栅刻线 1080 条/mm；正向功

率 650W；反射功率<10W；振荡频率 27.12MHz；等离子气流速 0.9L/min；载气流速 0.8L/min；冷却气流速 7.5L/min；超声波雾化器去溶温度 140℃；样品提升量 2mL/min；积分时间 10s；观测高度 15mm。试剂：盐酸，优级纯，再经热扩散纯化；硝酸：优级纯，再经二次蒸馏纯化；水，去离子水再经二次蒸馏；单元素标准溶液：Dy、Sm、Gd 和 Eu 等各氧化物均为光谱纯。配制成 1mg/mL 储备溶液。使用时逐级稀释成介质为 3mol/L 盐酸的各元素标准系列工作溶液。选定分析线：Dy 353.170nm，Sm 359.260nm，Gd 376.84nm，Eu 381.970nm。

（2）样品分解 石墨中元素的测定一般采用酸分解法或灰化法。试验表明，采用酸分解方法测量回收率为 68%～74%，结果偏低。采用灰化法灼烧温度试验表明，将 2g 石墨粉在灼烧温度低于 700℃，灼烧 4h 样品未烧完，在 800℃和 900℃各 4h 样品完全烧完。灰粉的溶解实验表明，用王水溶解效果较好，回收率正常。具体操作方法如下：准确称取 2.0g 石墨样品于石英烧杯中，在 800℃温度下灼烧 4h，冷却至室温后滴加盐酸和硝酸，在电热板上低温加热溶解残渣，待溶解完全后用 3mol/L 盐酸定容至 10mL 容量瓶中。按选定的工作条件，超声波雾化进样，ICP 光谱法测定其中的 Sm、Eu、Gd 和 Dy 的质量分数。

（3）回收率和精密度 方法的相对标准偏差优于（RSD，$n=$6）8.13%，回收率为 90%～102%。

5.6.5 测定陶瓷 UO_2 芯块粉末标准物质

采用 237 季铵萃淋树脂和萃取色谱分离技术，在 6.5mol/L HNO_3 介质中定量分离陶瓷 UO_2 芯块粉末标准物质中铀与待测杂质元素。用 ICP 直读光谱仪同时测定流出液中的 Al、Ba、Co、Ta、Ti 和 V。

（1）仪器与试剂 Jarrell-Ash 975 型，具有 0.75m 曲率半径和 2400 刻线/mm 光栅，倒数线色散率 0.55nm/mm，ICP 光源 2500 型射频发生器，27.12MHz，入射功率 1.0kW，反射功率 5W，等离子气流量 15L/min，辅助等离子气 1.0L/min，载气

0.5L/min，溶液提升量 1.0mL/min，观察高度，负载线圈上方 14mm 处，积分时间 10s。

待测元素均系纯度≥99.99%的金属、氧化物及其盐类配制；237 季铵萃淋树脂，粒径为 0.074～0.129mm，核工业北京化工冶金研究院合成；亚沸水和亚沸硝酸，二次去离子水和电子纯硝酸经石英亚沸蒸馏器重蒸一次。

（2）色谱柱的制备　将 237 季铵萃淋树脂用 1mol/L HCl 浸泡，湿法装入内径为 7mm 的石英色谱柱中（上下均用有机玻璃丝填塞），树脂床高 120mm，用 12mL 6.5mol/L HNO_3 以 0.7mL/min 流速淋洗色谱柱后备用。

（3）杂质与铀的分离　称取 300mg 陶瓷 UO_2 芯块粉末样品，加 1.5mL 浓 HNO_3 和几滴 H_2O_2 溶解，蒸至近干，加入 1mL 6.5mol/L HNO_3 温热，倾入已用 6.5mol/L HNO_3 预平衡好的色谱分离柱内，并用 6.5mol/L HNO_3 以 0.7mL/min 的流速淋洗，收集第 2 至第 6mL 流出液，蒸至近干，加 1mL 1mol/L HNO_3 温热后待测。用 15mL 0.3mol/L HNO_3 洗脱柱上的铀。237 季铵萃淋树脂可重复使用 50 次以上。

（4）分析线、检出限和测定下限　按标准偏差法求检出限。采用空白溶液重复曝光 11 次，对各杂质元素在所选定的分析线处，统计求出各谱线强度的标准偏差 s，由此求出方法的检出限，并计算出取样 300mg 时的测定下限，结果列入表 5-15。

表 5-15　检出限与测定下限

元素	分析线/nm	检出限$(2s)$/(mg/L)	测定下限$(10s)/10^{-6}$
Al	308.2	0.010	0.17
Ba	493.4	0.001	0.016
Co	228.6	0.002	0.033
Ta	240.1	0.015	0.25
Ti	334.9	0.0024	0.04
V	292.4	0.0064	0.11

（5）结果　本法定值分析数据均落在标准值的置信区间内，

$s_r < 7.5\%$，测定下限为 $(0.016 \sim 0.250) \times 10^{-6}$。

5.6.6　铀中杂质元素的化学分离光谱测定法

铀在冶炼时残留的锆对铀中杂质元素的测定有较严重的干扰，因此，要准确测定其中杂质元素的含量，就必须考虑如何消除锆对测定的影响。采用磷酸三丁酯（TBP）-氢化煤油萃取铀、过氧化氢掩蔽钛、磷酸氢二铵沉淀锆的方法，用 ICP 光谱法同时测定了锆存在时铀中的铁、锰、铜、硅、铝、镍和钛 7 种杂质元素的含量。

（1）仪器和工作条件　7502B 型光电直读光谱仪（北京瑞利分析仪器公司），凹面光栅，焦距 750mm，刻线 2400 条/mm。工作条件：它激式晶体控制型射频发生器，频率 27.12MHz，入射功率 0.9kW，反射功率 $< 5W$；等离子气 0.6L/min；冷却气约 11.5 L/min；溶液提取量 1.5mL/min；观察高度为工作线圈上方 13mm 处；积分 10s、冲洗 5s；炬管，低气流炬管；雾化器，LB 型同心高盐雾化器。

（2）试剂　硝酸（工艺超纯）；盐酸（工艺超纯）；过氧化氢（优级纯）；水为三次去离子水；20% 的磷酸三丁酯（分析纯）-氢化煤油（优级纯）溶液；磷酸氢二铵（优级纯）溶液，4g/L。

（3）实验方法　称取 0.0500g 试样于石英坩埚中，加入 1mL 浓 HCl。待剧烈反应停止后，加入 2 滴 H_2O_2，使试样溶液澄清。移至 90 ~ 100℃ 的电热板上，继续加热并蒸至近干，用 2mL 的 3mol/L HNO_3 转移到 10mL 萃取管中，用 3mol/L HNO_3 稀释至 3mL。向萃取管中加入 3mL20% TBP-氢化煤油，振荡 5min，离心 1min，吸出有机相，重复 3 次。再用氢化煤油洗涤水相一次，吸出有机相。在水相中加入 2 滴 H_2O_2，加入 4g/L 的磷酸氢二铵溶液（相比 1：1）。振荡 5min，离心 3min，吸出上层清液，在 ICP 光谱仪测定。

（4）结果　当测定范围在 10 ~ 1000μg/g 时，相对标准偏差 $< 9.0\%$，回收率为 96% ~ 109%。

5.6.7　ICP 光谱法测定二氧化铀中痕量钾、钠

采用 TBP 萃淋树脂，在酸性介质中使铀与待测元素定量分离，用 ICP-AES 法同时测定二氧化铀中钾、钠的含量。

（1）仪器、玻璃设备与试剂　6300 型原子发射光谱仪（美国热电公司）；EG-35Aplus 型可控温电热板（北京莱伯泰克公司）；玻璃色谱柱（11mm×200mm，带 30mL 漏斗）；硝酸（二次蒸馏酸）；TBP（分析纯）；TBP 萃淋树脂（TBP 质量分数大于 60%，粒度为 80～100 目）；钾标准溶液 [100μg/mL，GBW（E）080184]；钠标准溶液 [100μg/mL，GBW（E）080185]；铀标准溶液 [100μg/mL，GBW（E）080173]。仪器高频功率为 950W，载气体积流量为 0.85L/min，辅助气体积流量为 1.0L/min。

（2）试验方法　称取试样 0.5g 于烧杯中，加入 2mL 浓硝酸，置于低温电热板上（180～200℃）溶解，蒸至 0.5～1.0mL，取下冷却，加入 1mL 水；样品溶液通过 TBP 萃淋树脂色谱柱分离铀基体。6 次平行样的测定结果表明，铀分离率达到 99.96%～99.99%，即试液中残余铀量的 RB 在 $500×10^{-6}$ 以下。待测试液（50mL）在 ICP-AES 光谱仪中测定待测项目质量浓度。分析线选择：6300 型原子发射光谱仪谱线分辨率为 0.007nm，从该仪器软件提供的谱线库中可以方便地选出 2 根灵敏度高、干扰小的分析谱线，即钾选择 766.490nm 和 769.896nm，钠选择 588.995nm 和 589.592nm，这些谱线均能满足二氧化铀中钾、钠的分析。

（3）检出限与测定下限　K766.490nm，检出限（μg/mL）0.00045，方法测定下限（RB）/$0.11×10^{-6}$；Na 589.592nm，检出限（μg/mL）0.00027，方法测定下限（RB）/$0.07×10^{-6}$。本方法钾、钠的精密度分别为 5.8% 和 6.4%，加标回收率分别为 98.9% 和 97.0%。

5.6.8　测定铀-钼合金中 15 种微量杂质元素

为消除作为基体存在的放射性铀的严重干扰，将试样经硝酸加盐酸溶解后所得溶液通过用聚氟乙烯为载体的磷酸三丁酯填充，即

进行反相分配色谱柱上萃取分离，使铀离子留在柱上，而钼（Ⅵ）及 15 种元素的离子则在淋洗中洗脱而存在于淋洗液中。用所收集的淋洗液进行 ICP-AES 测定。

（1）仪器与工作条件　3580B ICP/DC 单道＋多道真空型光量计；功率 650W；振荡频率 27.12MHz；等离子气和载气流速 0.8L/min，冷却气流速 7.5L/min；玻璃气动雾化器；石英微型炬管；蠕动泵进样提升量为 2.0mL/min；积分时间，单道 5s，多道 10s；观测高度 15mm。

（2）主要试剂与标准溶液的配制　硝酸为优级纯硝酸经二次蒸馏，盐酸用优级纯盐酸经热扩散法提纯，水为去离子水再经二次蒸馏。各元素均用光谱纯或纯度为 99.99% 的试剂配成 1.0000g/L 储备溶液，用储备溶液配成主标准溶液，再用主标准溶液配制标准系列工作溶液，介质均为 3mol/L 硝酸。

（3）样品消解　称取样品 0.2500g 于石英坩埚中，加硝酸 5mL，滴加盐酸 1mL 溶解，溶解后蒸至约 2mL，冷却。

（4）铀与钼和各待测元素的分离　称取样品 0.2500g，加硝酸 5mL 于石英坩埚中，滴加盐酸 1mL 溶解。溶解后，移取高浓度（N5）标准溶液 5mL，蒸至约 2mL。冷却后，转移至预先用 5mol/L 硝酸平衡过的色谱柱中，用 5mol/L 硝酸淋洗，弃去前 1mL，每份收集 1mL，共收 10 份，用水定容至 10mL，上机测定。结果表明，钼和待测元素主要集中在 2～5mL 的淋洗液中。因此样品分离时，从第 2mL 起收集 6mL，用 2.4mol/L 硝酸定容至 25mL，待测。

（5）钼的基体效应问题　分离铀后，试液中主要成分为钼，钼的质量浓度为 2.5g/L 时，对选择的各元素的基体效应不显著，标准系列溶液中可不加钼作基体匹配。

（6）分析线、检出限和测定下限　用钼的质量浓度为 2.0g/L 的空白溶液和标准系列的中间浓度（N3）进行 10 次重复测定，得到的检出限（DL）以及测定下限见表 5-16。

（7）回收率在 93.8%～107.2% 之间，相对标准偏差（$n=6$）在 2.9%～6.6% 之间。

表 5-16　检出限与测定下限

元素	分析线/nm	检出限/(mg/L)	测定下限/(mg/L)
Al	396.152	0.047	0.5
Ba	493.409	0.022	0.25
Ca	393.366	0.051	0.50
Co	228.616	0.027	0.25
Cr	206.149	0.048	0.50
Cu	213.598	0.026	0.25
Fe	259.940	0.048	0.50
Mg	383.830	0.029	0.50
Mn	0257.61	0.062	0.25
Ni	231.604	0.053	0.50
Pb	283.310	0.026	0.25
Sn	242.949	0.056	0.50
Ti	323.452	0.037	0.25
V	289.332	0.033	0.50
Zn	213.86	0.023	0.25

5.7　化学化工产品分析

化学品包括化学试剂、化妆品、无机化学材料、涂料、塑料、化学肥料等类型，成分复杂，有的含有部分有机成分。

5.7.1　APDC 萃取分离检测硫酸锰中的铅

饲料级硫酸锰是一种重要的饲料添加剂，重金属铅是该产品最主要的限制指标，其最大允许含量为 0.001%。

（1）仪器与试剂　Arcos 型电感耦合等离子体发射光谱仪（德国 Spectro 公司）。试剂：三氯甲烷（分析纯）；盐酸（优级纯）；硝酸（优级纯）；铅标准溶液 $1000\mu g/mL$，国家钢铁测试研究中心提供；氢氧化钠溶液 20%（质量分数）；吡咯烷二硫代氨基甲酸铵溶液（APDC）$20g/L$；溶解 2.0g APDC 于 100mL 水中，使用前过滤沉淀物。仪器参数：等离子体功率 1400W；冷却气流量 12L/min；辅助气流量 1.0L/min；雾化气流量 0.8L/min；样品提升量

2mL/min。

(2) 样品前处理　称取 10.0g 样品置于 150mL 烧杯中，加 30mL 水，加 10mL 盐酸加热至溶解完全，用超纯水稀释到约 100mL；用氢氧化钠溶液调整 pH 值至 1.0～1.5；将溶液全部转移至 250mL 分液漏斗中，用水稀释到约 200mL，加 2mL APDC 溶液混合，用 40mL 的三氯甲烷萃取；收集有机层于清洁的 50mL 烧杯中，在蒸汽浴上蒸干；加 3mL 硝酸再蒸至近干，加 0.5mL 硝酸和 10mL 超纯水于烧杯中，加热使体积减至 3～5mL；然后转移至 10mL 容量瓶中用水稀释至刻度，备用。

(3) 分析线及检出限　用 Pb 168.215nm 作为分析谱线制作标准曲线，在 0.1～1.0μg/mL 浓度范围内线性良好。对空白进行 11 次平行测定，按标准偏差的 3 倍计算，铅的检出限为 0.007mg/L，测定铅的回收率为 98.73%～104.64%。

5.7.2　不同光谱法检测粉类化妆品中重金属

用电感耦合等离子体发射光谱法、电感耦合等离子体质谱法测定粉类化妆品中锑、铬、镉和钕，对两种仪器法检测粉类化妆品中重金属的结果进行比较。

(1) 仪器与试剂　Optima 5300DV 型电感耦合等离子体发射光谱仪（美国 PE 公司），观察高度 15mm，功率 1300W，溶液提升量 1.5mL/min，高频频率 27.12MHz，等离子体气流量 15L/min，雾化气流量 0.8L/min，辅助气流量 0.2L/min。锑、镉、铬、钕标准溶液（1000μg/mL）购自国家标准物质中心，实验时稀释至所需浓度。实验所用试剂均为优级纯。

(2) 样品制备　称取试样 0.300g，置于聚四氟乙烯溶样杯中，加入浓硝酸 8.0mL，浸泡过夜。130℃加热 30min 预反应，取下冷却，加入过氧化氢 1.0mL 后微波消解，5atm 和 10atm 各反应 5min，15atm 和 20atm 各反应 2～3min。消解完毕后 160℃加热赶酸，消解液减少到 1～2mL 时，定量转移至 25mL 容量瓶中，以水定容至刻度，若有微小不溶物用滤纸过滤。此消化液用于 Cr、Cd

和 Nd 的测定。Sb 消化时需加 4mL HF，HF 与 Si 形成挥发性 SiF_4，在赶酸步骤去除。操作方法同上，赶酸时加入 1mL 高氯酸，以去除多余 HF，定容用聚四氟乙烯瓶。

（3）分析线及检出限　光谱测定用分析线：Cr205.560nm、Cd228.802nm、Sb206.836nm、Nd406.109nm。ICP-AES 检出限分别为 2mg/kg、0.4mg/kg、0.15mg/kg 和 0.2mg/kg，表 5-17 是两种方法测定 GBWC07411 标准物质的数据比对。

表 5-17　GBWC07411 标准值、ICP-AES 与 ICP-MS 数据比对 （mg/kg）

元素	GBWC07411 标准值	ICP-AES		ICP-MS	
		谱线 1	谱线 2	同位素 1	同位素 2
Cr 分析线		267.716nm	205.560nm	[52] Cr	[53] Cr
Cr 标准值	59.6 ±5.0	56.9	50.1	55.1	54.9
Cd 分析线		228.802nm	214.440nm	[111] Cd	[114] Cd
Cd 标准值	28.2 ± 1.3	28.9	27.7	28.0	27,1
Sb 分析线		206.836nm	217.6nm	[121] Sb	[123] Sb
Sb 标准值	9.2 ± 1.4	8.3	7.0	9.1	8.8
Nd 分析线		406.109nm	401.225nm	[144] Nd	[146] Nd
Nd 标准值	27.4 ±2.9	25.5	34.0	28.0	25.8

（4）结论　ICP-AES 测定铬、镉、锑和钕的检出限分别为 2mg/kg、0.4mg/kg、0.15mg/kg 和 0.2mg/kg，与 ICP-MS 比对数据基本一致，均在测定误差范围内，但应注意选择最佳分析线。

5.7.3　测定内外墙涂料中的钛、钙、锌、镁和硅

内外墙涂料中的颜填料一般含有钛、钙、镁、锌和硅等元素，研究其无机成分含量可以快速分析内外墙涂料中掺杂、掺假，以假充真的现象，并可以根据其含量间接判定内外墙涂料的物理性能。

（1）仪器和试剂　Optima 5300DV 型全谱直读光谱仪（美国 PE 公司），耐氢氟酸雾化系统，RF 功率 1300W，辅助气流量

0.2L/min，载气流量 15L/min，泵速 1.50mL/min，观测高度 15mm，快洗时间 10s，积分时间 15s。氢氟酸、硝酸、硫酸、硫酸铵、盐酸均采用优级纯。

（2）样品的前处理　样品搅拌均匀，在玻璃板上制备涂膜，然后在 50℃ 条件下干燥，取干燥后的约 20g 涂膜样品在电炉上加热，直至样品成一焦块，放入 650℃ 的马弗炉中加热 3h，取出冷却后备用。取 0.2g（精确至 0.0001g）灰化后的样品，置于 500mL 锥形瓶中，加入 8g 硫酸铵和 20mL 硫酸，摇匀置于电热板上加热，直至产生白烟后，继续加强热 5～8min，冷却，将溶液转入聚四氟乙烯的样品罐中，加入 10mL 浓硝酸和 5mL 氢氟酸，继续加热，直至消解完全，取下冷却，加入 150mL 水和 20mL 盐酸，过滤，定容待测。

说明：由于二氧化钛难溶于强酸，因此样品前处理中溶解二氧化钛时需要加入硫酸铵和硫酸（98%），此时需要在控制好温度的条件下，加热产生白烟，否则温度达不到时样品很难溶解，在二氧化钛完全溶解的前提下，再溶解含钙、锌、镁和硅的化合物，此时只需加入硝酸就可以消解钙、锌和镁，然后加入氢氟酸溶解含硅化合物，如果消解过程中不能完全消解，则需要重复加入硝酸与氢氟酸，直至消解完全。

（3）分析线、检出限和精密度　见表 5-18。

表 5-18　方法的检出限与精密度

元素	分析线/nm	检出限/(mg/L)	精密度($n=10$)RSD/%
Si	251.611	0.031	2.0
Ti	334.941	0.028	2.1
Zn	206.200	0.005	2.6
Ca	317.933	0.011	2.8
Mg	285.213	0.013	4.2

5.7.4　水-乙二醇型液压液中 Ca、Mg、Zn 的测定

水-乙二醇型难燃液压液具有优异的稳定性及抗燃性，广泛应用于采矿、冶金、电力、航空和舰船等要求阻燃环境的行业。在用

液压液中的元素主要来源于添加剂、设备磨损。

（1）仪器与试剂　GENESIS 型电感耦合等离子体发射光谱仪（德国 SPECTRO 公司），参数为：高频发生器功率 1450W，高频发生器频率 27.12MHz，冷却气流量 15L/min，辅助气流量 1.5L/min，雾化气流量 0.8L/min，垂直观测。Milli-Q 型超纯水器。乙二醇（分析纯）；水由超纯水器制得，电阻率大于 18.2MΩ·cm。混合元素标准储备溶液（20mg/L，德国 Bernd Kraft 公司）。

（2）标准溶液的配制　在 3 个容量瓶中各加入 5mL 乙二醇，然后分别加入（0、0.1mL、0.65mL）混合元素标准储备溶液，加水定容至 10mL，配制出一系列浓度（0、0.2mg/L、1.3mg/L）的混合标准溶液。

（3）结语　采用基体匹配法消除基体背景对检测的影响，对水-乙二醇型难燃液压液中的 Ca、Mg、Zn 元素进行测定。无需对样品进行预处理，直接进样 ICP-AES 法检测，适合大批量的样品分析。方法的加标回收率为 97%～105%，相对标准偏差小于 5%。

5.7.5　车用尿素水溶液中杂质元素含量测定

车用尿素溶液是用于柴油车 SCR 系统的尾气净化液。车用尿素溶液工作时，泵将其从尿素罐中抽出，与压缩空气混合后雾化，经喷嘴喷入排气管，在较高的废气温度（300～500℃）和气流作用下气化分解为 CO_2 和 NH_3。以 NH_3 作为还原剂，将 NO_x 还原为无污染的 N_2 和 H_2O，同时吸收有害的烟气颗粒。尿素通过浓缩干灰化，将尿素分解后，用 ICP 光谱仪完成对尿素水溶液中国家标准要求的 8 种杂质元素含量的准确测定。

（1）仪器与试剂　Plasma 1000 型顺序扫描发射光谱仪（钢研纳克检测技术公司），高频电源频率 27.12MHz、功率 1.25kW；冷却气流量 15L/min，载气流量 0.5L/min，冲洗气流量 1.5L/min；同轴玻璃气动雾化器，旋转雾室，中心管 2.0mm。试剂：Al、Ca、Cr、Cu、Fe、Mg、Ni、Zn 标准溶液（1000μg/mL，国家钢铁材料测试中心）。盐酸，硝酸均为优级纯。

（2）样品制备　准确称取 50mL 试样，分批次置于石英坩埚中，在 105℃烘箱中烘至微结晶后，将石英坩埚置于镍坩埚中，在马弗炉中加热 2.5h（2h 内从 350℃上升至 700℃，700℃恒温 0.5h）；取出冷却至室温，加入 5mL HCl，20mL 二次去离子水，加热至溶解，转移至 50mL 玻璃容量瓶中，加水定容。

（3）标准曲线的制作　在 8 个 50mL 容量瓶中，分别加入 Al、Ca、Cr、Cu、Fe、Mg、Ni、Zn 等标准溶液，使得上述元素在 8 个容量瓶中的含量（μg）分别为 0、1、5、10、50、100，加入超纯水定容至刻度。测定元素的分析线波长（nm）为：Al 237.312，Ca 393.366，Cr 267.716，Cu 324.754，Fe 238.204，Mg 279.553，Ni 231.604，Zn 213.856。

（4）检出限、测定下限及精密度　以空白溶液连续测定 11 次标准偏差的 3 倍所对应的质量浓度为方法检出限，以空白溶液连续测定 11 次标准偏差的 10 倍所对应的质量浓度为方法测定下限，待测元素的检出限为 $0.001 \sim 0.01 \mu g/mL$，测定下限为 $0.003 \sim 0.033 \mu g/mL$。

对实际样品 11 次平行取样测定，计算精密度，待测元素的测定值和精密度均小 5%。加标回收率在 91%～108%，满足实验要求。

5.7.6　硝酸钠消解测定 TBP 萃取剂中的杂质元素

试样为 TBP（磷酸三丁酯）磺化煤油混合溶液，为铀纯化生产用过的萃取剂，无法直接进行光谱测定，需要转化为水溶液。

（1）仪器与试剂　6300 型 ICP 光谱仪（美国热电公司），EG-35Aplus型可控温电热板（北京莱伯泰克公司）；TEVA200 型马弗炉（长沙天腾公司），玻璃色谱柱（直径 11mm×200mm 长，带 30mL 漏斗），硝酸，二次蒸馏酸；硝酸钠，优级纯；硝酸钾，硝酸铵，分析纯；TBP 萃淋树脂，粒度 $0.150 \sim 0.180mm$。钼、钛、铬、钒标准溶液。光谱仪工作参数：高频功率为 1150W，载气为 0.85L/min，辅助气为 1.0L/min。

（2）试样处理　TBP 的化学性质比较稳定，有人采用 H_2SO_4-

$HClO_4$-HNO_3湿法消解，但由于使用硫酸且酸度较高，铀基体与Mo、Ti、Cr、V、W 5 种痕量元素分离效果不理想；而采用高温灰化法处理则生成了难溶于硝酸的灰渣，无法将待测元素全部消解释放出来。通过高温加热，加硝酸钠、硝酸钾、硝酸铵等分解试样，结果表明，硝酸钠对 TBP 试样的分解效果比较理想，满足分析要求。具体操作：移取样品溶液于干燥坩埚中，置于电热板上蒸发至形成固体，冷却后加入硝酸钠，在马弗炉中氧化消解。冷却后加入硝酸溶液置于电热板上低温溶解至溶液清亮，溶液通过 TBP 萃淋树脂色谱柱分离铀基体，铀被萃取吸附在柱上，淋洗液用于 ICP 光谱仪测定。

（3）分析线、精密度和回收率　依据 EJ/T 1102—1999 选择谱线，分别为钛 323.452nm、钼 202.030nm、铬 205.552nm、钒 292.402nm 和钨 207.911nm。6 次测定结果的相对标准偏差均小于 5%，加标回收率在 96%～100% 之间。

5.7.7　电极材料镍钴锰酸锂中主元素测定

（1）仪器与试剂　Optima-7000DV 型 ICP-AES（美国 PE 公司）。盐酸（分析纯）、硝酸（BV-Ⅲ级）、超纯水（18MΩ·cm），等离子体气流量 15L/min，辅助气流量 0.4L/min，雾化气流量 0.8L/min。

（2）样品制备　称取 0.83～0.84g（精确至 0.0001g）样品，放入 100mL 的烧杯中加入 6mL HCl 和 2mL HNO_3，盖上表面皿，于电热板加热溶解至烧杯溶液约 2mL，取下冷却至室温后用稀硝酸定容至 250mL 容量瓶中，摇匀，待测。

（3）精密度　称取同一样品 10 份，分别处理和测定，计算相对标准偏差，测定的相对标准偏差（RSD）小于 1%。加标回收率为 97.4%～103%，适用于工业化生产中的质量分析。

5.7.8　测定塑料中铅、汞、铬、镉、钡、砷

塑料的 ICP 光谱分析主要困难在于试样的消解，炭化酸溶法消解 PVC 塑料，ICP-AES 法测定镉、铬、铅、钡、砷、硒等元

素，该法虽避免高温灰化，但只适用于 PVC 塑料，且无法避免汞、砷等元素的损失；测定塑料中镉、铅、汞和铬的方法时，样品采用浓硝酸加入少量浓硫酸微波消解，虽然可改善塑料的消解效果，但即使少量的硫酸也可能使铅和钡元素测定结果偏低以及精密度较差；微波消解电感耦合等离子体发射光谱法测定塑料中铅和镉，溶样效果良好，但选用 $HClO_4$ 容易爆炸；ASTM D4004 方法因高温灰化易导致待测元素挥发损失，同时具有效率低等缺点也难以广泛适用。本文选用硝酸-过氧化氢-氟硼酸高压密闭微波消解技术对样品进行消化，消解后的溶液用 ICP 光谱仪进行元素检测，结果比较满意。

（1）仪器与试剂　Optima 4300DV ICP-AES（美国 PE 公司），Milestone Ethos Plus 微波消解仪（意大利 Milestone 公司），研磨机，低温破碎机等。水为蒸馏水。铅、汞、铬、镉、钡和砷为标准品。硝酸、高氯酸、硫酸、氢氟酸、过氧化氢、四氟硼酸、盐酸等试剂均为分析纯。

（2）样品制备　对各种大块塑料制品，用剪刀将样品预先剪至大小为 $2cm \times 2cm$，再研磨；对厚度小于 $0.5mm$ 的塑料膜样品，用剪刀将样品剪至尺寸小于 $5mm \times 5mm$ 小碎片直接用于分析。

（3）样品消解处理　对不同塑料样品的消解采用各种酸体系，大多塑料采用硝酸加过氧化氢即可消解，但 ABS 则需加 $HClO_4$ 或 H_2SO_4，可加 HF 或 HBF_4，考虑到 $HClO_4$ 容易爆炸不采用，而 H_2SO_4 则容易使铅和钡元素偏低，HF 或 HBF_4 有类似效果，但 HBF_4 使用方便，因此采用浓硝酸、过氧化氢、四氟硼酸混合酸等溶剂消解。微波消解样品的温度控制程序：升温 1（5min，125℃）→升温 2（10min，210℃）→升温 3（45min，210℃）→降温。

（4）分析线及光谱仪运行参数　塑料是以树脂为主要成分的高分子有机材料。其有机成分在样品消解过程中被分解，残留在溶液中的无机基体元素主要有 Ca、Ba、Pb、Fe、Cu、Zn、Sr，但不同样品基体情况差别较大。分析波长（nm）为：Pb 220.353，Hg 194.168，Cr 267.716，Cd 214.438，Ba 233.527，As 193.696。

设定光谱仪运行参数：等离子气流量 14L/min，辅助气流量 0.8L/min，雾化气流量 0.6L/min，RF 功率 1300W，试液提升量 1.0mL/min。

（5）检出限、测定下限和标准偏差 以 10%（体积分数）硝酸-3%（体积分数）四氟硼酸空白溶液作样品，用 ICP-AES 测定其铅、汞、铬、镉、钡和砷的含量，重复 9 次，以其测定结果标准偏差的 3 倍计算得 ICP 仪器的检出限（见表 5-19）。

表 5-19　方法的检出限与测定下限

元素	分析线/nm	检出限/（mg/kg）	测定下限/（mg/kg）
Pb	220.353	1.4	5.5
Hg	194.168	1.0	3.0
Cr	267.716	1.5	3.4
Cd	214.438	0.2	0.5
Ba	233.527	0.1	3.2
As	193.696	5.0	7.9

在不同时间按标准确定的方法对 EC680 有证标准物质（材质为 PE）进行 9 次测定。结果见表 5-19，测定的 *RSD* 在 2.2%～12.9%之间（由于砷的含量较低，因而 *RSD* 较大），满足痕量分析要求。

各种有代表性塑料样品（PE、PVC、ABS、PP、PS、PC、尼龙）的元素回收率在 86.5%～113.6%之间。

5.7.9　内标法测定化肥中多种有害元素

化肥中的有害元素残留在农场、草地和花园里，被作物吸收进入食物链。长期使用含有害元素的化肥，会给人类健康带来危害等。许多发达国家对化肥中的有害元素如 As、Cd、Co、Hg、Mo、Ni、Pb、Se、Zn 等进行了限量规定。我们采用微波消解法处理样品，用电感耦合等离子体发射光谱法同时测定化肥中 12 种有害元素，同时添加 Y 作为内标，消除高盐分样品的基体干扰。本方法适用于复合（复混）肥料、有机-无机肥以及有机肥的消解和测定。

（1）仪器与试剂 Vista-Pro CCD-ICP-AES 光谱仪（美国

Varian 公司）：带吹扫型中阶梯光栅、Vista chip CCD 检测器、40MHz 射频发生器、水平炬管、K 型雾化器及旋转雾室。光谱仪工作条件为：射频功率 1.0kW，等离子体气、辅助气（载气）流量分别为 15、1.5L/min，雾化器压力 200kPa。MARSX 微波消解仪（美国 CEM 公司）。试剂 HNO_3、HCl、H_2O_2 均为优级纯。

（2）样品处理　称取 1g 样品（准确至 0.0001g），置于 50mL 压力罐内，用少量水润湿样品，加入 8mL HNO_3、2mL HCl 及 1mL H_2O_2，摇匀，放置，待反应平息。安装好压力罐，置于微波消解仪内按程序进行微波消解。待压力罐冷却后，将溶液移入 50mL 容量瓶中，用水定容前加入内标 Y 溶液，使溶液中 Y 浓度为 10.0mg/L。若溶液浑浊或有沉淀，干过滤，保留滤液用于测定。

（3）基体干扰与内标法　化肥样品中含有较高含量的 N、P、K 及 Fe、Mg、Ca、Al、Si 等元素，化肥中的钾基体对测量结果产生抑制效应（复合肥中 K 的质量分数达 13%，钾肥中 K 的质量分数接近 50%）。抑制程度在 20% 以上，直接测定法的回收率偏低，而内标法的测定回收率均为满意。选择 Y371.029nm 谱线作为内标线。

（4）精密度、检出限和测定下限　见表 5-20。

表 5-20　方法的精密度、检出限及测定下限

元素	测定值 /(mg/kg)	RSD/%	检出限 /(mg/L)	定量下限 /(mg/kg)
As[①]	10.48	6.2	0.1	5.0
Cd	9.510	1.2	0.03	1.5
Co	3.175	7.9	0.04	2.0
Cr	36.47	0.7	0.17	8.5
Cu	37.52	0.9	0.05	2.5
Hg[②]	5.368	10.4	0.22	11.0
Mo[③]	11.32	6.3	0.08	4.0
Ni	11.83	2.2	0.09	4.5
Pb	1.547	13.8	0.18	9.0

元素	测定值 /(mg/kg)	RSD/%	检出限 /(mg/L)	定量下限 /(mg/kg)
Sb④	10.489	7.0	0.18	9.0
Se⑤	9.773	9.3	0.20	10.0
Zn	275.4	1.8	0.12	6.0

① 采用氢化物法处理。

除 Pb 的 *RSD* （13.8%）偏大以外，其余元素的 *RSD* 在 0.7%~10.4%之间。

5.8 有色金属及合金分析

有色金属及合金是 ICP 光谱分析的重要应用领域，也是 ICP 光谱分析应最早应用领域之一。这一领域的重要特点是样品类型繁多，品种多而杂，样品测定难度也差别很大，有发射光谱较简单的铝、铜金属，也有 ICP 发射光谱复杂的稀土元素铌、钽、锆、铪、钼等，由于各有色金属化学性质差别大，试样处理和消解方法也差异颇大。这里将分别介绍下述种类有色金属合金：铝、铜、锌、镍、钛、锆、贵金属、稀土元素等。

5.8.1 金属镍及镍合金分析

（1）测定电解镍中的杂质元素　建立用 ICP 光谱法直接测定电解镍中的锰、磷、钴、铁、铜、镁、铝、锌、镉、硅、锡 11 种杂质，用基体匹配法消除基体对杂质测定的影响。

仪器采用 Optima 4300 型直读电感耦合等离子体发射光谱仪（美国 PE 公司）。仪器工作条件为：等离子炬激发功率 1300W；辅助气流量 0.5L/min；载气流量 0.8L/min；等离子气流量 14L/min；蠕动泵进样泵速 0.6mL/min。

① 试样处理　准确称取电解镍试样 0.5000g，置于 300mL 聚四氟乙烯瓶中，加入硝酸（1+1）15mL，低温加热溶解完全，冷却，定容至 50mL 塑料容量瓶中。

② 校准曲线溶液的配制　用 0.5000g 高纯镍片作基体，酸度和试液一致。根据所测元素的含量范围配制有镍基体的标准系列。Co、Fe、Cu 的浓度范围是 0.2～10μg/mL，Cd、Sn、Al、Mn、Zn、Mg、P、Si 的浓度范围是 0.05～0.30μg/mL。分析线波长（nm）为：Si 251.611，Mn 257.610，P 178.221，Co 238.892，Fe 259.939，Cu 324.752，Mg 285.213，Al 309.271，Zn 206.200，Cd 228.802，Sn 283.998。

③ 方法的检出限　采用空白溶液和 5 个混合标准溶液绘制校准曲线，连续测定空白溶液 12 次，以其 3 倍标准偏差计算方法的检出限。

④ 试样测定结果　Si 0.021，Mn 0.003，P 0.045，Co 0.012，Fe 0.010，Cu 0.013，Mg 0.008，Al 0.019，Zn 0.020，Cd 0.022，Sn 0.024（μg/mL）。方法对一个电解镍进行 6 次平行测定，并对样品进行加标回收，测定结果 11 种元素的回收率为 92.0%～107.0%，相对标准偏差 0.3%～5.1%，测定结果与标准方法的测定值相符。

（2）测定高钽镍基高温合金中的硼　镍基合金是高温合金中应用最广、高温强度最高的一类合金。

① 光谱仪器　IRIS Intrepid Ⅱ型电感耦合等离子体发射光谱仪（美国热电公司）；仪器工作条件：高频功率 1150W；雾化气压力 193kPa；辅助气流量 0.5L/min；蠕动泵 100r/min；硼元素检测波长 182.641nm。

② 样品处理　称取 0.2000g 样品，置于 100mL 聚四氟乙烯烧杯中，加入 15mL 盐酸、5mL 硝酸、15 滴氢氟酸后在电炉上加热（电压低于 130V），待样品完全溶解，加入 200g/L 的柠檬酸 5mL，低温加热，冷却，移入 50mL 塑料容量瓶中，用水稀释至刻度，备用。

③ 分析线的干扰问题　硼有 6 条比较灵敏的谱线，均有不同程度干扰存在，选用硼 182.641nm 为分析线时，各共存离子低于以下浓度（mg/mL）不干扰测定：镍（2.8）、钴（0.6）、铬

（0.4）、钨（0.4）、铝（0.3）、钽（0.4）、钼（0.4）、铪（0.1）、铼（0.2）、锆、硅、铁、锰、铜均为（0.02）。样品溶解采用盐酸、硝酸、氢氟酸时对硼元素的测量无影响。

硼 182.641nm 的测量检出限为 0.0005％。测量结果的相对标准偏差均不大于 2.60％，硼的回收率为 94.0％～97.3％。

5.8.2 金属铜及铜合金分析

（1）ICP-AES 测定高纯铜中多种杂质元素

① 仪器与工作条件　ICP Advantage 型全谱直读电感耦合等离子体发射光谱仪（美国热电公司）。采用 CID 电荷注入式检测器，雾化器压力 2×10^5 Pa，高频发生器频率 27.12MHz，高频功率 1150W，冷却气流速 14L/min，辅助气 0.5L/min。

② 样品的前处理　0.5g 高纯样品置于聚四氟乙烯烧杯中，加浓硝酸 0.5mL，待剧烈反应停止后，移至低温电热板上，加热分解，如反应过程中产生棕黄色烟，应反复补加适量 HNO_3，加热分解到不产生棕黄色烟为止。取下稍冷，加入氢氟酸 2mL 加热煮沸，取下稍冷，然后再加高氯酸 1mL 蒸发至近干，残渣为灰白色，冷却加入（1+1）硝酸 1mL 和少量去离子水，煮沸溶解残渣，通过 0.45mm 孔径的滤膜过滤到 50mL 的比色管中，定容，备用，同时做空白试液。

③ 工作曲线用标准溶液的配制　根据样品待测定元素的大致含量范围，以基体匹配方式配制工作曲线用标准溶液，基体用高纯铜（99.9999％）标准溶液。分析元素为 P、Mn、Fe、Ni、Zn、As、Se、Ag、Cd、Sn、Sb，标准系列浓度（μg/mL）为 0、0.05、0.10、0.50、1.0。

元素的分析谱线波长（nm）为：P 178.29，As 193.70，Se 196.03，Ni 231.60，Zn 206.19，Mn 257.61，Ag 328.07，Sn 189.99，Sb 206.84，Fe 259.94。

方法精密度在 5.0％之内，加标回收率在 85.9％～105％之间。

（2）共沉淀分离富集-ICP-AES 法测定铜灰渣中的金、铂及钯　铜灰渣是在铜熔炼和加工过程中产生的重要二次资源，可以回收利用其中的有价金属，主要有价金属包括 Cu（低于 35%）、Zn（低于 40%）、Fe（低于 10%）、Pb（低于 10%）、Sn（低于 5%）、Ni（低于 5%）和微量的金、铂、钯等贵金属元素，此处主要测定金、铂、钯元素。

光谱仪为 IRIS Intrepid SP 型 ICP-AES 发射光谱仪（美国热电公司），RF 发生器频率 27.12MHz，主要工作参数 RF 功率 1150W，雾化气压力 26psi，辅助气 1.0L/min，冷却气 15L/min。

样品处理　样品经粉碎机磨碎，经 200 目筛孔过筛。准确称取 10.000g 样品，用 100mL 王水，加热至样品溶解完全，过滤，弃去滤渣，保留滤液。将滤液置于电炉上低温蒸至小体积，再放入水浴锅中蒸干，用 150mL HCl 溶液（4mol/L）溶解盐类并加热至溶液沸腾，加入 3mL 碲溶液（1mg/mL），再次加热至沸腾，逐滴加入 $SnCl_2$ 溶液至出现黑色沉淀并过量 5mL，待黑色沉淀凝聚后，补加 2mL 碲溶液（1mg/mL）并微沸，保温 25min。冷却后用致密滤纸过滤，用 HCl 溶液（4mol/L）清洗沉淀 5～6 次，将沉淀用 5mL 热王水溶解至原烧杯，冷却后移入 25mL 容量瓶中，用去离子水定容并混匀。用 ICP-AES 法测定金、铂、钯的含量。

分析线波长为：Au 2082nm、Pd 3068nm、Pt 2144nm，方法的检出限分别为 Au 0.0050μg/mL、Pt 0.0036μg/mL、Pd 0.0082μg/mL。该方法检出限低，准确度和精密度好，能够满足铜灰渣中微量（0.25～20g/t）Au、Pt、Pd 的测定。

5.8.3　铂族金属及合金分析

（1）ICP 光谱法测定铂金材料中杂质元素　ICPE-9820 全谱型电感耦合等离子体发射光谱仪（日本岛津公司），Milestone ETHOS ONE 微波消解仪，光谱仪工作参数：射频发生器功率 1.2kW，载气流量为 0.7L/min，辅助气流量为 0.6L/min，冷却气流量为 10.0L/min，炬管用岛津微型炬管。

① 样品的前处理方法　称取 0.10g（精确至 0.0001g）试样于聚四氟乙烯内罐中，加入 10mL 王水（HNO_3：HCl＝1：3）溶液（50%），密封置于微波消解仪中，190℃下保持 20min。冷却后，

用纯水转移样液于 100mL 容量瓶中，加入 Sb（10mg/L）和 Y（1mg/L）作为内标，用纯水定容，摇匀，待测。

② 标准曲线系列溶液的配制　为了使各元素在各标准溶液中物理干扰达到一致，令 STD1～STD4 各标准溶液中各元素含量总和接近于 10%。加入 Sb（10mg/L）和 Y（1mg/L）作为内标，并用王水（5%）定容，摇匀，待测。

③ 检出限　以 11 次空白实验结果的标准偏差计算本方法检出限（MDL），以 3.3 倍检出限作为测定下限，各元素的检出限（%）如下：Au 0.00057，Cu 0.00010，Ir 0.00062，Co 0.00010，Pd 0.000096，Rh 0.00039，Ru 0.000065。

（2）ICP-AES 法测定金合金中钆和铍含量　建立 ICP-AES 法测定金合金中 Gd 和 Be 的方法，也适用于 AuAgCuMnGd、AuAgCuGd、AuNiGd、AuBe 合金中钆、铍量的测定。

① 仪器与工作参数　5300DV 型电感耦合等离子体发射光谱仪（美国 PE 公司）；测定条件为，高频功率 1.2kW；冷却气流量 15L/min；辅助气流量 0.8L/min；载气流量 0.3L/min；观测高度为线圈上方 15mm；推荐的分析线（nm）为：钆（Gd）336.230、335.047、308.199、342.247，铍（Be）265.045、313.107、313.042、234.861，首选两元素测定波长 Gd 为 336.223nm、Be 为 265.045nm。

② 样品处理及测定　称取 0.1g 样品（精确至 0.1mg），置于 150mL 烧杯中，加入 HCl-HNO_3 混合酸 5mL（3+1），盖上表面皿，低温加热至试样完全溶解并蒸发至近干，加 2mL 盐酸，再蒸至近干，重复三次。用盐酸（1+9）冲洗表面皿及烧杯壁，至约 20mL，然后加入 10mL 亚硫酸，煮沸 30min 取下，冷却，倾入 50mL 容量瓶中，用盐酸（1+9）洗涤表面皿、烧杯壁及沉淀数次，合并入 50mL 容量瓶中，用盐酸（1+9）稀释至刻度，混匀。在选定的仪器条件下测定钆、铍混合标准溶液系列和待测试液。

③ 方法回收率及精密度　合金中钆、铍量的测定含量范围为 0.2%～2%。方法加标回收率：Gd 为 95.58%～99.98%，Be 为

96.11％～103.33％。方法测定精密度结果：Gd 为 1.02％，Be 为 4.05％。

（3）ICP 光谱测定纯金中的杂质元素　用王水溶解黄金，用标准加入法同时测定 Ag、Cu、Fe、Pb、Sb、Bi 六元素。

① 仪器与试剂　IRIS Intrepid Ⅱ XSP 型全谱直读等离子体发射光谱仪（美国热电公司），光谱仪工作参数：射频发生器频率 27.12MHz，功率 1150W，雾化器压力 0.18MPa，辅助气流量 0.5L/min，硝酸、盐酸均为优级纯，王水：1+1，HNO_3＋HCl＋H_2O 混合体积为 1+3+4，盐酸 1+9。

② 样品溶解　根据纯金样品中杂质元素的含量，称取 1.0000～5.0000g 试样于 100mL 烧杯中，加入 20mL 的 1+1 王水，盖上表面皿，低温加热，使试样完全溶解，低温蒸发至溶液呈棕褐色（约 2mL），取下，打开表面皿，使氮氧化物挥发掉，冷却至室温。用 1+1 的王水溶液定容至 50mL 容量瓶中，稀释至刻度，摇匀。

③ 标准加入法操作　平行吸取 3 份 10mL 溶液于 25mL 容量瓶中，分别加入 50μg/mL 的混合标准溶液及 100μg/mL 的银标准溶液 0、1mL、2mL，用 1+1 的王水溶液定容至刻度，摇匀。然后，上机进行测定。测定用分析线为 Ag 328.07nm，Cu 324.75nm，Fe 259.94nm，Pb 220.25nm，Sb 217.58nm，Bi 223.06nm。

④ 检出限和回收率　用平行测定 10 次试剂空白溶液的 3 倍标准偏差计算出 Ag、Cu、Fe、Pb、Sb、Bi 的检出限（μg/mL）分别为：0.0038、0.0030、0.0046、0.0093、0.0115、0.0272。通过加入标准样品，测得回收率为 98.9％～103.1％。

（4）沉淀分离金光谱测定镀金溶液中铁、钴、镍、铜、银、铅　镀液中的金预先用硫酸及过氧化氢沉淀法予以分离，用电感耦合等离子体发射光谱法测定镀金槽液中铁、钴、镍、银、铜及铅 6 种元素的含量。

① 仪器与试剂　ICPS-7510 型单道顺序扫描等离子体发射光

谱仪（日本岛津公司），波长范围 165～458nm；频率 27.12MHz，入射功率为 1.2kW，冷却气流量 14L/min，等离子气流量 1.2L/min，载气流量 0.8L/min，观测高度 15mm。镍、银、铅标准储备液均为 1g/L，铁标准储备液 1.0000g/L。

② 样品处理　吸取镀金溶液 10mL 于 150mL 锥形瓶中，加浓硫酸 10mL，加过氧化氢 5mL，加热至刚冒硫酸白烟，取下。如溶液泡沫较多，冷却后，用少量水冲洗杯盖和杯壁加盖，再加热至刚冒硫酸白烟，冷却。加少量水，煮沸 2min，冷却，定容于 50mL 容量瓶中。测定时以慢速滤纸干滤部分溶液。按仪器工作条件分别测定标准工作溶液与样品溶液。

③ 元素分析波长　铁 259.940nm，钴 228.616nm，镍 221.647nm，铜 327.396nm，银 328.068nm，铅 220.351nm。对空白溶液测定 10 次，以标准偏差的 3 倍计算铁、钴、镍、铜、银、铅的检出限（mg/L）分别为 0.020、0.010、0.0070、0.017、0.0024、0.067。

本法用传统的重量法沉淀金，用 ICP-AES 连续测定铁、钴、镍、铜、银、铅的含量，所得回收率在 83.0%～120.0% 之间。

（5）ICP-AES 法测定贵金属及合金中微量金和铁　采用 ICP-AES 法对铂、钯及合金、钯铱合金中微量金和铁进行直接测定，无需分离基体，方法快速、简便。

① 仪器与试剂　Optima 3000 型全谱直读等离子体光谱仪（美国 PE 公司）。分段式电感耦合检测器（SCD），波长范围 167～375nm、375～780nm，直角雾化器，中阶梯光栅分光系统。盐酸、硝酸为优级纯；铅、铂、钌、铑、铱、金、铁标准储备溶液均为 1.00g/L，使用时逐级稀释。仪器工作条件：金、铁分析谱线分别为 267.595nm、239.562nm；高频功率为 1.3kW；高频频率为 40MHz；冷却气流量为 15L/min，载气流量为 0.8L/min，辅助气流量为 0.5L/min；提升量为 1.0L/min；预燃时间为 50s，积分时间为 5s。

② 试样溶液的制备　称取试样 0.5000g 于 150mL 烧杯中，加入盐酸 10mL、硝酸 3mL，加热至试样完全溶解，定容于 50mL 容

270

量瓶中。

③ 方法的检出限　按仪器工作条件，用空白溶液和标准系列溶液绘制工作曲线，并对空白溶液进行 11 次测定，计算其标准偏差，以 3 倍的标准偏差为检出限，金、铁的检出限依次为 0.017mg/L、0.005mg/L；相对标准偏差小于 10％；回收率为 90％～102％。

5.8.4　铝及铝合金分析

(1) ICP-AES 法测定高纯金属铝中杂质元素　采用标准加入法消除基体影响，一次溶样，可同时测定高纯金属铝中铁、锌、镁、铅、钛、镓、铜、硅 8 种杂质元素。

① 仪器及试剂　PS3000DL 型 ICP-AES 光谱仪（美国 Leeman 公司），电感耦合功率 1.0kW、氩气冷却气 14.0L/min，辅助气流量 0.2L/min，雾化气 0.4L/min，样品提升量 1.0mL/min，盐酸和硝酸为分析纯，铁、锌、镁、铅、钛、镓、铜、硅单标准溶液为 1000μg/mL，用时按需要稀释。

② 样品处理　准确称取 0.200g 铝样品放入 100mL 烧杯中，加入 10mL 盐酸（1+1），低温加热溶解，若溶解不完全时适当补加硝酸，溶解完全后，冷却，移至 100mL，加入标准溶液定容后，用水稀释至刻度，混匀，用标准加入法进行光谱测定。采用分析线波长（nm）为：Fe 239.563，Ti 334.941，Zn 213.856，Ga 245.007，Mg 279.079，Cu 324.754，Pb 220.351，Si 251.612。

方法回收率为 90％～105％，方法精密度均优于 4.5％，与原子吸收光谱法进行数据对比，两种方法测定结果均一致。

(2) ICP 光谱法测定铝合金中 7 种元素　采用基体匹配技术，用相同牌号的铝合金标准样品绘制校准曲线，用氢氧化钠、过氧化氢和硝酸溶解铝合金试样，电感耦合等离子体原子发射光谱法直接测定铝合金中 Cu、Fe、Mg、Mn、Si、Ti、Zn 7 种元素含量。

① 光谱仪器　IRIS Advantage HR 型电感耦合全谱直读等离子体发射光谱仪（美国热电公司）。仪器参数：RF 功率 1150W，雾化气压力 0.20MPa，蠕动泵转速 130r/min，积分时间长波 10s，

短波 15s。实验所用玻璃仪器及聚四氟乙烯塑料烧杯均经 1%盐酸浸泡 24h，自来水洗净，蒸馏水冲洗。

② 试剂　氢氧化钠、硝酸及过氧化氢均为优级纯，高纯铝为光谱纯，实验用水为蒸馏水。铝合金标准样品：铸铝合金 ZL103（上海材料研究所研制）；铝合金 ZL101A（山东省冶金科学研究院研制）。元素分析线波长为：Cu（224.700nm）、Fe（259.837nm）、Mg（280.270nm）、Mn（257.610nm）、Si（251.612nm）、Ti（323.452nm）、Zn（202.548nm）。

③ 样品制备　准确称取 0.1g（精确到 0.0001g）试样于 100mL 聚四氟乙烯塑料烧杯中，加入 20%氢氧化钠 10mL，电热板上加热溶解。样品分解完全后，滴加 30%过氧化氢 2mL，再加（1+1）硝酸 15mL 酸化，加热煮沸除去余量过氧化氢，使试液澄清透明。冷却后转移入 100mL 容量瓶中，用蒸馏水稀释定容。随同试样制备高纯铝试液为空白溶液；制备铸铝合金标准样品 ZL103 为高标溶液。

④ 方法的检出限　见表 5-21。

表 5-21　方法的检出限

序号	元素	波长/nm	标准偏差/(mg/L)	检出限/(mg/L)
1	Cu	224.700	0.005	0.015
2	Fe	259.837	0.003	0.009
3	Mg	280.270	0.001	0.003
4	Mn	257.610	0.001	0.003
5	Si	251.612	0.009	0.027
6	Ti	323.452	0.001	0.003
7	Zn	202.548	0.008	0.024

⑤ 基体的干扰及其消除　在铝合金样品的溶解时，使用了大量氢氧化钠，因而体系中主要是钠盐和铝基体的干扰。0.100g 高纯铝添加到 0.100g 铝合金标样中，对各元素测定值所产生的干扰见表 5-22，基体铝明显抑制被测定元素。

表 5-22　基体铝对分析元素的抑制 ($n=6$)

序号	溶液组成	Cu	Fe	Mg	Mn	Si	Ti	Zn
1	0.1g 铝合金	0.965	1.007	2.600	0.328	48.73	0.838	2.957
2	添加 0.025g 高纯铝	0.922	0.879	2.388	0.304	46.01	0.757	2.842
3	添加 0.050g 高纯铝	0.817	0.849	2.076	0.272	42.83	0.673	2.451
4	添加 0.100g 高纯铝	0.722	0.820	1.774	0.239	38.55	0.568	2.165

⑥ 标样的检测验证　铝合金标准样品 ZL101A 作为未知样进行检测，重复测定 6 次，结果表明各元素的测定值与标准值吻合良好，回收率为 95.7% ～ 102.4%，相对标准偏差（RSD）为 0.45% ～ 1.21%。

(3) ICP-AES 法测定 5XXX 系铝合金中的高镁含量　5XXX 系铝合金也称为铝镁合金，其主要基体元素为铝，含镁量为 3% ～ 6%，它抗拉强度高，延伸率高，广泛应用于在液体或气体介质中工作的低载荷零件，如油箱、汽油或润滑油导管等。

① 仪器与试剂　iCAP6300 型电感耦合等离子体发射光谱仪（美国 Thermo Fisher 公司）；玻璃同心雾化室；GYA-4C 型氩气净化机；UPT 超纯水机。E236 标准物质：镁质量分数为 3.93%；E233 标准物质：镁质量分数为 6.33%；E235 标准物质：镁质量分数为 9.96%。仪器工作参数：射频功率为 1150W，雾化气气体流量为 0.70L/min，辅助气流量为 0.5L/min，蠕动泵转速为 45r/min。

② 标准曲线溶液及试样溶液的制备　分别准确称取标准物质 E233、E235、E236 和待测试样各 0.1000g 于 100mL 烧杯中，缓慢加入稀王水 20mL，待剧烈反应缓和后，用 10mL 水冲洗杯壁，并冷却至室温，转移至 100mL 容量瓶中，加水稀释至刻度，摇匀。在设定仪器工作条件下，以标准物质 E233、E235、E236 中镁元素含量为标准建立工作曲线，并运行校正标准，完成曲线的校准，在此曲线下测定样品，得出此样品溶液中镁元素的含量。

③ 分析线的选择　镁在谱线 279.079nm 和 280.270nm 下连续 6 次测得的平均值均为 4.981%，更接近 4.98% 的真值，但在谱线

279.079nm 下分析结果的相对标准偏差为 0.24%，而在谱线 280.270nm 下分析结果的相对标准偏差为 0.088%，相比之下谱线 280.270nm 下的分析结果更好，选择谱线 280.270nm 作为分析谱线。

对 4 个样品各测定 6 次，测定值的相对标准偏差均不大于 0.59%，用标准加入法测得加标回收率在 94.0%～104.0%，测定值和环己二胺四乙酸分离络合滴定法测定的 5XXX 系铝合金中的镁量结果一致。

5.8.5 锌合金的分析

（1）ICP-AES 法测定再生锌原料中铜、铅、铁、铟、镉、砷、钙、铝

① 仪器与试剂 ICP-AES 725 电感耦合等离子体发射光谱仪（美国安捷伦公司），RF 功率 1200W，雾化气流量 0.65L/min，辅助气流量 1.5L/min，等离子气流量 15L/min，试剂为优级纯。

② 试样的分解及测定 铁、砷、铜、铝、钙、镉、铅的测定：称取试样 0.1g 于聚四氟乙烯烧杯中，加入 15mL 硝酸，于低温条件下加热溶解约 10min，然后加 5mL 盐酸、5mL 氢氟酸、3mL 高氯酸，盖上聚四氟乙烯盖，继续低温加热冒白烟至湿盐状，取下稍冷，加 10mL 盐酸，冲洗杯壁及聚四氟乙烯盖，加热溶解可溶性盐类，取下烧杯，冷却，移入 100mL 容量瓶中，用水定容。分取相应体积的试液于 100mL 容量瓶中，补加相应盐酸体积，用水稀释至刻度，混匀，光谱仪测定。铟的测定：称取试样，置于 200mL 玻璃烧杯中，加入少量氟化氢铵，用少量水溶解，加入 10mL 盐酸，加表面皿低温溶解约 5min，然后加入 5mL 硝酸、3mL 高氯酸继续加热至白烟冒尽，取下冷却，加 10mL 盐酸，加热至盐类溶解完全，冷却至室温，将溶液移入 100mL 容量瓶中，用水定容，待测。

分析谱线波长（nm）：Cu 324.754，Pb 220.353，Fe 259.940，In 410.176，Cd 226.502，As 193.696，Ca 422.673，Al 369.152。

③ 方法的测定下限 重复测定 11 次试剂空白溶液，计算标准偏差，以 3 倍的标准偏差为检出限，5 倍的检出限为测定下限。方法的检测下限（μg/mL）为：Pb 0.090，Fe 0.030，Ca 0.020，Al 0.016，Cu 0.020，Cd 0.010，As 0.075，In 0.15。各元素的加标回收率为 93%～113%。

（2）ICP-AES 在热镀锌合金分析中的应用

① 仪器和试剂 IRIS Advantage ER/S 型高分辨率全谱直读等离子体发射光谱仪（美国 TJA 公司），HCl 优级纯，H_2O_2 分析纯，所有元素的标准储备溶液均应采用光谱纯或高纯（＞99.99%）的金属，按分析化学手册中的方法配制。

② 样品处理 准确称出 1.0000g 热镀合金屑状物于 100mL 烧杯中，加入 5～7mL HCl、4～5 滴 H_2O_2，盖上表面皿，置于电炉上加热至样品分解完全，并有大量气泡冒出，取下冷却，移入 100mL 容量瓶中，加水稀释至刻度。

③ 分析谱线 Al 394.401nm，Cd 226.502nm，Cu 324.754nm，Fe 238.204nm，Pb 220.353nm，Sn 189.989nm。

④ 检出限（μg/mL） Al 0.032，Cd 0.0009，Cu 0.0056，Fe 0.0007，Pb 0.010，Sn 0.009。方法精密度为 0.15%～6.82%。

（3）ICP-AES 法测定电锌中的微量元素

① 仪器与试剂 IRIS Advantage 型全谱直读等离子体光谱仪（美国热电公司），高频功率 1150W，载气压力 172kPa，辅助气 1.0L/min，硝酸，优级纯，铝标准储存溶液 1mg/mL；高纯锌基体溶液：称取 10.00g 高纯锌，用稀硝酸（1＋1）溶解，移入 100mL 容量瓶中，以水稀释至刻度，此溶液含锌 100mg/mL。沈阳产锌标准物质系列。

② 样品处理 称取电锌样 2.000g，加硝酸（1＋1）20mL 溶解，煮沸去除氮氧化物、冷却，移入 50mL 比色管中，以水定容，试液用作分析用。

③ 基体干扰试验 基本干扰试验以带锌基体的混合工作标准溶液作工作标准测定，测定结果表明，在不加锌基体时，实测结果

与真实值相差很远，但在采用锌基体匹配后，实测结果与真实值基本一致，从而消除了锌基干扰。

方法回收率 96%～102%，精密度 0.5%～7.6%，与原子吸收和比色法比对结果一致。

5.8.6　钛及其化合物

（1）电感耦合等离子体发射光谱法测定高纯钛中痕量元素　ICP-AES 法测定高纯钛中 14 项杂质元素，试样溶于盐酸和硫酸混合酸中，滴加过氧化氢使钛氧化至 4 价。将试液蒸干，使钛以二氧化钛状态沉淀析出，加入稀硝酸后将其过滤除去。在滤液中测定各杂质组分。

① 仪器与试剂　IRIS Advantage Duo 型电感耦合等离子体光谱仪（美国热电公司），光谱仪射频功率为 1150W；蠕动泵进样，提升量为 1.85mL/min；玻璃同轴雾化器，旋流式雾化室；辅助气流量为 0.5L/min，雾化器压力为 189kPa。

② 样品处理　称取高纯钛 0.1000g 于 100mL 烧杯中，加水10mL，盐酸 10mL，硫酸 2mL，在电热板上溶解。试样溶解后，缓慢滴加过氧化氢，将钛（Ⅲ）氧化为高价钛，溶液呈紫红色，加热蒸发至干，高价钛形成白色的二氧化钛沉淀。加硝酸 5mL，加水 10mL，在电热板上加热煮沸约 10min，溶解杂质。因二氧化钛沉淀不溶于硝酸，经过滤可与其他元素分离，滤液收集于 50mL 容量瓶中，用水定容。同时制备空白溶液，待测。

③ 分析线与检出限　检出限由空白溶液 6 次平行测定的平均值加空白溶液重复测定 11 次，以空白信号测定值的 3 倍标准偏差所对应的浓度值计算。所测 14 项元素的分析线波长及检出限（3S）如下：Al 396.1nm，0.015mg/L；As 189.0nm，0.010mg/L；Ca 317.9nm，0.013mg/L；Cd 226.5nm，0.001mg/L；Cr 267.7nm，0.001mg/L；Cu 324.7nm，0.002mg/L；Fe 255.9nm，0.001mg/L；Mg 279.5nm，0.015mg/L；Mn 257.6nm，0.0005mg/L；Mo 202.0nm，0.006mg/L；Ni 231.6nm，0.005mg/L；V 292.4nm，0.005mg/L；Y 360.0nm，0.001mg/L；Zn 213.8nm，0.002mg/L。

方法回收率在 97.5％～113.4％之间。

（2）ICP-AES 法测定纳米二氧化钛及钛基物料中的痕量钒　高钛基试样中痕量钒的测定时，主要问题是高含量钛的干扰，本法应用同步背景校正技术，无需分离富集和进行基体匹配，以纯溶液绘制工作曲线，将高钛基试样处理成溶液后直接进行测定。

① 仪器与试剂　IRIS/HR 型全谱直读等离子体光谱仪，仪器工作参数：功率为 1150W，载气流量为 0.80L/min，辅助气流量为 1.0L/min，蠕动泵速为 140r/min，测定积分时间为 10s。试剂为优级纯，水为蒸馏水经三组交替的强阴、阳离子交换柱交换后的二次水。光谱纯 V_2O_5、TiO_2 分别配制成质量浓度为 1.0000g/L、5.0000g/L 标准溶液；多元素混合标准溶液：30mg/L 的铝、铜、铁、铬、镁、镍、钼、磷、钴、锰、钙、锡、锌、硒、钙、砷、锑、铋、铅、铍。

② 样品处理　称样品 0.5000g 于聚四氟乙烯烧杯中，加入浓氢氟酸 5mL、HCl(1+1) 15mL、H_2SO_4(1+1) 4mL 低温溶解，冒硫酸烟，驱尽氢氟酸后取下冷却，加入 HCl(1+1) 30mL 溶解盐类，冷却至室温后，移入 100mL 容量瓶中，用 HCl (5+95) 溶液稀释定容。

工作曲线溶液无需进行高钛基体的匹配，直接配制系列钒标准溶液，加入与试样处理相同浓度的试剂即可。测定范围为 0.0002％～5％。

③ 谱线选择和干扰试验　为直接测定高钛基体中的痕量钒，根据试样中钒的含量范围以及共存元素的干扰情况初选了分析谱线，分别用纯试剂空白、10mg/L 钒标准溶液和 30mg/L 多元素混合标液以及 5.0g/L 纯钛标液对所选钒分析谱线进行扫描，对比分扫描所获得的谱线局部阵列图。从扫描图可以看出，在 311.071nm 钒分析谱线的积分窗口内，基体钛在钒谱线波峰旁产生较强波峰（Ti 311.067nm），且与钒峰相互重叠，V 311.071nm 不能用于测定钛基体的钒。310.023nm（108 级）钒分析谱线无基

体及其他共存元素干扰，可用于测定高钛基体中的钒。

④ 精密度和检出限　用不同含钒量（0.01%～0.20%）的试样作精密度试验，所得结果的 $RSD(n=8)$ 值均小于 3%，方法的检出限为 0.01mg/L，回收率在 99%～106% 之间。

5.8.7　锆及锆合金分析

（1）ICP-AES 法测定 N18 锆合金中 Nb、Sn、Fe、Cr 元素含量　锆基体对测定结果有一定的影响，采用基体匹配法消除基体干扰。

① 仪器与试剂　Prodigy 型高分辨率电感耦合等离子体发射光谱仪（美国利曼公司）。铌、铁、铬、锡标准储备溶液（1g/L）：购于钢研纳克检测技术有限公司，用时按要求稀释到所需浓度。氯化锆酰（质量分数≥99.99%），所用试剂均为优级纯。

② 光谱仪工作参数　功率 1200W，溶液提升量 1.4mL/min，冷却气流量 20L/min，雾化器压力 0.365MPa，辅助气流量 0.1L/min。

③ 样品处理　准确称取 0.10g（精确至 0.0001g）试样于 100mL 聚四氟乙烯烧杯中，加入 10mL 硝酸（1+1）、1mL 氢氟酸溶解样品。待样品溶解完全后，将溶液转移至 100mL 塑料容量瓶中，以水稀释至刻度，待测。

④ 检出限及精密度　方法检出限（μg/g）：Nb 0.001，Sn 0.010，Fe 0.0005，Cr 0.0008；11 次测定结果的精密度为 0.80%～2.2%；加标回收率为 96.7%～101.0%。

（2）ICP-AES 法测定核纯海绵锆中微量铪　锆是属于发射光谱谱线丰富型元素，谱线非常复杂。锆和铪属于共生元素，化学性质十分相近，使锆与铪定量分离比较困难。如不进行分离，则基体存在干扰，为克服基体干扰效应，标准溶液系列必须与分析样品进行基体匹配，即标准溶液中也加入高纯锆，而作为基体物质的锆纯度必须很高，要求试剂中铪的含量低，故分析锆中微量铪是比较困难的。为了解决这些矛盾，采用标准加入法，克服了样品基体和成分锆、铁、铬对铪测定的影响。

① 仪器与试剂　3580B 型 ICP/DC 单道和多道真空光量计。铪标准溶液：用 99.99％的二氧化铪，加硝酸并滴加氢氟酸溶解，配制成 1.0000g/L 铪标准储备溶液（3.0mol/L 硝酸介质）于聚四氟乙烯瓶中保存。锆溶液：用光谱纯二氧化锆，用硝酸并滴加氢氟酸溶解，配制成 40g/L 储备液（3.0mol/L 硝酸介质）于聚四氟乙烯瓶中保存。氢氟酸为优级纯，硝酸为优级纯并经一次蒸馏。

② 仪器工作条件　分析线波长 246.060nm；功率 650W；振荡频率 27.12MHz；载气流速 0.80L/min，冷却气流速 8.0L/min；蠕动泵进样提升量 2.0mL/min。

③ 样品处理　称取样品 1.0000g 于聚四氟乙烯烧杯中，用 3.0mol/L 硝酸并滴加氢氟酸溶解。冷却后，用 3.0mol/L 硝酸溶液定容至 25mL 容量瓶中，保存于聚四氟乙烯瓶中。分取样品溶液 2.5mL 5 份于 10mL 容量瓶中，取 20mg/L 铪标准溶液 0、0.25mL、0.50mL、1.0mL、2.0mL 于上述 10mL 容量瓶中，用 3.0mol/L 硝酸溶液定容。上述样品溶液中锆的质量浓度均为 10g/L。

④ 结论　当试样中锆的质量浓度为 10.0g/L，铪的测定限（$S/N=10$）为 0.50mg/L。样品中铪的质量浓度为 69μg/g 时，加入 50.400μg/g 标准，回收率结果分别为 110％、103％，相对标准偏差（$n=6$）分别为 6.5％、4.2％。

结果表明：用标准加入法测定质量浓度为 50～400μg/g 范围的核纯海绵锆中铪是准确可靠的方法。

5.8.8　稀土金属及其化合物分析

（1）ICP-AES 法测定镧铈镨钕富集物中稀土元素

① 仪器与试剂　ICPS-1000Ⅱ型真空扫描等离子体发射光谱仪（日本岛津公司），高频功率 1.0kW，观测高度 15mm，氩气冷却气流量 15L/min，等离子气流量 1.2L/min，载气流量 1.0L/min，进样时间 35s，积分时间 5s。各元素分析线波长见表 5-23。

表 5-23 稀土元素分析线

元素	分析线/nm	元素	分析线/nm	元素	分析线/nm
La	379.477	Eu	412.974	Er	337.275
Ce	413.380	Gd	342.247	Tm	313.126
Pr	422.298	Tb	356.174	Yb	289.138
Nd	401.225	Dy	340.78	Lu	291.139
Sm	442.434	Ho	339.898	Y	371.029

② 标准溶液的配制 用硝酸配制标准溶液，其组成见表 5-24，保持标准溶液的硝酸浓度为 2%。

表 5-24 标准系列溶液成分/（μg/mL）

元素	1号标液	2号标液	3号标液
La	500	470	240
Ce	2	30	160
Pr	8	100	320
Nd	490	390	240
Sm Eu Gd Tb Dy Ho Er Tm Yb Lu Y	0.05	0.50	5

③ 试样的制备 准确称取试样 0.1000g 于 100mL 烧杯中，加硝酸、双氧水适量，低温溶解完全，冷却后转入 100mL 容量瓶中，定容摇匀，待测。

④ 加标回收实验与精密度 回收实验结果表明，各元素回收率在 90%～110% 之间。方法精密度（RSD）值小于 10%，数据见表 5-25。

在本法条件下，各被测主要稀土元素相对误差小于 0.30%；各被测低含量稀土元素的测定下限小于 0.010%，相对偏差小于 10%，标准加入回收率在 90%～110% 之间。

（2）镨钕氧化物（或合金）中稀土杂质元素的测定 人们对磁性材料的开发利用已由钕合金材料转为镨钕合金材料，打破了金属钕独占磁性材料（NdFeB）的地位，使得稀土厂家由生产纯钕产品改为生产镨钕富集物，包头稀土矿生产的镨钕产品中的稀土杂质元素主要为 La、Ce、Sm 和 Y。

表 5-25　回收铝与方法精密度（$n=7$）

元素	加入量/(μg/mL)	测得量/(μg/mL)	回收率/%	RSD/%
La	0.50	0.510	102	1.24
Ce	0.50	0.506	101	5.22
Pr	1	1.09	109	0.26
Nd	1	1.04	104	0.26
Sm	0.50	0.486	97	2.31
Eu	0.50	0.494	97	0.49
Gd	0.50	0.493	96.5	3.32
Tb	0.50	0.493	96.5	3.20
Dy	1	1.05	105	0.11
Ho	0.50	0.513	102	0.48
Er	0.50	0.507	101	1.36
Tm	0.50	0.497	99	1.22
Yb	0.50	0.493	99	2.22
Lu	0.50	0.504	101	0.47
Y	0.50	0.492	98	1.04

① 仪器与试剂　ICPS-7500 型顺序扫描发射光谱仪（日本岛津公司），Czermy-Turner 光学系统，焦距 1000mm，光栅刻线和波长范围：3600 条/mm，160～458nm，倒线色散率和分辨率：0.22nm/mm，0.0066nm，入射狭缝 20μm，出射狭缝 30μm。高频电源频率 27.12MHz、入射功率 1.2kW。冷却气 14L/min、等离子气 1.2L/min、载气 0.7L/min，冲洗气 3.5L/min，观察高度 15mm。盐酸、硝酸、30%过氧化氢均为分析级，稀土试剂 La_2O_3、CeO_2、Pr_6O_{11}、Nd_2O_3、Sm_2O_3、Y_2O_3（纯度均≥99.99%）。

② 标准溶液系列的配制　镧、铈、钐、钇氧化物标准储备液（1g/L），0.6mol/L 盐酸介质；镧、铈、钐、钇氧化物标准工作液均为 100mg/L 和 10mgL，0.6mol/L 盐酸介质；基体钕和镨氧化物标准液均为 10g/L 及 0.6mol/L 盐酸介质，标准系列成分见表 5-26。

③ 回收率　镨钕氧化物中 La、Sm、Y，Ce 测定回收率为 98.20%～102.32%。

表 5-26　标准系列成分（mg/L）

标准号	分析成分				基体成分		盐酸
	La_2O_3	CeO_2	Sm_2O_3	Y_2O_3	Pr_6O_{11}	Nd_2O_3	/(mol/L)
STD1	0.00	0.00	0.00	0.00	250.00	750.00	0.6
STD2	0.20	0.20	0.20	0.20	250.00	750.00	0.6
STD3	1.00	1.00	1.00	1.00	250.00	750.00	0.6
STD4	5.00	5.00	5.00	5.00	250.00	750.00	0.6

（3）采用 JY-ULTIMA Ⅱ型 ICP-AES 直接测定高纯氧化镱中 14 种稀土杂质　准确称取经 900℃ 灼烧 1h 的样品 1.0000g 于 100mL 烧杯中，加入 10mL（1+1）盐酸加热溶解清亮后蒸至近干，加入 10mL（1+1）盐酸冷却后定容于 100mL 容量瓶中。标准系列溶液中各稀土杂质元素含量（μg/mL）为 0、0.1、0.3、0.5、1.0，元素分析线（nm）：La 379.478，Ce 413.765，Pr 422.533，Nd 406.109，Sm 360.948，Eu 381.965，Gd 301.014，Tb 350.917，Dy 353.170，Ho 381.073，Er 349.910，Tm 313.126，Lu 219.554，Y 324.228。方法的检出限和测定下限见表 5-27。

表 5-27　方法的检出限及定量测定下限

元素	La	Ce	Pr	Nd	Sm	Eu	Gd
检出限/(μg/g)	0.1	0.6	0.5	0.2	0.3	0.1	0.3
定量下限/(μg/g)	0.3	1.8	1.5	0.6	0.9	0.3	0.9
元素	Tb	Dy	Ho	Er	Tm	Lu	Y
检出限/(μg/g)	0.2	0.1	0.1	0.1	0.1	0.1	0.1
定量下限/(μg/g)	0.6	0.3	0.3	0.3	0.3	0.3	0.3

方法的回收率为 94%～106%，RSD 为 2%～5%，14 种稀土杂质元素检出限为 0.3～1.8μg/g。

5.9　钢铁及其合金分析

早在 1975 年商品 ICP 光谱仪刚出现，Butler 就报道用 ICP 光谱法测定钢铁及合金钢样品中 12 个元素，并且多名作者实验表明，钢铁中大多数元素都可用 ICP 光谱测定，测定低含量元素（0.01%～10%）时精密度完全可以达到冶金产品的质量监控要求，有些元素更低含量也能准确测定。但由于种种原因，ICP 光谱分析技术在钢铁产品领域的应用远远落后于其他分析领域。一个原因是火花光源光电光谱仪长期在钢铁冶金领域应用，虽然其灵敏度不高，但能满足基本需求，特别是碳、硅、锰、磷、硫等几个元素都能测定，而且不用消解样品；另一原因是 ICP 光谱技术最适宜分析液态样品，分解样品是费时费力的操作过程，第三个原因是 ICP 光谱测定碳、磷、硫的效果不理想，而这些元素是影响钢铁质量的关键元素。虽然 ICP 光谱仪可以配有电火花消蚀附件，可以直接分析固态金属样品，激光消蚀取样甚至可以直接连接 ICP 光源分析液态钢样等，但均是在研发过程中的技术，因此至今，ICP 光谱在钢铁冶金领域还是配角状态，火花光电光谱仪不能测定的或测定结果不理想元素试样由 ICP 光谱测定，如含量低的元素，或稀有元素、稀散元素、稀土元素等；或者没有标准钢样的新品，以及不配备火花光电光谱仪的单位在用 ICP 光谱仪测定钢铁样品。

ICP 光谱在钢铁产品应用范围及特点如下。

① 钢铁合金分析中的常见元素，如铁、钴、镍、硼、硅、锰、磷、钛、铌、钽、锆、铪、钨、钼、铬、钒、砷、锑、铋、锡、铅、铜、镧、铈、镨、钕、钙、镁、铝等都可测定。但最好采用高分辨率光谱仪，降低铁光谱的干扰和影响。

② 较低含量（0.01%～5%）测量精密度完全可符合冶金分析对产品质量监控的要求。含量在 1%～10% 时分析精度与湿式化学法相同；含量小于 1% 时可优于化学法。含量高于 20% 的样品不宜直接用 ICP 光源标准曲线法分析，如需测定建议适用内标法提高准确度。

③ 在火焰原子吸收中较难原子化的元素，如硅、磷、铝、钼、锆、铪等元素 ICP 光谱法比较容易测定；钨、铌、钽等元素在石墨炉中会生成炭化物，ICP 光源也能测定；稀土元素测定也是 ICP

光谱法优势的项目。

④ 应该用高分辨率的光谱仪器，降低基体铁光谱的干扰，钢铁中微量的硼、磷可直接测定。含 0.005％硼的测定精度 RSD 为 5％，测定下限可到 0.0002％，RSD 约为 10％。测定钢中微量磷，当仪器的分辨率优于 0.010nm 时，应用干扰系数法扣去铜、钼的干扰，无需分离，可直接测定 0.005％的磷，RSD 约为 10％。

⑤ 硅用基体匹配法可直接测定钢铁中的硅，Si 212.412nm、Si 251.612nm 的检出限可达 0.0006％。

⑥ 铝的测定最好用微波处理样品，Al 394.401nm 测定下限为 0.003％，方法的检出限为 0.0008％。

⑦ 碱土元素在 ICP 光源中有很高的灵敏度，可直接测定钢铁中的微量钙和钡，用 Ca 393.366nm、Ba 455.403nm 分析线，方法的检出限分别为 0.0002％和 0.00015％。

5.9.1 ICP 光谱法测定碳钢-低合金钢中多种元素（GB/T 20125—2006）

(1) **原理** 用盐酸和硝酸混合酸溶解样品，用气动雾化器进样，以钇作内标元素，内标法测定碳钢-低合金钢中硅、锰、磷、镍、铬、钼、铜、钒、钴、钛、铝元素含量。适用元素及含量见表 5-28。

(2) **方法适用性** 铁质量分数＞92％的碳钢-低合金钢中上述元素；测定的硅、铝、钛分别为酸溶硅、酸溶铝、酸溶钛，并非这些元素的总量；钢中碳、硫质量分数＞1.0％不适用；钢中钨、铌质量分数＞0.1％不适用；钢中各个成分超出表 5-28 范围上限，即使仅一个元素，也不适用。

(3) **试剂** 盐酸、硝酸、高氯酸、硫酸、过氧化氢为分析纯，二次蒸馏水。

(4) **对光谱仪要求** 同时型、顺序型均可用；光谱仪应有较高分辨率，带宽必须小于 0.030nm；短期稳定性应小于 0.9％。用测定 10 次元素最高浓度的标准溶液强度，计算其相对标准偏差；长期稳定性，绝对强度法相对标准偏差小于 1.8％，内标法相对标准

表 5-28　方法适用范围

元素	含量范围(质量分数)/%	元素	含量范围(质量分数)/%
硅	0.01～0.60	铜	0.01～0.50
锰	0.01～2.00	钒	0.002～0.50
磷	0.005～0.10	钴	0.003～0.20
镍	0.01～4.00	钛	0.001～0.30
铬	0.01～3.00	铝	0.004～0.10
钼	0.01～1.20		

偏差小于 1.2%；背景等效浓度和检出限用不含基体的标准溶液测定其背景等效浓度（BEC）和检出限（DL）；标准曲线相关系数大于 0.999。

（5）试样溶液的准备　取样为 0.50g，准确到 0.1mg，放在 200mL 烧杯中，加 10mL 水、5mL 浓硝酸缓慢加热至停止冒泡，加 5mL 浓盐酸，加热至完全分解。如有不溶碳化物，可加 5mL 高氯酸加热冒烟，冷却。再加 10mL 水、5mL 硝酸、5mL 盐酸，加热溶解盐类。内标加 10mL 25μg/mL 的钇标准溶液，稀释到 100mL 容量瓶中，该样不能测定硅。

称取 0.500g 高纯铁随同试样做空白实验。

（6）标准曲线溶液的制备　称取 0.500g 高纯铁 7 份，同试样溶解法分解，加入杂质单元素溶液及 10mL 内标溶液（25μg/mL 的钇标准溶液）。

5.9.2　碳钢多元素分析

（1）普通碳钢的分析

样品处理　取 0.250g 样品于氟塑料坩埚中，加 20mL 盐酸，低温加热，加数滴过氧化氢，使样品完全分解，冷却，转移到 50mL 容量瓶中，用于光谱测定。如果样品中基体铁含量 5mg/mL 以下时对 Mn、Cr、Cu、Al、Ni、Si 分析线无干扰，但 P

214.910nm 受铁、铝干扰，可改用 P213.618nm 作分析线。

仪器及分析条件　IRIS 全谱直读等离子体光谱仪，高频功率150W，载气压力 0.21MPa，分析泵速 100r/min。

（2）ICP-AES 法测定钢坯中 10 种元素　仪器及工作条件：BAIRD PS-4 型 ICP 多道光谱仪，焦距 1m，倒线色散率 0.332nm/mm（二级），测定波长范围 173.0～767.0nm。附有 0.5m ARC AM-505MI型单色仪。入射功率 1.25kW，反射功率＜5W，氩气流量：冷却气 15L/min，等离子气 0.55L/min，载气 0.65L/min。观察高度为感应线圈上方 15mm。低气流炬管，吴氏喷雾器，旋流雾器，提升量 2mL/min。

为了消除基体影响，标准曲线系列溶液加入相应的纯铁，测定10 元素的分析线、检出限及测定下限，列于表 5-29。

表 5-29　方法检出限及测定下限/(μg/mL)

元素分析线/nm	检出限	测定下限
S I　180.7	0.36	1.80
P I　178.2	1.15	5.75
Si I　251.6	0.024	0.12
Ni II　231.6	0.0031	0.016
Cu I　324.7	0.0015	0.0075
Al I　309.2	0.0029	0.014
Mo II　202.0	0.0047	0.024
V II　292.4	0.0021	0.010
Mn II　257.6	0.00057	0.0028
Cr II　205.5	0.0019	0.0095

5.9.3　普碳钢和低合金钢中 As、Sn、Pb、Sb、Bi 氢化法测定

利用气动雾化氢化物装置，选择 5g/L 硫脲＋5g/L 抗坏血酸＋2g/L 碘化钾作为有效的还原抑制剂，建立了分析 As、Sn、Pb、Sb、Bi 的方法。

（1）仪器与试剂　ARL-3410 型等离子体光谱仪，配有 PLAS-MA-氢化物发生器（瑞士 ARL 公司）；MINPULS-蠕动泵（瑞士 ARL 公司）。等离子体光谱仪基本参数：波长 165～800nm；光栅 2400 条刻线/mm；焦距 1m；正向功率 1000W。

（2）工作参数　冷却气流量 6.8L/min；载气流量 7.8L/min；辅助气流量 7.5L/min；观测高度 10mm；试液提升量 1.8mL/min。分析线：As 189.013nm；Sn 189.961nm；Pb 220.352nm；Sb 206.819nm；Bi 223.062nm。

（3）主要试剂　KBH_4 混合溶液 10g/L：称取 1.0g KOH，溶于 50mL 水中，依次加入 0.50g 硫脲、0.50g 抗坏血酸、0.20g 碘化钾、1.0g KBH_4，溶解后用水稀释至 100mL，混匀。As、Sn、Pb、Pb、Sb、Bi 标准储备溶液：1.0mg/mL。

（4）标准系列溶液（工作曲线）配制　准确称取 7 份 0.5000g 纯铁粉，分别置于 7 个 250mL 容量瓶中，再分别加入 50mL 盐酸-硝酸-水（1+2+7），在低温电热板上加热 30min 左右。分别移取 0、1.00mL、5.00mL、10.00mL、20.00mL、30.00mL、50.00mL 混合标准工作溶液，置于 100mL 容量瓶中，用水稀到刻度，其质量浓度（μg/mL）分别为 0、0.10、0.50、2.00、3.00、5.00，在选定条件下进行测定。铁粉为光谱纯且铁的质量分数大于 99.99%。

（5）基体元素干扰及消除　基体 Fe 对分析元素存在着严重干扰，试验中采取基体匹配办法即标液中加纯铁粉，以克服基体效应。过渡元素的干扰和消除：少量过渡元素 Ni、Cr、Cu、Co 等及其他金属元素对氢化物发生有影响，采用掩蔽剂硫脲、抗坏血酸对 Ni、Cr、Cu、Fe、Co 等有掩蔽抑制作用，并加入少量 KI 作还原剂效果更好。但试液中 Sn>0.2μg/mL 时不稳定，可能是由于 Sn 易水解。

（6）样品消解　称取 0.5000g 样品于 250mL 烧杯中，加 50mL 盐酸-硝酸-水混合溶液（$HCl + HNO_3 + H_2O = 1+2+7$），低温加热 30min（有浑浊需过滤），置于 100mL 容量瓶中，用水稀释至刻度。

（7）结果　在选定的条件下测得 As、Sn、Pb、Sb、Bi 检出限（$\mu g/mL$）分别为 0.0061、0.0836、0.0704、0.0073、0.0206；回收率为 99%～110%；分析范围（$\mu g/mL$）依次 0.05～5、0.20～10、0.20～10、0.05～5、0.05～5。

5.9.4　测定低合金钢中的钼、镍、硅、锰、铬、钒

（1）仪器与工作条件　Optima 2100DV 型电感耦合等离子体发射光谱仪（美国 PE 公司）。工作条件：高频发生器激发频率 40.68MHz，功率 1200W，等离子气流量 15L/min，辅助气流量 0.2L/min，雾化气流量 0.8L/min，蠕动泵进样量 1.50mL/min。

（2）主要试剂　盐-硝混酸：$HCl + HNO_3 + H_2O = 1 + 2 + 3$（盐酸、硝酸均为分析纯，水为蒸馏水），钼、镍、硅、锰、铬、钒单元素标准储备溶液 1000（$\mu g/mL$）：用光谱纯氧化物、金属单质或盐类按国家标准方法配制。

（3）样品处理　称取 0.1000g 样品于 200mL 锥形瓶中，加入 8mL 盐-硝混酸，低温加热至试样完全溶解，冷却至室温，移入 100mL 容量瓶中，加水稀释至刻度并混匀。试剂空白与试样同步操作。

（4）分析线（nm）　Mo 202.031 Ⅱ，Ni 231.604 Ⅱ，Si 251.611 Ⅰ，Mn 257.610 Ⅱ，Cr 267.716 Ⅱ V 292.464。

（5）方法检出限　对分析样品的试剂空白溶液重复测定 20 次，以其结果标准偏差的 3 倍作为各元素的检出限值（%）：Mo 0.0009，Ni 0.0003 Si 0.0009，Mn 00006，Cr 0.0006，V 0.0003。本法与化学分析法比对结果完全一致。

5.9.5　测定钕铁硼永磁材料中常量及微量元素

直接测定钕铁硼永磁材料中常量、少量及微量元素：Nd、Fe、Co、B、La、Ce、Pr、Dy、Gd、Sm、Al、Mn、Ca、Mg、Ga 和 Si 的分析方法。采用基体匹配与背景扣除法进行校正。

（1）仪器及工作条件　IRIS/AP 型端视全谱直读等离子体光

谱仪（美国 TJA 公司），CID 检测器，玻璃同心雾化器，旋流雾化室，中阶梯光栅分光系统，波长范围 170～900nm。工作条件：RF 发生器频率 27.12MHz，输出功率 1150W，载气压力 0.221MPa，试样提升量 1.6mL/min。

（2）标准溶液与试剂　标准贮备溶液：用高纯试剂配制成 1g/L 的单元素贮备液，用时再逐级稀释。基体贮备溶液：用高纯试剂配制，Fe 10g/L，Nd 5g/L，Co 1g/L。标准化用溶液：由上述贮备溶液按一定比例稀释、混合配制，上述所有溶液的酸度皆为 2%（体积分数）HNO_3，均贮于聚乙烯瓶中保存。实验中所用的酸为优级纯，水为二次去离子水。

（3）试样制备　准确称取 0.1000g 样品置于 150mL 烧杯中，用 4mL HNO_3（1+1）溶解后，移入 100mL 容量瓶中，用水定容摇匀后，转入聚乙烯瓶中待测 B 及杂质。分取 10.0mL 上述溶液于 100mL 容量瓶中，用 2% HNO_3 定容，摇匀后待测 Nd、Fe、Co。

（4）检出限及扣背景波长　见表 5-30。

表 5-30　分析线与检出限

元素	分析线/nm	光谱级次	检出限/(μg/L)	测定下限/%	扣背景波长/nm
Al	308.215	84	9.0	0.003	308.296
Ca	396.847	65	1.2	0.0004	396.951
Ce	456.236	57	21	0.007	456.190
Dv	340.780	76	24	0.008	340.842
Ga	294.364	88	26	0.009	294.311
Gd	336.223	77	9.0	0.003	336.270
La	333.749	78	7.0	0.003	333.663
Mg	279.553	92	0.5	0.0002	279.649
Mn	294.920	88	5.7	0.002	293.878
Pr	422.535	61	30	0.010	422.612
Si	212.412	122	6.0	0.002	212.459
Sm	442.434	59	14	0.005	442.320
B	208.959	123	21	0.007	208.997
Nd	430.358	60	15	0.050	430.263
Fe	234.349	111	19	0.070	234.288
Co	228.616	113	3.6	0.012	228.675

(5) 各被测元素的检出限为 0.5～30μg/L，回收率为 92～110%，相对标准偏差小于 7%。

5.9.6　高温合金中微量 Mg 的测定

对高温合金中微量 Mg 的测定进行了试验，通过对待测元素和共存元素间的干扰进行分析，确定合金中对 Mg 有影响的元素是 Cr、V、Fe、Zr、Ta、Ti。实验采用 MSF 及屏蔽技术进行干扰消除，避免了烦琐的沉淀分离操作。

(1) 仪器及条件　Optima 2100DV 型 ICP-AES 仪（美国 PE 公司）；频率 40.68MHz，功率 1150W；等离子气流量 15L/min；雾化气流量 0.80L/min；辅助气流量 0.2L/min；样品提升量 1.50mL/min；观测方式为水平；冲洗时间 30s；积分时间 5s；分析谱线 285.213nm；扣背景位置，左－0.016，右 0.019。

(2) 标准溶液的配制　Mg 储备液（1mg/mL，国家钢铁材料测试中心）。Mg 标准溶液（20.0μg/mL）：移取 10mL Mg 储备液（1mg/mL）于 500mL 容量瓶中，用 5% 的盐酸稀释至刻度，混匀。此溶液 1mL 含 20.0μg 镁。

(3) 样品处理　称取试样 0.2000g，精确至 0.0001g，置于 250mL 石英烧杯中，同时配试剂空白，加适当比例的硝盐混酸 10mL，低温加热溶解，加 30mL 高纯水（如钢中 W、Mo 高时，加 30% 柠檬酸 5mL，混匀），冷却至室温，用高纯水稀释至 50mL，混匀备用。

(4) 分析线及干扰　选用 Mg 280.271nm 作分析线，铁基、镍基高温合金中存在的主要元素有：Fe、Ni、Cr、Co、W、Mo、Mn、Al、Ti 和 Nb 等，实验表明 Cr、Fe、V、Ti、Mo 均对 Mg 有干扰，用基体匹配的方法消除了 Fe 的影响，同时采用 PE 公司专有的多重谱线拟合（MSF）和屏蔽技术进行干扰校正，消除 Cr、V、Ti、Mo 对 Mg 谱线的影响。

(5) 方法的检出限及线性范围　对试剂空白溶液进行连续平行测定 11 次，取 3 倍标准偏差作为检出限，得出该方法测定镁的检出限为 0.0001μg/mL，线性范围为 0.0001%～0.1%，线性相关系数为 0.99998。

（6）回收率　方法回收率为 97%～103.5%，选取国家标准样品 GBW01620（高温合金）、GBW01622（高温合金）进行 11 次平行测定，检查方法的准确度和精密度，国家标准样品中镁的测定与认定值较一致，其测定结果误差在化学分析国家标准允许范围内。

5.9.7　微波消解法测定钢中的全铝

铝是炼钢中良好的脱氧剂、去气剂和致密剂之一，因此炼钢脱氧时，常加入不同量的铝。铝对钢质的影响复杂，有些钢中要避免含有铝杂质，而有些钢中常用铝来细化晶粒。铝在钢中主要以金属固溶体的形式存在，也有少部分生成氧化铝（Al_2O_3）和氮化铝（AlN）。酸溶铝和酸不溶铝是铝在钢中主要以金属固溶体的形式存在。酸溶铝和酸不溶铝是一个模糊的概念，是从分析测试的角度定义的，没有严格对应的物理意义的物态。钢铁及合金中的酸溶铝包含固溶铝、氮化铝和极少量的氧化铝，酸不溶铝主要指铝尖晶石和 α-氧化铝。现在冶金分析领域约定俗成的认为，试料经过酸溶解，过滤后的残渣经碱熔融合并到酸溶解的溶液中，测定的铝量即为试料的全铝。钢中全铝的测定都必须经过酸溶、过滤、灼烧、熔融回收残渣铝，操作繁琐，分析周期长，试剂用量多，试剂空白高等，微波消解溶样技术具有一系列优点，用于测定酸溶铝具有快速、数据稳定等优点。

（1）仪器与试剂　IRIS Advantage 型全谱直读等离子体发射光谱仪；微波消解系统，MILESTONE ETHOS TC 型高压微波消解炉；磷酸、盐酸、硝酸均采用优级纯；铝标准溶液 1.000mg/mL，采用铝丝（质量分数为 99.99%）配制，用时稀释成 100μg/mL；太原钢铁厂生产的 GBW01402d 纯铁 [w(Al) 为 0.00028%]；标准钢样品。

（2）仪器的工作条件　高频功率 1150W，雾化器压力 165.4kPa，等离子气流量 15L/min，辅助气流量 0.4L/min。

（3）样品处理　称取 0.5000g 试料（固体质量分数小于 0.005%，称取 1.0000g），置于聚四氟乙烯高压消解罐中，加入少量的水，加入 5mL 盐酸-硝酸混合酸及一定量的磷酸，待反应平静后，盖上盖子，进行微波消解，冷却后，定容于 50mL 容量瓶中，备测。

(4) 工作曲线 称取 0.5000g 纯铁 6 份置于石英烧杯中，按照试验方法加入溶解酸进行溶解，冷却后移入 50mL 容量瓶中，分别加入标准溶液（100μg/mL）0、0.25mL、0.50mL、1.00mL、2.50mL、5.00mL，对应的固体全铝的质量分数为 0、0.005%、0.010%、0.020%、0.050%、0.100%。在 ICP 光谱仪上建立工作曲线，测量相应试料中铝的质量分数。

(5) 回收率、精密度及准确度 选择了 459/1（英国生产的标准样品）和 YS-BC18205 标准样品进行回收试验，在标准样品中加入一定量的铝标准溶液，按分析步骤操作，进行回收试验，回收率为 96.2%~102%。精密度（RSD）<2%，标样测定结果与标准值相符。本方法适用于钢中 $w(Al)$ 为 0.002% 以上全铝的测定。

5.9.8 内标法测定不锈钢中硅含量

内标法利用分析元素和内标元素谱线强度比与待测元素浓度绘制标准曲线进行样品分析，内标法应用于不锈钢分析时，无需寻找基本相似的金属基体，所以本文利用钇元素作为内标物质，用内标法绘制工作曲线，用 ICP-AES 法测定了不锈钢样中硅元素的含量。

(1) 仪器与试剂 ICAP6300 型电感耦合等离子体光谱仪（美国热电公司），炬管 Radial；盐酸、硝酸，优级纯；硅、钇标准储备液（1000μg/mL），国家有色金属与电子材料分析测试中心，分别配制成 100μg/mL 标准溶液；不锈钢有证标准物质：GBW01656、GBW01657，100g，山东冶金研究院；GBW01693、GBW（E）010228，100g，济南众标科技有限公司。

(2) 仪器工作条件 高频功率 1150W；辅助气流量 0.5L/min；雾化气流量，开；驱气气体流量，一般；雾化器压力 0.2psi；元素分析线波长，Si 251.61nm，Y360.073nm。

(3) 不锈钢样品处理 称取不锈钢样品 0.2000g 于 150mL 烧

杯中，加入 8mL 王水（HNO_3：$HCl=1:3$），低温溶解样品，溶解完后，冷却至室温，移入 100mL 容量瓶中，加入 2mL 100μg/mL 钇标准溶液，用去离子水稀释至刻度，摇匀。使内标在溶液中浓度为 2μg/mL。

（4）结果　方法相对标准偏差 0.67%，元素检出限 0.028μg/mL，加标回收率为 104.6%。

5.9.9　测定铁镍软磁合金中的镍

铁镍高导磁合金是在电源技术中应用广泛的软磁合金材料，常见的铁镍合金由镍（30%～88%）、铁和添加少量的钼、铜、钨等元素组成。

（1）仪器与试剂　Spectro Ciros Vision 全谱直读等离子体发射光谱仪。硝酸、硫酸、盐酸均为优级纯，实验用水为二次去离子水。钇标准储备溶液（1.00mg/mL）。钇标准溶液（50.00μg/mL）：镍标准储备溶液（1000μg/mL），由国家钢铁材料测试中心提供。仪器工作条件：高频功率 27.12MHz，输出功率 1400W，冷却气流量 12.0L/min，辅助气流量 1.0L/min，载气流量 1.0L/min，雾化器压力 0.8MPa。

（2）试样的制备与测定　称取 0.1000g 试样置于 150mL 烧杯中，加入 20mL 硝酸（1+4），低温加热溶解完全，冷却至室温后加入 10mL 钇内标溶液（50.00μg/mL），移入 200mL 容量瓶中，定容，待测。

（3）分析条件的选择　选择 1400W 高频功率有利于降低基体效应；测定较高浓度的元素，避免使用灵敏度高的谱线，而选用强度适宜的次灵敏线。通过考察谱线的背景干扰、稳定程度等因素的影响，确定 Ni 的分析线为 221.647nm；为了尽可能降低酸基体效应，在试样溶液中使用的酸量应尽量少。实验选择使用 HNO_3 浓度为 0.9mol/L。

（4）精密度　在选定的工作条件下，选取标准样品 7031 分别测定 6 次，测得相对标准偏差（RSD）为 0.67%，方法的回收率在 99.8%～100.1%之间。

5.9.10 测定高碳高硅钢中的硅含量

(1) 仪器和试剂 PE2100DV 型电感耦合等离子体发射光谱仪（美国 PE 公司）；过氧化钠（优级纯，天津大沽化工股份有限公司）；盐酸（分析纯）；GBW01402-f 高纯铁粉（纯度≥99.98%，中国山西太钢技术中心研制）；Si 标准溶液（500μg/mL，钢研纳克检测技术有限公司）；实验过程中所用水为二次去离子交换水（电阻率≥18MΩ·cm）。

(2) 工作参数 高频功率 1300W，雾化气压力 0.1MPa，冷却气 14L/min。分析线 Si 251.611nm，Si 288.158nm。

(3) 样品溶解 称取 2.00g 过氧化钠均匀铺于 30mL 金属镍坩埚（镍质量分数≥99.5%）底部，然后将试样 0.1000g 平铺其上并混匀，再加入 1.00g 过氧化钠覆盖表面，加盖后置于马弗炉中，从低温升温至 680℃，恒温熔融约 30min 后取出。待坩埚冷却后，将其置于 300mL 聚四氟乙烯烧杯中，加入少量热水浸出熔块，并用盐酸（1+10）多次冲洗坩埚。缓慢加入 50mL 盐酸（1+1），将烧杯置于电热板上低温加热溶解熔块至溶液清亮。冷却后，转移溶液至 200mL 容量瓶中，用二次去离子交换水稀释溶液至刻度，摇匀。

(4) 工作曲线的建立 称取 5 份 0.1000g 纯铁，按照实验方法随同试样制备试剂空白溶液。将试剂空白溶液分别转入 5 个 200mL 容量瓶中做基体匹配，分别加入 500μg/mL 的 Si 标准溶液 0.0、2.0mL、3.0mL、5.0mL、10.0mL，用水稀释至刻度，混匀，形成标准溶液序列。

(5) 检出限、检测下限的确定 检查了基体效应，钠离子的影响，镍、铁元素的影响，优化了分析条件，在仪器最佳工作条件下连续 10 次测定空白溶液，3 倍的标准偏差作为检出限，10 倍的检出限作为该方法的检测下限，校准曲线的最高点作为测定上限，结果为：Si 251.611nm，检出限 0.006%，分析范围 0.03%～6.0%；对于 Si 288.158nm，检出限 0.015%，分析范围 0.05～6.0%。

5.9.11 测定铸铁中的 Si、Mn 及 P

(1) 仪器及工作条件 ICAP6300 发射光谱仪（美国热电公

司），采用蠕动泵进样，辅助气流量 0.5L/min，雾化器气体流量 0.70L/min，RF 功率 1150W。上海新拓 XT-9900 智能微波消解仪，微波消解条件：压力 5.06×10^5 Pa，溶样时间 10min。试剂：硅标准储备液 $500\mu g/mL$，磷、锰标准储备液均为 $1000\mu g/mL$（北京纳克），高纯铁（99.99%）。

（2）样品处理　称取 0.1000g 铸铁置于聚四氟乙烯消解罐中，加 $HNO_3(1+3)$20mL，待反应平稳后，放入微波消解仪中进行消解。试样溶解后，冷却至室温，过滤，定容到 100mL 容量瓶中，待测。

（3）基体铁的影响　向混合标准溶液（$10.0\mu g/mL$ Mn、Si；$1.0\mu g/mL$ P）中加入不同量的高纯铁，进行实验。发现不同量的铁对元素的测量强度有影响。各元素的谱线强度随铁浓度的增加相应地有所下降。铁基使各元素谱线背景强度增高，因此在标液中加入与试样相匹配的高纯铁，以消除基体干扰。

（4）分析谱线的选择　应遵循所选谱线灵敏度高、干扰少的原则。用 $10\mu g/mL$ Si、Mn、P 标准溶液和 $1mg/mL$ 纯 Fe 基溶液对各元素的谱图进行叠加、对照，选择干扰少且信背比高的谱线作为分析线。结果如下：Mn 257.610nm 和铸铁中 Si 含量较高，但其谱线强度不高，所以选择强度中等、干扰少的 Si 251.611nm 谱线；P 213.618nm 较强，但试液组成中大于 0.10% Cu 及基体 Fe 对 P 213.617nm 有明显的干扰，在 P213.618nm 谱图中，右背景不扣除，Cu 213.598nm 就不会产生干扰。

（5）精密度（$n=10$）：Si 0.65%；Mn 0.22%；P 1.22%。用国家有证标准物质检查表明准确度完全符合国家要求。

5.10　地质岩石矿物分析

地矿样品是 ICP-AES 分析难度最大的一类样品，这类样品都含有大量的二氧化硅的成分，难于用硝酸、盐酸、高氯酸分解，其溶样操作要求高。此外，地矿样品成分复杂，光谱干扰比较严重，一般认为，能够测好地矿样品，其光谱技术水平应有较高水准，测定其他类样品应无困难。在介绍具体分析方法前，先讨论地矿样品的分解方法。

5.10.1 硅酸盐岩石的酸溶与碱熔分解样品方法的对比

硅酸盐岩石的酸溶与碱熔分解样品是两种最通用的样品前处理技术。李献华等人用 ICP-AES 和 ICP-MS 联合测定岩石的主元素和微量元素，比较了两种方法的特点和应用范围。

（1）试验用样品 所用的硅酸盐岩石样品均为标准岩石样品，将美国联邦地质调查所（USGS）标准 W2、AGV-1、GSP-1 和加拿大国家标准 MRG-1 作为未知样品进行主元素和微量元素分析，用 USGS 标准 BHVO-1.G2 和中国国家标准 GSR-1、GSR-2、GSR-3、GSR-4、GSR-5 作为标准分别用下述方法溶（熔）解建立工作曲线。以上标准样的岩性和主元素、微量元素推荐值均已知。

（2）$Li_2B_4O_7 + H_3BO_3$ 碱熔法处理 准确称取岩石粉末样品（200 目）40mg，置于铂坩埚中，加入 0.1g $Li_2B_4O_7$ 和 0.1g H_3BO_3 与样品充分混匀，在 1000℃ 高温炉中熔融 20min 后，取出，立即连坩埚一起放入盛有 150mL 沸腾的 7% 硝酸 250mL 氟塑料烧杯中，趁热提取样品熔块，并在 1200℃ 下保温 12h，使样品熔块完全溶解，再用 4% 硝酸定容至 200mL（相当于稀释至样品质量的 5000 倍），取 10mL 样品溶液待 ICP-AES 分析主元素和部分微量元素，取 5mL 溶液，加入 Rh 内标溶液（10ng/g）待 ICP-MS 分析微量元素用。

（3）$HF + HNO_3 + HClO_4$ 混合酸溶法处理 准确称取岩石粉末样品（200 目）20mg，置于密闭高压溶样器（使用密闭高压溶样器可以确保难溶矿物的完全分解），加入 2mL 混合酸 $HF + HNO_3 + HClO_4$（HF：HNO_3：$HClO_4$ = 1.25mL：0.5mL：0.25mL），放置在烘箱中，在 2000℃ 下溶样 2h。将样品溶液蒸至高氯酸冒烟时，加入 2mL 1：1 硝酸在 2000℃ 恒温 4h，用 1% 硝酸将样品溶液转移到聚乙烯塑料瓶中，稀释至样品质量的 2000 倍。取 10mL 样品溶液用于 ICP 光谱分析主元素和部分微量元素，取

5mL 样品溶液并加入 5mL Rh 内标溶液（10ng/g）待 ICP-MS 分析微量元素。

两种样品处理方法主量元素及微量元素的结果见表 5-31～表 5-34。

表 5-31　主量元素酸溶法测定/%

元素	分析线	测定限	MRG1	标准值	W2	标准值	AGV1	标准值	GSP1	标准值
SiO_2	Si288	0.0138	39.53	39.12	51.98	52.44	59.04	58.84	67.03	67.22
TiO_2	Ti336	0.0001	3.55	3.77	1.05	1.06	1.02	1.05	0.66	0.65
Al_2O_3	Al396	0.0022	8.26	8.47	15.22	15.35	17.22	17.15	14.86	15.10
Fe_2O_3	Fe259	0.0001	17.62	17.94	10.80	10.74	6.60	6.77	4.31	4.29
MnO	Mn259	0.0001	0.17	0.17	0.17	0.16	0.09	0.09	0.04	0.64
MgO	Mg285	0.0009	14.02	13.55	6.58	6.37	1.53	1.53	0.96	0.96
CaO	Ca317	0.0015	14.77	14.70	10.92	10.87	4.84	4.94	2.03	2.07
Na_2O	Na589	0.0004	0.77	0.74	2.33	2.14	4.15	4.26	2.75	2.80
K_2O	K766	0.0003	0.20	0.18	0.68	0.63	2.82	2.92	5.68	5.51
P_2O_5	P213	0.0031	0.77	0.08	0.12	0.13	0.50	0.49	0.28	0.28

表 5-32　主量元素碱溶法 ICP-AES 测定/%

元素	分析线	测定限	MRG1	标准值	W2	标准值	AGV1	标准值	GSP1	标准值
SiO_2	Si288	0.019	38.84	39.12	52.17	52.44	58.92	58.84	67.40	67.22
TiO_2	Ti336	0.0025	3.73	3.77	1.08	1.06	1.06	1.05	0.66	0.65
Al_2O_3	Al396	0.016	8.84	8.47	15.22	15.35	17.02	17.15	14.90	15.10
Fe_2O_3	Fe259	0.0013	17.39	17.94	10.93	10.74	6.79	6.77	4.27	4.29
MnO	Mn259	0.0006	0.17	0.17	0.17	0.16	0.10	0.09	0.04	0.64
MgO	Mg285	0.0014	13.09	13.55	6.50	6.37	1.59	1.53	0.96	0.96
CaO	Ca317	0.013	14.73	14.70	10.82	10.87	4.87	4.94	2.00	2.07
Na_2O	Na589	0.003	0.75	0.74	2.25	2.14	4.29	4.26	3.00	2.80
K_2O	K766	0.0008	0.23	0.18	0.63	0.63	2.91	2.92	5.41	5.51
P_2O_5	P213	0.015	0.06	0.08	0.13	0.13	0.51	0.49	0.29	0.28

表 5-33　微量元素酸溶法 ICP-AES 法测定/($\mu g/g$)

元素 分析线	测定限	MRG1	标准值	W2	标准值	AGV1	标准值	GSP1	标准值
Ba493	0.6	62	61	170	173	1244	1226	1325	1310
Cr267	1.5	409	430	85	93	13	10	11	13

元素 分析线	测定限	MRG1	标准值	W2	标准值	AGV1	标准值	GSP1	标准值
Cu327	0.6	142	134	113	103	59	60	36	33
Ni230	2.2	181	193	67	70	15	16	10	9
Sc335	0.07	56	55	37	35	11.5	12	6.8	6
Sr407	0.02	284	266	197	194	626	662	227	234
V311	0.5	538	526	271	262	118	121	53	53
Zn213	0.4	187	191	80	77	88	88	100	104
Zr349	1.0	105	108	93	94	206	227	527	530

表 5-34　碱熔法测定微量元素/(μg/g)

元素 分析线	测定限	MRG1	标准值	W2	标准值	AGV1	标准值	GSP1	标准值
Ba493	1.0	59	61		173		1226		1310
Cr267			430		93		10		13
Cu327			134		103		60		33
Ni230			193		70		16		9
Sc335	0.4	55	55	36	35	12	12	7.1	6
Sr407	0.2	267	266	192	194	633	662	221	234
V311			526		262		121		53
Zn213			191		77		88		104
Zr349	16	107	108	91	94	194	227	543	530

（4）两种样品处理方法的比较　无论采用酸溶法或碱熔法制备样品，ICP-AES 法测定主元素的分析结果均与标准值一致；ICP-AES 法测定主元素的分析结果，对氧化物含量大于 10％的元素，准确度（测定值与标准值的相对偏差）一般≤1％；氧化物含量＜0.2％的元素，准确度（测定值与标准值的相对偏差）一般≤10％；微量元素测定时酸溶法的检出限比碱熔法的检出限低 10 倍，酸溶法可测定微量的 Sr、Ba、Zr、Sc、V、Cr、Ni、Cu、Zn 等元素，而碱熔法只能测定少数元素。

可以概括地认为：酸溶方法检出限低，能准确分析除 SiO_2 以外的其他主元素和数十余种微量元素；碱熔方法一次分解样品可以直接测定所有的主元素和多种微量元素，但方法检出限增高，不能准确分析一些检出限高而含量低的元素。因此，根据不同的岩石类型、所需分析的元素种类以及研究目的，采用适当的样品分解方法，用 ICP-AES 或 ICP-MS 分析可以获得准确的主元素和微量元素数据。

5.10.2 测定玄武岩中的 8 种微量元素

采用硝酸-盐酸-氢氟酸高压封闭消解样品，电感耦合等离子体发射光谱法测定玄武岩中的 Ba、Ce、Cr、Mn、Ni、Sr、V 和 Zn。

(1) 仪器与试剂 ICPE-9000 全谱发射光谱仪（日本岛津公司）；采用同心雾化器和旋流雾室。分析测定条件为高频频率 27.12MHz；高频发生器功率 1.2kW；等离子气流量 10L/min；辅助气流量 0.6L/min；载气流量 0.7L/min；炬管类型，Mini 型；观测方向，轴向和纵向自动切换（高、低含量元素同时分析）。硝酸、盐酸、氢氟酸、高氯酸均为优级纯。

(2) 样品的前处理 精确称取 0.1000g 试样于封闭溶样器的聚四氟乙烯内罐中，加入 1mL HNO_3，2mL HF，盖上聚四氟乙烯上盖，装入钢套中，190℃下保持 48h。冷却后，取出聚四氟乙烯内罐，在电热板上于 165℃ 蒸发至干。然后再加入 1mLHNO_3 蒸发至干，此步骤再重复一次。最后，加入 5mL HCl（6mol/L），再次封闭于钢套中，150℃保持 5h，冷却后定容至 25mL，待测。

(3) 干扰校正 为扣除共存元素对各分析元素的干扰，采用干扰元素校正系数法，即求出共存元素对各元素的干扰校正系数 L_j，将 L_j 代入关系式 $I = I_0 - \sum L_j I_j$ 对分析结果进行校正。式中，I 为测定元素的校正后强度；I_0 为测定元素的校正前强度；L_j 为元素间校正系数；I_j 为干扰元素的强度。从实验结果来看，被干扰元素主要有 Ce 元素，需要使用 Fe（300mg/L，235.489nm）的单元素溶液进行干扰校正。

(4) 分析线、检出限和精密度 元素分析线（nm）：Ba 455.403，Ce 413.380，Cr 267.716，Mn 257.610，Ni 231.604，Sr 407.771，V 290.882，Zn 202.548。元素检出限（mg/L）：Ba

0.001，Ce 0.003，Cr 0.0005，Mn 0.001，Ni 0.0005，Sr 0.0004，V 0.0003，Zn 0.02。精密度（RSD）均小于 2.0%（$n=6$）。

5.10.3 测定地质样品中 Cu、Pb、Zn、Sc、Mo

样品经盐酸和硝酸溶解、氢氟酸助溶、高氯酸冒烟排除氢氟酸，盐酸溶解盐类处理后，ICP-AES 可同时准确测定地质样品中 Cu、Pb、Zn、Sc、Mo。

（1）仪器与试剂　iCAP 6300 radial 型全谱直读电感耦合等离子体发射光谱仪（美国热电公司），仪器工作条件：功率 1150W，辅助气流量 0.5L/min，分析泵速 50r/min，垂直观测高度 15mm。分析线：元素谱线（nm）Cu 327.3，Pb 220.3，Zn 213.8，Mo 204.5，Sc 361.3。分析纯的盐酸、硝酸、氢氟酸和高氯酸。

（2）样品处理　称取 0.2500g 试样于 50mL 聚四氟乙烯坩埚中，以少量水润湿，加入 10mL HCl、5mL HNO_3，置于低温电炉加热分解约 10min，加入 10mL HF、2mL $HClO_4$ 继续加热分解至白烟冒尽，取下冷却，补加 5mL HCl，以适量去离子水冲洗杯壁，加热使盐类溶解，冷却后移入 50mL 容量瓶中，用去离子水冲洗坩埚，并稀释至刻度，待测。

（3）检出限、精密度、准确度和回收率　方法检出限为 Cu（3μg/g）、Pb（2μg/g）、Zn（2μg/g）、Mo（3μg/g）和 Sc（1μg/g）。用国家标样及内部控制样品进行验证，相对标准偏差为 0.89%～2.88%，回收率 94.6%～106.6%。

5.10.4 偏硼酸锂熔矿测定岩石水系沉积物土壤样品

采用偏硼酸锂作熔剂，运用自制模具，在瓷坩埚中压制成石墨粉坩埚，在 1000℃ 高温马弗炉中熔矿，熔融物为一玻璃状球体，在 10%（体积分数）的 HNO_3 中用超声波提取，利用超声波的空化效应增加溶剂的穿透力，加快物质成分的扩散分解，提高熔融物的溶解速度。采用 ICP-AES 法测定溶液中的 Si、Al、Fe、K、Na、Ca、Mg、P、Mn、Ti 10 种组分。

（1）仪器与试剂　IRIS Intrepid Ⅱ XSP 型电感耦合等离子体

发射光谱仪（美国热电公司），高盐雾化器。仪器工作参数为：射频功率1150W，冷却气流量14L/min，辅助气流量0.5L/min，雾化气压力0.19MPa。KQ-100DB数控超声波清洗器（昆山市超声仪器有限公司）。硝酸、偏硼酸锂、石墨粉均为分析纯。

本方法选择了一个国家一级地球化学标准物质，用作标准溶液制作工作曲线，经过实验，只要选用的标准物质溶矿时能完全分解，并且制备溶液的浓度在线性范围内，其测量结果是令人满意的。本方法选择水系沉积物标准物质GBW07309制备成标准溶液和样品空白溶液来制作工作曲线，用于实际样品的定量分析。

（2）样品的制备　在25mL瓷坩埚中填充2/3石墨粉，用自制的模具，用力压入瓷坩埚中，压成一石墨坩埚状，倒掉多余的石墨粉，备用。一个坩埚制备一个样品，样品熔融冷却后，取出熔融块，倒掉石墨粉，瓷坩埚可重复使用。称取0.1g（精确至0.0001g）样品和0.5g（精确至0.0001g）LiBO$_2$于15mL小瓷坩埚内，用玻璃棒混匀样品，然后转移至制备好的石墨粉坩埚内。将坩埚放入已升温至1000℃的高温马弗炉中，恒温30min后取出，冷却后用镊子取出球状熔融物，放入已盛有40mL 10% HNO$_3$的100mL烧杯中，将烧杯放入超声波清洗器中振动约30min，待熔融物完全溶解后，将烧杯中的溶液转移到100mL容量瓶中，用水稀释至刻度，摇匀，待测。

（3）方法的检出限和精密度　见表5-35。

5.10.5　测定铬矿砂及再生铬矿砂中的二氧化硅

铬矿砂主要成分为46%左右的三氧化二铬，还有三氧化二铁、三氧化二铝等，耐火度高（2000℃），主要利用铬矿砂激冷效果好与高的耐火度防止渗透黏砂，当主要杂质中二氧化硅的含量高时，铬矿砂中的抗金属渗透能力降低，主要原因是耐火度降低，故应控制二氧化硅含量。

（1）仪器与试剂　Optima 8000型电感耦合等离子体发射光谱仪（美国PE公司）。过氧化钠（分析纯）、盐酸（分析纯）、硝酸（分析纯）、过氧化氢（30%，分析纯）、化学分析用水（一级，三

表 5-35　方法的检出限和精密度

元素	分析线/nm	检出限/(μg/g)	组分	平均值/%	RSD/%
Si	251	8	SiO_2	66.28	1.30
Al	309	5	Al_2O_3	10.61	0.94
Fe	259	3	Fe_2O_3	5.06	1.83
K	766	6	CaO	5.92	2.90
Na	589	1	MgO	2.43	1.38
Ca	317	30	K_2O	1.99	1.92
Mg	285	105	Na_2O	1.41	1.81
P	213	1.5	P	736×10^{-6}	3.34
Mn	257	1	Mn	658×10^{-6}	2.02
Ti	334	1	Ti	5521×10^{-6}	1.16

级，符合 GB/T 6682—2008）。硅标准储备溶液（500μg/mL）：称取 0.5349g 预先在 950～1000℃ 灼烧 1h 并在干燥器中冷却至室温的二氧化硅（质量分数大于 99.99%，精确至 0.0001g），置于铂坩埚中，加 5g 无水碳酸钠，混匀，再覆盖 1g 无水碳酸钠。盖上铂盖，将坩埚置于 950～1000℃ 高温炉中熔融 30min，冷却至室温。将坩埚和铂盖置于盛有 100mL 热水的聚四氟乙烯烧杯中，低温浸取熔块至溶液清亮，用热水洗出坩埚和铂盖，冷却至室温。将溶液移入 500mL 容量瓶中，用水稀释至刻度，混匀，储于塑料瓶中。

（2）光谱仪测量参数　射频功率 1300W；辅助气流量 0.2L/min；雾室压力 0.379MPa；等离子气流量 15L/min；观测方式，轴向观测。

（3）样品处理　称取 0.10g（视待测元素含量而定，精确至 0.0001g）样品，经过 1000℃ 灼烧约 30min，恒重，研磨后粒度小于 0.088mm 的试料。将试料置于镍坩埚中，加 1g 过氧化钠，用金属棒搅拌混匀，并用毛刷清扫样品残留到镍坩埚中，再覆盖 0.5g 过氧化钠，坩埚置于马弗炉，盖上坩埚盖（稍留有缝隙），低温熔解升温至 800℃，熔融 10min，取出，观察是否熔解完全，再升温至 800℃，熔融 10min，旋转坩埚使熔融物均匀附着于坩埚内壁，冷却至室温。置于 200mL 聚四氟乙烯烧杯中，加 10mL 水溶解，约 80mL 热水洗涤浸出沉淀，洗净坩埚，体积控制在 100mL，加盐酸（1+1）酸化，过量 10mL，加 10mL 硝酸（1+1），用过氧化氢还原铬为三价。煮沸 1min，溶液至清亮。冷却，定容至200mL，储存于聚四氟乙烯容器中。随同试料做空白实验。

（4）加标回收及精密度　在样品中分别加入不同量的硅标准溶液，进行加标回收实验，得到样品硅的加标回收率为 105%～109%。　称取 0.1000g 标准样品，按实验方法处理，独立测试 10次结果的精密度和准确度，实验结果表明该方法具有较好的重复性和再现性，用标准样品验证，方法的准确度较好。

5.10.6　ICP-AES/AFS 联合测定金矿地质样品中的 32 种元素

用电感耦合等离子体发射光谱与原子荧光光谱（AFS）联合测定金矿地质样品中 32 种主、次、微痕量元素的方法。ICP-AES 依次测定主量元素 Si、Al、Ca、Mg、Fe、P，较高含量元素 Mo、Sn、W，以及 Ag、As、B、Ba、Be、Bi、Ce、Co、Cr、Cu、K、Mn、Na、Sb、Sr、Ti、Ni、Pb、V、Zn 等；AFS 依次测定微痕量 Hg 和 Se、Te。

（1）仪器及工作参数　iCAP 6300 型电感耦合等离子体发射光谱仪（美国 Thermo Fisher 公司），射频功率 1250W，垂直观测高度 15mm，冷却气流量 12L/min，载气压强 0.22MPa，辅助气流量 0.5L/min，雾化器流量 0.5L/min。

（2）标准溶液和主要试剂　Ag、As、Al、B、Ba、Be、Bi、Ca、Ce、Co、Cr、Cu、Fe、Hg、K、Mg、Mn、Mo、Na、Ni、SiO_2、Sb、Se、Sn、Sr、Te、Ti、P、Pb、V、W、Zn 等标准储备溶液，国家标准物质研究中心。混合标准工作溶液见表 5-36。

表 5-36　ICP-AES 法用标准溶液系列/（μg/mL）

待测元素	S_0	S_1	S_2	S_3
SiO_2	0	2	10	50
Na_2O、Fe_2O_3、Al_2O_3、K_2O、MgO、Ti、CaO	0	1	5	20
Mn、P	0	1	5	10
Ag、As、Be、Ba、Cu、Zn、Ni、Pb、Mo、W、Co、B、Bi、Ce、Sb、Sn、Sr、V、Cr	0	0.2	1	10

（3）样品处理　主量元素 SiO_2、CaO、MgO、P、Fe_2O_3、Al_2O_3 及高含量 W、Mo、Sn 的测定，称取 0.1000g 样品（需经过干燥，粒径＜0.074mm，下同）于 30mL 刚玉坩埚中，放入马弗炉 650℃ 灼烧 20min，取出冷却；称取 1.00g 氢氧化钾盖于样品上，放入 300～400℃ 马弗炉中，升温至 680℃ 熔融 15min，取出冷却；将刚玉坩埚放入 250mL 塑料烧杯中，加入约 30mL 温水提取样品，加入 30mL（1＋1）盐酸，用水洗出坩埚；将溶液转移至 100mL 容量瓶中，定容后转移至塑料瓶中，此为 a 试液。分取该溶液 2.5～5mL 于 25mL 塑料比色管中，加入 2.5mL（1＋1）盐酸，定容。该溶液用来测定 SiO_2、CaO、MgO、Fe_2O_3、Al_2O_3，高含量 W、Mo、Sn 和 P 直接用 a 试液测定。

成矿元素和一般微痕量元素的测定：称取 0.2500g 样品于 30mL 聚四氟乙烯坩埚中，用少量水润湿，滴加浓硝酸除 S，待无明显 NO_2 棕色烟雾时，加入 3mL 浓硝酸和 5mL 氢氟酸、2.5mL 混酸（含 1.5mL $HClO_4$、1mL H_3PO_4），加盖，低温分解样品（以不超过 120℃ 为宜），1h 后停止加热，保温 1h 后升温至 160℃ 再加热 1h，取盖，继续升温至 230℃ 左右，蒸发至冒 P_2O_5 浓烟；取下坩埚稍冷后，加入 5mL（1＋1）盐酸，利用电炉余温溶解可溶性盐类，待溶液清亮后，转移至 25mL 塑料比色管中，定容，此为 b 试液。用于 Ag、Al、B、Ba、Be、Ce、Co、Cr、Cu、Fe、K、Mn、Mo、Na、Ni、Se、Sn、Sr、Te、Ti、Pb、V、W、Zn 及高含量 As、Sb、Bi 的测定。取 5mL b 试液，加入 2.5mL 含有 1mg/mL Fe^{3+} 的 20% HCl 溶液，摇匀。取该溶液 2mL 及 1mL 含有 10% HCl 的 0.3% 硫脲和抗坏血酸溶液，同时加入氢化物发生器，随工作曲线一起测定。

（4）元素分析线及检出限　见表 5-37。

方法应用于金矿地质样品和多金属国家标准样品分析，测定结果与推荐值吻合，精密度（RSD）少于 10%。

5.10.7　测定矿石中 Cr、Ni 的含量

生产中发现成品钢材在力学性能检测时出现抗拉强度较高、拉

表 5-37 分析线及检出限

元素	波长/nm	检出限/(μg/g)	元素	波长/nm	检出限/(μg/g)
Ag	328.068	2	Mn	257.61	0.2
Al_2O_3	396.153	5	Mo	202.031	1
As	189.042	2	Sb	206.833	0.5
B	208.959	2	SiO_2	221.611	20
Ba	455.403	0.2	Sn	189.927	1
Be	313.042	0.5	Ti	336.121	2
Bi	190.2	0.2	Na_2O	589.592	3
CaO	317.933	10	Ni	231.604	0.4
Ce	401.239	0.5	P	213.618	5
Co	228.616	0.5	Pb	220.353	1
Cr	205.5	0.3	Sr	407.771	0.3
Cu	324.754	0.7	Zn	213.857	1.3
Fe_2O_3	238.204	4	V	292.4	0.6
K_2O	766.49	10	W	207.912	1
MgO	202.58	3			

伸断口明显为脆性断口等异常现象,造成钢材被迫停产。经过查找原因发现,成品钢中含 Cr 0.2%、Ni 0.08% 是正常成品钢含量的 10～100 倍,是造成异常的原因,高 Cr、Ni 可能来自铁矿石。以往对铁矿石中 Cr、Ni 含量未做过跟踪检测,为摸清铁矿石中 Cr、Ni 的真实含量,通过大量实验及方法对比,探索用过氧化钠熔融,加标准溶液配制标准系列,ICP-AES 法测定。

(1) 仪器及工作条件 iCAP6300 型全谱直读等离子体光谱仪(美国热电公司):高频输出功率 1150W,载气流量 12L/min,辅助气流量 0.5L/min,雾化气压力 0.15MPa,冲洗泵速 50r/min,积分时间,短波 8s,长波 5s,高盐进样系统。

(2) 主要试剂 HCl(优级纯);Na_2O_2(分析纯),铬标准储备液(1mg/mL):基准物 $K_2Cr_2O_7$ 经 150℃ 烘 1h 后,置于干燥器中,冷至室温。称取 2.8290g,溶于水后移入 1L 容量瓶中,用水稀释至刻度,混匀。镍标准储备液(1mg/mL):称取基准物 NiO 1.2725g,溶于 4mol/L HCl 后移入 1L 容量瓶中,用水稀释至刻度，混匀。

（3）标准系列的配制　称取 0.0500g 纯铁粉（99.99％）5 份于 30mL 铁坩埚中，加入 1.5g Na_2O_2，用玻璃棒搅拌均匀后，用滤纸擦拭玻璃棒，放在铁坩埚中，再覆盖少量 Na_2O_2，放入已升温 800℃ 的马弗炉中，熔融至试样溶解完全后，取出稍冷，用蒸馏水吹洗坩埚底部，放入已盛有 100mL 水的烧杯中，待熔块浸出后，用水洗净铁坩埚取出。加入 15mL 浓盐酸，摇匀移入 250mL 容量瓶中，分别加入 Cr 标液（1mg/mL）0、1mL、2mL、3mL、5mL；Ni 标液（100μg/mL）0、1mL、2mL、6mL、10mL，稀释至刻度，摇匀，干过滤于 250mL 干燥的容量瓶中，作为绘制标准曲线的储备液。

（4）样品处理　称取 0.1000g 分析样品于 30mL 铁坩埚中，加入 1.5g Na_2O_2 用玻璃棒搅拌均匀后，用滤纸擦拭玻璃棒，放在铁坩埚中，再覆盖少量 Na_2O_2，放入已升温 800℃ 的马弗炉中，熔融至试样溶解完全后，取出稍冷，用蒸馏水吹洗坩埚底部，放入已盛有 100mL 水的烧杯中，待熔块浸出后，用水洗净铁坩埚，取出。加入 15mL 浓盐酸浸取，移入 250mL 的容量瓶中，稀释定容干过滤于锥形瓶中，作待测溶液。

（5）采用基体匹配法消除铁的影响，选择 Cr 267.716nm 及 Ni 231.604nm 为分析线，方法加标回收率 Cr 为 96.8％～99.3％，Ni 为 101.7％～103.9％。

5.10.8　测定铜磁铁矿中铜、锰、铝、钙、镁、钛和磷的含量

近年来，全国年利用铜磁铁矿数千万吨，铜磁铁矿已成为铜和铁冶炼的主要原料。

（1）仪器与试剂　ICPS-7510 型电感耦合等离子体发射光谱仪（日本岛津公司），RF 功率为 1200W，波长范围 160～850nm。称量勺：非磁性材料或消磁的不锈钢制成。主要试剂和材料铜、锰、铝、钙、镁、钛、磷标准储备溶液（1000μg/mL）：按 GB/T 602 规定的方法分别配制铜、锰、铝、钙、镁、钛、磷元素的标准储备溶液。铁基体溶液（30mg/mL）：称取 4.285g 三氧化二铁（高纯）

于 250mL 烧杯中，加入 25mL 盐酸，加盖表面皿，于电热板上低温加热溶解，冷却，转移至 100mL 容量瓶中，用水稀释至刻度，混匀。所用试剂为分析纯级试剂。

（2）试料分解　将试料置于 250mL 聚四氟乙烯烧杯中，用水润湿，加入 20mL 盐酸、10mL 硝酸，加盖表面皿，在电热板上低温加热溶解约 2h。稍冷，取下表面皿，加入 5mL 氢氟酸、2mL 高氯酸，继续加热至高氯酸白烟冒尽。取下稍冷，加入 15mL 盐酸（1+1），用水吹洗杯壁，加热至盐类溶解，用中速滤纸过滤于 100mL 容量瓶中，用水稀释至刻度，混匀。

（3）光谱仪器测量　利用电感耦合等离子体发射光谱仪的优化程序，考察了射频发生器功率、雾化气流量、辅助气流量、冷却气流量、观察高度、试液流速等对被测元素谱线发射强度的影响，选择的仪器测量参数为：雾化气流量 1.20L/min，辅助气流量 0.70L/min，冷却气流量 14.0L/min。根据试样中待测元素含量、基体干扰情况以及实际样品的测定情况确定分析线为：Cu 327.396nm，Mn 257.610nm，Al 396.153nm，Ca 317.933nm，Mg 280.271nm，Ti 334.941nm，P 178.287nm。采用基体匹配法消除铁的干扰。

（4）检出限与测定下限　以 11 次空白实验结果的标准偏差计算本方法检出限，以 4 倍检出限作为测定下限，各元素的检出限和测定下限见表 5-38。

表 5-38　检出限与测定下限/％

分析目标物	Cu	Mn	Al	Ca	Mg	Ti	P
检出限	0.0015	0.00036	0.0018	0.0026	0.0054	0.00072	0.00085
测定下限	0.0060	0.0014	0.0072	0.010	0.022	0.0029	0.0034

本法测定铜磁铁矿中铜、锰、铝、钙、镁、钛、磷的含量。方法检出限：锰、钛和磷小于 0.00085％，其他元素小于 0.0054％，分析结果与分光光度法、XRF 法和 AAS 法分析结果一致。

由于 ICP 光谱技术日趋完善，仪器灵敏度和稳定性明显提高，仪器购置成本又有一定程度降低，特别是全谱直读 ICP 光谱仪的普及，有力地推动了 ICP 光谱技术在各类分析样品中应用，国内外发表了大量应用资料和文献，几乎包括了所有类型无机元素的样品。这些已经建立的分析方法可以供后续分析者参考，节省建立分析方法工作量，更好地完成分析任务，提高分析质量，本书限于篇幅，只能选择性地介绍部分典型方法。综观各类样品的仪器分析参数，多数已大同小异，高频功率在 $1 \sim 1.2\mathrm{kW}$，载气流量 $0.5 \sim 1\mathrm{L/min}$，即所谓"折中条件"，建立分析方法的工作应主要考虑选择分析谱线、校正光谱干扰、扣除光谱背景及样品前处理。另外，在方法准确性检查和回收率测定也是容易出现问题的，建立分析方法时应予重视。

参 考 文 献

[1] 辛仁轩，余正东，郑建明. 电感耦合等离子体发射光谱仪原理及其应用. 北京：冶金工业出版社，2012.
[2] 杨静. 中国无机分析化学，2015，5 (4)：16.
[3] 乔爱香，江冶，曹磊等. 环境化学，2008，27 (3)：395.
[4] 张良璞，何前锋. 安徽农学通报，2007，13 (7)：26.
[5] 孙友宝，马晓玲，李剑等. 环境化学，2014，33 (4)：701.
[6] 陈清谊. 福建分析测试，2012，21 (5)：48.
[7] 张宁，郭秀平，李星等. 岩矿测试，2014，33 (4)：551.
[8] 邓继，陈国海，郑晓红等. 环境监测管理与技术，2009，21 (1)：28.
[9] 弓晓峰，陈春丽，Barbara Zimmermann 等. 光谱学与光谱分析，2007，27 (1)：155.
[10] 辛仁轩，赵玉珍. 分析化学，1996，24 (6)：653.
[11] 魏永生，王颖，李秋等. 化学工程师，2014，(4)：15.
[12] 李万霞，郭璇华. 化工时刊，2008，22 (4)：43.
[13] 丁仲仲，娄永江，赵一霖. 宁波大学学报 (理工版)，2014，27 (3)：24.
[14] 何晋浙，刘文涵，杨开等. 光谱学与光谱分析，2007，27 (6)：1214.
[15] Anna Szymczycha-Madeja, MajaWelna, Pawel Pohl. Food Chemistry，2014，146.220.
[16] 黄一帆. 光谱实验室，2009，26 (1)：107.
[17] 王轶晗，陈麓. 微量元素与健康研究，2008，25 (1)：44.
[18] 夏拥军，张慧，吴福平. 食品科技，2007，(8)：230.
[19] 其其格，赵源，高娃. 中国乳品工业，2009，37 (2)：61.
[20] 郭岚，谢明勇，鄢爱平等. 分析试验室，2007，26 (4)：58.

[21]　刘振波，董言梓，周晓云等．光谱实验室，2006，23（4）：887.

[22]　辛仁轩，宋崇立．分析化学，2002，30（12）：1451.

[23]　张小林，曹槐，杨丽霞．光谱学与光谱分析，1999，19（3）：364.

[24]　吴玉红，郭小明，张鹏．广东公安科技，2013，（2）：35.

[25]　王生进，张琳，刘春虎．中国无机分析化学，2016，6（1）：69.

[26]　沈珉，张顺祥，刘桂华．光谱学与光谱分析，2002，22（2）：311.

[27]　刘推琼，诸洪达，解清等．现代科学仪器，2007，（4）：75.

[28]　孙德忠，何红蓼，温宏利等．光谱学与光析，2008，28（1）：195.

[29]　孙勇，杨刚，张金平．光谱学与光谱分析，2007，27（2）：371.

[30]　金献忠，陈建国，朱丽辉等．光谱学与光谱分析，2007，27（9）：1837.

[31]　苏冰霞，刘洪生，冯信平．微量元素与健康研究，2009，26（1）：44.

[32]　赵宁，郭盘江，雷然．光谱实验室，2009，26（1）：74.

[33]　辛仁轩，宋崇立．分析化学，2001，29（9）：1033.

[34]　钱利敏．中国陶瓷，2014，50（5）：36.

[35]　陈辉．福建分析测试，2012，21（6）：25.

[36]　杜桂荣，曹淑琴，谢树军．化学分析计量，2007，16（1）：35.

[37]　Alexandre L Souza a，Sherlan G Lemos b，Pedro V Oliveira a．Spectrochimica Acta Part B，2011，66（2）：383.

[38]　冯振华，王皓莹，王可伟．中国无机分析化学，2016，6（2）：43.

[39]　马新蕊．化学工程师，2009，（1）：19.

[40]　王本辉，辛凌云，梁献雷等．分析仪器，2009，（2）：38.

[41]　石华，陶丽萍，安国荣．中国无机分析化学，2016，6（1）：59.

[42]　周凯红，张立锋，刘晓杰．中国无机分析化学，2016，6（3）：62.

[43]　辛仁轩，唐亚平．分析实验室，2002，21，（6）：71.

[44]　费浩，王树安，廖志海等．冶金分析，2008，28（2）：629.

[45]　Kulkarni M，Argekar A，Mathur J，et al．Talanta，2002，56（3）：591.

[46]　Kulkarni M，Argekar A，Mathur J，et al．Analytica chimica Acta，1998，370（2/3）：163．

[47]　费浩，王树安，黄进初．CNIC01960，SINRE0136.

[48]　刘虎生，李军．核化学与放射化学，1997，19（1）：51.

[49]　张正雄，刘勇，沈岚．分析试验室，2012，21（1）：36.

[50]　李洪，杨箭，陈颖等．铀矿冶，2014，33（4）：223.

[51]　侯列奇，王树安，李洁等．理化检验-化学分册，2007，43（3）：179.

[52]　张琳，王建晨，辛仁轩．光谱学与光谱分析，2005，25（10）：1684.

[53]　潘秀香，李世豪，何传琼．中国锰业，2014，32（2）：48.

[54]　顾宇翔，徐红斌，葛宇．分析科学学报，2010，26（4）：481.

[55]　包楚才，陈纪文，刘付建．中国无机分析化学，2016，6（2）：28.

[56]　郑庆波，刘东风，石新发．中国无机分析化学，2016，6（3）：38.

[57]　杨倩倩，吴德军，王德伦等．中国无机分析化学，2016，6（2）：61.

[58] 李洪，黄召，杨箭等．湿法冶金，2014，33（3）：243．

[59] 王静．中国无机分析化学，2016，6（1）：45．

[60] 刘崇华，曾嘉欣，钟志光等．检验检疫科学，2007，17（4）：32．

[61] 刘志红，刘丽，李宣等．分析试验室，2007，26（6）：29．

[62] 辛仁轩，宋崇立．分析化学，2000，28（8）：978．

[63] 王凌，吴燕．光谱实验室，2013，30（3）：1472．

[64] 叶晓英，杨春晟，谢绍金．化学分析计量，2008，17（4）：30．

[65] 胡晓江，谷福．现代仪器，2008，（4）：68．

[66] 何一芳，张学彬．贵金属，2014，35（2）：59．

[67] 冯先进，冯旭，杨桂香等．中国无机分析化学，2016，6（2）：35．

[68] 马嫒，方卫，王应进等．光谱实验室，2008，25（5）：947．

[69] 吕文先，胡萍．黄金，2007，28（10）：50．

[70] 周文勇．理化检验—化学分册，2008，44（10）：954．

[71] 庞晓辉．理化检验—化学分册，2008，44（4）：348．

[72] 刘芳．山西冶金，2009，（2）：57．

[73] 何建国．光谱实验室，2007，24（3）：444．

[74] 田永红，刘海生．中国无机分析化学，2015，5（2）：62．

[75] 苏春风．中国无机分析化学，2016，6（1）：53．

[76] 张保卫．电子工艺技术，2003，24（1）：36．

[77] 彭晖冰．湖南冶金，2005，33（3）：45．

[78] 邹玲玲，张学俊，郭玉生．理化检验—化学分册，2007，43（3）：213．

[79] 成勇．理化检验—化学分册，2007，4（2）：111．

[80] 杨军红，李陀，石新层．中国无机分析化学，2015，5（2）：47．

[81] 侯列奇，李洁，卢菊生．理化检验—化学分册，2008，44（2）：142．

[82] 胡堪东，姚南红．江西农业学报，2007，19（12）：76．

[83] 郭建平．光谱实验室，2006，23（2）：274．

[84] 文旭东，李小剑，郭飞刚等．稀土，2009，33（3）：66．

[85] 辛仁轩，王建强．化学分析计量，2002，11（6）：33．

[86] 王鸿辉，李天生．检验检疫科学，1999，9（1）：6-8．

[87] 关剑侠．冶金分析，2005，25（2）：65-68．

[88] 鲁静冬，马英，陈一琼等．四川冶金，2008，30（1）：47．

[89] 赵玉珍，吕佩德．分析试验室，1997，16（6）：255．

[90] 吴世凯．特钢技术，2008，14（4）：28．

[91] 李洁，张穗忠，程运娥．钢铁研究，2007，35（5）：32．

[92] 柯伟强，杨运成，林卓伟等．广州化工，2014.，43（7）：100．

[93] 陈美娜，罗仕莲，黄中越．中国无机分析化学，2012，2（4）：56．

[94] 聂富强，杜丽丽，李景滨等．中国无机分析化学，2015，5（4）：74．

[95] 孙国娟，韩超．技术与市场，2015，22（5）：77．

[96] 辛仁轩，王建晨．分析化学，2002，30（11）：1375．

310

[97] 李献华，刘颖．地球化学，2002，33（3）：289.

[98] 孙友宝，孙媛媛，马晓玲等．中国无机分析化学，2014，4（4）：18.

[99] 张微，张丽微，艾婧娇等．2013，33（4）：521.

[100] 王龙山，郝辉，王光照．岩矿测试，2008，27（4）：287.

[101] 陈蓉，张宏凯．中国无机分析化学，2015，5（4）：44.

[102] 赵刚，谢璐，龙军等．黄金，2015，36（1）：70.

[103] 张家相，吴丽萍，喻娟．冶金标准化与质量，2007，44（3）：12.

[104] 王艳君，蒋晓光，张彦甫等．中国无机分析化学，2015，5（3）：74.

[105] Akbar Montaster，Golightly DW．电感耦合等离子体在原子分析法中的应用．
      北京：人民卫生出版社，1990.

[106] 许红斌．广东科技，2012，（9）：204.

[107] 杨小刚，杜昕，姚亮．现代科学仪器，2012，（3）：139.

第6章　ICP光谱分析中的样品处理

6.1　概述

ICP光谱分析的样品处理是分析全过程的一个重要环节，对分析测试质量有重要影响，某些分析质量问题是产生在样品处理过程。ICP光谱分析对样品处理的要求，除了一般分析技术对样品处理的要求外，还有其特殊要求。一般分析技术都要求样品处理需把待测物全部转化进入溶液，过程中不得损失待测物质，也不得带进待测物质引起样品的污染，消解后的样品溶液应该较长时间内是稳定的。对于ICP光谱分析（ICP质谱也是相同）除了上述要求外还应满足下述要求。

① 把样品转变成最佳分析状态，溶液清亮透明。

② 不能存在粒径$\geqslant 50\mu m$的固形物，尽管这些固形物不含有待测元素，微米级的固形物将堵塞进样系统的雾化器，造成谱线强度降低及精密度下降，甚至完全无法进样。因为ICP光谱仪器的通用同心雾化器的进样毛细管内径只有0.001mm左右。

③ 样品溶液不允许有胶体形态物存在，微克级的胶体物质用肉眼观察不到，但进样时很容易积累在雾化器毛细管喷口内，降低进样量，影响谱线强度。

④ 要求样品溶液中的固形物（又称可溶性总固体）浓度$\leqslant$10mg/mL，也就是要限制称样量，或者增加稀释倍数，使进样溶液含可溶性盐类不能过高，较高的可溶性盐类会造成样品液黏度增加，影响进样，或者沉积在雾化器的喷口，造成喷雾不正常。

⑤ 不能含有腐蚀进样系统的物质存在，这里主要是指氢氟酸或氟离子，除非光谱仪配用的是耐氟进样系统及耐氟炬管。多数进

样系统是玻璃或石英制品，不能抗氢氟酸腐蚀，石英炬管中心管也易被氢氟酸腐蚀。

⑥ 消解后的样品水溶液不宜含显著量的有机物质，有机物在等离子体中要影响等离子体稳定性，影响温度，从而影响谱线强度及光谱背景。

常用的 ICP 光谱分析的样品处理方法如下。

（1）湿法处理　湿法开放式酸溶，湿法开放式碱溶；高压密闭酸溶；微波高压酸消解；微波高压碱溶。

（2）高温熔融。

（3）高温灰化。

6.2　湿法消解常用试剂

湿法开放式酸或碱消解是用酸或碱液在开口容器或密闭容器中分解固体样品，待消解液清亮后，低温蒸发近干，再用少量酸溶解，定容待测。容器可以用锥形烧瓶、高筒烧杯、氟塑料容器等，加热装置可用电热板、控温电热消解器或红外加热消解系统，控温电热消解器用铝合金或石墨加热体，加热温度范围室温～200℃，控温精度 0.2℃，可一次性加热 30～50 个样品，是一种方便、高效的湿法消解装置（见图 6-1）。

图 6-1　控温加热消解器

湿法消解样品主要条件是消解液种类，加热温度与加热时间。

湿法消解处理常用的消解化学试剂是硝酸、盐酸、高氯酸、氢氟酸、过氧化氢等，有时也会用到硫酸等其他试剂。下面介绍几种主要化学试剂。

（1）盐酸 还原性无机酸，沸点110℃，最易挥发的常用无机酸，在开口溶样时易挥发损失。盐酸可溶解金属活泼顺序中氢以前的铁、钴、镍、铬、锌等活泼金属，及多数金属氧化物、氢氧化物、碳酸盐、磷酸盐和多种硫化物，一般不能分解有机物。盐酸中的氯离子可和一些金属离子形成稳定的络合物。由于氯化银等氯化物在酸液中溶解度很低，需要测定银的样品不能用盐酸体系；铬在盐酸体系中，容易生成加热易挥发的氯氧化铬而挥发损失。生成挥发性化合物的元素还有 Sb、As、B、Ge、Se、Sn 等，降低温度可以抑制它们的挥发损失。

（2）硝酸 沸点122℃，浓硝酸是氧化性无机酸，大多数硝酸盐在水溶液中溶解度很高，在 ICP 光谱、ICP 质谱样品消解中用得很多。硝酸兼有酸性和氧化性，溶解能力强、速度快，除铂族金属和某些稀有金属外，硝酸能溶解多数金属及其氧化物、氢氧化物、硫化物。但铝、铬、铁等可生成氧化膜，产生钝化，为了破坏氧化膜，要加盐酸，铬在硝酸-盐酸体系中加热会生成氯化物挥发损失。

（3）硫酸 沸点338℃，是沸点最高的无机酸。热浓硫酸有很强的氧化性，硫酸可溶解铁、钴、镍、锌等金属及其合金，以及铝、锰、铍、钛、铀、钍等矿石。热浓硫酸在消解某些难分解塑料时比较有效。硫酸常用于下列用途：用于赶掉易挥发酸，如 HF、HCl，转换酸体系；利用它的高沸点，溶解难溶样品；脱水剂，可破坏有机物，把碳氧化成 CO_2；常与硝酸一起应用。配制多元素混合标准溶液时应当注意：Ba、Sr、Ca、Pb 的硫酸盐的溶解度很低，很容易沉淀吸附。浓硫酸不宜用于需要加热的 PTFE 容器，氟塑料的熔点327℃，而氟塑料260℃就变形。

（4）高氯酸 沸点203℃。浓热高氯酸有强氧化性，接触有机物易爆炸。一般应先用浓硝酸破坏有机物，再用高氯酸处理。高氯酸分解铬矿石、钨铁矿、氟矿石、镍铬合金、高铬合金、硫化汞矿等比较有效。

（5）氢氟酸　沸点 112℃，是分解含硅材料最有效的无机酸，硅在酸溶液中形成 SiF_6^{2-}，加热可挥发掉，俗称"飞硅"。氢氟酸适用试样：硅酸盐、硅铁、多晶硅、石英石、铬合金、钨铁、铌、钽、锆等稀有金属。氢氟酸溶解样品要在铂器皿及聚四氟乙烯器皿中。

（6）氢氧化钠　氢氧化钠溶液可溶解钼、钨的无水氧化物，两性金属及其合金，如铝、锌的金属及合金。

6.3　常压湿法消解

常压湿法消解是 ICP 光谱分析中应用最广的样品分解方法，大多数样品都可用这种方法分解，它的特点是设备简单，多为普通的手工化学操作，简单普通实验室就可胜任。但由于属于手工操作，实践经验和操作技巧对于溶样的质量有较大影响。另外，对于微量元素测定，实验室环境、器皿的洁净程度和清洗方法有时对测定也有影响。下面列举比较典型的常压湿法消解的处理过程。

（1）铝合金　纯铝和铝合金一般用稀盐酸（1∶1）溶样，为了加速溶解可加少量硝酸或过氧化氢，个别铝合金样品用王水分解。如果测定硅则需用浓氢氧化钠溶液分解样品。

氢氧化钠溶解　称取 0.2g 试样于塑料烧杯中，加入 10%NaOH 20mL，于水浴中加热溶解，待样品分解完全后，滴加 30%H_2O_2 1mL，使样品完全溶解，加（1+1）HNO_3 30mL 使溶液酸化，加热煮沸 2min 除去 H_2O_2，冷却后稀释至 100mL，测定 Si、Mn、Mg、Cr、Cu、Ni、Fe、Ti、Zn。

王水溶解　准确称取 0.100g 试样于 50mL 烧杯中，加 10mL王水，低温溶解，待全部溶解后取下。冷却后转移到 50mL 容量瓶中，加去离子水稀释至刻度。高硅铝合金：准确称取 0.050g 试样于塑料烧杯中，加 10mL 王水至反应结束，加氢氟酸 20 滴，停放一会儿，待黑色颗粒溶解完全，加入 20mL 饱和硼酸，稀释至近 100mL，转入 100mL 容量瓶中定容，混匀后，再转入塑料烧杯中测定硅、锰、铬、铁、钛、铜、镁、镍。

盐酸溶解　称取 0.2500g 试样于 50mL 烧杯中，加少量水润湿试样，再加 15mL 盐酸（1+1），放到电热板上，滴加硝酸低温加热溶解。待溶解后，蒸至近干，冷却，用 3mol/L 盐酸定容至 25mL 容量瓶，测定 Cu、Fe、Mg、Mn、Ni、Zn 和 Ti。

（2）纯金　根据纯金样品中杂质元素的含量，称取 1.0000～5.0000g 试样于 100mL 烧杯中，加入 20mL 的（1+1）王水，盖上表面皿，低温加热，使试样完全溶解，低温蒸发至溶液呈棕褐色（约 2mL），取下，打开表面皿使氮氧化物挥发掉，冷却至室温。用（1+1）王水溶液定容至 50mL 容量瓶中，稀释至刻度。经萃取分离测定 Ag、Cu、Fe、Pb、Sb、Bi、Pd、Ni、Cr、Mn。

（3）铸铁　生铁含碳量较高，也含一定量的硅，高氯酸溶样，并加 HF 除硅。

球墨铸铁　称取 0.2000g 试样于 100mL 烧杯中，加入 5mL 盐酸（1+1）、5mL 硝酸（1+1），低温加热溶解，冒烟至近干，稍冷，加入 10mL 盐酸（1+1）溶解盐类，冷却后定容于 100mL 容量瓶中，摇匀，放置澄清或过滤除沉淀物，测定 La、Ce 和 Y。

（4）普碳钢和低合金钢　称取 0.5000g 样品于 250mL 烧杯中，加 50mL 盐酸-硝酸-水混合溶液（$HCl+HNO_3+H_2O=1:2:7$），低温加热 30min（有浑浊需过滤），置于 100mL 容量瓶中，用水稀释至刻度用氢化物发生法测定 As、Sn、Pb、Sb、Bi。

（5）钢中硫　钢中硫一般以夹杂物的形式存在，主要存在形式是 MnS，用还原性盐酸分解时硫以硫化氢形式溢出而损失，用王水或硝酸溶解样品，测定结果也偏低。研究表明，由于样品溶液中存在以溶胶或悬浮形式的部分集合态硫，经雾化引入等离子体光源激发区，其光谱激发速率小于硫的逃逸速率，使硫的测定结果偏低；样品用王水或硝酸溶解后，再经高氯酸处理，溶液中硫转化成硫酸根进入均相溶液，测定结果准确可靠。

316

王水-高氯酸溶解样品　称取 0.1000g 试样，于 50mL 的烧杯中，加 10mL 水、0.5mL 硝酸、2.0mL 盐酸，低温加热，待样品溶解后，加 2.5mL 高氯酸，继续加热至高氯酸烟冒至瓶口保持 5s，取下，冷却至室温，定容至 20mL，测定硫。

（6）钢中酸溶铝和酸不溶铝及全铝　铝在钢中主要以金属固溶体形式存在，少部分以氧化铝和氮化铝形式存在。金属铝、氮化铝、硫化铝一般能溶于酸中，称为酸溶铝；而氧化铝及尖晶石等难溶于酸，称酸不溶铝，全铝为两者总和。

称取钢铁试样 1.0000g 置于 250mL 锥形瓶中，加入稀盐酸（1＋4）30mL，加热分解试样，待样品完全溶解，取下，加少许纸浆，过滤，以盐酸（1＋9）洗涤沉淀及滤纸 4～5 次，然后以蒸馏水洗涤，残渣移入铂金坩埚中，烘干、灰化、灼烧后，覆盖 1.5g 硫酸氢钠，置于马弗炉中，缓慢升温至 750℃，熔融 1～3min，然后以盐酸（1＋9）浸取，转移至 100mL 容量瓶中，冷却至室温，定容，待测酸不溶铝。滤液冷却至室温，转移至 100mL 容量瓶中，定容，待测酸溶铝，全铝为两者总和。

（7）钨矿石　准确称取 0.2500g 样品于 30mL 聚四氟乙烯坩埚中，加入少量水润湿，加入 HNO_3 4mL、H_3PO_4 1mL、HF 7mL，置于电热板上低温分解完全，蒸至尽干，赶尽 HF，加入 HCl 1mL 和少量水浸取，取下冷却，移入 25mL 比色管中，稀释至刻度，用于光谱测定。

（8）铁矿　准确称取 0.2500g 试样于 200mL 聚四氟乙烯烧杯中，加 10mL 硝酸（$\rho \approx 1.42g/mL$）、10mL 盐酸（$\rho \approx 1.19g/mL$）、2mL 氢氟酸（$\rho \approx 1.13g/mL$）、5mL 高氯酸（$\rho \approx 1.67g/mL$），于电热板上低温溶解，直至蒸至湿盐状不流动，取下样品冷却，然后加入 14mL 盐酸溶液（1＋1）放置在电热板上溶解盐类至溶液透明为止，取下，稀释至 100mL，溶液中含盐酸的体积分数为 7%。测定 K、Na、Pb、Zn、Cu、As。

（9）铅精矿　称取 0.1～0.2g 样品于 250mL 烧杯中，加少量水润湿，加 15mL 硝酸，加热 5min 左右，然后加 20～50mg 氯酸钾，待样品完全溶解，再加硫酸（1+1）4mL，继续加热至近干，取下冷却。用少量水加热溶解盐类，放置 20min，加硝酸（1+1）10mL，加热煮沸，冷却，移入 100mL 容量瓶中，用水稀释至刻度，测定 Zn、Fe、Cu、As、Sb。

（10）沉积岩　溶样时应用混合酸处理样品，加入适量的甘露醇能够抑制硼的挥发。称取 0.5000g 样品于 100mL 铂金皿中，加水润湿，加入 0.5mL 2.5g/L 甘露醇溶液、10mL HF、5mL HNO_3，置于电热板上低温缓慢加热至湿盐状取下，用去离子水冲洗杯壁，加 5mL $HClO_4$，加热。待白烟冒尽时，加入 5mL 8mol/L HNO_3，继续加热至溶液透明，冷却后，用去离子水定容于 50mL 石英容量瓶中，测定 K、Na、Ca、Mg、Fe、Mn、Ni、V、Ga、Cu、Zn、Sr、Ba、Cr 和 B 15 种元素。

（11）碳酸盐岩石　称取 0.2500g 样品于 30mL 聚四氟乙烯坩埚中，加少许水润湿，分别加入适量 HF、HNO_3、$HClO_4$，置于电热板上加热分解，至分解完全，蒸干，加入 6mol/L HCl 5mL 溶解残渣，取下稍冷，定容至 25mL 测 Fe、Al、Ca、Mg、Mn、Ti、Ba、Sr、Cr、La、V、Be、Y、Cu、Zn、Ni、Co、Th、Nb。

（12）聚氯乙烯　称取样品 0.5000g 于 250mL 高脚烧杯中，加入 10mL 硝酸，盖上表面皿，置于电炉上加热，蒸干至样品裂解碳化并全部变成黑色残炭。取下烧杯，冷却后加入硝酸 7mL 和高氯酸 3mL，在 200℃ 电热板上加热至残炭大部分溶解，溶液出现红棕色时，将电热板温度升至 300～400℃ 继续加热，或移至电炉上加热，加热过程中视消解程度分次滴加适量的硝酸-高氯酸混酸（7:3），直至样品消解完全，冷却，定容于 100mL 容量瓶中。

（13）植物　称取植物样品 5.000g 于 250mL 凯氏烧瓶中，加入 20mL（4+1）HNO_3-$HClO_4$ 混合酸于电热板上加热，至冒大量高氯酸浓烟为止，冷却，加入 10mL 蒸馏水继续加热赶酸，用 5% HNO_3 洗至 50mL 容量瓶并定容，测定 Ca，Cd，Cu，Cr，Fe，Mn，Ni，Pb，Se，Sr，Zn 11 种元素。

（14）人参　准确称取生晒参和红参粉末样品 0.1000g 置于聚

四氟乙烯坩埚中，加入 5mL HNO_3 和 0.5mL $HClO_4$，盖上坩埚盖浸泡过夜，第 2 天消解前先将坩埚盖取下，将坩埚置于可控温电热板上，升温至 120℃消化溶解。待试样溶解完全呈透明液时浓缩至体积约为 1.0mL，取下，冷却后将试液转入 10.0mL 容量瓶中，用去离子水定容至刻度，用于测定 Ca、Mg、P、Fe、Mn、Sr、Zn、Ba、Cd、Cu、Pb、Sr、Zn、B、Co、Ni。

（15）人发　精确称取 0.5g 样品于 50mL 烧杯中，加入 5mL HNO_3、1mL $HClO_4$，置于电热板上消解至白烟冒尽后取出（此时残渣呈无色或灰白色，残余酸液＜0.5mL），用超纯水无损耗转移至 10mL 试管中，定容。取消化好的溶液 5～10mL 试管中，加入适量 25% $K_2Cr_2O_7$、0.5mL HNO_3，定容，测定 Hg 含量。

（16）全血　精密移取于（37±2）℃水浴中融化后的全血1.0mL，置于 50mL 广口锥形瓶中，加入 HNO_3-$HClO_4$（体积比为 4∶1）5mL，摇匀，浸泡过夜。次日，将锥形瓶置于电热板上140℃消解至溶液澄清，稍冷，加入去离子水 5mL，移至电热板上继续加热至近干。取下放冷，定量转移至 10mL 量瓶中，用水稀释至刻度，摇匀，待测。

（17）尿样　把冷冻保存的尿样在 37℃水浴 30min，取样3.5mL 于 10mL 具塞刻度试管中，放于定温于 130℃的石墨恒温消化器上，蒸发掉一部分水分至剩余约 1mL 时，加入 65%的超纯硝酸 1mL，继续加热消化至澄清透明时取出，用 2%硝酸定容至7mL，在旋涡混样器上振荡均匀待测。

（18）水产品　精确称取已烘干的鲤鱼样品 5.0000g，加入10mL 硝酸进行消解，样品溶解后，再加热消化至样品基本透明，加入数滴高氯酸，蒸发至近干，加入 100mL 水，加热溶解。

（19）大豆　称取 1.5g 大豆样品置于烧杯中，加入 0.5mL 浓硝酸，放置 24h。在电热板上消解样品至固体样品消失。再加入3mL 硝酸和 3mL 高氯酸，缓慢加热至样品澄清。将样品残液（约3mL）转移至容量瓶中，用水稀释至刻度。

（20）稻米　准确称取 0.50g 置于 10mL 烧杯中，加入 5mL 硝酸和 1mL 高氯酸，电热板上加热消解至溶液清亮，蒸至近干，加入（1+1）盐酸 5mL 溶解残渣，转入 50mL 容量瓶，定容待测。

湿法分解处理样品是既简单又复杂的工作，所用化学试剂是不多的几种无机酸，操作也只是称量、加试剂、加热蒸发等过程，但应注意：①任何分解样品的方法都不是万能的，即使同一类样品，待测的元素不同，样品处理方法也不一样；②开放式化学消解样品的效果与操作者经验和细心程度有关，同一样品用同样试剂和方法，处理结果可能不同，初学者应重视化学操作的基本功；③用盐酸分解时，要注意 Ge(Ⅳ)、As(Ⅲ)、Se(Ⅳ)、Sn(Ⅳ)、Hg(Ⅱ) 等氯化物的挥发损失；④用硝酸分解样品时，在蒸发过程中 Si、Ti、Zr、Nb、Ta、W、Mo、Sn、Sb 等大部分或全部析出沉淀，有的元素则形成难溶的碱式硝酸盐；⑤用盐酸-高氯酸加热 200℃ 冒烟时 B、As、Ge、Sb、Mn、Cr、Se 等可能不同程度地挥发；⑥在测定微量元素时，开放式湿法消解的空白值不仅与消解化学试剂的纯度有关，也与实验环境有关。

6.4 密闭增压湿法化学消解

大气压力下的湿法消解，受消解液的沸点和温度限制，对于某些难分解的样品，消解能力不够，为了完全分解样品，需要延长加热时间，耗费更多化学试剂，导致试剂空白值增加，分析误差增大。为了解决这一问题，用密闭加热提高溶样体系温度，增强消解能力。具体的做法是将试样与消解液放到有盖的氟塑料罐中，置于不锈钢外套内，拧紧盖，在烘箱中加热，保温数小时，冷却至室温后开盖取出氟塑料罐。加热的最高温度不超过 230℃。从常压湿法消解和增压湿法消解实验的结果对比可以得出，对于较难分解的样品，采用增压湿法消解更为有效（见图 6-2）。同常压湿法消解比较，增压湿法消解的优点是，高温高压的消解环境，明显提高消解能力，同时降低试剂消耗，降低试剂空白，改善实验环境；缺点是加热和冷却时间较长，工作效率低。

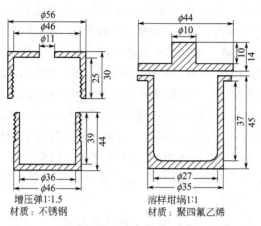

增压弹1:1.5
材质：不锈钢

溶样坩埚1:1
材质：聚四氟乙烯

图 6-2　增压湿法消解罐

　　对于较难消解的样品用高压消解更为有效。下面介绍几个高压湿法消解处理样品的例子。

　　（1）煤飞灰　准确称取干燥过的煤灰 0.1000g，放入聚四氟乙烯溶样罐里，加 2mL 硝酸、1mL 高氯酸，在 180～190℃加热 6h，冷却后，加 20 滴氢氟酸，110℃加热 1h，再加硼酸溶液络合过量的氟离子，定容到 200mL，用于 ICP 光谱测定硅。另取 0.0001g 样，加 1mL 硝酸、1mL 高氯酸，在 180～190℃加热 6h，取出加氢氟酸 25 滴，加热冒烟，再加 0.5mL 氢氟酸，加热赶氟离子，定容 50mL，用于 ICP 光谱测定 Ca、Mg、Fe、Al、Na、K 等。

　　（2）陶瓷和玻璃　用高压消解法处理电子电气产品陶瓷和玻璃样品，用 ICP 光谱法测定铅、镉、铬和汞。称取经低温冷冻破碎成均质材料的陶瓷样品 0.2～0.5g，置于氟塑料压力罐中，加入 8mL 硝酸、2mL 30％过氧化氢，加 5mL 四氟硼酸。盖上聚四氟乙烯盖子，拧紧不锈钢外套，置于烘箱中，在 180℃±5℃加热 4h，待高温压力罐冷却至室温后，将消解液转移至 100mL 塑料容量瓶中，定容。

　　（3）塑料　各种塑料也是较难消解样品，塑料的高压湿法消解过程如下：称取 0.2～0.5g 经低温冷冻破碎成均质材料的塑料样品，置于高温压力罐中，加入 8mL 硝酸、2mL 30％过氧化氢，加 5mL 四氟硼酸。盖上聚四氟乙烯盖子，拧紧不锈钢外套，置于烘箱中，在 180℃±5℃的烘箱中加热，待高温压力罐冷却至室温后，将消解液转移至 100mL 塑料容量瓶中，用 ICP 光谱测定铅、锡、铬等元素。

（4）燃料油　高压消解法条件：称取 0.4g 左右试样（准确到 0.0001g）于 100mL 聚四氟乙烯罐内，加入 10mL HNO_3 和 1mL H_2O_2，盖上盖子，然后装好不锈钢套，放入鼓风干燥箱内，升至 190℃后再恒温 5h 后关闭电源，自然冷却。开罐后将试液转移至 100mL 塑料容量瓶中。用 ICP 光谱仪测定钒、铁、镍、硅、铝、钙、钠、硫等元素。

（5）植物　取 1.0g 金银花于高压消化罐中，加入 10mL 硝酸浸泡 24h，在烘箱中 140℃温度下加热消化 4h，冷却后将消化液转移到 50mL 小烧杯中蒸发至近干，移入 25mL 试管定容，用 ICP 光谱仪测定 Pb、As、Hg、Cd、Ca、Fe、Cu、Zn、Sr 等元素。

（6）氮化硅　称取氮化硅 50～100mg 于氟塑料溶样罐中，加入浓氢氟酸 10mL，加盖，装入不锈钢高压罐中，在平板电炉上加热，当温度升至 230℃时，保持在该温度下分解 30～40min，取出冷却至室温后，加 4％硼酸 10mL。这是一种通用的氮化硅样品处理技术，后续处理视采用的测试技术而定。

影响增压消解各类样品效果的主要因素是加热温度，消解剂种类，样品与消解剂的比例。增压罐消解要注意的是：①为避免化学反应过快而溢出，加试剂后，特别是加高浓度试剂，或试样含有机物时，要开盖放置一段时间然后再加热升温；②尽管聚四氟乙烯可耐温 250℃，但加热温度一般应在 230℃以下，温度高时塑料罐的强度降低，塑料罐容易变形损坏。

6.5　干灰化

6.5.1　干灰化的特点

植物、食品、生物化学类样品，含有大量有机物质，样品处理首先要破坏有机质才能把微量的无机成分释放出来，为了破坏有机质可用氧化性无机酸硝酸、高氯酸及硫酸，也可用干灰化法，将试样置于马弗炉中，在有氧条件下加热到 $450 \sim 600℃$，使有机质氧化分解，生成气态（一氧化碳、二氧化碳、水蒸气等）逸出，剩下无机灰分，用小量无机酸溶解灰分，把有机样品转变为无机样品进行测定。干灰化法用于下述类型样品的处理：树木、茶叶、植物、中草药、食品、海产品、保健品、饲料、饮料、涂料、石油产品等。

干灰化消解样品的特点是可增大取样量，湿法处理及微波处理取样量不超过 1g，一般取数十至数百毫克；并且有机物可彻底除去，降低基体影响。

干灰化的分析程序为：①干燥，脱水后称重，测出干湿比，对于液态样品如口服液、蜂王浆等需先蒸发；②碳化，有机物快速加热会体积膨胀，鼓泡溢出，损失样品并污染加热炉，应先以较低温度碳化，把有机物分解为黑色无机碳，再升温使碳氧化除去，植物、布料、滤纸等直接高温处理可能燃烧样品部分随火焰或气流带走损失，故应逐渐升温，试样先分解；③灰化，升温使碳氧化被除去，颜色由黑色逐渐变浅，最后剩下白色或浅色无机干灰；④酸溶，用硝酸或盐酸分解干灰，得到清亮消解液用于测定，某些灰分要用混酸分解，有时也需要碱熔分解。

6.5.2　干灰化条件

人们容易误解，以为干灰化条件仅是一个温度控制，欲得到最佳的消解结果，干灰化的主要条件应该有三个，除了温度外，还应控制加热时间及添加剂，以下面的灰化试验为例。灰化试样是一树叶，变化加热温度及加热时间，观察灰化的回收率，见表 6-1，数据表明当固定加热时间为 4h，随加热温度升高，分解量也逐渐增加，$550℃$ 时达到最高回收效果，温度再增加，组分损失，数据偏低，从这里可看出，当加热 4h，加热温度应采用 $550℃$，其他温度均不适宜。当加热时间是 6h 条件，则加热温度应为 $500℃$ 最好，而 $550℃$ 则有部分元素开始损失，加热 8h 则应采用加热温度

450℃，其他温度均不适宜。所以选择干灰化条件应该综合考虑温度和时间，单纯考虑一个温度条件是不全面的，其结论往往存在问题。

表 6-1　树叶灰化温度和时间的影响　　单位：mg/kg

温度/℃	时间/h				
	4	6	8	12	16
400	11.5	16.2	18.6		
450	17.3	19.0	20.2	20.2	18.6
500	19.8	20.2	19.8	18.5	16.3
550	20.0	19.2	18.3		
600	18.8	16.9	15.4		
650	16.6	14.1	12.2		
700	13.7	10.9	7.4		

干灰化的另一个影响回收率的因素是样品灰分，也即样品的组成。实验中可能遇到，在同样温度和时间条件下，不同纯度样品的回收率不同，纯度差的回收率高，而纯度高的样品损失大，回收率低。所以，在灰化高纯样品（灰分少）时加少量盐类或氧化物有助于提高回收率，减少损失，这类添加物又叫载体，它的作用是把灰化产生的微量杂质吸附收集，免被容器吸附或被灰化气流带走。用何种物质作为灰化添加剂还未见有明确结论，笔者在灰化高纯石墨时采用过氧化镁及碳酸钙粉，童式国等人采用 SU-1 添加剂灰化航空润滑油，它是一种含硫、钠的物质。用硝酸作为灰助剂 450℃灰化分解中成药，有学者认为灰化树叶时用硝酸盐添加剂效果不好，而用氢氧化钙较好。

6.5.3　干灰化处理样品典型示例

表 6-2 列出用干灰化法处理样品的条件及测定元素。

表 6-2　各种样品干灰化条件及测定元素

样品	灰化条件	消解试剂	测定元素
树木年轮	0.2～1g，500℃，2h	盐酸，硝酸	22 种元素

样品	灰化条件	消解试剂	测定元素
茶叶	1g,550℃,4h	盐酸	Al、Ca、Cu、Fe、K、Mg、Mn、Na、Sr 等 10 种元素
橘叶	0.5g,650℃,4h	磷酸,硫酸,氢氟酸	Zn、B
口服液	500℃,1h 10mL,电热蒸干	盐酸	14 种元素
车间空气滤膜	500℃,4h	硝酸	Mn
丹参	1g,500℃,6h	硝酸	Cd、Pb
蜂王浆	1g,蒸发,500℃,1h	硝酸,盐酸	Co、Cr、Cu、Fe、Mn、Ni、Sn、V、Zn、Ca、Mg、Na
润滑油	5g,700℃,1h 加灰化剂	盐酸	Fe、Cu、Cr、Ti
膨化食品	1g,550℃,3h	盐酸	Al
水产品	2g,600℃,4h	硝酸,盐酸	Al、Ca、Cr、Cu、Fe、Mg、Mn、Ni、Se、Sb、Sn、V、Zn、Cd、As、Pb、Hg
中成药	450℃		As
石油焦	600℃灰化后加硼酸锂熔融		Fe、Si、Ti
植物	0.5g,450~500℃,2h	盐酸	18 种元素
食品	1~3g,580℃,4h	硝酸	Al
饲料	0.5g,550℃,3h	硝酸,盐酸	Ca、P
中成药	1~1.5g,450℃,4h	王水	As、Cd、Cr、Pb、Sb、Sn

6.6 熔融分解处理样品

前面所述的湿法消解、高压消解以及后面将介绍的微波消解三种分解样品的方法在处理硅酸盐样品时遇到困难，常用无机酸中，硝酸、盐酸、硫酸都无法有效分解高含量硅酸盐及氧化硅的样品，氢氟酸及硅氟酸虽然可有效分解这些物质，但 ICP 光谱仪及 ICP 质谱仪的进样系统和炬管多是玻璃或石英材料，不耐氢氟酸的腐蚀，为了消除氢氟酸的影响，通常需要转换溶液体系，用高沸点的无机酸（多用高氯酸）加热挥发除去氟化物，所生成的 SlF_4 也挥发逸出，然后再用硝酸或盐酸溶解残留物。

在地质矿物类样的化学分析领域，长期以来采用碱熔法分解岩矿样品，为了测定硅酸盐类样品中氧化硅，高温碱熔是通用的样品分解法。通常将岩矿样品粉碎至 200 目。与熔剂混合于高温炉中加热到熔融，用酸浸出可溶成分，用于 ICP 光谱或 ICP 质谱测定。熔样后的玻璃熔珠有一定的机械强度且不吸水，取出后一般的溶解方法是采用超声波、机械搅拌方法使之溶解。

6.6.1　熔剂种类及性质

熔融分解样品的熔剂有多种，下面介绍几种常用的熔剂性质。

（1）**无水碳酸钠**　分子量 105.99，熔点约 854℃，分解样品时熔样温度 950～1000℃，熔融 30～40min，有些需要 60min。加过氧化钠可增强分解能力，降低熔融温度到 850℃，但会增加容器的腐蚀。

（2）**氢氧化钠（氢氧化钾）**　其熔点较低，只有 318.4℃，分解样品能力也较强，但对铂器皿有强腐蚀。

（3）**过氧化钠**　分子量 77.98，加热 460℃分解，它是很强的氧化剂，分解样品能力居各熔剂之首，熔融样品的分解温度较低，一般用 500℃熔融。其最大缺点是对各类坩埚都有很强的腐蚀性。

（4）**偏硼酸锂（$LiBO_2$）**　它是非氧化熔剂，是硅酸盐最有效熔剂，由碳酸锂粉末和硼酸粉末按摩尔比 1：2 混合，缓慢加热到 625℃，保温 30～60min 制成。

用偏硼酸锂分析样品的熔融温度为 950～1050℃，用铂金器皿或石墨坩埚，熔融时间一般 15～20min。偏硼酸锂熔融样品的缺点是熔块提取较难。采用 $LiBO_2$ 熔融得熔珠后浸入 1.2mol/L HCl 中，如果边加热边进行溶解、或先加热后搅拌溶解的话，会有白色沉淀物出现，并且测定的硅值偏低。电子探针 X 射线能谱图分析表明，白色沉淀物成分为硅酸。利用加大稀释体积的方法进行溶解，就可以不出现硅酸。但如用 ICP 光谱法测定微量元素测定，就不可能高倍稀释，文献推荐的方法是：采取了先搅拌 20min 而后看溶解程度，如果难溶解再边加热边搅拌，即可避免出现沉淀物的现象，而且溶解得完全彻底。

实验表明，浸出液酸度较高也可导致硅酸析出。

除了用偏硼酸锂熔融分解矿石样品外，还可以用其他硼-锂盐分解样品，例如碳酸锂-硼酸，四硼酸钠-碳酸钠，四硼酸锂-溴化钾，四硼酸锂-硼酸，碳酸锂-三氧化二硼等。

6.6.2 常用熔融法处理的样品及使用条件

表 6-3 为高温熔融处理各种样品的条件及测定的元素。

表 6-3 高温熔融样品处理条件及测定元素

样品	熔剂	坩埚材料	熔融温度及时间	ICP 光谱法测定元素
硅酸盐	偏硼酸锂	—	980℃,20min	K、Na 等 10 组分
石材	偏硼酸锂	石墨	—	Si、Al、Fe、Mg、Ca、K、Na
氧化铝	偏硼酸锂	石墨坩埚	高温炉	Si、Fe、Cu、Mg、Ti、Cr、Ni、Cd、Zn、Mn、V、K、Na
玻璃固化体	偏硼酸锂	—	1000℃,15min	Al、Ca、Fe、Mg、Na、Si、Ti、Zr
土壤	偏硼酸锂	石墨坩埚	1000℃,30min	Si、K、Na、Al、Ca、Mg、P、Mn、Ti
岩石	偏硼酸锂	石墨坩埚	1000℃,20min	Si、Na、Ca、Mg、Fe、Ti、Mn、Ba、Sr、V、Zr
硫化物矿硅酸盐相	偏硼酸锂	石墨坩埚	1050℃,15min	Si、A、Ca、Mg、K、Fe、Na、Ti、Mn、P
生物样品灰	偏硼酸锂	石墨	1000℃,15min	Si、Ca、Mg、Al、Fe、Mn、P、Sr、Ti
天青石	碳酸钠,草酸,硝酸钾	瓷坩埚	720℃,60min	Sr、Ca、Ba、Mg、Fe
锰矿石	氢氧化钠,过氧化钠	铂坩埚	600℃,20min	Si、Mn、Fe、Al、Ba、Mg、K、Cu、Ni、Zn、P、Ti
硅酸盐	氧化硼,碳酸锂		800～900℃	—
口香糖灰	氢氧化钠	镍坩埚	700℃,2min	Ti
锰矿	氢氧化钾,过氧化钠	镍坩埚	600℃,20min	SiO_2

样品	熔剂	坩埚材料	熔融温度及时间	ICP 光谱法测定元素
锰矿	四硼酸钠,碳酸钠	铂坩埚	900℃,20min	Fe、Al、Si、Ca、Mg、P、Ti
陶瓷	四硼酸锂,溴化钾	铂-金	高频熔融	Mg、Ca、Fe、Al、Ti、Zr
水泥熟料	氢氧化钠	银坩埚	650～700℃,20min	Fe、Al、Mg、Ti、Mn
岩石	过氧化钠	铝坩埚	650℃	15 种稀土元素
电厂煤灰	四硼酸锂,硼酸	铂坩埚	1000℃,20min	K、Na、Ca、Mg、Fe、Mn、Si、Al、Ti、S、P
玻璃澄清剂	四硼酸钠,碳酸钠	铂坩埚	煤气灯,30min	As
铈矿	碳酸钠,过氧化钠	铂坩埚	850℃,60min	As、Sb

6.6.3 碱熔分解样品处理过程

碱熔处理样品的操作比湿法消解过程复杂,现举例说明

(1)偏硼酸锂熔矿-超声提取处理岩石水系沉积物土壤样品 在 25mL 瓷坩埚中填充 2/3 石墨粉,用自制模具,用力压入瓷坩埚中,压成一石墨坩埚状,倒掉多余的石墨粉,备用。一个坩埚制备一个样品,样品熔融冷却后,取出熔融块,倒掉石墨粉,瓷坩埚可重复使用。称取 0.1g(精确至 0.0001g)样品和 0.5g(精确至 0.0001g)LiBO₂ 于 15mL 小瓷坩埚内,用玻璃棒混匀样品,然后转移至制备好的石墨粉坩埚内。将坩埚放入已升温至 1000℃的高温马弗炉中,恒温 30min 后取出,冷却后用镊子取出球状熔融物,放入已盛有 40mL 10% HNO₃ 的 100mL 烧杯中,将烧杯放入超声波清洗器中振荡约 30min,待熔融物完全溶解后,将烧杯中的溶液转移到 100mL 容量瓶中,用水稀释至刻度,摇匀,待测。一次进样用 ICP 光谱可以同时测定 Si、Al、Fe、Ca、Mg、K、Na、

P、Mn、Ti 10 种元素。

（2）偏硼酸锂熔融处理硅酸盐岩石　准确称取 0.1000g 岩石粉末（粒度 200 目），放入瓷坩埚内与 0.300g 偏硼酸锂充分搅拌均匀，将混合物转移到预先已烧过的石墨坩埚中，在 1000℃的马弗炉内熔融 20min，取出，将赤热的熔珠投入 50mL 稀硝酸溶液（0.4mol/L）中，用电磁搅拌器搅拌 30min，在不加热的条件下溶解熔珠，溶液转入 100mL 容量瓶中，用去离子水定容，用致密滤纸过滤到塑料瓶中，用 ICP 光谱测定 Si、Fe、Al、Ca、Mg、Na、K、Mn、Ti、P 等元素。

（3）粉煤灰　精确称取灰样 0.1g（准确至 0.0001g）、偏硼酸锂 0.4g，置于石墨坩埚中（样品夹裹在偏硼酸锂中），再将石墨坩埚放入高温炉中加热，直至生成一种清亮熔珠后取出，冷却至室温，倒入盛有 50mL 5％硝酸的烧杯中，在电热板上加热至熔珠完全溶解，取下冷却，转移至 100mL 容量瓶中，用 5％硝酸定容，测定 Si、Al、Fe、Ca、Mg、S、K、Na。

（4）氧化铝　精确称取氧化铝样品 0.1g（准确至 0.0001g）、偏硼酸锂 0.4g 置石墨坩埚中（样品夹裹在偏硼酸锂中），再将石墨坩埚放入高温炉中，直至生成一种清亮熔珠后取出，待熔珠冷却至室温后，将熔珠倒入盛有 50mL 5％硝酸的烧杯中，在电热板上加热至熔珠完全溶解后，取下冷却，转移至 100mL 容量瓶中，用 5％硝酸定容，摇匀，测定 Ca、Si、Fe、Cu、Mg、Ti、Cr、Ni、Cd、Zn、Mn、V、K、Na。

（5）陶瓷　精确称取样品 0.4000g 于铂坩埚中，加 2.000g 固体四硼酸锂、约 60mg 溴化钾，搅匀，在高频炉上自动熔样，冷却，将熔好的熔珠扣出，放入加有 30mL 盐酸和 50mL 水的烧杯中，在电热板上加热至熔珠完全溶解后，试液清澈透明，取下冷却，转移至 500mL 容量瓶中，定容，ICP 光谱测定 Ca、Mg、Fe、Al、Ti、Zr。

（6）铁矿石　称取 0.1000g 样品于定量滤纸上，称 0.5g 混合熔剂（碳酸锂＋偏硼酸锂 2∶1）与之充分混匀，包好后，置于预先垫有石墨粉的瓷坩埚中（石墨粉预先于 850℃ 高温处理）。于 400℃ 炉膛口灰化后，再移入马弗炉中，升温至 850℃，保持 10min，取下冷却，用镊子将熔珠取出，扫净表面石墨粉，用 10mL 稀盐酸（1＋1）加热浸取，冷却后移至 100mL 比色管中，稀释至刻度，摇匀过滤后，取滤液测定 Ca、Mg、Ti、Mn、Al。

　　样品熔融的成功与否与下述操作有关：①粉末样品粒度，粒度大的样品在 20min 钟内不易熔融完全；②粉末样品与粉末状熔剂要混合均匀；③加热温度达到规定数值，马弗炉内不同部位温度不均匀；④样品与熔剂的比例要达到要求，用偏硼酸锂熔剂时，样品与熔剂比例（1∶3）～（1∶5）；⑤熔珠要趁热放入浸出酸液，或将白金坩埚底部浸入冷水，使熔块激冷破碎；⑥浸出液的酸的浓度不宜过高，一般为 4%～6% 的稀硝酸，不宜超过 10% 的酸度，酸度偏高也易出现硅酸沉淀。

6.7　微波消解处理样品

　　各种灵敏、快速的分析仪器和分析技术发展很快，传统的样品制备方法已不相适应，用于样品化学前处理的时间往往是分析仪器测定时间的数倍。一些年来，分析工作者一直在探索一种简单、安全、快速的样品制备方法，微波消解正是在这种情况下产生的一种样品制备技术（见图 6-3）。微波加热是内加热过程，样品在高温高压与密闭容器消解，使样品溶解过程迅速可靠，易于控制。目前，微波溶样技术已发展成为比较完善的溶样系统而被原子光谱分析工作者重视，同时已有许多类型的专用微波消解仪器可供选用。与传统的加热消解样品相比，微波消解样品最突出的优点是分解样品能力强、消解速度快，不仅节省时间，而且可以大大减少待测元素的污染。

6.7.1　微波溶样的原理

　　微波是频率在 300～300000MHz 的电磁波。微波能穿透物质，直接把能量辐射到含有介电特性的物质上。在工业及科学研究中 4

图 6-3　微波消解炉

种常用的微波频率是（915±25）MHz、（2450±13）MHz、（5800±175）MHz、（22125±125）MHz，其中最常用的是 2450MHz。微波产生的交变磁场使极性分子高速振荡，分子间"摩擦"产生热量，加热样品。吸收微波的分子（如水或酸）的永久电偶极会因微波电场的感应而转动或振动，分子间的互相摩擦把动能变成热能提高液体的温度。微波电场频率很高，因而可迅速地使液体加热。各种材料与微波的作用不同：金属材料，微波不能进入导体，只能在表面反射；绝缘材料，如玻璃、石英、陶瓷、聚四氟乙烯、聚乙烯等一般作为容器，微波可以穿透它们只吸收少量微波；极性物质，如水、盐、酸、乙醇、聚氯乙烯、纤维、蛋白质、血清、动植物胶等极性物质可强烈吸收微波，可快速被加热。

6.7.2　微波消解处理样品的特点

微波消解处理样品具有如下特点。

① 微波加热是样品照射微波能被加热（内热法），而容器与炉体导体和绝缘材料不被加热，能量的有效利用率高，加热效率较高。

② 微波穿透深度强，加热均匀，可在密闭容器加热。

③ 密闭微波消解在高温高压下进行，对样品的分解能力强，可分解开放式常压湿法消解难分解的样品，对某些难溶样品的分解尤为有效。例如，用湿法分解锆英石，即使对不稳定的锆英石样品，在200℃也需要加热2天，用微波加热在2h之内即可分解完成。

④ 密闭加热，溶剂无挥发损失，化学试剂用量少。

⑤ 因密闭容器消解，不受周围环境污染，试剂用量少，空白值较低，有利于微量元素的测定。

⑥ 安全，不影响周围环境。

⑦ 可有效控制分解样品的温度、压力及时间，程序化操作，易于重复。

⑧ 易挥发元素如As、Hg等可被保留在消化溶液，防止挥发造成结果的偏差。

6.7.3 微波消解装置

微波消解设备由微波炉和消解罐组成。实验室专用微波炉具有防腐蚀的排放装置和具有耐各种酸腐蚀的涂料，以保护炉腔（见图6-4）。它有压力或温度控制系统，能实时监控消解操作中的压力或温度。其磁控管工作时间为1s，使微波场强均匀，以保证消解条件的重复稳定。消解罐的材料需用低耗散微波的材料制成，即这种

图 6-4　上海新仪微波消解仪

材料不吸收微波能却能允许微波通过，它必须具有化学性能稳定和热稳定性，聚四氟乙烯、PFA（全氟烷氧基乙烯）都是制作消解罐的理想材料。耐压 8.3×10^5 Pa（120psi）微波炉的安全运行十分重要，有温度传感器和压力传感器实时测量并显示样品罐内压力和温度。当消解罐内压力过高时应能自动泄压，可采用安全膜爆破泄压，或如图 6-5 所示方式泄压。

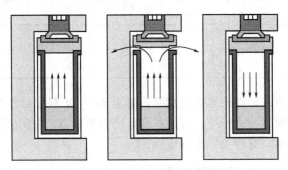

图 6-5　微波消解仪安全泄压原理

表 6-4　国内商品微波消解仪类型及参数

型号	微波功率/W	最高压力/psi	最高温度/℃	内罐材料	生产厂家
MARS	0～1600W	800,1500,2200	260,300	PFA,TFM,石英可选	美国 CEM
ETOHS MLS-1200	1200	3000（200bar）			Milestone 代理莱伯泰克公司
Multiwave 3000	1400	工作压力40bar	工作温度240,最高工作温度250～300	PFA,石英	奥地利安东帕微波消解萃取仪
EXCEL-D	0～1500	6MPa（900psi）	250	TFM(改性聚乙烯)	上海屺尧微波化学公司
MDS-10	1800	15MPa（2250psi）控压范围0～10MPa	0～300		上海新仪微波化学公司

型号	微波功率/W	最高压力/psi	最高温度/℃	内罐材料	生产厂家
MD-6	1200	控压范围 0～6MPa	0～300		北京盈安美诚科学仪器公司
MD8H	有效功率 1200	0～10MPa (15psi)	0～300		成都奥谱勒仪器公司
XT-9900	1000W	0～4.0MPa	最高 250		上海新拓微波溶样测试技术公司

国内商品微波消解仪类型及参数见表 6-4，各家微波消解仪技术指标的表达方式不同，有的是最高功率和压力，有的表达为工作压力和功率，有些指标欠可比性。

6.7.4 微波消解用酸的选择

消解的目的是希望用酸分解样品基体，使所感兴趣的组分形成可溶盐从而转移到溶液中。对于 ICP-AES 和 ICP-MS 而言，样品消解必须把固体样品全部分解，不允许有固形物或胶体存在于消解液中，以免堵塞雾化进样装置。但应注意，浓硫酸的沸点高达 338℃，而由氟塑料制造的消解罐也只能承受 200 余摄氏度的温度，容易损坏罐体，要注意加热温度不能过高。硝酸、氢氟酸、高氯酸及过氧化氢是微波消解常用的消解液。它们都是良好的微波吸收体，当微波能被直接加到密闭透射微波的塑料容器中的酸时，酸及样品电解质被快速加热。如何选用单一酸或混合酸，关键要看其分解基体的效果如何。

6.7.5 微波消解在 ICP-AES 分析中的应用

6.7.5.1 环境类

（1）密闭微波消解大气颗粒物 大气颗粒物指除空气之外的所有包含在大气中的物质，包括所有的固体或液体气溶胶。其中有固体的烟尘、灰尘、烟雾，以及液体的云雾和雾滴。粒径的分布大到

$200\mu m$，小到 $0.1\mu m$。大气颗粒物中通常含有浓度差别很大的多种元素，由于大气颗粒物化学成分复杂，而且含有大量的有机质、硅酸盐等基体，试样处理比较困难。传统的熔融法和湿法消化繁琐，消化操作中易被污染，而且样品需要分别处理，如测 Si 需加 NaOH 或 Na_2CO_3 高温熔融，测其他元素则用敞开式酸消解。本法利用密闭微波消解的方法，可通过提高消解液温度及压力加速反应进行，使反应物发生快速分解，减少分解所需的时间，提高工作效率，并且可减少分析过程中的污染，降低试剂用量，减少易挥发物质的损失，增加操作安全性。样品处理程序是先用过滤膜收集大气颗粒物，将采集的含有颗粒物的膜用硝酸-盐酸-过氧化氢-氢氟酸体系进行消解并经饱和硼酸溶液络合后上机测定元素组分。

① 仪器及试剂　speedwave MWS-3＋型微波消解系统（德国 Berghof 公司），含 12 个 Teflon-TFM 的高压消解罐。采用无接触红外测温，全自动实时监控每一消化罐内的温度及消化过程，可设定相应的温度和压力消解程序。试剂：盐酸、硝酸、氢氟酸、过氧化氢、硼酸均为优级纯，实验用去离子水。所有玻璃容器在使用前均需在 10% 硝酸溶液中浸泡过夜并用自来水和去离子冲洗干净。

② 样品采集与处理　大气环境 PM_{10} 样品的采集用中流量 TH-16A 四通道采样器进行。选用混合纤维素滤膜（或特氟隆滤膜）作为采样滤料。样品处理：用塑料镊子将试样滤膜放入干净的 Teflon-TFM 样品消解罐中，加入少许水润湿滤膜样品，然后依次加入 3mL HNO_3、1.5mL HCl、0.3mL H_2O_2、0.8mL HF，轻轻摇动消解罐，使样品完全被酸浸没，放置一段时间进行一下预反应，然后加顶盖、Al 防爆膜、容器盖（包括两个压力盖）；将样品消解罐置于有排气管的转子上，排气管与消解罐相连，消解罐对称放置；设置升温程序（见表 6-5），按开始键进行消解。消解完毕并待样品消解罐冷却后，取下并打开消解罐，加入 20mL 饱和硼酸溶液，以络合过量的氟离子，再进行一次密闭微波消解，消解完毕后定容 50mL，用光谱仪测定 Al、Ba、Ca、Cd、Cr、Cu、Fe、K、Mg、Mn、Na、Ni、Pb、Sc、Ti、V、Zn、Si、P。

表 6-5　微波消解程序

消解步骤	1	2	3
消解温度 $T/℃$	160	195	100
升(降)温时间 t_a/s	5	3	2
保温时间 t/s	15	20	5

（2）微波消解土壤及植物样品

① 样品的采集及预处理　采集土壤和植物样品，将采集的试样混合后，反复按四分法弃取，收集 1kg 样品，土壤样品自然风干后在研钵中磨细，分别过 20 目和 80 目筛，备用。准确称取 0.5g（精确至 0.0001g）样品，置于 100mL 聚四氟乙烯消解罐中，用少量水润湿后加入混合酸浸泡过夜，次日放入密闭式微波消解仪中，以多步消解的方式（5atm/2min → 10atm/3min → 15atm/5min → 20atm/10min）消解，然后使消解罐冷却，再移至电热板上 180℃加热赶酸，样品蒸至近干时取下冷却，移至 100mL 容量瓶中，用 3% 硝酸定容。

② 微波消解条件的选择　分别用 HNO_3-HF-$HClO_4$ 和 HNO_3-HF-H_2O_2 及三种混酸消解体系及不同的酸用量，进行了比较。结果表明，酸比例 4:5:2 的 HNO_3-HF-$HClO_4$ 效果最佳。如果土壤含有更多硅化合物的尾矿土壤时，HF 的比例应有所增加。各种不同土壤，酸的比例应有所差别。消解植物常见的混酸体系有 HNO_3-$HClO_4$、HNO_3-H_2O_2 和 HNO_3-HCl，对于禾本科植物，酸比例为 8:2 的 HNO_3-$HClO_4$ 效果最佳。

（3）湖泊沉积物微波消解

① 仪器与试剂　MDS-2002A 型密闭微波消解仪（上海新仪微波化学科技有限公司）；台湾艾柯超纯水系统（成都康宁实验专用设备厂）。HNO_3（优级纯）含量 65%～68%；HCl（优级纯）含量 36%～38%；$HClO_4$（分析纯）含量 70.0%～72.0%；H_2O_2（分析纯）含量 30%。实验用水为超纯水。

② 微波消解步骤　准确称取 0.1～0.5g 样品，加少量超纯水

润湿后加入消解液混合均匀。然后在 180℃ 电热板上加热预处理约 15min，让大量棕色或白色气体释放出后停止加热。把预处理好的样品装罐后放入密闭式微波消解系统中设置消解步骤进行消解。消解完毕用风机使消解罐冷却，然后移至 100mL 聚四氟乙烯烧杯中，少量超纯水洗涤，并入烧杯，置于电热板上加热赶酸，待样品蒸发至近干时取下冷却，再加 1% 稀硝酸，电热板上恒温溶解残渣，转入 100mL 容量瓶，2% 硝酸定容，用于 ICP 光谱测定。

③ 消解体系的选择　称取 0.2g 样品，分别选择不同量的 HNO_3-HF-H_2O_2 酸体系及消解工序进行消解，酸用量、消解工序及消解后的外观结果如表 6-6 所示。结果表明，第二种酸比例及消解程序消解效果最好。

表 6-6　酸比例及消解程序与消解效果

序号		酸用量 /mL	消解工序		外观结果
			压力/atm	时间/min	
1	HNO_3	4	10	5	基本澄清
	HF	2	15	10	
	H_2O_2	2	20	10	
			5	3	
2	HNO_3	4	10	2	澄清
	HF	4	15	5	
	H_2O_2	2	20	10	
			5	3	
3	HNO_3	5	10	2	较澄清
	HF	4	15	5	
	H_2O_2	2	20	10	
			5	3	
4	HNO_3	5	10	5	较澄清
	HF	4	15	10	
	H_2O_2	2	20	30	

（4）煤飞灰

① 仪器与试剂　微波炉（日本产），1200W，高纯酸，MilliQ 高纯水。

② 微波消解　准确称取 30mg 试样，转移到聚碳酸酯消解罐中，加 0.5mL 盐酸，0.50mL 氢氟酸、0.25mL 硝酸，放入微波炉内。加热程序：20％功率 5min，10％功率 10min，试样完全分解，冷却后转移到容量瓶中并用水定容到 30mL，用 ICP-AES 测定微量元素，用 IC-ICP-AES 测定 Cr(Ⅲ) 和 Cr(Ⅵ)。

6.7.5.2　生化类

（1）微波消解全血中的元素

① 仪器与试剂　微波消解仪（MICHEN MD 6 系列），优级纯硝酸，分析纯过氧化氢。

② 样品处理　抽取人血液约 2mL 放入含有肝素抗凝剂的塑料管中，冷冻保存，测定前取出样品，室温下解冻后，称样。样品消解：精密称取样品约 0.3g 于微波消解罐中，加入 3mL 硝酸和 1mL 双氧水后，微波消解处理。消解好的溶液用 5％硝酸定容 10mL，用 ICP-AES 测定 Cu、Zn、Fe、Mg。样品消解程序见表 6-7。如果单独用硝酸消解，所得消解液颜色较深且略带浑浊，表明有机物分解不完全。加入过氧化氢可以满足消解过程的化学需氧量，使消解更完全。

表 6-7　消解程序

升温步骤	温度/℃	保持时间/min	升温斜率/(℃/min)
1	120	5	8
2	180	3	8

（2）微波消解人发样品

① 仪器与试剂　MDS-200 微波消解炉（美国 CEM 公司）；HNO_3（工艺超纯）；H_2O_2（优级纯）；实验用水为电阻＞18MΩ 的高纯水。

② 操作方法　称取 0.2000g 经洗涤处理的试样于聚四氟乙烯

消解罐中，加入 5mL HNO_3、1.5mL H_2O_2，用少量水冲洗消解罐，摇匀，上盖，旋紧，插上导管，放入微波炉转盘中。用下列程序消解：P1 50%，PSI 1，20，T1 10min；P2，50；PSI 2，40；T2，10min；P3，50%，PSI 3，85；T3，10min；P4，50；PSI 4，130；T4，10min。冷却，旋松盖帽，将溶液移入 100mL 容量瓶中，用于光谱测定发样中的 Mn、Mo、Ge。

③ 微波消解参数的选择　发样基体为角质蛋白，一般用混合酸消化。常用湿法消化的消化剂有 HNO_3-H_2O_2、HNO_3-$HClO_4$ 混合酸。HNO_3-$HClO_4$ 消化样品，条件不易控制，故多用 HNO_3-H_2O_2 为消化剂，选择功率为 40%、50% 和 60%，对同一样品进行消解，结果见表 6-8。试验表明，选择微波消解功率为 50% 时，即可消解完全。采用同一消化功率 50%，以不同消解时间对同一样品进行试验，结果见表 6-9，试验表明，采用第一阶段：P1，50%，PSI，20，T1，10min；采用第二阶段 P2，50%；PSI，40；T2，10min；采用第三阶段 P3，50%，PSI，85；T3，10min；采用第四阶段 P4，50%；PSI，130；T4，10min，样品可消化完全。

表 6-8　功率的影响

功率/%	所得溶液状态
40	浑浊
50	溶液清亮
60	溶液清亮

表 6-9　消解时间的影响

消解时间($T_1+T_2+T_3+T_4$)/min	所得溶液状态
5＋5＋5＋5	有大量残渣
10＋10＋10＋10	溶液清亮
10＋15＋15＋10	溶液清亮

（3）血、尿的微波消解

① 仪器与试剂　微波消解炉（上海微波技术应用研究所）；浓

硝酸（优级纯）；浓双氧水（优级纯）；1%硝酸。

② 尿样处理 取 5mL 尿样，加入 3mL 浓硝酸和 2mL 双氧水过夜，然后置于微波消解炉上进行处理，分别Ⅰ挡加热 3min，在预处理炉上低温加热，赶去多余的酸，用双蒸水定容至 25mL，备用。

③ 血液样品处理 取 1mL 全血样品，加入 3mL 浓硝酸和 2mL 双氧水过夜，然后置于微波消解炉上进行处理，分别Ⅰ挡加热 3min，在预处理炉上低温加热，赶去多余的酸，用双蒸水定容至 25mL，ICP-AES 测定砷、镉、钴、铬、铜、镍、铅、硒、锡、铊。

6.7.5.3 钢铁和铁矿石

（1）微波消解钢中总硼

① 仪器与试剂 CEM 公司生产的 MDS-2100 型微波消解装置，功率 950W，UDV-10 型密闭消解容器，耐氢氟酸雾化器，盐酸；硝酸；氢氟酸。

② 样品消解 称取 0.5000g 试样于 UDV 消解罐中，加入消解酸，待剧烈反应结束后，盖上盖子，装好防爆膜，置于微波装置内，连接好压力传感器，按设定的程序进行加热，程序结束后，冷却至室温，移入 100mL 塑料容量瓶中，用水稀释至刻度，混匀后在 ICP-AES 仪上测定硼的含量。

③ 微波功率 采用 40% 功率，微波压力：在微波功率 40%，消解时间 TIME 35min/TAP 20min 的条件下，改变微波压力，对样品进行消解后，ICP-AES 测定样品中硼的含量，结果见表 6-10。A135 为低合金钢，试样总硼含量应是 0.010%，试样 905373 是模具钢，总硼量应为 0.0135%。数据表明，微波压力的改变对消解效果没有明显的影响，选用较为适中的压力 100psi 即可。

表 6-10 微波压力对测定结果的影响（%）

压力/psi	50	80	100	120	150
A135	0.0115	0.0120	0.0120	0.0117	0.0122
905373	0.0040	0.0041	0.0040	0.0042	0.0042

④ 微波消解时间　在微波功率 40%，微波压力 100psi 的条件下，改变消解时间 TIME/TAP，测定钢中硼的含量，结果见表 6-11。试样 A246 是低合金钢，总硼量应是 0.0049%。表 6-11 可以看出，微波消解时间对消解效果有一定影响，当 TIME/TAP 在 25min/10min-45min/30min 之间，效果比较好，选用 35min/20min 作为消解时间。

表 6-11　微波消解时间对测定结果的影响（%）

TIME(min)/TAP(min)	10/5	25/10	35/20	45/30	55/40
A135	0.0104	0.0106	0.0114	0.0116	0.0106
A246	0.0048	0.0052	0.0054	0.0052	0.0047

⑤ 消解用酸　在上述消解条件下，用不同的无机酸组合进行消解比较，测定钢中硼的含量，结果见表 6-12。表 6-12 说明，HF 的存在对样品的消解起着决定性的作用，但只用 HNO_3 或 HCl，即使加入 HF，样品也不能完全分解。本试验采用 $HCl+HNO_3+HF$ 作为消解酸，其用量为（3+1+1）mL。

表 6-12　各种酸的消解效果（BT%）

消解酸 /mL	HCl+ HF	HNO_3+ HF	HCl+ HNO_3	HCl+HNO_3+ HF	HCl+HNO_3+ HF
	5+1	5+1	3+1	6+2+2	3+1+1
A135		0.0094	0.0008	0.0091	0.0119
A246	0.005	0.0035	<0.0005	0.0051	0.0052

（2）Cr12 高碳钢样品微波消解　Cr12 钢（碳含量 2.00%～2.30%）是一种应用广泛的冷作模具钢。由于碳含量可以高达 2.3%，常温用王水等酸溶液消解会有大量的碳析出，消解不完全。造成铬等元素的测试受到严重干扰（测量值严重偏低）。采用微波消解技术处理样品，在选定条件下钢材中的碳可以很好的消解。

仪器：MWS-3 微波消解系统。

样品处理：称取 0.1000g 样品于微波消解罐内，加入 12mL 新鲜配制的王水，摇动，待反应停止后，盖上密封盖，装好防爆膜，置入微波消解器内。按表 6-13 设定的程序进行加热。程序结束后冷却至室温，打开罐盖用水冲洗内盖及罐壁，滴加 0.5mL HF（40%）摇匀，静置几分钟，加 5mL 饱和硼酸溶液中和过量的 HF。移入 250mL 塑料容量瓶中，用 1mol/L 的盐酸稀释到刻度，混匀，用于测定。

表 6-13　微波测定条件

步骤	升温时间/min	功率/%	温度/℃	保温时间/min
1	5	60	130	5
2	5	60	210	10
3	2	10	100	10

微波功率：微波功率大小只是影响升温和升高压力的速度。在用 6 个消解罐条件下，采用 65% 的功率即可。微波消解温度见表 6-14，温度对消解效果有明显影响，当消解温度大于 200℃ 样品消解完全，采用的消解温度应是 210℃。

表 6-14　消解温度影响

温度/℃	铬标准值/%	铬测量值/%
150	12.65	11.80
170	12.65	12.33
200	12.65	12.51
210	12.65	12.70
220	12.65	12.58

（3）微波消解铁矿石　采用密闭容器微波消解样品，对球团矿、磁铁矿、烧结矿、赤铁矿、澳矿等均可溶解完全，可一次测定铁矿石中 K_2O、Na_2O、Cu、Pb、Zn、Mn、Ti、As 8 种成分。

① 仪器与试剂　MK2-Ⅲ型微波消解装置（上海新科微波溶样测试技术研究所）：额定功率 1200W，额定高频输出功率 650W。60SC-1 型高压密闭消解罐。HCl、HF、HNO_3（优级纯）；H_3BO_3

（分析纯）。

② 处理过程　称取 0.1000g 样品于消解罐中，加入 10mL HCl、3mL HNO₃ 和 1mL HF，将消解罐放入微波消解装置旋转盘中，通过光纤调节设定压力值，采用两步法消解：第一步压力 2.0MPa、时间 10min；第二步压力 2.5MPa、时间 10min。消解后冷却消解罐，将试液移入盛有 5mL 饱和硼酸溶液的烧杯中，加热煮沸、冷却，定容于 100mL 容量瓶中。

③ 微波消解条件　溶样酸的种类和用量的影响：采用 HCl-HNO₃-HF 混酸溶样效果较好。加入量分别为 10mL HCl、3mL HNO₃、1mL HF。对微波消解压力和消解时间进行考察，发现不同品种矿石，消解条件差别较大。为了减少操作步骤，使用较低压力和较短时间，故采用两步分段升压。具体条件见表 6-15。

表 6-15　各类铁矿石消解条件

样品	压力/MPa		时间/min		总时间 /min	消解效果
	第一步	第二步	第一步	第二步		
铁矿石 W88302	1.0	1.5	10	10	20	全溶
赤铁矿 GBW07223a	1.0	1.5	10	5	15	全溶
菱铁矿 W88304a	1.0	1.5	10	5	15	全溶
含砷矿 BH0108-2W	1.0	1.5	10	10	20	全溶
磁铁矿 GBW07221	1.5	2.0	10	5	15	全溶
澳矿 BB8801-02	1.5	2.0	10	10	20	全溶
烧结矿 GBW07219a	1.5	2.0	10	10	20	SiO₂ 析出需过滤
铁矿石 GSBH3001-97	2.0	2.5	10	10	20	SiO₂ 析出需过滤
球团矿 W88307	2.0	2.5	10	10	20	全溶

含硅高的铁矿石，溶样时有 SiO₂ 析出。析出 SiO₂ 的主要原因是 HF 加入量不足，但如果多加 HF 酸，则少量的硼酸不能完全络合 F⁻，将损坏玻璃雾化器。为了完全除去多余的 F⁻，需加 HClO₄ 冒烟，将增加分析时间。采用过滤除去 SiO₂ 比较方便。

6.7.5.4 有色金属

(1) 微波消解高纯氧化铝

① 仪器与试剂　Milestone ETHOS PLUS 微波消解仪（意大利产）。H_2SO_4 （1.84g/mL）、H_3PO_4 （1.69g/mL）均为优级纯，水为二次蒸馏水。

② 微波消解　样品预先于 300℃ 烘箱中干燥 2h，置于干燥器中冷却至室温。称取 0.5000g Al_2O_3 样品于 100mL 聚四氟乙烯微波消解罐中，加入 7mL H_3PO_4、1.5mL H_2SO_4，加盖，将消解罐放置于外罐中，加盖拧紧后置于微波消解仪中，设定升温曲线，升温至 （240±2）℃，保温 20min 后，风冷或水冷至室温。取出微波消解罐，将溶液移入 50mL 容量瓶中，用水洗净消解罐，洗液并入容量瓶中，稀释至刻度，混匀，进行 CuO、MgO、SiO_2、Fe_2O_3 的测定。

③ 溶解用酸的选择　在国家标准方法中，氧化铝样品采用盐酸溶解，需在高温高压条件下溶解 5h 以上。本法采用硫磷混酸溶解样品，$H_3PO_3 + H_2SO_4$ 比例为 5+1 时样品完全溶清，因此采用 8.5mL $H_3PO_3 + H_2SO_4$ 混合溶液 （5+1） 进行微波消解样品 （见表 6-16）。在 240℃ 条件下，微波消解 15min 试样基本溶清，20min 以后，样品的分析结果基本保持不变，选择消解时间为 20min。

表 6-16　磷酸与硫酸比例对溶样的影响

$H_3PO_3 + H_2SO_4$	5+0	5+0.5	5+1	5+1.5	5+2
溶解效果	溶解	基本溶清	溶清	溶清	溶清

(2) 微波消解二氧化钛

① 仪器与试剂　Mars-5 微波消解系统（美国 CEM 公司）。耐氢氟酸高盐交叉型雾化器，HF、HNO_3 （优级纯）。用水为二次蒸馏水。

② 样品消解　称取 0.5000g 试样于微波消解罐中，滴加 8mL HF 和 5mL HNO_3，轻摇消解罐，套上外罐，按仪器操作步骤装入微波消解炉内，按所设定微波加热程序进行消解。消解结束后，

将试液移入 100mL 塑料容量瓶中，水稀释至刻度，混匀，用 ICP-AES 测定二氧化钛中 Si、Fe、Al、Ca、Cu、As、Pb 等 19 种杂质元素。消解程序：第一步 1200W，5min 升到 140℃，保温 5min，第二步 1200W，5min 升温到 210℃，保温 10min，在电感耦合等离子体发射光谱仪上进行测定。

（3）微波消解氧化铪样品

① 仪器与试剂　MARS 微波溶样装置（美国 CEM 公司）。HNO_3（1.42g/mL），HF（1.13g/mL），均为优级纯。

② 试样处理　称取 0.1～0.5g 氧化铪于微波消解罐中，加入 6mL HF 和 2mL HNO_3，采用如下程序溶样：由室温升温至 120℃，保温 3min；由 120℃升温至 190℃，保温 60min，自然冷却至室温。待溶液冷却后，转移至 100mL 塑料容量瓶中，以水稀释至刻度，混匀，用 ICP-AES 测定氧化铪中 Al、Ca、Mg、Mn、Na、Ni、Fe、Ti、Zn、Mo、V 和 Zr 12 种杂质元素。

（4）铌、钽及其氧化物

① 仪器与试剂　MDS-81D 微波炉（CEM 产）120mL 消解罐，100% 功率 650W，MDS-2000 控制器。氢氟酸（50.2%），盐酸（36.4%），硝酸（69.8%），硫酸（96.9%）均为质谱级试剂，草酸铵为分析纯试剂。

② 微波消解　准确称取 0.125～1.0g 氧化铌或氧化钽粉放入 PTFE 罐，加 3mL 氢氟酸，以 40% 功率加热 15min，冷却后，将溶液转入玻璃碳杯，加 1mL 浓硫酸（氧化铌），或 1.5mL（氧化钽），加热蒸发 10～15min 赶氢氟酸，溶液用 2% 草酸铵稀释到 25mL，用 ICP-AES 测定 Cd、Co、Cr、Cu、Hf、Mo、Na、Ni、Sr、Ti 等元素。

6.7.5.5　食品

（1）微波消解各种谷子品种　消解方法：准确称取 0.3g 干基样品于消解管中，加入 7mL 68% 硝酸和 2mL H_2O_2，盖好密封盖，置于微波消解炉中，按设定程序（见表 6-17）进行消解。结束后取出样品管，放入通风橱中冷却。打开样品管，用 5% 硝酸反复冲洗并转移于 25mL 容量瓶中，并稀释至刻度，混匀后过滤，收集滤液，备用。考虑到样品中有机物的含量、消解后生成盐的溶解性、所选用酸的空白值等因素，消解剂用量 7mL HNO_3 + 2mL H_2O_2 能达到良好的消解效果。经过 18min 消解，消解液无色透明，样品消解完全。将样品消化处理后应用 ICP-AES 进行分析。

表 6-17　消解程序

消解步骤	1600W	温度/℃	保持时间/min
1	5min	120	3:00
2	3min	150	5:00
3	3min	180	10:00

（2）奶粉的微波消解

① 仪器与试剂　WX-3000 微波炉，上海 EU 化学仪器公司产。

② 样品处理　称取样品于聚四氟乙烯消解罐中，加入浓硝酸 1.5mL，放置 15～20min，加水 5mL，轻轻摇匀，盖上内盖，旋紧外盖，将其放入微波消解仪中进行消解，其步骤：3atm1min，8atm2min，10atm3min。反应结束后，溶液清亮，在电热板上加热到小体积，除去过量酸，用高纯去离子水溶解。

（3）微波消解测定水产品

① 仪器与试剂　MDS-2000 型微波消解系统（美国 CEM 公司产）；压力控制装置（具有压控附件）；标准消解罐，压力/温度控制罐；最大控制温度 200℃；最大控制压力 200psi；特氟隆 PFA 消解罐容积 100mL。测定用水为二次石英蒸馏水；硝酸，优级纯。

② 样品处理与消解　新鲜贻贝剥肉去足丝后，用高速组织捣碎机制成匀浆；新鲜鳕鱼肉用高速组织捣碎机制成匀浆；贻贝标样、牛肝标样于 80℃烘干 4h，置于干燥器中冷却。称取贻贝标样、牛肝标样各 0.500g，贻贝肉、鳕鱼肉各 1.00g，置于 PFA 特氟隆消解罐内，分别加入 5mL 浓 HNO_3，在罐口放上安全膜后，盖上罐盖，把它们均匀地放在微波炉内的转动架上。然后把压力控制罐和压力控制转换线连接好。选择微波消解系统的压力/时间控制方

式，设置最佳消解程序见表 6-18。加热结束后，取出消解罐冷却至室温，将样品转移到 100mL 容量瓶中，用水定容，用 ICP-AES 测定镉。

表6-18 微波消解条件

步骤	功率/%	压力/psi	升压时间/min	保压时间/min
1	70	50	10	5
2	70	100	10	5
3	70	100	15	10

6.7.5.6 植物

（1）微波消解青菜

① 仪器与试剂 微波溶样设备：Milestone 微波消解仪，数字控温电热板，马弗炉。

② 样品处理 称取 0.5g 试样于消解罐中，依次加入 HNO_3 5～7mL、H_2O_2 1～2mL，盖好安全阀后，将消解罐放入微波炉消解系统中，根据试样种类设置微波炉消解系统的最佳分析条件（见表 6-19），至消解完全，酸剩余量可根据试液定容后的酸度（一般酸度控制在 5% 左右）而定，若定容后酸度超过 10%，可将消解罐放在控温电加热器上（温度控制在 80℃±1℃），以驱除一部分硝酸，等冷却后将消解液移入 10～50mL 容量瓶中，用水多次洗涤消解罐，同时将洗液合并于容量瓶中，定容。

表6-19 青菜的微波消解条件

步骤	1	2	3
加入 HNO_3(5～7mL)/H_2O_2(1～2mL)			
功率/kW	500	800	800
压力/kPa	5	8	8
温度/℃	150	180	200
时间/min	8	5	5

（2）植物的微波消解

① 仪器与试剂 MARS 5 微波消解仪；二级去离子水。所使

用的玻璃容器、玻璃仪器均用洗涤剂于超声波清洗仪洗净，水冲洗干净晾干，再于硝酸（1+5）洗液中浸泡 48h 以上，用水冲洗数遍，晾干，备用。

② 样品处理　荔枝叶和芒果叶均经 80℃烘干后粉碎过 425mm（40 目）筛，再于 85℃烘 4h，备用；茶叶标准物质（GBW 07605）于 85℃烘 4h，备用。称取样品 0.2500g，置于变性特氟隆消解罐内，加入硝酸 5mL 和过氧化氢 3mL，密闭。按以下程序升温消解样品：10min 升温至 120℃并保持 5min，再以 5min 升温至 180℃并保持 5min。待消解罐温度降至室温后，将溶液移入 50mL 容量瓶中，用水定容。消解溶液应澄清、透明，备用，用 ICP-AES 测定钾、钙、镁、磷、硼、锌、铜、铁及锰的含量。

（3）微波消解木材及木制品

① 仪器与试剂　MARS 5 密闭微波消解系统（美国 CEM 公司）；硝酸、硫酸为优级纯，过氧化氢为分析纯，水为二次去离子水。

② 样品处理　将木材锯成碎屑后，过孔径为 0.5mm 的筛，混合均匀，再用网格法分样。在 105℃烘干 4～5h 后，放入干燥器中冷却。称取 0.4000g 试样（准确到 0.0001g）于 100mL 高压微波消解罐内，加入 10mL 硝酸和 4mL H_2O_2，敞口放置至初始反应结束，然后装好微波消解罐，按条件进行消解：12min 升至 120℃，维持 12min；然后 6min 升至 180℃，保温 30min。消解结束将试液转移至 100mL 容量瓶中，用水定容。用 ICP-AES 测定 3 元素。

6.7.5.7　中成药

（1）中药（野菊花、菊花、蒲公英、枇杷叶、蝉蜕）微波消解　密闭微波消解适用于含有易挥发元素（如 As、Hg 等）的样品处理。

① 仪器与试剂　MDS-2003F 型微波消解仪（上海新仪微波化学科技有限公司，配有冷却吹风机）。65%～68%硝酸溶液；30%过氧化氢溶液，所用试剂均为分析纯，二次去离子水。

② 样品处理　将野菊花、菊花、蒲公英、枇杷叶和蝉蜕 5 种

样品用蒸馏水洗净，在80℃的烘箱中烘干，用研钵将其充分研磨，过100目筛，除去较大颗粒。用电子天平准确称取野菊花0.2000g（6份），放入聚四氟乙烯消解罐底部，然后加入65%～68%硝酸4mL和30%过氧化氢2mL，振荡使酸与样品充分混合均匀，待泡沫消去后，盖上盖并浸泡过夜，进行预消解。把消解罐的上盖用扩口器扩口，盖好盖子，按要求组装好六联体消解罐，将其放入微波消解仪的转盘上，设置消解参数（按照工步一，0.5MPa，1min；工步二，1.0MPa，2min；工步三，1.5MPa，3min）消解样品。待程序结束后，取出消解罐，在冷风机中冷却，直至可以轻松旋开盖子。在通风橱内打开消解罐，所得溶液澄清透明。将消解液过滤到50mL容量瓶中，用2%硝酸定容至刻度，摇匀。用于ICP-AES法测定Cd、Hg、Pb。

（2）微波消解牛黄解毒片

① 仪器与试剂　MDS-2003F型微波消解系统（上海新仪微波科技有限公司），溶液配制使用二次高纯水。

② 样品处理　中成药制剂的组方和生产工艺都较复杂，所选用的中药材种类繁多，包括植物的根、茎、叶、花、种子，动物的组织，树脂和菌类，矿物化石等，给样品的消化处理带来了一定困难。牛黄解毒片中含有植物、动物和矿物三类中药材原料，考虑到样品中有机物的含量，消解采用如下操作程序：取牛黄解毒片10片，用研钵研碎，准确称取样品粉末0.4000g，放入聚四氟乙烯消解罐底部，加入5mL浓HNO_3浸泡过夜，再加入3mL H_2O_2，在微波消解系统中消解5min，待消解完全后，转移到50mL容量瓶中，用5%的稀HNO_3溶液定容至刻度。用ICP-AES测定As、Ca、Mg、Al、Mn、Sr、Ba、Se、Ni、Cd、Cu、Zn、Mo和Pb 14种微量元素。

（3）高压密封微波消解蒙药

① 仪器与试剂　WX-3000型微波快速消解系统（上海屹尧分析仪器公司）；HNO_3和$HClO_4$为优级纯，水为二次蒸馏水。

② 样品处理　用玛瑙研钵研磨蒙药样品（蒙药额日敦-乌日

勒、德都红花七味丸、通拉嘎-5、乌珠目-7、给旺-9），过0.135mm 筛，85℃下烘干 4h。冷却后准确称取样品 0.3000g，放入干净的聚四氟乙烯消解罐中，加入［HNO_3＋$HClO_4$（5∶1）］消解液 6mL，拧紧盖子，在压力 2MPa，温度 175℃，火力为 7 挡，消解 8min。冷却后开罐滴加 H_2O_2 可得到清液，将清液移至 50mL容量瓶中，用二次蒸馏水稀释至刻度，用于 ICP-AES 测定 Mg、Al、Ca、Cr、Mn、Fe、Co、Ni、Cu、Zn、As、Se、Sr、Mo、Ag、Cd 和 Pb 17 种元素。

6.7.5.8 建材和催化剂

（1）石油化工催化剂的微波密闭消解　石油工业中的催化剂常以 Al_2O_3 或 SiO_2 为载体，其上所负载的金属及类金属如 Ni、B、P、Cu、Zn、Fe、Co、Mo、Mn、W 和 Ag 的含量对催化剂的活性和选择性影响很大。通常分析以 Al_2O_3 和 SiO_2 为载体的催化剂时，是在敞口容器中进行湿法消解。在镍系非晶态合金催化剂中，B（硼）是主要的组元。若在敞口容器中溶解样品，B 的损失较大（在 HF-$HClO_4$ 体系中，损失量可达到 100%）。若采用压力溶弹（密闭）的方法，虽然可以有效地防止易挥发性元素的损失，但样品溶解时间过长。用微波密闭消解的方法，可以减少样品的污染和损失，而且操作简便，溶样速度大大提高。这里所介绍方法主要针对负载型非晶态合金催化剂上各类金属的分析，并根据镍系非晶态合金载体类型的不同，选择微波炉样品处理方法、溶样条件，制备等离子体原子发射光谱测定石油化工用催化剂中金属及类金属元素 Ni、B、P、Fe、Cu、Co、Mn、Mo、Zn、W 及 Ag 的含量。

① 仪器与试剂　国产的 SH9402 微波炉或美国 CEM 公司 MDS-2000 型微波炉和带有安全膜片的双层消解罐。HCl、HNO_3 均为优级纯，实验用水为去离子水。

② 处理步骤　称取样品 0.0500～0.1000g，置于微波消解罐的内衬杯中，加 6mol/L HCl 9mL，密封好后放入微波炉内，以一步消解的方式（6 个罐），在微波功率 650W，消解压力 $5×10^5$ Pa 的条件下保持压力 1min。待消解完毕且罐内压力消除后，转移至

25mL 容量瓶中定容，静置一段时间，用光谱法测定清液中的各元素含量。

③ 样品前处理方法的考察 对常压开口湿法消解与微波密闭溶样两种前处理方法进行了考察。结果表明，微波密闭溶样结果与负载金属的理论值吻合较好；以 Al_2O_3 为载体的催化剂样品，负载元素与载体的作用较强，敞口消解时 Al_2O_3 难溶，因此大部分元素的分析结果低于理论值；而负载元素与 SiO_2 载体作用较弱，敞口消解时，除 B 外，大部分元素与理论值接近。硼的分析结果偏低主要是其易挥发性造成的，有时损失量会超过 36%。微波密闭消解的样品处理方法比较好。

（2）微波消解花岗岩石材

① 仪器与试剂 微波炉：MDS-9000（西安奥瑞特科技公司）。盐酸、硝酸、氢氟酸为优级纯，亚沸蒸馏水。

② 微波消解 0.5000g 样品于消解罐中，分别加 5.0mL 氢氟酸、5.0mL 硝酸，拧紧盖，进行消解。消解压力 400kPa，程序：200W-120s，300W-300s，400W-480s。消解结束，冷却后取出消解罐，将溶液转移到 100mL 容量瓶，并用稀硝酸（1+99）定容，用 ICP-AES 测定 Mg、Al、Fe、Pb、Cr、Ni、Mn、As。

（3）水泥

① 仪器和试剂 MSD-9000 微波消解系统，盐酸、硝酸为优级纯，亚沸水。

② 样品消解 取 0.1g（准确到 0.0001g）于消解罐中，分别加入 20mL 水、10mL 盐酸，拧紧盖，进行微波消解，控制压力 400kPa，按下述程序消解：200W-120s，300W-300s，400W-480s。消解结束转移到 200mL 容量瓶中，加入适量硝酸（1+1），最后控制酸度在 5% 以内。用 ICP-AES 测定硫。

6.7.5.9 电子电器产品材料 （ROHS）

（1）电子电气产品陶瓷和玻璃类样品的微波消解

① 仪器与试剂 ETHOS TOUCH CONTROL，XA-Ⅱ微波消解仪（意大利 Milestone 公司）；高速低温冷冻破碎机（江苏姜堰

市银河仪器厂）；HNO_3、H_2O_2，四氟硼酸（HBF_4）溶液均为优级纯；水为二次蒸馏水经离子交换后的去离子水。

② 消解过程　称取经低温冷冻破碎成均质材料的陶瓷或玻璃样品 200mg，准确至 1mg，分别置于聚四氟乙烯容器中，加入 5.0mL 浓 HNO_3、3.0mL 四氟硼酸溶液、1.5mL H_2O_2 和 1.0mL 水。然后将容器封闭，并按照表 6-20 程序在微波消解仪中进行消解。容器冷却至室温后（大约需要 1h），打开容器。如果溶液不清亮或有沉淀产生，用 $0.45\mu m$ 的滤膜过滤或多管路取样器抽滤，残留的固态物质用 15mL HNO_3 冲洗 4 次，所得到的溶液全部合并转移至 100mL 的塑料容量瓶中，用水稀释至刻度，用于测定陶瓷和玻璃中的铅、镉、铬和汞。

表 6-20　微波消解样品的温度控制程序

步骤	时间 t/min	温度 t/℃
升温 1	5	125
升温 2	10	210
恒温 3	45	210
降温 4	—	室温

（2）微波消解电子电气产品塑料样品

① 仪器与试剂　ETHOS Touch Contbol 型微波消解仪（意大利 Milestone 公司），具风冷或水冷降温功能。ZM20 型高速低温冷冻破碎机（德国 Retsch 公司）。过氧化氢：优级纯，浓度 30%。四氟硼酸（HBF_4）溶液：优级纯，50%。硼酸溶液 4%，所用水全部为二次蒸馏水经离子交换后的去离子。

② 样品处理　称取经低温冷冻破碎成均质材料的塑料样品 200mg，准确至 1mg，分别置于聚四氟乙烯容器中。加入 5mL 浓硝酸、1.5mL 过氧化氢和 1mL 水（对含硅质较多的塑料，需补加 1.5mL 四氟硼酸）。然后将容器封闭，并按照表 6-21 所列的程序在微波消解仪中进行消解。容器冷却至室温后，打开容器。如果溶液不清亮或有沉淀产生，用 $0.45\mu m$ 的过滤膜过滤或多管路取样

抽滤，残留的固态物质用 15mL、5％（体积分数）稀硝酸冲洗 4 次，所得到的溶液全部合并转移至 100mL 容量瓶中（如果样品溶解过程使用了氟硼酸，则必须加入 10mL 4％硼酸溶液），用水稀释至刻度，用于测定铅、镉、铬、汞。

表 6-21　微波消解程序

步骤	时间/min	温度/℃	步骤	时间/min	温度/℃
升温 1	5	125	恒温 3	45	210
升温 2	10	210	降温 4	—	室温

（3）废弃线路板的微波消解

① 仪器及试剂　破碎设备：GSL 300/400 破碎机（骁马机械上海有限公司）；XPF-175-T 型圆盘粉碎机（天津市华联矿山仪器厂）。微波消解仪：MDS-6，上海新仪微波化学科技有限公司。试剂：盐酸、过氧化氢、氢氟酸均为优级纯；超纯水自制，电阻率大于 18MΩ/cm。

② 处理程序　为了使样品更容易消解且消解更彻底，将废弃线路板上的电气元件利用热风枪进行拆除，而后应用大型粉碎机进行粉碎，最后应用圆盘粉碎机粉碎至粒度小于 0.3mm 粉末。准确称取已粉碎好的试样 0.2g（精确至 0.001g），置于聚四氟乙烯微波消解专用溶样杯内，加入 6mL 浓硝酸、2mL 浓盐酸、1mL 过氧化氢和 0.5mL 氢氟酸，组装好罐体后放入微波制样炉中；采用多步梯度升压程序进行微波消解，冷却，将溶样杯取出放在设定好 120℃ 的热板上加热驱除过量的酸，然后转移至 25mL 容量瓶中。

③ 消解条件优化　样品溶解最常用的是硝酸和盐酸，考虑到废弃线路板中含有比例较大的玻璃纤维（主要成分为氧化硅），所以在消解体系中添加部分氢氟酸。由于 ICP-AES 的进样系统也是玻璃制品，所以在进样之前必须对氢氟酸进行驱除。经过消解酸体系的探索，以样品完全溶解、消解液澄清最终确认选用消解体系的组成，即使用 6mL 浓硝酸、2mL 浓盐酸、1mL 过氧化氢和 0.5mL 氢氟酸的消解体系。样品溶解时先加入氢氟酸，以确保 Sn

溶解完全而不会形成难溶于水的 β-偏锡酸；过氧化氢的作用是分解样品中的难溶解部分，所以最后加入。

6.7.5.10　各种样品消解方法处理的比较

本章介绍了等离子体光谱分析常用的几种样品消解方法，这些方法各有优缺点，具体采用哪种方法与多种因素有关，首先要考虑样品类型和待测元素。例如，如果需测定硅酸盐岩石全部主成分（包括氧化硅），用偏硼酸锂熔融经一次样品处理就可测定 10 个主要成分，如果不测定氧化硅，则用硝酸-氢氟酸-高氯酸分解样品，工作效率比碱熔融法要高。对于植物样品的消解，如果不想测定易挥发元素，则干灰化法取样量大，有机成分去除干净，对光谱测定有利，检出限要好些，如果要测定易挥发元素，密闭微波消解会更适宜。其次，消解质量与消解液或熔融用的熔剂种类和比例有关。还有，样品消解处理的质量与操作者实践经验亦有关，对于有熟练化学实验操作经验的人员，往往青睐湿法处理，其工作效率及质量均较高。另外，各种样品处理方法的比较结果又与实验条件与使用设备有关。所以，各种消解方法的比较，影响因素较多，难于得出十分准确的结论。尽管如此，各种消解方法的比较还是有重要参考价值的，特别是对于某一类具体样品。下面介绍各种样品不同消解方法的比较结果。

（1）用 3 种不同消解方法（常压湿法消解、微波消解、干法灰化消解）测定多种中药材中微量元素 Fe、Mn、Cu、Zn、Mg、Ca 的含量，比较 3 种方法对测定结果的影响。结论是，同一样品的预处理方法不同，测得结果有较大差别，微波消解效率最高，其次是干法灰化和湿法消解。微波消解能使样品分解完全，但需要有微波炉；湿法消解和干法灰化消解效率较微波消解法低，但易于进行。对大批量样品处理，干法灰化较湿法消解更适宜。用湿法消解、密封增压消解、微波消解三种方法消解处理中药材枸杞样品中锌、铅、锰、铁、铬、镁、钙、铜、钠、钾、镉 11 种元素，通过对精密度、回收率实验显示，高压消解罐法和微波消解法处理样品具有简便快速、检出限低、灵敏度高等优点。

（2）植物样品消解　用四种方法消解植物样品，两种湿法不同溶剂消解及两种不同温度的干灰化法。方法 1 采用 HNO_3 和 $HClO_4$ 的混合液分解样品，该法用于分解一些生物样品，如人体血液、动物组织切片等十分有效，然而，用于分解植物样品有其局限性。实验表明，由于未采用 HF 除去植物样品中的含 Si 物质，使得许多易被吸附和包裹的元素，如 Al、Ba、Cu、Fe、Na、Ti 等在消化时不能完全释出，造成了这些元素测定值偏低。但对不被含硅物质所吸附的元素，如 Ca、Mg、Mn、P、Sr、Zn 等仍能准确测定。方法 2 是用硝酸-过氧化氢-氢氟酸湿法消解，对于许多元素，可得到较为准确的含量分析结果，但硼在用高氯酸除残留氢氟酸时，硼能以 BF_3 的形式溢出体系，造成硼含量分析结果显著偏低。唯有方法 1 能给出较为可靠的硼含量分析结果。方法 3 和方法 4 均为干法灰化法。在干法灰化法中，灰化温度的选择十分关键，若灰化温度过低，有机物不能被完全分解；若灰化温度过高，则易造成待测元素的损失，特别是 As、Hg、Se 等易挥发元素。目前，普遍被认可的灰化温度在 $450 \sim 550 \, ^\circ\mathrm{C}$ 之间。方法 3 为 $450 \, ^\circ\mathrm{C}$ 灰化 2h，但由于用于样品灰化的时间过短，未能将植物样品中的有机物完全分解，导致许多元素的含量分析结果偏低，对于较难分解的番茄叶而言，情况尤其如此。方法 4 灰化温度由 $500 \, ^\circ\mathrm{C}$ 16h，这样能使许多元素含量的分析结果更为准确，但由于在灰化样品时未添加任何助灰剂或固定剂，获得的植物样品中元素含量的分析结果似不如采用方法 2 时理想。然而，方法 4 能给出较为准确的 Pb 分析结果，这是由于方法 4 能将植物样品中的有机物完全分解，测 Pb 时基体干扰小。

对普通湿法消解与微波消解分析植物样品进行比较：湿法消解溶剂为硝酸-高氯酸，微波消解溶剂用硝酸，用 ICP-AES 测定 Al、Ca、Fe、Mg、Mn、P 6 种元素的数据显示，两个消解体系测定该 6 种元素相关系数分别为 0.9988、0.9834、0.9891、0.9970、0.9941、0.9945。两种消解方法结果具有可比性。但微波消解法具有能耗少、试剂利用率高、运行条件一致、样品损失少等优点。

（3）饲料不同消解方法对测定微量元素含量的影响　常见的饲料样品预处理的方法有干灰化法和湿消化法。近年微波炉消解得到较多应用。比较了这三种处理方法的异同，消解液用 ICP-AES 测定 Al、Ca、Cu、Fe、Mn、Se、Zn 7 种微量元素，饲料中硒含量低于测定下限。实验数据表明，三种方法处理饲料样品，所测 Cu、Mn、Zn 四种元素没有显著差别。对于 Al 和 Ca 的测定，微波消解法处理样品较好．而对于 Fe 的测定，硝酸－高氯酸消化法处理样品较好。用三种方法处理草料样品，所测 Cu、Ca 四种元素没有显著差别，对于 Al、Fe、Mn、Zn 的测定，用微波消解法处理样品较好。

（4）人血清消解法的比较　对用消解法与稀释法测定人血清中铁、锌、铜、铬、镉、铅的结果进行比较，血清用硝酸-高氯酸消化，ICP-AES 法测定血清中 Fe、Zn、Cu、Cr、Cd 和 Pb，结果比较表明，消化法测得血清 Fe、Zn 和 Cr 显著高于稀释法；血清 Cu 和 Pb 两法测得无显著性差异；消化法测得血清 Cd 显著低于稀释法。相关分析表明，血清 Fe、Cu、Zn 和 Cr 两法测得值正相关，血清 Cd 和 Pb 两法测得无相关性，同血清待测液中 Cd 和 Pb 浓度接近检测限、灵敏度不高有关。江瑞源等对用消解法和稀释法处理血清样对比也观测到：两种消解方法测定 Ca、Mg、Fe、Zn、Ba 数据有显著差异，其原因与血清中有机质存在造成背景，提升量，雾化效果差异有关。

（5）城市污泥中重金属消解方法的比较　比较五种消解法，采用四酸消解法（盐酸-硝酸-氢氟酸-高氯酸）、碱熔消解法（氢氧化钠熔剂）、干灰化-王水消解法、浓硫酸-高锰酸钾消解法和硝酸加热煮沸消解法 5 种方法处理城市污泥样品，以等离子发射光谱仪测定其铜、锌、铅和汞金属的含量。结果表明，对于污泥中的铜和锌，碱熔消解法的消解效果较好；而对于污泥中的铅和汞，则宜采用四酸消解法和浓硫酸-高锰酸钾消解法。

（6）大气颗粒物样品消解比较　比较了大气颗粒物样品的三种湿法消解测定无机元素，消解体系用混合酸，如 HNO_3-$HClO_4$、

$HNO_3-HCl-HClO_4$、$HNO_3-H_2O_2$ 体系，有时也采用含 HF 的混合酸。但含 HF 的体系在彻底分解样品的同时也分解了滤膜，使空白值增高，一般不用。$HNO_3-HCl-HClO_4$ 体系和 HNO_3-HClO_4 体系中，除 Cr 以外其他各元素含量的比值均在 $0.90 \sim 1.1$，这表明两个体系消解效果相当。而王水体系中 Cr 含量偏低，则可能是由于 CrO_2Cl_2 挥发造成的。$HNO_3-H_2O_2$ 和 HNO_3-HClO_4 两体系中，大部分元素测定结果相当，但 $HNO_3-H_2O_2$ 溶剂测定 Al、Ni、Ti 等元素偏低。这是因为 $HNO_3-H_2O_2$ 体系对硅酸盐的溶解性较差而造成的，有不溶性颗粒物。综合考虑宜采用 HNO_3-HClO_4 体系消解试样。

(7) 食品样品消解法比较　比较了 5 种食品消解方法处理样品测定 Al、B、Ca、Cu、Fe、K、Mg、Mn、Na、P、S、Sr 和 Zn 等元素，5 种消解方法是：HNO_3-HClO_4 湿消化法、干灰化法、HNO_3 微波消化法、$HNO_3-H_2O_2$ 微波消化法、$HNO_3-H_2O_2-HF$ 微波消化法。用 5 种消化方法测定了 7 个 NIST 食品标准参考物质中的 13 种元素，这 7 个 NIST 标准参考物质代表不同种类的食品，如肉类（牡蛎组织、牛肝）、植物产品（菠菜）、蛋类（全蛋粉）、粮谷类（米粉）、乳产品（幼儿配方食品、脱脂奶粉），在这些样品中，全蛋粉和幼儿配方食品脂肪含量较高（$>10\%$）。结果表明，5 种消化方法中 Mn 和 Zn 的回收率均很好，其他元素的结果取决于消化方法和样品类型。干灰化法处理的所有样品中硫的损失严重，损失量取决于样品类型并随灰化时间的增加而增加，其他元素（如 K、Na）也有明显损失。值得注意的是，米粉、牛肝和全蛋粉在 500℃ 干灰化不能完全灰化，要想灰化完全，这些样品的残渣需用稀 HNO_3 润湿，再在马弗炉灼烧 $4 \sim 8h$ 才能得到灰白色灰分。在 $HNO_3-HNO_3-HClO_4$ 湿消化法中，除个别标样（全蛋粉）外，所有样品中的 Al、K、Na 的回收率均较低，这也许与 Al 和 Si 结合、K 和 Na 生成高氯化物沉淀有关，其他元素均得到满意结果。对脂肪含量高的样品，3 种微波消化方法不能将脂肪完全分解，增加微波功率和消化时间也没有明显改善，但加入 H_2O_2 比不加 H_2O_2 剩余脂肪明显减少。实验还表明：除 Al 外，绝大多数元素应用 3 种不同微波消化法的测定值非常接近，用 HNO_3-H_2O_2-HF 法消化的牡蛎组织、牛肝和菠菜，Al 的回收率高。H_2O_2 对测定结果没有明显影响，但是，从消化液的外观来看，H_2O_2 对分解有机物残渣具有重要作用。对测定结果进行综合分析，可以看出，对所有 NIST 标样，包括全蛋粉，只有 HNO_3-H_2O_2-HF 微波消化法 13 个元素的回收率均很好，该法的主要缺点是使用氢氟酸。对某些类型的食品，如植物和动物组织，除元素 Al 外，其他两种微波消化方法也能得到可靠的分析结果。

（8）人发样品消解方法比较　　比较了湿法消解和微波消解两种消解方法及不同消解液处理人发的结果，微波消解用硝酸及硝酸-过氧化氢消解液，湿法电热板采用硝酸、硝酸-过氧化氢、硝酸-过氧化氢-高氯酸消解液，结果表明，微波消解硝酸-过氧化氢体系和湿法电热板硝酸-过氧化氢体系均比较理想。

参 考 文 献

[1]　李彩华. 湖南冶金，2006，34（4）：40.

[2]　张兴海. 冶金分析，2001，21（6）：67.

[3]　费浩，卢菊生. 冶金分析，2004，24（4）：28.

[4]　陶菲菲，魏成磊，黄蕊. 黄金，2004，204，25（7）：40.

[5]　肖勇，廖志金，张财淦等. 铸造技术，2009，30（4）：465.

[6]　关剑侠. 冶金分析，2005，25（2）65.

[7]　徐建平. 冶金分析，2008，28（12）：31.

[8]　陈学琴，张桂华，高文红等. 理化检验（化学分册），2002，38（1）：25.

[9]　孟红，云作敏，金丽. 湖南有色金属，2004，20（6）：38.

[10]　王丽君，胡述戈，杜建民. 冶金分析，2003，23（3）：67.

[11]　李岩. 光谱实验室，2001，18（6）：761.

[12]　龚迎莉，汪双清，沈斌. 岩矿测试，2007，26（3）：230.

[13]　谭雪英. 岩矿测试，1999，18（4）：275.

[14]　刘伟，吕水源. 理化检验（化学分册），2006，42（5）：401.

[15]　孙亚萍，贺宝兰，丁宗博. 中国卫生检验杂志，2003，13（3）：305.

[16]　常平，王松君，王璞珺. 光谱实验室，2006，23（4）：723.

[17]　李永华，王丽珍，王五一等. 光谱学与光谱分析 2007，26（7）：539.

[18]　李丹，李永才，王立立等. 沈阳药科大学学报，2009，26（7）：539.

[19] 沈珉，张顺祥，刘桂华．光谱学与光谱分析，2002，22（2）：311.

[20] 李立波．光谱实验室，2004，21（1）：64.

[21] 张卓勇，陈杭亭，王丹．光谱学与光谱分析，2002，22（4）：673.

[22] 曾亚文，汪禄祥，杜鹃等．光谱学与光谱分析，2009，29（5）：1413.

[23] 辛仁轩，辛玲．光谱实验室，1996，13（4）：35.

[24] 钟志光，张海峰，张少萍等．中国陶瓷，2006，42（8）：40.

[25] 钟志光．中国塑料，2006，20（1）：83.

[26] 金献忠，王谦，翁东海等．分析试验室，2008，27（9）：41.

[27] 王宇箐．化学工程师，2005，总119（8）：28.

[28] 张耀亭，鲍捷．中国卫生检验杂志，2000，10（1）：58.

[29] 童式国，胡明芬，雷玉叶．四川大学学报（自然科学版）1993，30（3）：421.

[30] 王龙山，郝辉，王光照等．岩矿测试，2008，27（4）287.

[31] 梁造．岩石矿物测试，1984，3（4）352.

[32] 谢华林，李爱阳，文海初．粉煤灰综合利用，2003，(6)：38.

[33] 胡汉祥．氢金属，2005，(12)：18.

[34] 谢华林．佛山陶瓷，2003，80（10）：39.

[35] 陈加希，王劲榕．云南冶金，1998，27（1）：54.

[36] 辛仁轩．等离子体发射光谱分析．北京：化学工业出版社，2005.

[37] 辛仁轩．等离子体发射光谱分析．第2版．北京：化学工业出版社，2010.

第7章　轴向 ICP 光谱技术

　　轴向 ICP 光谱技术是利用轴向 ICP 光源的原子发射光谱分析。轴向（end on）光源又称端视观测光源（axially viewed plasma source），有时又称为水平炬管 ICP 光源（horizontal plasma source）。与此相对应的通常垂直放置炬管的 ICP 光源称为径向观测 ICP（radially viewed ICP）光源或侧视（side on）ICP 光源。1993 年首次出现名为 Trace scan 的带有轴向 ICP 光源的顺序扫描型 ICP 光谱仪，其后各光谱仪器厂家均推出具有轴向光源的光谱仪或称为双向观测 ICP 光谱仪，后者既可用于轴向观测，也可用于径向观测测量。其实轴向等离子体光源早在 1976 年 Lichte 等就已报道过，其后 Demers 等对其分析性能进行了实验评价。他们证实，轴向 ICP 光源检出限可降低到原来的 1/5～1/10，甚至可降低至 1/20，并预言这一技术特别适用于痕量分析。

7.1　基本特点

　　电感耦合等离子体是用 27.12MHz 或 40.68MHz 的高频电源加热氩气而形成的，其形状见图 7-1。在高频电磁场作用下等离子体形成空心管状的炽热体，"管壁"的厚度称为趋肤层厚度，它与频率有关，可由下式计算

$$\delta = \frac{1}{\sqrt{\pi f \mu \sigma}}$$

　　式中，f 为频率，Hz；μ 为磁导率（为 $4\pi \times 10^{-9} \mu_r$），H/cm；$\mu_r$ 为相对磁导率，对于气体 $\mu_r \approx 1$；σ 为导体电导率，与温度有关。在温度 10000K 的 Ar ICP 中，$\sigma \approx 3000S/m$，$\mu_r = 1$，$f =$

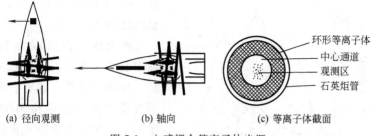

(a) 径向观测　　　　(b) 轴向　　　　(c) 等离子体截面

图 7-1　电感耦合等离子体光源

环形等离子体
中心通道
观测区
石英炬管

27.12MHz 时，则 $\delta \approx 0.2\text{cm}$。因此高频等离子体是一个中空的壁厚约 0.2cm 的管状加热管，又称为环形等离子体。试样气溶胶穿过中心通道时被加热，经过去溶、原子化、激发而发光，发射信号的强度 I 取决于光源通道的长度。

$$I = \frac{\Omega_{发射}}{4\pi c} \chi \lambda_0^2 f I_{\lambda_0}^\beta N_0 l$$

式中，$\dfrac{\Omega_{发射}}{4\pi c}$ 为测得的发射辐射分数；$\chi = \dfrac{\pi e^2}{mc}$，常数；$\lambda_0$ 为最大辐射处的波长；f 为振子强度；$I_{\lambda_0}^\beta$ 为黑体辐射的光谱强度；N_0 为基态自由原子数；l 为沿光源中心通道被光谱仪利用的通道长度。

可以预期，在轴向 ICP 仪器中 I 将显著增强，因为光谱仪所利用的通道长度 l 增大了。而在侧视 ICP 光源情况下受光谱仪入射狭缝高度的限制，仅能利用等离子体通道一部分的发射光。由于中心通道的温度低于环形加热体，因而中心通道所产生的光谱背景也比较低。轴向 ICP 光源的低背景发射，将降低原子发射系统的总噪声 $n_{总}$。研究表明，在 Ar-ICP 光源中，光度测量的总噪声 $n_{总}^2 = (n_{散粒}^2 + n_{闪变效应}^2)^{1/2}$。式中，$n_{散粒}$ 表示光电器件的散粒噪声，它取决于射向探测器光阴极的总光通量；$n_{闪变效应}$ 表示由于等离子体背景强度随机波动引起的噪声，这种波动是由于射频功率、气流量波动及气溶胶传输不稳定性所造成的。在轴向 ICP 光源情况下，由于仅测量中心通道元素粒子所发射的光，避开了等离子体环形高背景

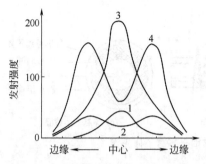

图 7-2　ICP 光源的径向辐射强度分布
1—Co I 345.35nm 辐射；2—352.4nm 附近背
景辐射；3—Pd I 351.69nm 辐射；
4—Ar I 355.43nm 辐射

区，因而降低了 $n_{散粒}$，$n_{总}$也随之降低。

由上述分析可以看出，轴向 ICP 光源具有谱线强度高、光谱背景低，这将有利于改善光谱分析的检出限。图 7-2 是 ICP 光源中光谱背景、分析物发射强度及 Ar I 线的径向强度分布。可以看出，光源中心部分分析物的发射强度最高而光谱背景发射强度最低，具有最佳的信背比。而用径向观测方式时，光电器件不可避免地在接受分析线辐射的同时，接受环形区的强烈背景辐射。

7.2　轴向 ICP 光源装置

最初的轴向 ICP 光源有着比较复杂的结构，如图 7-3 所示，它将一个 Fassel 炬管水平放置，把炬管中心轴对准光谱仪的光路。为防止高温等离子体焰损伤第一透镜，在等离子体尾焰下方设置一台微型吹风机，吹管出口成 1mm×25mm 矩形缝，以 12L/min 的

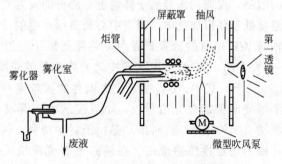

图 7-3　早期轴向 ICP 光源原理图

风量吹向尾焰，以高速气流"切掉"等离子体尾焰。尾焰上方有一个抽风口，以 5～10m/s 风速抽走等离子体所产生的热气流。整个装置布置在 25cm×20cm×20cm 的屏蔽罩中。这种复杂的装置仅在少数光谱实验室自装设备中使用。本文着重介绍几种经过改进的结构紧凑的商品化轴向 ICP 装置。

7.2.1 加长炬管非气流切割型装置

加长炬管非气流切割型装置见图 7-4，这种装置在 TJA 公司早期型号的轴向光源 ICP 光谱仪上使用。其特点是将炬管加长且水平放置。等离子体尾焰远离光谱仪第一透镜。热气流被通风管抽走。由于采用轴向观测不用顾及外管加长而遮挡观测区。同时可增加高频感应圈的高度及辅助气流量，使等离子体焰加长，延长等离子体中心通道长度，使气溶胶在通道中的去溶及原子化更为强化。通道长度可增加达 40%。图 7-4 还给出两种炬管的对比。

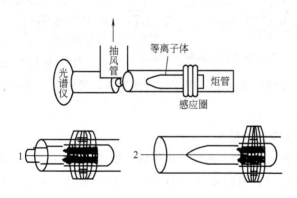

图 7-4 轴向 ICP 炬管

1—通用 Fassel 炬管；2—加长轴向 ICP 炬管

7.2.2 气流切割型轴向 ICP 装置

装置见图 7-5，Perkin-Elmer 公司的 Optima 型光谱仪采用这种设计。它是用高速气流切掉尾焰以保护分光系统。Leeman PS1000AT 亦采用这种设计。

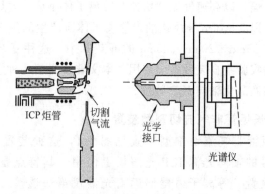

ICP炬管　切割气流　光学接口　光谱仪

图 7-5　气流切割型轴向 ICP 装置

7.2.3　水冷取样锥形接口轴向 ICP 装置

这种装置（图 7-6）是借鉴 ICP-MS 的接口取样锥而设计的。

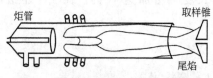

炬管　取样锥　尾焰

图 7-6　取样锥形接口轴向 ICP 装置

用一个水冷却金属取样锥插入等离子体尾焰，这样可避免尾焰产生自吸收，以保持较宽的分析线性范围。该装置所用炬管亦为加长型，以维持等离子体周围的惰性气氛，限制分子谱带造成的结构背景。

7.2.4　水冷反吹装置

本装置（图 7-7）由一个水平放置的通用 Fassel 炬管和一个水冷取样锥组成，取样锥中心为 $\phi6mm$ 的反吹小孔，由铜材制造。氩气反吹气由中心孔吹向等离子体，流量为 $4\sim10L/min$。

7.2.5　轴向 ICP 光源装置的设计原则

为了获得高的谱线强度和低的光谱背景，设计轴向 ICP 光源的几个行之有效的措施是：①限制光谱仪入口狭缝高度，以防止环状 ICP 高温辐射背景进入光谱仪。这与中阶梯光栅分光系统的特点正好吻合，因此目前的商品轴向 ICP 光谱仪多用 Echelle 光谱

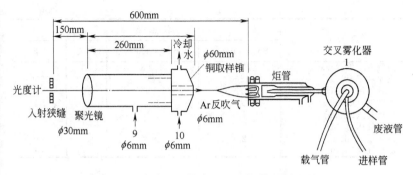

图 7-7　水冷反吹轴向 ICP 光源装置原理图

仪。②等离子体炬管外管加长，以限制空气进入等离子体造成分子光谱产生强烈的结构背景。同时也可以使热流集中，易于导出且不烘烤周围部件。③载气流量不能过低，以免增加连续光谱背景。

7.3　分析运行参数

将各种轴向 ICP 商品仪器及自行组装实验设备运行参数归纳列于表 7-1。可以看出除了尾焰切割气流外，其他与侧视 ICP 光源类似。

表 7-1　各种轴向 ICP 光源分析参数

参 数 项	仪 器 型 号		
	PS1000AT	IRIS/AP	Demers
高频发生器/MHz	40	27.12	27.12
正向功率/W	1100	950～1350	1300(水溶液) 1500(有机)
外管气流/(L/min)	18	18	15
辅助气/(L/min)	0.5	0.5	1
雾化气/(L/min)		0.4	1.5
雾化气压力/MPa		0.165～0.221	
进样量/(mL/min)	1.6		
切割气/(L/min)			50～70(空气)

参 数 项	仪 器 型 号			
	Spectroflanne	Optima 3000XL	组装	UOP-2
高频发生器/MHz	27.12	40.08	27.12	
正向功率/W	1200	1450	1300	1200
外管气流/(L/min)	12	15	15	15
辅助气/(L/min)	0.8	0.5		1.1
雾化气/(L/min)	1.0	0.7	0.3	0.4
雾化气压力/MPa				
进样量/(mL/min)	2.0	2.0		3.0
切割气/(L/min)				10

7.4 分析性能

各类轴向 ICP 光源的分析性能均有不同程度的改善，特别是检出限和背景等效浓度。

7.4.1 谱线强度和光谱背景

轴向 ICP 光谱源与径向观测方式相比，谱线强度有明显增强，但增强程度因仪器及实验条件相差很大，表 7-2 是采用 UOP-2 中阶梯光栅分光装置及图 7-7 轴向光源所给出的轴向和径向观测各元素净谱线强度的比值。可以看出，其增强倍数在 5～35 倍。而 Faires L. M. 所测得的结果是轴向 ICP 谱线强度仅增强 5～8 倍，11 条分析线增强倍数的平均值是 5.7 倍。中村佳佑等的轴向观测 ICP 光源净谱线强度只改善 1.2～1.3 倍。

表 7-2 轴向与径向观测净谱线强度比值

元　素	比　值	元　素	比　值
Zn	4.9	Ga	5.4
Sb	29	Be	7.2
Cd	17	Ca	20
Co	6.2	Cu	11
As	24	Ag	35
Ni	10	Mo	21
B	7.6	Al	29
Mn	26	Sr	14
Fe	9.1	U	31
Cr	33	Ba	11
Mg	16	Na	20
V	26	K	103

背景光谱强度的变化多用背景等效浓度（BEC）来表达。表 7-3 是轴向及径向观测 ICP 光源的背景等效浓度及比值。可以看出轴向 ICP 光源的 BEC 值有显著降低。与谱线强度的情况一样，也有的轴向光源 BEC 值虽有降低，但不如表 7-3 所列数据显著。

表 7-3　轴向和径向观测方式 BEC 值

元　　素	轴　　向	径　　向	比值①
Zn	0.0053	0.027	5.1
Sb	0.25	0.42	1.7
Cd	0.024	0.10	4.2
Co	0.044	0.11	2.5
As	0.70	2.14	3.1
Ni	0.057	0.15	2.6
B	0.035	0.42	12
Mn	0.011	0.10	9.1
Fe	0.040	0.12	3.0
Cr	0.014	0.10	7.1
Mg	0.0010	0.039	39
V	0.022	0.13	5.9
Ga	0.16	1.9	12
Be	0.002	0.038	19
Ca	0.053	0.49	9.2
Cu	0.013	0.18	14
Ag	0.027	0.14	5.2
Mo	0.023	0.032	1.4
Al	0.045	0.56	12
Sr	0.0006	0.002	3.3
U	0.23	3.5	15
Ba	0.0044	0.044	10
Na	0.075	2.01	27
K	3.2	12.7	4.0

① 径向与轴向光源的比值。

7.4.2　检出限

为了使评价有代表性，取三位作者采用不同光谱仪器所给出的检出限改进因子进行考察。Demers 用的是 0.5m 低色散率平面光栅单色器。Nakamura 则采用高分辨率的中阶梯光栅分光系统。检出限改进因子（r_L）表达式：$r_L = \dfrac{L_{径向}}{L_{轴向}}$，其值列于表 7-4。

从表 7-4 的统计数据可以看出轴向 ICP 光源检出限改进因子具有下述特征。①各元素的检出限改进因子差别很大。Demers 的数据从 4（Cr）～26.7（V）；Nakamura 的数据从 1.4（B）～25（U）；Faires 的数据为 0.8（Na）～8.50（Mn）。而且两种观测方式的等离子体之间各元素的检出限改善程度没有明显规律和合理的解释。②检出限改进因子对各仪器有显著差异，平均改进因子在 5～10 倍。上述三位作者所得到的检出限改进因子的平均值及其标准偏差分别为：9.3±6.4，8.8±5.8，5.0±2.3。

表 7-4   检出限改进因子

元素及分析线/nm	Demers	Faires	Nakamura
Ag I 328.068	6.2		7.0
Al I 396.153			9.6
As I 228.812	20		11
B I 249.773			1.4
Ba I 455.404	6.7		6.7
Be I 234.861	10		
Be II 313.042			4.0
Bi I 289.798	4.5		
Bi II 223.061	5		
Ca II 317.933			21
Cd I 228.802	6.7		
Cd II 226.502	7.5		7.4
Co II 228.616			10
Cr I 425.430	4		
Cr II 267.716	25	4.94	6.8
Cr I 428.972		3.05	
Cu I 324.754	11.4	8.33	3.6
Fe II 259.940	8		2.6
Fe II 238.204		5.56	
Fe I 371.994		4.71	

元素及分析线/nm	Demers	Faires	Nakamura
Ga I 294.364			5.9
Hg I 253.652	5		
K I 766.491			9.9
Li I 670.784		5.00	
Mg I 285.213	6.7		
Mg II 279.553	4		4.8
Mn II 257.610		8.50	5.9
Mn I 403.076		7.06	
Mo I 386.410	5		
Mo I 379.825			15
Mo II 281.615	5		
Na I 589.592	16		
Na I 588.995		0.80	10
Ni I 341.476	5		
Ni II 231.604			7.4
P I 253.565	21		
P I 213.618	20		
Pb I 283.306	10		
Pb II 220.353	4	4.00	
Sb I 217.589	5		18
Se I 196.026	6.7		
Sn I 303.278	5		
Sr II 421.552		3.00	
Sr II 407.771	10		9.4
Ti II 334.941			
Ti I 377.572	7		
U II 409.014			25
V I 437.920	26.7		
V II 292.403			3.1
V II 309.311	15		
Zn I 213.856	6.7		5.3
Zn II 201.6	3.8		

7.4.3 分析动态范围

轴向 ICP 光源分析动态范围是备受关注的另一焦点，Faires 测量了 Cr I 428.972nm 及 Li670.784nm 线性范围，在 1～1000mg/L 浓度范围内前者在两种光源中均呈良好线性，而后者在高于 100mg/L 时均呈下弯状，且轴向光源中弯曲更为严重。Nakamura 用 0～1000mg/L 标准溶液测量了 24 种元素的动态范围，其中 Zn、Co、Ni 和 Al 均是 4 个数量级；Cd、Mn、Mg、Y、Cu、Ag 和 Ba 在两种光源中均有 5 个数量级的动态范围；B 在轴向 ICP 光源中为 5 个数量级，而在侧视光源中则有高达 7 个数量级的动态范围；Fe、Na、Cr 在轴向和侧视光源中分别为 4 个和 5 个数量级；Ca、Be 在轴向光源中的分析动态范围也比径向观测光源要窄些（分别为 5 个和 6 个数量级）；而 As、Sb、Sr、Mo、U 则相反，在轴向光源中分析动态范围比径向观测要高 1 个数量级，As、Sb、Mo、U 为 5 个数量级，Sr 为 6 个数量级。上述数据均由实验室自行组装仪器给出。辛仁轩等比较了市售商品径向观测和轴向 ICP 光源光谱仪的线性动态范围。仪器均为中阶梯光栅分光系统及由玻璃同心雾化器和旋流雾室组成的进样系统。数据见表 7-5。

表 7-5　线性动态范围　　　　单位：mg/L

轴向 ICP			径向观测 ICP		
元素及分析线/nm	b 值	线性范围	元素及分析线/nm	b 值	线性范围
Cu I 324.754	0.980	0.01～1000	Li I 670.784	0.92	0.01～10
Cu I 223.008	0.986	0.001～100	Li I 610.364	0.93	0.01～1000
Cu I 327.396	1.008	0.001～100	Na I 588.995	0.88	0.1～1000
Li I 670.784	1.13	0.01～0.1	K I 766.490	0.93	0.1～1000
K I 766.490	1.14	0.1～10	As I 189.642	—	0.03～1000
K I 769.896	1.17	0.01～10	P I 213.910	—	0.1～1000
V II 311.07	1.007	0.01～100	Se I 196.009	—	0.1～1000
B I 208.893	0.978	0.1～1000	Os I 233.680	—	0.03～1000
B I 249.773	1.030	0.1～100	Pt I 214.423	—	0.03～1000

表 7-5 中 b 值为 Lomakin 经验公式中 $I = ac^b$ 中自吸收系数，在无自吸收和扣除光谱背景情况下 $b \approx 1$，通常情况下 $b \leqslant 1$。从表中数据可以看出，径向观测光源中碱金属的 $b < 1$，线性范围达 $4 \sim 4.5$ 数量级，高浓度的标准曲线向下弯曲，而轴向光源中碱性金属的 b 值均大于 1，线性范围 $2 \sim 3$ 数量级，高浓度时曲线向上弯曲。造成这种现象的原因可能是碱金属在光源尾焰中电离度降低，导致原子浓度的增加及原子谱线强度的增加。轴向光源和径向观测光源线性范围大致相同，个别元素分析动态范围的加宽是因其检出限的改善，标准曲线向低浓度延伸。

ICP 光谱分析中影响分析线性动态范围的因素有多种：元素种类，谱线性质，光源的观测方式，检出限，光电信号的模数转换以及雾化进样系统的特性等。

7.4.4　溶剂蒸发效应

溶剂蒸发效应是一种化学干扰，通常是指试样在光源中形成难熔化合物，如 $Ca_3(PO_4)_2$ 和 $Ca_3Al_2O_6$。或者是指被分析元素被包裹在基体元素的难熔化合物之中。这种化合物有很高的热稳定性，影响分析物的原子化过程，造成分析信号的被抑制。Demers 对轴向光源的研究表明，H_3PO_4 与 Ca 的摩尔比达 100 以上，PO_4^{3-} 对 Ca 的发射仍无影响，Al 与 Ca 的摩尔比达 10 时，Al 对 Ca I 422.7nm 及 Ca II 393.4nm 的发射强度仍无影响。这说明和侧视 ICP 光源一样，轴向 ICP 光源中溶剂蒸发效应并不严重。

7.4.5　电离效应

根据经典电离理论，当基体成分在高温光源中有明显电离时，可能产生电离干扰效应，使易电离分析物的电离作用受到抑制，因而使自由原子数增加并增强了原子线的发射强度。Demers 研究了 Na-Cd、Na-Cr、Na-Mo、Na-Ca II 393.4nm 体系。结果表明，轴向等离子体和侧视等离子体一样，电离干扰并不明显，通常这两种观测光源都是相同的。但在 Na-Ca I 422.7nm 体系中，轴向等离子体显示略为明显的干扰效应。Demers的观测还表明，在Na-K体系中两种方向等离子体所得到的结果显示出较为严重的电离干扰效应，多数情况下两种等离子体的电离干扰效应大致类似，其差别是在侧视中可找到一个不发生干扰的观测高度（通常称为零干扰点）。Nakamura研究Na-CaⅠ422.67nm干扰体系得到与Demers类似的结果，而Na-CaⅡ393.367nm体系的结果则干扰影响较Demers的结果为弱。从对Na-Cr体系实验结果可得出碱金属对非碱金属和非碱土元素电离干扰的规律：①较高的高频功率会引起严重的电离干扰效应；②原子线受电离干扰的影响较离子线更为显著；③在轴向光源中如采用正常高频功率（约1000W），1000mg/L的钠盐不存在明显的电离干扰效应，原子线和离子线具有相同的结果，这与侧视等离子体光源相同。

　　关于Na-K体系的电离干扰效应实验结果各实验室不一致。Nakamura的实验表明，轴向光源中K对Na的影响十分严重。这种矛盾产生的原因有下列几方面：①轴向ICP光源中产生电离干扰效应的因素多于侧视等离子体光源，装置的结构、尾焰的"切割"方式、功率、雾化进样系统、炬管以及气流参数等，处理不当就显现出严重的电离干扰；②从轴向ICP焰的结构来讲，尾焰部分的电离干扰效应严重些，而在侧视等离子体光源中则无此问题。

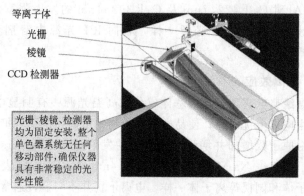

图7-8　轴向观测ICP

7.4.6 轴向观测及双向观测 ICP 光源

ICP 光源要实现轴向观测可以有两种方法，将石英炬管水平放置，等离子体炬焰中心通道对准分光系统入射狭缝。为了防止等离子体高温尾焰对光谱仪的影响，通常采用几种办法解决，一种最简单的方法是把等离子体炬管加长，使其远离光谱仪入射狭缝，并加大排风量，降低光源室温度；第二种方法是炬管垂直放置，通过发射镜将光轴转向 $90°$，进入光谱仪入射狭缝。空气气流切割等离子体尾焰，保护光学系统，第三种方法称为冷锥接口，用类似 ICP-MS 仪的方法，在光谱仪入射狭缝前安装水冷取样锥，光源发射光可以透过锥孔进入光室，冷却水把等离子体尾焰热量吸收排出。从应用效果来看，这些方法各有优缺点。图 7-8 是典型的轴向观测冷锥接口全谱直读 ICP 光谱仪光路图。检测器具有 112 万像素 CCD，中阶梯光栅 94.74 线/mm，焦距 400mm，$177\sim785$nm 全波长连续覆盖，像素分辨率 0.004nm（在 200nm 处），40.68MHz 自激式 RF 射频电源系统，RF 功率 $700\sim1700$W 可调，该型仪器的轴向和径向检出限比较列于表 7-6。

表 7-6　轴向与径向观测光源的检出限/(μg/L)

元素	分析线	轴向	径向	元素	分析线	轴向	径向
Ag	328.068	0.5	1	Mg	279.8	1.5	10
Al	396.152	0.9	4	Mn	257.61	0.1	0.133
As	188.98	3	12	Mo	202.03	0.5	2
As	193.696	4	11	Na	589.59	0.2	1.5
Ba	233.527	0.1	0.7	Ni	231.6	0.7	2.1
Ba	455.403	0.003	0.15	P	177.43	4	25
Be	313.107	0.05	0.15	Pb	220.35	1.5	8
Ca	396.847	0.01	0.3	Rb	780.03	1	5
Ca	317.933	0.8	6.5	S	181.972	4	13
Cd	214.439	0.2	0.5	Sb	206.83	3	16
Co	238.892	0.4	1.2	Se	196.03	4	16
Cr	267.716	0.5	1	Sr	407.77	0.02	0.1
Cu	327.395	0.9	1.5	Sn	189.93	2	8
Fe	238.204	0.3	0.9	Ti	336.12	0.5	1
K	766.491	0.3	4	Ti	190.79	2	13
Li	670.783	0.06	1	V	292.4	0.7	2
Mg	279.55	0.05	0.1	Zn	231.86	0.2	0.8

从表 7-6 可以看出，轴向观测 ICP 光源的检出限多数元素优于径向观测光源，但各元素相差很大，Ca396nm 谱线的径向/轴向比为 0.3/0.01＝30 倍，而 Ti336nm 谱线的比值仅为 2，并且同一元素的不同分析线相差也很大，各种型号的 ICP 光谱仪也有很大差别。因此在选用观察方式时各元素有不同的最佳观察方式，较高浓度的元素更适合径向观测方式，因此，在一次进样，不同元素谱线采用不同观测方式是最合理的测定条件，于是就产生"双向观测光源"要求，仪器设计者提出多种双向观测光源结构。一种方式是把炬管水平放置，ICP 中心通道对准入射狭缝，取得轴向观测光谱，在炬管的外管开孔并接一支管，引出径向辐射光，经 45°放置的反射镜将光源径向辐射送入分光系统，完成同一光源的轴向和径向辐射同时进入分光系统，完成 ICP 光源的双向观测，见图 7-9。

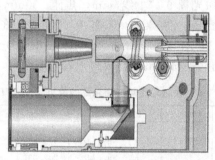

图 7-9　双向观测 ICP 光源

如果将 ICP 炬管垂直放置也可实现双向观测，这时 ICP 的径向辐射直接进入分光系统，轴向辐射通过反射镜转向 90°进入分光系统，为了消除炬焰高温的影响，需要采取某些散热措施。图7-10 PQ9000 垂直放置炬管的双向观测 ICP 光源实现了双向观测。图 7-11 5100 型 ICP 光谱仪则利用有些不同的光路实现双向观测。

2015 年 5 月，在第六届亚太地区冬季等离子体光谱化学国际会上，斯派克公司展示了 2015 年最新推出的电感耦合等离子发射光谱仪（ICP-AES）SPECTRO ARCOS，与以前的 SPECTRO ARCOS 不同，它采用了 MultiView 等离子体接口，让等离子体切

图 7-10 PQ9000 双向观测 ICP 光源

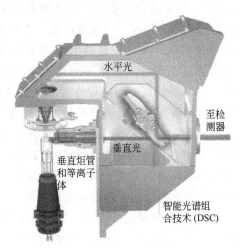

图 7-11 5100 型 ICP 光谱仪的双向观测光源光路

换方向，真正实现直接观测。这种方式的优点可以通过其一典型的应用——贵金属分析来说明，对于贵金属成品分析来说，贵金属作为基体元素，其含量达 90％多，其他微量元素含量极低；而对于贵金属冶炼厂家，矿样中贵金属则变成了微量元素，伴生元素很多；那么采用这种观测方式可以兼顾高含量元素的分析，也可以兼顾低含量元素的分析，同时还能满足复杂基体的分析。目前，这款仪器的双向观测是采用手工方式来切换等离子体方向。对于同一份样品溶液中的不同含量的元素，既要用到轴向观测，也要用到径向观测，就需要切换等离子体方向。为了检查这种双向观测切换的可靠性，做了试验进行验证，每隔半个小时切换一次，并且观察其长期稳定性。经过长期的试验发现，这种频繁切换，与炬管不动、采用单一观测方式相比，二者的稳定性完全一样，由此可以证明，这种设计是可行的。

7.5 轴向及双向观测 ICP 光谱仪的应用

轴向观测光源的发展大致分作三个阶段，从 1976 出现轴向观测光源至 1980 前后，尽管理论和实验已经证明其检出限优于径向观测光源，但尚未得到推广应用，也未商品化，当时正处在顺序扫描 ICP 光谱仪大发展时期，仪器制造商无暇顾及轴向观测光源的商品化，1980 后仪器制造商在完成由多通道 ICP 光谱仪向顺序扫描 ICP 光谱仪转型后，开始将轴向光源作为新的卖点推向商品化，炬管水平放置的单一轴向观测有其明显不足，就改进为双向观测及垂直放置双向观测光源，目前，双向同时观测 ICP 光源正在成为新的 ICP 光谱仪市场竞争的卖点，也有利于 ICP 光谱仪的推广应用。下面介绍轴向及双向 ICP 光源的具体应用实例。

（1）土壤和沉积物中痕量元素的双向光源测定

方法要点：1g 土壤或沉积物，用 16mL 王水在微波炉内高压消解，制成 100mL 试验溶液用于分析，采用 iCAP6500 双向观测 ICP 光谱仪直接进行测定。该仪器对试样部分成分用径向观测，痕量成分用灵敏度高的轴向观测测定。

试剂：分析级硝酸和盐酸，$1000\mu g/mL$ As、Ca、Cd、Co、Cr、Cu、Fe、Mn、Ni、Pb 及 V 的单元素标准溶液；标准污泥参考物质 LGC6181、建筑工地土壤标准参考物质 ERML-CC135a。根据样品各元素含量配制标准系列溶液见表 7-7，土壤双向观测法检出限与标准物质测定数据见表 7-8。

（2）轴向及双向 ICP 光源在环境样品分析中的应用

表 7-9 介绍轴向及双向 ICP 光源的某些具体应用实例。

表 7-7　标准溶液系列

元素	浓度/(μg/mL)
As,Cd	0.05
As,Cd,Co	0.1
As,Co,Cr,Ni,V	0.5
As,Cu,Mn,Ni,Pb,V	1
Cr,Cu,Ni,V	5
Mn	10
Ca,Fe	50
Ca,Fe	100
Ca,Fe	200

表 7-8　土壤双向观测法检出限与标准物质测定数据

元素分析线/nm	观测方向	方法检出限/(μg/mL)	LGC6181/(μg/mL)		ERML-CC135a/(μg/mL)	
			测定值	标准值	测定值	标准值
As189.042	轴向	0.0181			66.46	66
Ca315.887	轴向	0.029			22070	21900
Cd214.438	径向	0.0012	5.9	5.8		
Co237.862	轴向	0.0163			20.24	20
Cr205.552	轴向	0.0017	75.54	78	374	356
Cu327.396	轴向	0.0872	349.6	354	105.2	105
Fe259.837	径向	0.1721	40670	40300	40970	40900
Mn257.610	径向	0.0177	455.8	454	348.3	348
Ni231.604	轴向	0.0023	43.01	45	272.4	277
Pb220.353	轴向	0.0254			380.9	391
V292.402	轴向	0.002	20.23	20	73.29	78

表 7-9　轴向及双向 ICP 光源的应用

题目	试样	光谱仪	测定元素
ICP-AES 测定煤灰成分 Pb、Cu、Zn、Mg、Cr 元素	煤灰	Optima 8000DV	Pb、Cu、Zn、Mg、Cr
ICP-AES 测定土壤中的 24 种元素含量	土壤	iCAP6300	Al、As 等 24 种元素
ICP-AES 法测定污泥中痕量杂质元素铜、锌、铅、镉、镍	污泥	ICP-OES 2100 型	铜、锌、铅、镉、镍
ICP-AES 分析土壤重金属定量中基体效应的研究	土壤	Thermo ICP 6300	Cd，Cr，Cu，Pb，As
ICP 光谱法同时测定蒙药四味土木香散中 17 种元素的含量	蒙药	Prodigty XP	Cd 等 17 种元素
ICP-OES 直接测定海洋沉积物中有孔虫的 Mg 和 Ca	海洋沉积物	iCA P6300	Ca，Mg
电感耦合等离子体原子发射光谱法测定内外墙涂料中的钛、钙、锌、镁和硅	内外墙涂料	Optima 5300DV 型全谱直读光谱仪	钛、钙、锌、镁和硅
等离子体发射光谱法直接测定海洋沉积物中的微量稀土元素	海洋沉积物	PERKIN2ELMER OPTIMA 4300DV	La、Ce、Pr 等 15 个稀土元素
ICP-OES 测定水系沉积物中 6 种重金属元素	水系沉积物	Optima8300	Cu，Zn，Ni，Cr，Pb，Co
微波消解 ICP-AES 法测定飞灰中的多种金属元素	飞灰	ICPE-9000 岛津	As、Cd 等 10 元素

参 考 文 献

[1]　Lichte F E, Roirtyohann S R. Information Newslrtter, 1976, 2 (4)：192.

[2]　Demer D R. Applied Spectroscopy, 1979, 33 (6)：584.

[3]　辛仁轩，马选芳. 分析仪器通讯, 1996, 3 (1)：1.

[4]　Pan F X, You S L, He Q H. Spectrochimica Acta, 1987, 42B (6)：853.

[5]　辛仁轩，宋崇立. 分析化学, 2001, 201, 29 (9)：1033.

[6]　辛仁轩，王晨. 分析化学, 2002, 30 (11)：1375.

[7]　辛仁轩，宋崇立. 分析化学, 2002, 30 (12)：1451.

[8]　李芳，李秀环，谢志勇. 分析测试学报, 2000, 19 (3)：19.

［9］ 姜涛，雷志祥．光谱实验室，2003，20（3）：350.

［10］ 陈道华，张欣．岩矿测试，2003，22（1）：61.

［11］ 施洪钧，王喜红．光谱实验室，2000，17（5）：537.

［12］ 周佳男．企业技术开发，2014，33（13）：45.

［13］ 付翠轻，王晓昆，高博等．环保科技，2012，18（4）：19.

［14］ 李化全．分析仪器，2009，（2）：46.

［15］ 杨钦沾，陈孟君，陈志敏等．广东化工，2014，41（24）：37.

［16］ 黄超，路波，于心科．光谱实验室，2008，25（4）：727.

［17］ 陈道华，张欣．岩矿测试，2003，22（1）：61.

［18］ 杨华，张永刚．中国无机分析化学，2014，4（1）：22.

［19］ 孙友宝，马晓玲，李剑．环境化学，2014，33（4）：701.

［20］ 包楚才，陈纪文，刘付建．中国无机分析化学，2016，6（2）：28.

［21］ 乌兰其其格，宝力道，赵玉英．中国无机分析化学，2016，6（1）：62.

［22］ 辛仁轩．等离子体发射光谱分析．北京：化学工业出版社，2005.

［23］ 辛仁轩．等离子体发射光谱分析．第2版．北京：化学工业出版社，2010.

第8章 专用进样装置与技术

第3章曾介绍过ICP光谱仪通用进样装置，这些装置主要用于雾化液体试样，但对于下述类型样品则难以应用。

① 固体金属样品，如钢铁及有色金属样品。这类样品必须用化学试剂溶解后，才能用气动雾化器进样。而溶样操作不仅费时而且必须将样品大倍数稀释，导致检测能力下降。

② 粉末类样品，如陶瓷粉体、水泥及土壤等，这类样品有时很难溶解，而用高温碱熔法则引入大量碱金属盐类，给后续分析过程造成困难。

③ 周期表中第ⅣA、ⅤA、ⅥA主族元素在ICP光源中灵敏度较低，而试样中含量极微，多在方法检出限以下，如As、Se、Te等元素，直接测量灵敏度不够，需形成挥发性气态化合物与基体分离，才能准确地进行定量测定。

④ 通用气动雾化器和超声波雾化法进样要消耗较多样品，不能进行微升试液分析，需应用微量进样装置。

下面介绍几种特殊的专用进样装置，可以基本满足上述几类样品的分析要求。

8.1 火花烧蚀进样

8.1.1 装置和工作条件

火花烧蚀（spark ablation）进样装置可用于块状金属的分析，其装置见图8-1。装置由火花发生器、气化室及电极构成。块状金属试样置于放电室上，钨棒作为下电极，在金属样和钨电极之间进行火花放电，将金属表面气化，用氩气作为载气将试样气溶胶通入

ICP 光源进行测定。

通常载气流量为 1L/min。下电极也可用碳电极或石墨电极。此类装置已商品化，可用于分析钢样、铝合金和铜合金等类固体金属样品。光谱分析条件与通用条件一样，仅将辅助气流增加至 3L/min。火花烧蚀放电条件列于表 8-1。

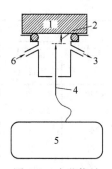

图 8-1　火花烧蚀进样装置
1—试样；2—火花放电间隙；3—试样气溶胶，去 ICP；4—钨电极；5—火花发生器；6—Ar 气入口

8.1.2　分析性能

火花烧蚀进样分析技术必须用与试样相同牌号的标准样品进行标准化（绘制标准曲线），才能保证测定结果的准确性。一般情况下标准曲线线性范围可达四个数量级。测量的检出限和精密度见表 8-2。

表 8-1　火花烧蚀放电条件

放电参数	载气切向进入		载气吹扫进入	
	铝合金	低合金钢	铝合金	低合金钢
电感/μH	310	40	310	40
电容/nF	2.5	2.5	2.5	2.5
自耦功率设置	25	25	25	25
分析火花间隙/mm	8	4	4	2
半周波间断次数	1	2	1	2
击穿电压/kV	10.7	7.4	10.7	7.4

表 8-2　火花烧蚀分析检出限和精密度

元素	低合金钢样			铝合金样		
	检出限/(μg/g)	浓度/%	精密度/%	检出限/(μg/g)	浓度/%	精密度/%
Al	2	0.24	1.1	—	—	—
Co	8	0.30	1.7	—	—	—
Cr	24	1.31	2.1	—	0.24	1.7
Cu	5	0.51	1.9	3	4.44	1.6
Fe	—	—	—	4	0.52	1.5

元素	低合金钢样			铝合金样		
	检出限/(μg/g)	浓度/%	精密度/%	检出限/(μg/g)	浓度/%	精密度/%
Mg	—	—	—	5	2.48	3.1
Mn	3	1.50	1.4	4	0.81	3.4
Mo	8	0.49	0.8	4	—	—
Ni	3	2.00	0.9	—	2.00	0.5
V	0.4	0.31	1.2	9	—	—
Zn	—	—	—	1	5.44	1.3

8.2 直接试样插入装置

直接试样插入装置（direct sample in sertion），简称 DSI 进样装置，是用于分析粉末类试样的进样技术。1979 年 Horlick 等首先用 DSI 装置分析了铅盐和铅氧化物样品，其后对 DSI 技术和装置做了大量研究工作，并有综述文章发表。DSI 装置原理如图 8-2 所示。由电弧光源常用的石墨杯状电极插入石英炬管中心管中，再向上伸入 ICP 光源中，利用等离子体的高温加热石墨杯中试样，使其蒸发进入 ICP 焰。石墨杯可以制成各种形状，支持在玻璃碳棒和石英棒上，石英棒可以上下移动地确定最佳加热位置。

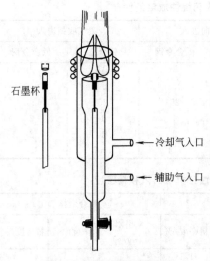

石墨杯

冷却气入口

辅助气入口

图 8-2　DSI 进样装置原理

DSI 装置所配用的炬管有两种，一种是用高功率的 Greenfild 炬管，功率 3.0kW，冷却气为 N_2 气 25～30L/min，辅助气用 12～15L/min Ar 气。炬管中心管直径 6mm，以利于石墨电极的插入。另一种是 Horlick 所用的 1.25kW 高频功率，冷却气 18L/min，载气 1L/min，辅助气 0.6L/min。也有用 2.0kW 高频功率的 DSI 装置。

和直流电弧光源类似，DSI 分析粉末样品时有分馏现象。有时为了改变试样中杂质的挥发蒸发性能，使难挥发的化合物变成易挥发形态，常加入 NaF、AgCl、Ga_2O_3 等作为载体，使微量杂质与基体分离，降低基体的干扰。Purohit 在测定 U/Pu 核燃料中痕量稀土元素时，用 AgCl 和石墨粉混合载体分馏法，ICP 光谱测定 0.4ng 的 Dy 和 Eu，1ng 的 Gd，2ng 的 Sm，精密度为 10%。

DSI 进样技术不仅可用于粉末样品，也可用于其他固体样品和微升量液体样品。梅本雅夫用 DSI 进样 ICP 光谱分析头发中微量元素 Cd、Pb、Cr、Ni，检出限分别为 $0.027\mu g/g$、$0.75\mu g/g$、$0.021\mu g/g$、$0.012\mu g/g$ 发样。已报道测定过的样品还有：硅酸盐、氧化钠粉末、煤粉、海水、水系沉积物，陶瓷材料，石墨，Ni 基合金、硫酸钙、氧化铝粉等。

8.3　电热进样技术

8.3.1　原理和装置

电热蒸发（electro thermal vaporization，ETV）进样是将试样置于石墨炉、石墨棒或耐高温金属片上加热蒸发，试样蒸发后被载气带入 ICP 光源激发的光谱分析技术。这种进样方式可改善检出限并使用微升级样品。黄敏等已有综述文章。早期 Nixon 等用钽丝加热蒸发进样，也有用碳丝等作为加热元件。后来多采用石墨作为加热元件，元件有棒状、杯状及炉状等多种。图 8-3 是石墨炉电加热进样装置的原理图，通常用原子吸收光度计的石墨炉改装。将原子吸收石墨炉一端用聚四氟乙烯棒封塞，另一端接 ICP 光源。

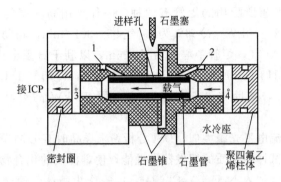

图 8-3　石墨炉电热蒸发装置原理

1,2—进 Ar 保护气（避免石墨管氧化）；3,4—进载气（Ar）

用微量注射器注入 $10\sim20\mu L$ 试液，盖上石墨塞并通电加热，经过干燥、灰化、蒸发过程，试样气溶胶用载气带入 ICP 光源进行原子化和激发。与通用气动雾化器不同，其输出信号为脉冲尖锋型。

8.3.2　分析性能

ETV-ICP 进样技术有下述特点。

① 电热蒸发可使分析物完全挥发，提高了进样效率和样品利用率，改进了检出限，其绝对检出限可改善 $1\sim2$ 个数量级。

② 用样量减少，ETV-ICP-AES 进样量一般仅约 $10\mu L$，适用于样品来源有限的试样。

③ 线性范围可达 $3\sim4$ 个数量级。

④ 精密度受进样量、进样位置及气流波动等限制，比气动雾化进样法要差一些，一般在 $2\%\sim8\%$ 之间。

⑤ 样品蒸发过程和光谱激发过程分开，可分别选择最优化条件。

⑥ 可用化学改进剂（氯化物、氟化物等）改善试样的挥发及蒸发性质。

⑦ 具有多元素同时测定的能力。

⑧ 可分析液体、固体、粉末等多种形态的试样。

石墨炉电热进样技术的限制因素是石墨器件最高加热温度不应

超过 2800℃，这一温度对某些热稳定的化合物蒸发还嫌不足，其灵敏度也受到限制。另外测定浓度较高样品时，其精密度不如雾化进样装置。

ETV-ICP-AES 分析有明显的基体效应，某些分析物（如稀土元素）与石墨可能生成难熔碳化物；限制了分析物的原子化，增加了记忆效应。对于某些常见元素也可观察到基体效应。如海水基体增加 Au、Cd、Li、Zn 的信号强度，而 As 和 Sn 的信号则受到抑制。氯化物盐类也能增强 Cd 的信号，高氯酸能增强 3A 族元素的信号。

为了抑制基体效应可添加基体改进剂。黄敏等用 PTFE 及聚三氟氯乙烯悬浮体为卤化剂改进了稀土元素的检出限。

ETV-ICP-AES 已在多种实际样品分析中得到应用。如：环境类样品（土壤、湖水沉积物、人工海水）；生物化学类样品（牛肝、血清、尿、奶汁、骨类）；植物类样品（果树叶、菠菜等）；材料类样品（铀化合物、Cd-Hg-Fe 化合物）；有机类样品（汽油、润滑油）等。

表 8-3 列出 ETV-ICP-AES 的某些元素检出限。

表 8-3　ETV-ICP-AES 的某些元素检出限

元素	分析线 /nm	Aziz 法[①]		Swaid 法[②]		江祖成法[③]	
		相对检出限 /(μg/L)	绝对检出限 /ng	相对检出限 /(μg/L)	绝对检出限 /ng	相对检出限 /(μg/L)	绝对检出限 /ng
Mg	279.6	0.1	0.01	—	—	1.2	0.01
Pb	220.4	130	6.5	10	0.4	59	0.6
Cr	267.7	4	0.2	20	0.2	21	0.2
Al	396.2	—	—	60	0.6	22	0.2
Cd	226.5	8	0.4	50	0.5	60	0.6
Fe	259.9	2	0.1	70	0.7	2.1	0.02
Mn	257.6	0.4	0.02	2	0.02	0.8	0.08
Zn	213.8	6	0.3	10	0.1	0.8	0.02
Cu	324.7	10	0.5	20	0.2	1	0.01

① 50μL 样，CrⅡ 283.6nm　Pb 405.7nm。

② 10μL 样，Cd 228.8nm　Cr 205.5nm　Al 308.2nm。

③ 10μL 样，Cu，Zn 20μL。

8.4 激光烧蚀进样装置

激光烧蚀（laser ablation）进样装置是用激光束照射试样使其气化，用载气将试样气溶胶送入 ICP 光源。如配置激光显微装置则可进行微区分析。图 8-4 是激光气化 ICP-AES 装置的原理图。

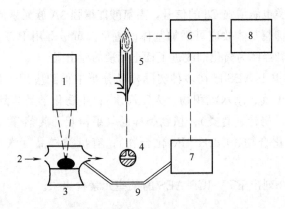

图 8-4　激光气化 ICP-AES 装置原理

1—激光微探针；2—氩气入口；3—样品气化室；

4—三通开关（上接炬管）；5—炬管；6—光谱仪；

7—光激发开关；8—计算机与终端；9—光学纤维

激光气化装置主要由激光微探针、样品气化室及供气系统组成。样品置于样品台上，能量 1.0J 的激光脉冲聚焦到样品上，靶点温度达 $5000\sim6000K$，使样品微区迅速熔化及气化。取样面可小到 $10\mu m$ 直径，最大约 $300\mu m$。用载气将气溶胶导入 ICP 光源。激光烧蚀进样技术可直接分析固体样品，或压成块状的粉末样品。由于烧蚀面积小，特别适合分析单晶体、包裹体一类样品，也用于耐火材料、地球化学试样、金属及合金试样分析。表 8-4 为激光气化 ICP 光谱分析钢样的检出限。试样是含 1‰ 钢样的溶液。同时列出气动雾化器的检出限以资比较。

表 8-4　激光气化技术和通用 ICP 光谱分析检测限的比较

元　素	检测限/(μg/L)		绝对检测限/ng	
	激光	雾化器①	激光②	雾化器③
Cr	15	2	15	25
S	15	45	15	250
P	10	35	10	150
Mn	80	2	10	5
Mo	60	4.5	60	20
Cu	20	1.5	20	12
V	10	1.5	10	20
Ni	70	1.0	70	70

① 试液为含 1% 钢样的溶液。

② 假定 1μg 样品被气化。

③ 假定 0.7mL/min 提升量和 2% 的进样效率。

分析粉状地质样品可用压片法。将粉状地质样与黏合剂和石墨粉混合压饼，测定 Ba、Sr 的检出限分别为 $2.6μg/g$ 与 $3.0μg/g$，精密度为 6.3% 及 5.6%（浓度为 $470μg/g$ 时）。李维华等用激光气化进样 ICP-AES 测定分离后沉积在滤纸上的微量稀土元素，取样 1g 时，测定下限分别为 La、Sm、Gd、Tb、Er、Lu 1ng/g；Pr、Nd-10；Eu、Dy、Tm、Y 0.1ng/g；Ce 30ng/g。在含量 10ng/g 时测定精度为 4.83% ~ 12.45%。林守麟等研制了激光采样 ICP-AES 分析装置并研究了其分析性能，用该装置进行固体粉末样品分析时，靶点温度高达 5660℃，基体效应小，检出限可达 10^{-6}，RSD 一般在 3% ~ 5%。

8.5　氢化物发生法

砷、硒等元素是环境、生物化学及食品等类样品常需测定的元素，其含量也很低。而 ICP 光源测定这些元素灵敏度又不高。用 ICP 光谱法直接测定这类样品十分困难。1969 年 Holak 首次把氢化物发生技术引入原子光谱测定砷。由于它具有较高的进样效率、良好的选择性，因而成为可形成氢化物元素测定最有效的方法。

1973 年 Schmidt 把 $NaBH_4$ 引入氢化物发生法作为还原剂，使氢化物发生速度大大加快，使该法更为方便。能形成氢化物的元素有砷、硒、锗、锑、铅、锡、铋、碲等元素。

8.5.1 氢化物发生法工作原理

初生态氢能和某些元素形成挥发性氢化物，其沸点均在室温以下，常温下均为气态。能生成挥发性氢化物的元素及其氢化物性质列于表 8-5。

表 8-5 挥发性氢化物的性质

元素	氢化物	熔点/℃	沸点/℃	氢化反应方程
As	AsH_3	−116.9	−62.5	$HAsO_2 + 6H^+ + 6e^- \longrightarrow AsH_3 + 2H_2O$
Bi	BiH_3	—	−22	$Bi^{3+} + 3H^+ + 6e^- \longrightarrow BiH_3$
Ge	GeH_3	−165.9	−88.5	$Ge^{4+} + 4H^+ + 8e^- \longrightarrow GeH_4$
Pb	PbH_4	—	−13	$Pb^{4+} + 4H^+ + 8e^- \longrightarrow PbH_4$
Sb	SbH_3	−88	−18.4	$SbO^+ + 5H^+ + 6e^- \longrightarrow SbH_3 + H_2O$
Se	H_2Se	−65.7	−41.3	$H_2SeO_3 + 6H^+ + 6e^- \longrightarrow H_2Se + 3H_2O$
Sn	SnH_4	−150	−51.8	$Sn^{4+} + 4H^+ + 8e^- \longrightarrow SnH_4$
Te	H_2Te	−51	−2.3	$Te^{4+} + 2H^+ + 6e^- \longrightarrow H_2Te$

氢化反应所需的原子态氢可由 Zn-HCl 反应产生。

$$Zn + 2H^+ \longrightarrow Zn^{2+} + 2H$$

Zn-HCl 体系产生氢化物的速度非常慢，直接进入 ICP 光源很难得到理想的峰值信号。为了加快氢化物进入 ICP 的速度，可将生成的氢化物在一个液氮冷却的容器中液化，然后再加热该容器，使氢化物瞬间气化进入 ICP，可以给出一个尖峰信号。这一方法可将反应所产生的过量氢气分离掉，降低对 ICP 光源的不利影响。另一种方法是用 1973 年 Schmidi 提出的 $NaBH_4$ 还原体系，可加快氢化反应速度，让产生的氢化物直接进入 ICP 光源。冷阱富集法虽然操作繁杂，但灵敏度高，改进了测定下限和准确度。硼氢化物在酸性介质中产生初生态氢的反应为

$$BH_4^- + H^+ + 3H_2O \longrightarrow H_3BO_3 + 8H$$

与被测元素的反应为：

$$A_m^{3+} + (m+n)H \longrightarrow AH_n + mH^+ \quad (过量)$$

式中，A_m^{3+} 是氢化物元素；AH_n 是氢化产物。

8.5.2　氢化物发生器

氢化物发生装置有几种，大致分为带有冷阱的氢化物富集发生器和直接氢化物发生器两类，前者为非连续操作型。图 8-5 是连续型氢化物发生器原理图。试样和还原剂 $NaBH_4$ 溶液由蠕动泵输入到反应室，所产生的氢化物由载气送入 ICP 光源。氢化物可连续地产生。

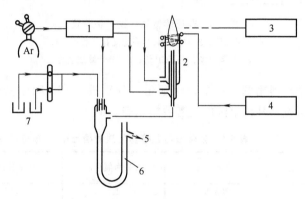

图 8-5　连续型氢化物发生器原理

1—流量计；2—炬管；3—分光器；4—高频电源；

5—废液；6—气液分离装置；7—试液

带有冷阱富集装置的非连续型氢化物发生装置其原理见图 8-6。

非连续型氢化物发生器又称间断式（batch）氢化物发生器。先将试样和还原剂加入反应器内，产生的氢化物经冷凝管低温液化，然后升高温度将氢化物送入 ICP 光源。

除了这两种专用的氢化物发生装置外，还可以利用带有多通道蠕动泵的 ICP 光谱仪原有气动雾化进样系统，作为氢化法样品分析。如利用通用雾化器改装代替氢化物发生器直接发生氢化物，灵敏度仍较气动雾化器高 10～100 倍。其操作也与通常气动雾化进样

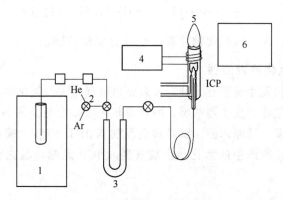

图 8-6　非连续型氢化物发生装置

1—反应器；2—三通阀；3—冷凝管（捕集管）；

4—高频电源；5—ICP 焰；6—分光测定装置

过程一样。利用蠕动泵的两个通道，分别进 2‰ $NaBH_4$-盐酸溶液和试样溶液。其检出限的改善数据见表 8-6。

表 8-6　氢化法与直接雾化法的检出限　　单位：$\mu g/L$

元　　素	波长/nm	双铂网氢化法	直接雾化法
Se	203.98	1.2	115
Se	206.28	2.3	300
As	197.20	0.9	76
As	228.81	1.1	83
Sb	206.83	1.1	32
Sb	217.58	1.5	44
Bi	223.06	1.6	34
Bi	306.77	0.8	75

　　其他类型的 Babington 雾化器也被用作氢化物发生器；如 GMK 雾化器被用作连续型氢化物发生器测定 Se。这类装置除了可测定能形成氢化物的元素外，还可测定非氢化物元素，但也增加了非氢化物元素对氢化物元素的光谱干扰及基体效应。为了避免这类干扰可将气动雾化器的载气管和进样管调换，使雾化器不起雾化作用。

　　在采用气动雾化器进行氢化物元素分析时，应注意使试液与还原剂有充分时间反应，即有充分混合的时间。张巨成认为预混法比非预混法有更低的检出限。

黄本立设计了一种由同心雾化器和特殊结构雾室组成的新型连续氢化物发生器。雾室长 95mm，直径 35mm。可同时测定氢化物形成元素及其他元素，具有良好的检出限和精密度，具体数据见表 8-7。

表 8-7　检出限和背景等效浓度

元素	分析线/nm	检出限/(ng/mL)			BEC		
		A	B	C	A	B	C
As I	193.36	7.5	—	230	680	—	15200
Bi I	223.06	0.6	—	24	41	—	1740
Sb I	206.83	8.3	—	190	300	—	3760
Se I	196.02	3.3	—	170	240	—	9680
Te I	214.28	2.0	—	44	98	—	2490
Cd II	226.50	4.1	1.9	2.1	150	153	120
Co II	228.61	2.6	1.6	2.2	230	188	130
Fe II	238.20	6.8	3.7	4.6	300	236	200
Mn II	257.61	1.0	0.9	1.4	8.3	69	57
Ni II	231.60	10.0	12.0	14	670	655	500
V II	292.40	9.8	2.2	3.5	400	313	200
Zn I	213.85	9.0	6.1	5.2	240	220	200

注：A—用雾化-氢化物发生器氢化物发生法。

B—用雾化-氢化物发生器非氢化法。

C—用双管雾室非氢化物发生法。

8.5.3　分析特性

氢化物发生法用于 ICP 光谱技术分析 As 等元素有明显特点。

① 氢化法测定实际样品可不同程度改善检出限，一般可改善 10～100 倍。

② 在氢化反应同时可分离掉基体物质，降低或消除基体影响。

③ 不存在雾化器堵塞问题。

应该指出，并非所有能生成氢化物的元素都可方便地用氢化发生法分析。如用氢化法测定 Pb 就比较困难，因为铅的氢化物不稳定，须采用先氧化后还原的预处理过程，以提高氢化物产率。此外，Sn 和 Pb 的氢化物发生酸度条件苛刻也影响氢化法的应用。氢化物发生法 ICP 光谱分析降低基体干扰效果是明显的。但实验表明，试样中大量存在的过渡金属离子可对测定产生干扰。在试样中经常大量存在的铁及其他元素对氢化反应的干扰已被多次报道。据推测 $NaBH_4$ 将铁离子还原为金属铁，氢化物被新生态金属吸附造成干扰。也有人认为反应生成铁的硼化物，或者干扰物为 $Fe(OH)_3$ 等。尽管氢化物发生法存在某些干扰效应，但其优点仍然是明显的，特别是显著降低检测下限，使本来气动雾化法不能分析的样品也能准确地进行定量测定。表 8-8 列出氢化物发生法与通用气动雾化法检出限的比较。

表 8-8　氢化物发生法及气动雾化法检出限/(ng/mL)

元素	通用溶液雾化法	氢化法	氢化法	氢化法	氢化物冷凝法	氢化法
As	53	0.8	1	0.5	0.02	0.03
Bi	34	0.8	2	0.4	0.3	0.06
Ge	40	0.3	—	—	0.6	—
Pb	42	—	1	—	—	—
Sb	32	1.0	5	2	0.08	0.07
Se	75	0.8	1	1	0.1	0.04
Sn	25	0.2	0.5	1	0.8	1.2
Te	41	1.0	2	5		0.04

8.5.4　氢化物发生法的应用

氢化物发生法是最具有实际用途的专用进样技术，它在各类分析样品中都有应用。下面介绍几个氢化物发生 ICP-AES 法的具体应用。

（1）HG-ICP 光谱法同时测定纺织品中痕量可萃取砷和汞

① 主要仪器与试剂　全谱直读电感耦合等离子发射光谱仪；

Vista-PRO 型，玻璃同心雾化器，旋流雾化室，水平等离子炬管，蠕动进样泵。氢化物发生器：VGA-77 型。砷、汞标准工作溶液，浓度均为 1.0mg/L（1%硝酸介质）。模拟酸性汗液：称取 0.5g L-组氨酸盐酸盐一水合物、5g 氯化钠、2.2g 磷酸二氢钠二水合物于 1000mL 烧杯中，用去离子水溶解并稀释至 1000mL，用 0.1mol/L NaOH 调节 pH 值至 5.5，现配现用。硼氢化钠：5g/L，称取 0.5g 硼氢化钠，溶于 100mL 0.5%氢氧化钠溶液中，摇匀，现配现用。硫脲：100g/L，称取 10g 硫脲于 100mL 超纯水中，摇匀，置于棕色瓶中。

② 仪器工作参数　RF 发射功率 1.15kW；等离子气流量 15.0L/min；辅助气流量 1.50L/min；雾化气流量 0.70L/min；砷、汞分析波长分别为 188.98nm、194.164nm；VGA-77 氢化物发生器载气流量 0.36L/min；样品溶液流量 7.0mL/min；硼氢化钠溶液流量 1.0mL/min。

③ 标准工作曲线　将砷、汞标准工作溶液用酸性汗液稀释配制成砷、汞混合标准工作溶液（含 10%盐酸和 1%硫脲），其中砷浓度为 0、20.0μg/L、40.0μg/L、60.0μg/L、80.0μg/L、100.0μg/L，汞浓度为 0、10.0μg/L、20.0μg/L、30.0μg/L、40.0μg/L、50.0μg/L，在②仪器参数下测定。仪器自动绘制标准工作曲线。

④ 样品萃取　按照 Oeko-Tex Standard 200，称取剪碎至5mm×5mm 以下的样品 2.5g（精确至 0.0001g），置于 250mL 具塞锥形瓶中，加入 50mL 酸性汗液，将试样充分浸湿，在（37±2）℃下不断振摇 1h，然后在（37±2）℃放置 1h。过滤，同时做试剂空白试验。

⑤ 样品测定　分别移取 5.0mL 样品滤液及试剂空白于 10.0mL 具塞试管中，加入浓盐酸 1mL、100g/L 硫脲 1mL，用超纯水稀释至刻度，摇匀，放置 30min 后在仪器上选定工作参数下测定。根据标准工作曲线计算样品中可萃取砷和汞的含量。

⑥ 结果　砷和汞的检出限分别为 0.35μg/L、0.12μg/L，定量

下限分别为 0.023mg/kg、0.008mg/kg。对酸性汗液进行加标回收试验，砷和汞的回收率分别为 91.1%～101.3% 和 92.9%～102.5%，测量结果的相对标准偏差分别为 0.93%～1.34% 和 0.77%～1.57%（$n=8$）。

（2）HG-ICP-AES 检测尿中总砷含量　二乙氨基二硫代甲酸银（DDC-Ag）分光光度法是现行的国家职业卫生标准，使用普及，但样品前处理复杂，灵敏度较低，电感耦合等离子体发射光谱法灵敏度更高，分析速度更快，特别是与氢化物发生技术（hydride generation，HG）结合后，进一步提高了样品引入效率和检测灵敏度。

①　仪器与试剂　ICP-AES 光谱仪（美国 Varian 公司），VGA-77 型氢发生器（美国 Varian 公司）；二乙氨基二硫代甲酸银（DDC-Ag），三乙醇胺，氯仿，盐酸，硝酸，尿素，碘化钾，氢氧化钠，硫酸，高氯酸，草酸铵，氯化亚锡（均为分析纯）；砷标准液，用三氧化二砷（99.995%）配制 1.000mg/mL 的砷标准储备液，临用前逐级稀释至所需浓度。

②　结果　经实验检查，方法检出限为 0.21～0.53g/L，定量限为 2.1～5.3g/L；在 10～500g/L 范围内，砷浓度与等离子体发射光谱强度线性关系良好（$R>0.9995$），灵敏度（标准曲线斜率）为 8.90±0.78；相对标准差在 0.42%～1.73% 之间，加标回收率 95.67%～105.77%，检测结果与 DDC-Ag 法比较无统计学差异，且检出限更低，灵敏度更高，线性关系更好，精密度区间更窄，回收率范围更可靠，方法灵敏度高、准确性好，可用于地方性砷中毒患者尿中总砷含量的测定。

（3）氢化物发生法测定海水中痕量的铅　海水成分复杂，盐分高，对于用常规的 ICP 光谱法测定痕量的铅是很难做到的。氢化物发生技术引入原子光谱测定砷，具有较高的进样效率，良好的选择性，因而成为可形成氢化物元素测定最有效的方法，采用氢化物发生技术测定海水中痕量的铅，可以改善检出限，降低基体效应，另一方面防止高盐堵塞雾化器和炬管。

① 仪器与试剂 IRIS Intrepid 型电感耦合等离子体原子发射光谱仪（美国热电公司），硼氢化钠（优级纯）；超纯去离子水；标准溶液（1mg/mL 铅的标准储备液）；还原剂为 1.5% ～2% $NaBH_4$-0.5% NaOH 溶液，用时现配。

② 仪器工作条件 炬管功率 1150W，冷却气 14L/min，辅助气 0.5L/min；雾化器压力 2psi；样品提取率 1.85mL/min。

③ 结果 测定海水中铅的分析线 220.353nm，海水中铅的浓度 9.118μg/L，精密度 2.5%，回收率 91.2%。

（4）ICP-AES、HG-ICP-AES、DDC-Ag 测定尿总砷含量的方法比较 比较了 3 种测定尿中总砷的方法：二乙氨基二硫代甲酸银（DDC-Ag）分光光度法（银盐法）、电感耦合等离子体发射光谱法（ICP-AES）和氢化物发生电感耦合等离子体发射光谱法（HG-ICP-AES）。

① 仪器与试剂 ICP-AES MPX 型光谱仪（美国 Varian 公司）；VGA-77 型氢发生器（美国 Varian 公司）；盐酸，硝酸，尿素，碘化钾，氢氧化钠，硫酸，高氯酸，草酸铵，氯化亚锡（以上试剂均为分析纯）。

② 样品的采集与处理 采集新鲜晨尿，用硝酸处理过的聚乙烯塑料瓶收集，并将尿样分为 3 份。1 份用 1%（体积分数）HNO_3 直接稀释，ICP-AES 法测定；1 份用硝酸消化，HG-ICP-AES 法测定；另 1 份用硝酸-硫酸-高氯酸消化，用于 DDC-Ag 法测定。

三种方法分析条件经过优化后对同一样品进行测定，ICP-AES、HG-ICP-AES 及 DDC-Ag 比较结果如下：检出限（μg/L）依次为 0、4.08、0.21、10.0；加标回收率依次为 84.9% ～103.3%、95.6% ～105.8%、86.4% ～93.3%；精密度分别为 3.65% ～7.69%、0.42% ～1.73%、2.01% ～7.25%。实验结果表明，在检测尿中总砷含量时，ICP-AES、HG-ICP-AES 及 DDC-Ag 3 种方法都可行，其测定结果无准确性差异。相对而言，DDC-Ag 灵敏度较低，但无需特殊仪器设备，普及程度高。在需同时检测微量及宏量元素时，ICP-AES更具优势，其准确度、精密度和灵敏度对一般应用都是合适的。在检测砷等可生成氢化物的元素时，HG-ICP-AES具有较大的技术优势，其检出限更低、灵敏度更高，结果重现性更好，回收率范围更准确，更适合尿中痕量砷的测定。

（5）氢化发生ICP-AES测定高纯氧化铌中铋、硒和碲含量　提出了氢化发生电感耦合等离子体发射光谱法（HG-ICP-AES）测定高纯氧化铌中铋、硒、碲的分析方法。优化了氢化条件，研究了氧化铌基体对氢化物测定的影响。

① 仪器及工作条件　ULTIMA ICP-AES（法国JY公司），U形管氢化发生装置，双通道蠕动泵，工作条件为发生器功率1000W，等离子气流量12L/min，护套气流量0.6L/min，载气流量0.6L/min，入射狭缝10μm，出射狭缝15μm，全息光栅4320条刻线/mm，蠕动泵泵速12r/min。分析线为：铋223.061nm，硒196.090nm，碲214.281nm。MARS5微波消解系统（美国CEM公司）。工作条件为：温度控制120℃，爬坡时间10min，压力0.34MPa，维持时间10min。

② 试剂及标准溶液　氢氟酸（MOS级），盐酸（亚沸提纯），三氯化铝（100g/L），硼氢化钾溶液：称取1g硼氢化钾于100mL氢氧化钠溶液（0.1mol/L）中，现用现配。单标储备液分别为1mg/mL，测定前将标准储备液逐级稀释配成所需浓度的混合标准溶液。

③ 样品处理　准确称取0.5g氧化铌试样于消解罐中，加2mL氢氟酸，消解完全，冷却，进50mL容量瓶中。加入5mL三氯化铝溶液，加入浓盐酸使定容后盐酸介质浓度为3mol/L，定容，摇匀。与硼氢化钾溶液同时泵入氢化反应器中，于ICP-AES上测定（由于氢氟酸会对玻璃制的U形管氢化发生装置产生腐蚀，所以加入适量氯化铝溶液）。

④ 基体效应　在相同的氢化条件下，分别测定无基体及含10mg/mL氧化铌基体的标准曲线，从两条工作曲线的斜率比较来看：在相同的氢化条件下，含氧化铌基10mg/mL的铋、硒、碲标

准曲线与无基体的铋、硒、碲标准曲线斜率接近，说明这些元素的测定灵敏度相当，基体的干扰效应较小，可忽略，可采用无基标准曲线测定分析元素。

⑤ 结果　在优化的氢化无发生及光谱测定条件下，铋、硒、碲的检出限（$\mu g/g$）分别为 0.1、0.2、3，加标回收率为 90％～120％，相对标准偏差小于 10％。

8.6　生成挥发物进样技术

除了氢化物形成进样技术外，还有一些元素或离子可在一定化学条件下形成低沸点的易挥发化合物，以气态形式直接导入 ICP 光源。这种进样技术可以降低基体效应并有一定富集作用，对某些特定元素是一种有效的进样技术。

8.6.1　痕量碘的测定

ICP 光源测定碘的灵敏度很低，利用化学反应将碘化物氧化生成挥发性的碘分子后，可大大改善碘的检出限，一般检出限可降至每毫升微克级。用于碘化物氧化反应的氧化剂有下述几种。

氧化剂	与碘化物的氧化反应
$K_2S_2O_8$	$S_2O_8^{2-} + 2I^- + 2H^+ \longrightarrow I_2 + 2HSO_4^-$
H_2O_2	$H_2O_2 + 2I^- + 2H^+ \longrightarrow I_2 + 2H_2O$
$KMnO_4$	$2MnO_4^- + 10I^- + 16H^+ \longrightarrow 5I_2 + 2Mn^{2+} + 8H_2O$
$KBrO_3$	$2BrO_3^- + 10I^- + 12H^+ \longrightarrow 5I_2 + Br_2 + 6H_2O$
$K_2Cr_2O_7$	$Cr_2O_7^{2-} + 6I^- + 14H^+ \longrightarrow 3I_2 + 2Cr^{3+} + 7H_2O$
$NaNO_2$	$2NO_2^- + 2I^- + 4H^+ \longrightarrow I_2 + 2NO + 2H_2O$

氧化反应形成挥发性碘的进样装置有多种类型。乌钢等采用 V 形槽高盐雾化器及立式玻璃雾室，采用 $NaNO_2$ 和 H_2O_2 氧化剂，ICP 光谱法测定海水中的微量碘的下限为 30ng/mL，方法相对标

准偏差为 $3\%\sim8\%$。范哲锋等用 PHD 型氢化物发生器将亚硝酸钠和样品（食盐溶液和海水）溶液分两路送入高盐雾化器，使碘离子氧化为挥发性单质碘而提高传输效率。方法的检出限为 $14ng/mL$，精密度为 1.2%（$2\mu g/mL$，$n=10$）。Nakahara 等用类似氢化法中气液分离器不经雾化器的进样装置，ICP 光谱法测定碘的检出限为 $0.39ng/mL$。方法用于测定盐水中总碘。ICP 光源中碘的灵敏线为 $178.28nm$、$183.04nm$ 及 $206.16nm$，均在远紫外光谱区，分光系统应用氮或氩冲洗以驱除氧气。标准曲线线性动态范围可达 4 个数量级。

8.6.2 硫化物测定

溶液中硫化物可以在酸性条件下反应产生 H_2S 气态化合物。Lewin 用此法分析地下水中硫化物，S $180.73nm$ 的检出限为 $0.2\mu g/L$。当硫化物浓度为 $10.5\mu g/L$ 时，20 次测定的相对标准偏差为 0.45%，每个样品分析时间为 $3min$。方法可用于地下水中溶解硫化物的测定。葡萄酒中硫化物测定方法类似，试样用高压罐在 $160℃$ 温度下消解，进样用 Babington 雾化器，用 S $182.037nm$ 分析线测定。各类葡萄酒中 SO_2 含量在 $100\sim300mg/L$ 之间，相对标准偏差约 5%，回收率 $95.5\%\sim104.9\%$。

8.6.3 碳酸盐测定

碳酸盐可在酸性条件下产生气态 CO_2，分析线为 C $247.82nm$，测定骨中碳酸盐检出限为 $1\mu g/mg$。CO_2 发生器的原理如图 8-7 所示，试样置于反应罐 G 内，注入盐酸后反应生成 CO_2，用载气 Ar 通入反应罐将反应产物导入光谱仪原进样装置。用 Na_2CO_3 作为产生标准 CO_2 的样品，预先 $60℃$ 烘干 $18h$，加 $2mol/L$ 或 $4mol/L$ 盐酸反应，反应历时约 $20s$。标准曲线线性 $10\sim100\mu g/cm^3$ 碳。

有机试样中碳的测定时，需将试样放置在石英管中加热，并经氧化铜反应生成 CO_2，再导入 ICP 光源中测定。天然水中有机碳的测定时需先用酸将无机碳（碳酸盐）转化成 CO_2，分离出来，然后再用燃烧法测定水中有机碳。

8.6.4　硅和砷的测定

样品中硅可用氟化法生成四氟化硅，用载气将四氟化硅导入 ICP 光源进行测定。取样 $100\mu L$ 加入 $125\mu L$ 0.1%（质量/体积）的氟化钠溶液进行氟化反应，用 $250mL/min$ Ar 气载带反应物进入 ICP。标准曲线线性上限为 $10\mu g/mL$ Si（Ⅳ）。

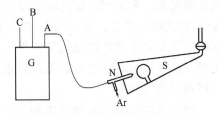

图 8-7　碳酸盐测定装置原理
A—载气＋CO_2；B—盐酸入口；
C—载气（Ar）入口；G—CO_2 发生罐；
N—雾化器；S—雾室

绝对检出限为 9.8ng。在 Si（Ⅳ）浓度 $10\mu g/mL$ 时相对标准偏差为 2.32%。方法用于水中及铁矿石中硅的测定。

砷可用形成三氟化砷挥发性化合物法来测定，它的沸点为 $-63℃$，As_2O_3 与氟化钠的反应为：

$$As_2O_3 + 6NaF + 3H_2SO_4 \longrightarrow 2AsF_3 + 3Na_2SO_4 + 3H_2O$$

用 As 193.696nm 分析线，线性范围为 $10\sim500\mu g/mL$，绝对检出限 20ng，试样体积 $200\mu L$。当 As 浓度 $50\mu g/mL$ 时，*RSD* 为 5.38%。

8.6.5　汞和锇的测定

汞可用 $SnCl_2$ 还原生成单质汞，ICP 光源中检出限为 $0.25\mu g/L$，灵敏度较还原前有显著提高。方法线性范围 $0\sim100\mu g/L$。可用于水样及头发样中的微量汞的测定。

贵金属锇在呈 OsO_4 形态时极易挥发。将溶液中非挥发态 $HOsO_5^-$，在浓硝酸存在时生成易挥发 OsO_4，用载气导入 ICP 光源，其谱线强度较非挥发态增加约 60 倍。另一报告称用氧化捕集法测定 Os（Ⅷ）和 Os（Ⅲ），比直接导入法灵敏度提高 2.2×10^3 倍及 1.6×10^5 倍。试验了 26 种干扰离子及挥发性有机化合物，仅 Ru（Ⅲ）有较显著影响。浓度为 5ng/mL 时 *RSD* 为 4.0%。

8.6.6　烟道气和空气飘尘中元素测定

环境样品中的空气飘尘本身是气溶胶状态，可以直接导入 ICP

光源测定其元素组成。曾比较了以空气作工作气体的 ICP 光源和 Ar-ICP 光源的性能，用 Ar-ICP 光源可检出 1m³ 空气中 10ng Ca，而用空气 ICP 光源检出能力更好些。因为它分解固体微粒的能力更强。可以认为用空气 ICP 光源日夜连续监测空气中微尘是一种经济而有效的方法。

烟道气中微量元素也可直接导入 ICP 光源进行多元素测定。美国加州的一个武器工厂，用气态直接进样技术测定烟道气中金属元素浓度。用三个分光器分别测定 Ca、Ba、Sr 元素，采用频率 7.1MHz 的空气 ICP 光源，可以连续监测。元素检出限为 Ca 25ng/mL，Ba 4ng/mL，Sr 5ng/mL。

8.7 微量溶液进样装置

通用气动雾化器一次测定所用试液约 5～10mL，而某些类型样品分析不能提供充足的样品量。例如放射性样品分析、贵金属和稀有金属试样以及生物试样等，都希望尽量消耗较少的试样。微量溶液进样就是为了降低样品用量而发展起来的一类进样技术。

降低样品用量可有 4 种途径：

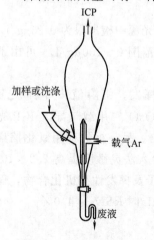

① 采用循环雾化装置，将雾化废液循环利用；

② 脉冲进样，用注射器注入微升量溶液，产生表征某元素浓度的脉冲信号；

③ 微量雾化器，降低气动雾化器中心进样管尺寸，将进样量降到微升级用量；

④ 采用通用气动进样装置，降低蠕动泵进样速度，减少进样量。

图中标注：ICP，加样或洗涤，载气Ar，废液

图 8-8　循环雾化装置

8.7.1 循环雾化装置

图 8-8 是一种由何志壮设计的循环

雾化系统（recycling nebulization system），由玻璃同心雾化器和锥形雾室组成。雾化器喷口向上，雾化废液自然地流向雾化器尾管被重新雾化。试样气溶胶则由载气向上送入 ICP 光源。其试样提升量为 0.55mL/min，载气（Ar）用量 0.6L/min，注入 0.1mL 溶液可连续稳定喷雾 6min，注入 1mL 溶液可连续雾化 1h。多元素同时测定的检出限和通用 Babington 雾化器及同心雾化器类似。Hulmston 设计的气动循环雾化系统（pneumatic reciculating nebulizer system）结构比较复杂，1mL 溶液可维持雾化 10min。Isoyama 设计的由同心雾化器和单管雾室组成的循环雾化系统 2mL 溶液可连续雾化 30min。

尽管循环雾化进样装置有明显特点，但其基体效应也不容忽视。陈子才对其基体效应和记忆效应的研究发现，去离子水中 Cu 和 Na 的发射信号随时间而增强，而 $500\mu g/mL$ 和 $1000\mu g/mL$ Na 溶液在 ICP 光源中发射信号随时间而逐渐降低，用载气加湿法可以抑制基体效应。

8.7.2 脉冲进样器

石墨炉电热进样装置是属于微量进样技术类。脉冲进样也可显著降低溶液用量。脉冲进样又称为"一滴法"，其装置如图 8-9 所示。

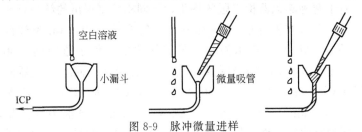

图 8-9　脉冲微量进样

用微量吸液器移取 $100\mu L$ 溶液置于用聚四氟乙烯塑料制成的小漏斗中，漏斗尾管接气动雾化器的进样管，将试液雾化进入 ICP 光源，因得到的是一个脉冲信号，称为脉冲进样法，为了消除记忆效应，在不注样时要连续滴入空白溶液清洗进样系统，并防止空气大量进入 ICP。漏斗的容积约 1mL，进样量一般 $50\sim150\mu L$，每

5s 可完成一次测定，精密度在 3% 左右。

8.7.3 微量同心雾化器

Meinhard 玻璃同心雾化器的试液提升量在 1～2.5mL/min 之间，而微量同心雾化器（microconcentric neblizer，MCN）的提升量可低至数微升。微量同心雾化器的原理如图 8-10 所示。它同

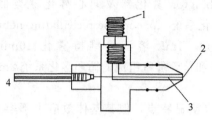

图 8-10　微量同心雾化器（MCN）

1—载气入口；2—喷口；3—毛细管；4—进样管

Meinhard 同心雾化器原理相同，是典型的双流体气动雾化器。中心管是进样管，支管进载气。MCN 与通用同心雾化器的主要差别是喷口处尺寸不同。通用气动雾化器中心毛细管直径为 0.2mm，毛细管壁厚为 0.06mm，环形气隙截面积是 0.028mm^2，而 MCN-100 型的微量同心雾化器相应的尺寸分别为毛细管内径 0.10mm，壁厚为 0.03mm，气隙截面为 0.017mm^2，因而 MCN 可给出更细的雾滴。此外，MCN 的分析物传输效率（雾化效率）也比通用同心雾化器要高。

对于两种雾化器检出限的评价，不同实验室得出的结果是矛盾的。Todoli 等在提升量 10μL/min，载气流量 0.7L/min 条件得到的结果是，MCN 的检出限和背景等效浓度均优于通用同心雾化器。Wit 等测定 18 个元素的结果显示，标准玻璃同心雾化器的检出限从 0.05μg/L（Mn）到 30.48μg/L（Ca），而用微量同心雾化器则从 0.13μg/L（Mn）至 173.66μg/L（Na）。试液中含盐量增加，两种雾化器的性能均恶化，但对 MCN 更为明显。用两种雾化器分析奶粉等多种标准参考物，数据均符合标准值。

另一种商品微量气动雾化器是 Burgener Research INC. 生产的 MICRO3 型雾化器。它也是双流体同心型雾化器，载气用量为 0.7～1.2L/min，用蠕动泵可调节进样量在 0.05～1.5mL/min 间变化。

402

8.7.4 降低进样泵速

　　用蠕动泵进样时降低泵速可在不改变载气条件下减少进样量。与预想的效果不同，分析线的强度并未与进样量成正比例地降低。如表 8-9 所示，当进样量由 2.22mL/min 降至 0.37mL/min 时，即降低 83.3％，而各元素谱线强度仅降低约 36％。

表 8-9　提升量对光谱线强度的影响

分析线/nm	试样提升量/(mL/min)					
	2.22	1.85	1.48	1.11	0.74	0.37
La 398.852	1115.4	1069.8	1041.4	1001.4	9154	708.9
Eu 381.967	716.5	811.6	788.0	718.0	643.6	485.5
Lu 261.542	6476.3	6370.8	6194.5	5851.1	5466.4	4492.8

　　与谱线强度随进样量减少而谱线强度缓慢降低的同时，元素的检出限并未随进样量的减少而升高。产生这种现象的原因有两个，第一个原因是进样量的减少的同时分析物的雾化效率增加了。表 8-10 给出通用气动雾化器和微量雾化器进样量与雾化效率的关系。可以看出，进样量减少而雾化效率却显著增加。第二个原因是减少进样量也就是减少等离子体对水汽的负载量，降低了水蒸气对等离子体的毒化作用。其效果与去溶剂装置的效果一样。可以观察到，随着进样量的降低，光谱背景强度逐渐增强，说明光源温度增高，激发条件发生变化。

表 8-10　雾化效率与进样量的关系

进样量/(μL/min)	微量雾化器 （MCN100)/％	通用气动同心雾化器 （TR-30-A3)/％
10	42	23
20	25	16
40	17	10
80	8	6
120	6	5

　　Faske 用流动注射装置调节进样量，以进行微体积样品分析。实验表明，进样在 200μL 以下时，谱线峰高随进样体积急剧增加，随后增速渐缓。为了经济地利用试样，进样体积在 200～500μL 比

较合适。表 8-11 列出在用蠕动泵进样条件，不改变光谱测定条件及载气压力，仅将进样量由 2.22mL/min 降至 0.37mL/min 时检出限的变化。数据显示，各稀土元素的检出限基本不变。这说明在通用仪器设备条件下，可以适当降低进样量来节省样品，而对分析质量无明显影响。

表 8-11 进样量与检出限的关系 单位：$\mu g/mL$

元素及分析线 /nm	进样量/(mL/min)					
	2.22	1.85	1.48	1.11	0.74	0.37
La 398.852	0.002	0.003	0.002	0.002	0.001	0.002
Nd 430.358	0.018	0.009	0.007	0.024	0.007	0.008
Eu 381.967	0.004	0.002	0.001	0.003	0.0005	0.003
Ho 345.600	0.004	0.001	0.007	0.003	0.001	0.003
Yb 328.937	0.001	0.0003	0.0001	0.0002	0.0003	0.0003
Lu 261.542	0.0003	0.001	0.0004	0.0009	0.0003	0.001
Y 324.228	0.0004	0.0004	0.0002	0.0003	0.0002	0.0003

8.8 浆液雾化进样装置和技术

已经设计研究了多种粉末进样装置，如流化床法及振动杯法等。这里介绍另一种称为浆液雾化（slurry nebulization）法的粉末进样技术，它又被叫做悬浮液雾化法，这种技术是将微米级细粉状样品均匀分散在溶液中，用 Babington 类雾化器（沟槽雾化器）气动喷雾导入 ICP 光源。用于分析氧化铝、碳化硅、碳化硼、地质试样，可省去熔融样品的复杂样品处理过程，1987 年以后每年均约十篇左右文献报告发表，是一种颇为方便的粉状试样进样技术。

8.8.1 浆液雾化原理和装置

浆液雾化进样装置（图 8-11）由浆液瓶及电磁搅拌器，蠕动泵，Babington 雾化器组成。浆液是由微米级细粉加上表面活性剂及水溶液（或酸溶液）在强烈搅拌下（或在超声波振荡器上振荡）制成的。用蠕动泵将浆液输入 Babington 雾化器，在载气流作用下进行雾化。由于 Babington 雾化器进样孔约 0.4mm，较气动雾化器的

0.1mm进样毛细管粗,不会堵塞进样孔。

8.8.2 主要分析条件

制备稳定而均匀的浆液是浆液雾化技术的关键。试样研磨采用研磨机,为防止试样损失可加酸或溶液。研磨时间视试样类型及粉体颗粒尺寸而定。表8-12介绍几种类型样品研磨方法。

与溶液进样法相比,浆液雾化法有更多的因素要考虑,主要需考虑浆液中固形物颗粒的直径,浆液中固形物浓度及进样速率。此外,标准溶液的组成及标准方法也很重要。这些参数值因样品而异,需具体样品具体分析。下面以煤粉浆液雾化法ICP分析条件选择为例,了解这些参数对分析的影响。

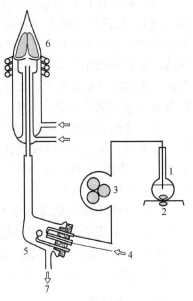

图 8-11 浆液雾化进样装置
1—浆液样;2—电磁搅拌器;
3—蠕动泵;4—载气;5—Babington
雾化器(G.M.K型);
6—ICP光源;7—废液

表 8-12 试样研磨方法

研磨样品	研磨时间	颗粒尺寸/μm	要　求
地质物料	40min	<60	1.00g样品加10g小球助研
地质样及耐火材料	15h	<5	加王水以防止试样损失
植物	4h	<2	研磨前灰化试样
煤	过夜	<8	
矿石和矿物	1h	<8	
岩石,土壤	10h	<10	
炉渣	3h	<10	
煤渣	30min	<25	

（1）煤粉颗粒大小与信背比的关系　实验表明，只有颗粒大小<38μm 的样品才能产生较强信号，大小在 38～53μm 的样品，其信号比大小为 53～63μm 的样品信号至少大 2 倍，大于 70μm 的样品，基本不产生有效信号，事实上大颗粒的样品并未进入 ICP 光源，大都沉降在雾室中。上述现象不难理解，大的固体颗粒不能在 ICP 光源有效原子化，当然也就影响发射信号强度。

（2）浆液浓度的影响　实验表明，当浆液在 20%（质量/体积）以下时，Mn 403.1nm 的信背比与浓度成比例地增加，当增加至 25%（质量/体积）时，信背比偏离线性。说明该浓度已超过 ICP 所能承受的负载量。

（3）信背比随浆液泵入速度提高而提高　当进样速率超过 5mL/min 时，信背比增加极其缓慢。

由此可以给出全煤浆液雾化进样 ICP 分析的条件是：浆液 4%（质量/体积），泵入速度 2.0mL/min，煤粉粒度<38μm。

8.8.3　校正曲线

浆液雾化进样 ICP 光谱分析的标准化（绘制标准曲线）对测定结果有重要影响。比较理想的方法是用组成与样品相近的标准参考物质制作浆液，与分析样浆液在同样条件进行标准化，绘制标准曲线。用这种标准化方法测定样品的准确度较为理想。表 8-13 是水泥试样用两种标准化方法给出测定结果的比较。一种是用水泥标准参考物 SRM 1881 浆液进行标准化，另一种是用水溶液标准溶液进行标准化。从表中数据可以看出，第一种标准化方法测得数据与标准值很接近，只是 SiO_2 测定值偏低。而水溶液标准化后测得的数据中，CaO、Al_2O_3、Fe_2O_3、MgO、MnO_2、P_2O_5、SO_3、SrO 符合标准值，而 SiO_2 和 TiO_2 测定值远低于标准值。用水溶液标准化法分析浆液样难熔元素有较大误差。特别是对于像 SiO_2 及 TiO_2 这类难熔化合物，在光源中原子化过程有较大差异。表 8-13 中数据还说明，浆液法进样方法与碱熔法处理样品的测定结果是一致的，只要采用合理的校正方法，浆液 ICP 光谱技术可以成功地用于难熔化合物试样分析。

表 8-13　校准方法对测定结果的影响　　　单位:%

元素组分	标准值	浆液标准化	水溶液标准化	碱熔融法
CaO	58.67 ± 0.59	55.90 ± 0.20	58.65 ± 0.30	56.71 ± 0.65
SiO_2	22.25 ± 0.22	18.39 ± 1.75	12.24 ± 1.19	22.05 ± 0.02
Al_2O_3	4.16 ± 0.04	3.97 ± 0.05	3.80 ± 0.03	3.65 ± 0.08
Fe_2O_3	4.68 ± 0.05	2.29 ± 0.01	2.28 ± 0.01	2.17 ± 0.08
MgO	2.67 ± 0.03	3.62 ± 0.05	3.99 ± 0.02	3.65 ± 0.11
MnO_2	0.26 ± 0.01	0.15 ± 0.01	0.14 ± 0.01	0.13 ± 0.01
P_2O_5	0.09 ± 0.01	0.18 ± 0.05	0.19 ± 0.01	0.17 ± 0.01
SO_3	3.65 ± 0.04	2.18 ± 0.04	2.19 ± 0.02	1.89 ± 0.01
SrO	0.11 ± 0.01	0.12 ± 0.01	0.15 ± 0.01	0.12 ± 0.01
TiO_2	0.25 ± 0.01	0.27 ± 0.01	0.15 ± 0.01	0.23 ± 0.01

参 考 文 献

[1] Salin E D, Horlick G. Analytical Chemistry, 1979, 51 (13): 2284.

[2] Purohit P T, Thalasdas S K, Goal N, et al. Journal of Analytical AtomicSpectrometry, 1997, 12 (11): 1317.

[3] 黄敏, 江祖成, 曾云鹗. 光谱学与光谱分析, 1992, 12 (5): 75.

[4] Holak W. Analytical Chemistry, 1969, 41, (12): 1712.

[5] Schmidt F J, Royer J L. Analytical Letters, 1993, 6 (1): 17.

[6] 范哲锋, 靳晓涛, 王亚峰. 光谱学与光谱分析, 2001, 21 (3): 370.

[7] Nakahara T, Mori T. Journal of Analytical AtomicSpectrometry, 1994, 9 (3): 249.

[8] Chen Zicai, Barnes R M. Spectrochimica Acta, 1986, 41B (11): 1151.

[9] 辛仁轩, 王晨. 分析科学学报, 2001, 17 (5): 391.

[10] Faske A J, Snable K R, Boorn A W. Appplied Spectroscopy, 1985, 39 (3): 542.

[11] 鲁丹. 化学分析计量, 2008, 17 (4): 46.

[12] 赵磊, 肖婷婷, 张爱华. 黔南民族医专学报, 2009, 22 (1): 9.

[13] 杨春元, 张天壤, 张大伟等. 化学工程与装备, 2008, (2): 108.

[14] 张宛筑, 肖婷婷. 贵州医药, 2009, 33 (4): 346.

[15] 张颖. 硬质合金, 2007, 14 (4): 240.

[16] 江祖成, 陈新坤, 田笠卿等. 现代原子发射光谱分析, 北京: 科学出版社, 1999: 227.

[17] 周智勇, 王建容. 光谱实验室, 2007, 24 (3): 435.

[18] 辛仁轩. 等离子体发射光谱分析. 北京：化学工业出版社，2005.

[19] 辛仁轩. 等离子体发射光谱分析. 第 2 版. 北京：化学工业出版社，2010.

[20] Aziz A，Berrekaert J A，Leis F. Spectrochimica Acta，1982. 37B：369.

[21] Swaid H M，Christian G D. Anal. Chem，1984，56 (1)：120.

[22] 江祖成，胡斌，黄敏等. 分析科学学报，1994，10 (1)：1.

第 9 章　有机化合物的 ICP 光谱分析

9.1　有机 ICP 光谱分析的用途

ICP 光谱分析主要用于无机样品的测定。1976 年 Fassel 首先报告了用 ICP 光谱法测定润滑油中磨损金属。其后，Greenfild 等报告了有机酸和醇对谱线强度的增强效应。目前各类有机化合物中的无机元素测定已广泛采用 ICP 光谱法。主要有四方面的应用领域。

① 各种油类的测定。包括石油、燃料油、润滑油及食用油中无机元素的测定。

② 含酒精及有机物的软、硬饮料的分析。

③ 有机萃取剂及有机试剂中无机元素的测定。

④ 测定有机物组成中的 C、H、O、N、S、P 比例，求出有机化合物的实验式。

虽然有机 ICP 光谱分析有较多的用途，但有些分析实验室回避分析有机溶剂，因有机 ICP 分析要克服一些技术上的困难。

① 有机 ICP 引入 ICP 光源后明显地改变等离子体的反射阻抗，因而改变了等离子体负载和高频发生器的阻抗匹配状态。严重时会引起等离子体不稳定甚至完全熄灭。有时也会烧毁 ICP 炬管。

② 有机物进入 ICP 后，在高温下分解产生的游离碳，易形成炭粒沉积在管口，影响等离子体的稳定运行和光谱测定。

③ 有机试液引入 ICP 后，在光谱中会出现许多分子谱带，并在某些波段产生很深的光谱背景。

④ 各种有机溶剂和油类样品，其黏度及物理性质相差很大，给样品处理增加工作量。

⑤ 标准样品配制困难，一般要用相应的有机金属化合物配制

标样溶液。而有机金属化合物并不能方便地制备及获得。市售的有机标准样品种类稀少且价格较贵。

⑥ 通用的石英炬管和进样装置用于有机物的分析性能不佳，往往要用专用有机进样装置和炬管。

9.2　炬管结构

通用的 Fassel 炬管和 Greenfild 炬管虽可用于有机试液分析，但使用效果不够理想，易熄火及管口沉积黑色的炭粒或"炭花"。后来的实验表明，要对炬管的个别构件的形状进行改进，才能适用于有机溶剂的分析。

（1）Greenfild 炬管的改进　Greenfild 指出，用喷嘴形中心管时［图 9-1(a)］有机蒸气会呈扇面形散开，不易进入 ICP 通道。而毛细管形中心进样管可允许有较多量的有机蒸气进入 ICP［图 9-1(b)］。因为这时会形成一股气溶胶细流冲进 ICP 通道。其后 Ebodon 又沿用 Fassel 炬管的某些结构，制成"多功能"炬管（图 9-2），可用于有机溶剂及水溶液试样。

和通用的 Greenfild 炬管相比，Ebodon 多功能炬管作了下述改

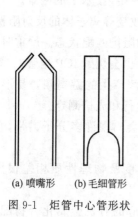

(a) 喷嘴形　(b) 毛细管形

图 9-1　炬管中心管形状

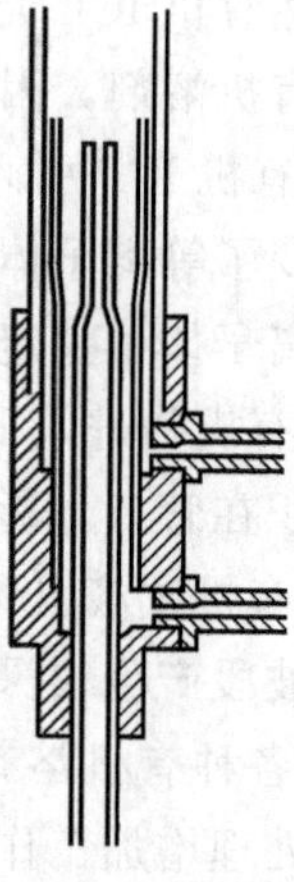

图 9-2　Ebodon 多功能炬管

410

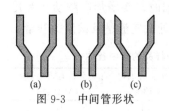

图 9-3 中间管形状

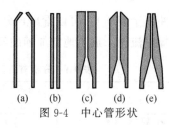

图 9-4 中心管形状

进：采用喇叭形中间管，以减少对气流的阻力；应用 Genna 喷嘴（一种由 Genna 设计的锥形渐缩喷口）和切向进气可以节省冷却气的消耗量；采用毛细管形中心管提高气溶胶流速。经过这些改进，Ebodon炬管可以在较宽的气流范围内用于分析有机溶剂。

（2）Boumans 对炬管的改进

Boumans 等对直径 18mm 的Fassel炬管结构进行了系统的试验，比较了三种中间管（图 9-3）和五种中心管（图 9-4），最后设计出可用于有机溶剂和水溶液的 Boumans 多功能炬管（图 9-5）。

由图 9-5 可以看出，与通用的 Fassel 炬管相比，该多功能炬管的特点是：用毛细管中心管进样口可以避免有机蒸气呈扇面形散开；中心管外形呈锥形，中间管管口呈斜面以降低等离子体高度有利于进样。这种结构的炬管用于有机溶剂分析时，容易点燃等离子体；等离子体焰比较稳定；炬管管口不形成碳沉积；允许足够多的有机溶剂进样；节省氩气。

Boumans 多功能炬管用于分析水溶液和有机溶剂样品时的折中分析条

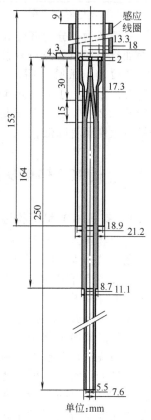

单位:mm

图 9-5 Boumans 多功能炬管

411

件列于表 9-1。可以看出，分析有机溶剂时，要增加高频功率和冷却气流量。适当地增加辅助气流量，降低载气流量及试液提升量。

表 9-1　分析有机溶剂和水溶液样品的折中条件

分析参数	分析无机物水溶液	分析含有机物水溶液	分析有机溶剂（MIBK）[①]
高频功率/kW	1.1	1.1	1.7
外管气流/(L/min)	14	14	18
中管气流/(L/min)	0.2	0.7	0.9
载气流量/(L/min)	1.0	0.9	0.8
观测高度/mm	15	15	15
试液提升量/(mL/min)	1.4	1.4	0.8～1.4

① MIBK 为甲基异丁基酮 $C_6H_{12}O$。

　　一般认为，分析有机溶剂所需高频功率要高于分析水溶液样。但增加量要视炬管及进样装置而异。有人将 Fassel 炬管中心管口进行了改变，试验表明：当中心进样管口直径降至 0.56mm 时，外管气流量可由 18L/min 降低至 12L/min；高频功率也由 1.6kW 降低至 1.2kW。改进后的炬管可用于甲醇溶液的分析。与此同时，分析灵敏度也将降低。

9.3　有机 ICP 焰炬及其光谱特性

9.3.1　有机 ICP 焰炬构造

　　有机物进入 ICP 后焰炬的形状和颜色发生明显变化。其焰炬特征因工作气体类型及炬管而不同。图 9-6(a) 是用氮气冷却的 Greenfild 炬管有机 ICP 焰炬结构。图 9-6(b) 是氩冷 Fassel 炬管有机 ICP 焰炬结构。

　　图 9-6 显示，用氩气冷却和氮冷有机 ICP 焰炬的明显差别，也与水溶液进样时的焰炬不同。在有机溶剂气溶胶进入 ICP 中心通道后，首先分解为游离炭粒，形成黄色焰芯［图 9-6(b)］发出强烈的连续光谱背景。再往上进入分析区，高温度游离碳气化，发射很强的 C_2 带（Swan 带）和氰带（CN 带）光谱，呈鲜艳绿色。这一区也是光谱分析区。分析区往上是有机物与空气发生二次反应区及暗红色尾焰，这里温度已经较低，红色是 C_2 分子带发出的长波

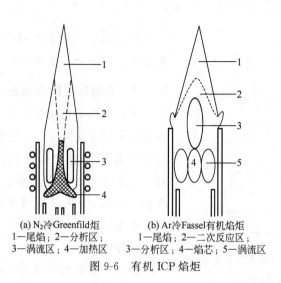

(a) N₂冷Greenfild炬　　　　(b) Ar冷Fassel有机焰炬

1—尾焰；2—分析区；　　　1—尾焰；2—二次反应区；

3—涡流区；4—加热区　　　3—分析区；4—焰芯；5—涡流区

图 9-6　有机 ICP 焰炬

辐射。表 9-2 是 ICP 光源常见的分子谱带及其相对强度。

表 9-2　分子谱带及其相对强度

化合物	谱带头波长/nm	相对强度	化合物	谱带头波长/nm	相对强度
C_2	436.52	4	CN	415.34	8
	437.14	2		416.78	8
	438.25	1		418.10	20
	467.86	8		419.70	30
	468.46	8		421.60	30
	469.76	10	CS	257.5	60
	471.52	10		259.3	70
	473.71	10		260.6	50
	512.93	15		262.2	30
	516.52	40		266.3	20
CH	431.25	弱	NH	336.0	弱
	431.50	弱		337.0	弱
CN	358.38	40	OH	306.7	弱
	358.59	40		308.9	弱
	359.04	30	NO	215.49	—
	385.09	8		226.94	—
	385.47	8		237.02	—
	386.19	50		247.87	—
	387.14	40		259.57	—
	388.34	80		272.22	—

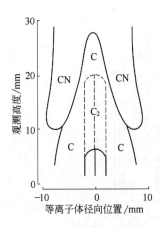

图 9-7　有机 ICP 焰炬发射
光谱空间分布

Kreuning 等绘制的 Ar 冷 ICP 焰炬中分子空间分布见图 9-7。

9.3.2　发射强度的空间分布

等离子体焰炬从炬管口开始，自下而上温度逐渐降低。有机溶剂进入等离子体后经过试样气化、分子离解、原子化及激发发光等复杂过程，各种分子及原子在不同观测高度的发射强度不同。图 9-8 是发射强度沿高度的分布图。

图 9-8 是磷酸三丁酯-煤油-乙醇样品光谱发射强度轴向分布图。可以看出，分布规律可分为四种类型：Ar 谱线及 C_2 的 Swan 带在低观测高度时强度较大。随着观测高度的增加及等离子体温度的降低，发射强度逐渐降低 [图 9-8(a)]；N_2、OH、NH 的强度在 18～24mm 观测高度处有最大值 [图 9-8(c)]；激发电位较低的钙原子谱线及氰带类似，在较高观测高度处强度较大 [图 9-8(b)]；而 U 367.002nm 强度沿轴向变化不明显 [图 9-8(c)]。

图 9-9 是磷酸三丁酯-煤油-乙醇溶液在 ICP 光源中发射强度的横向分布图。值得注意的是这些分子谱带的横向分布规律不同。C_2 带及分析线强度具有中心对称峰强度分布，而 OH、CN、NH 则无明显峰值，这是因为前者是由中心通道发出的，而后者则不然。

Boorn 等获得的多种有机溶剂（吡啶、二甲苯、四氯化碳及二甲基氧硫）在 ICP 光源的发射强度空间分布图。C_2 516.52nm 的轴向强度分布与图 9-8 类似。Ar ICP 中 CN 358.38nm 的轴向分布却因样品不同而异（图 9-10），可以看出，吡啶溶剂进样时，CN 358.38nm 的轴向强度分布与其他溶剂有明显差别。

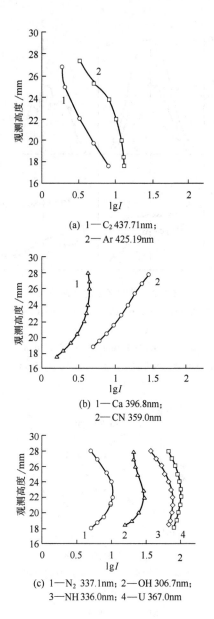

(a) 1—C$_2$ 437.71nm；
2—Ar 425.19nm

(b) 1—Ca 396.8nm；
2—CN 359.0nm

(c) 1—N$_2$ 337.1nm；2—OH 306.7nm；
3—NH 336.0nm；4—U 367.0nm

图 9-8 发射强度沿高度分布

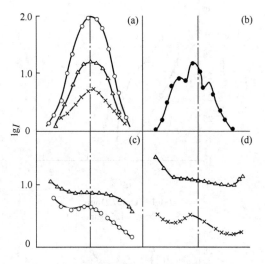

图 9-9　发射强度的横向分布

（a）○　U 367.0nm；△　Ca 396.8nm；×　C₂ 438.2nm

（b）Ar 425.94nm

（c）△　OH 306.7nm；○　CN 359.0nm

（d）△　NH 336.0nm；×　NH 337.0nm

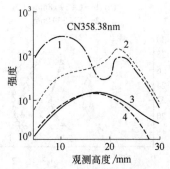

图 9-10　CN 358.38nm 发射强度的

轴向分布

1—吡啶；2—二甲苯；3—四氯

化碳；4—二甲基氧硫

416

9.4 分析参数的选择

与水溶液相比，有机溶剂 ICP 光谱分析时可选择的参数要多一些，主要包括高频功率、载气流量、观测高度、冷却气流量及稀释剂类型。

9.4.1 高频功率

在有机溶剂的 ICP 光谱分析中，高频功率不仅对分析线强度和光谱背景强度有影响，也对等离子体的形成及稳定有重要影响。

9.4.1.1 对等离子体稳定性的影响

有机溶剂在 ICP 中要分解产生一定量 C_2、CO 及 CN、H 等产物，增加了等离子体的导热性，同时分解有机物也要消耗热量。只有增加高频功率才能保持等离子体的稳定。有人认为，进有机溶剂样品，发射功率必须增加约 0.5kW 才能保持与水溶液进样时类似的分析性能。如水溶液分析时用 1kW 的高频功率，用有机溶剂样品必须用 1.5kW 左右的高频功率。但为稳定运行等离子体所需要的功率与雾化装置、炬管、有机溶剂种类及冷却用 Ar 气量等多种因素有关。图 9-11 和图 9-12 是各类有机溶剂的稳定曲线。曲线各点代表等离子体稳定运行所需的最低高频功率及冷却 Ar 气流量。实验采用 27.12MHz 高频电源及 MAK 型石英炬管。在水溶液条

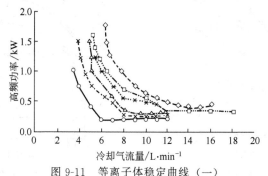

图 9-11　等离子体稳定曲线 （一）

○—水溶液；×—四氯化碳；＊—甲苯；□—乙酸；◇—乙醇；△—氯仿

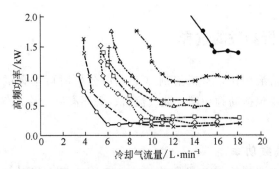

图 9-12 等离子体稳定曲线（二）

○—水溶液；◇—二甲苯；□—甲基异丁基酮；×—N,N-二甲基甲酰胺；△—甲醇；●—丙酮；*—异辛烷；+—苯

件用 0.9kW 功率点燃等离子体，然后转换进有机溶剂。

9.4.1.2 高频功率对光谱的影响

图 9-13～图 9-15 是 Boumanas 多功能炬管用于分析甲基异丁基酮时，谱线净信号和背景信号与功率的关系。该炬管用于分析水溶液时，功率低至 0.8kW 仍能维持 ICP 的稳定，而分析有机溶剂

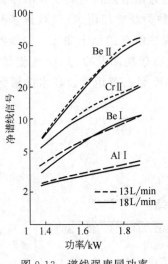

图 9-13 谱线强度同功率的关系（MIBK）

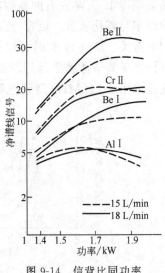

图 9-14 信背比同功率的关系（MIBK 溶剂）

时，其下限提高至 1.4kW。试验用甲基异丁基酮作溶剂，提升量为 0.8mL/min，辅助气 0.9L/min，载气 0.86L/min，观测高度为 14mm。

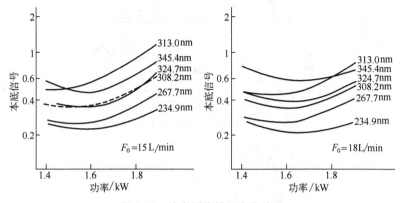

图 9-15　功率同背景强度的关系

由图 9-13～图 9-15 可以看出，高频功率对谱线强度影响较大，而对光谱背景影响不大，这与水溶液分析时不同。信背比随功率增加而增大。但功率对软线（如 Al I）影响较小。由于 ICP 光谱分析多用"硬线"作为分析线，此时高功率对激发是有利的。另外，对多数有机溶剂而言，增加高频功率可以允许提高进样量。所以分析有机样品时一般均用较高功率。

图 9-16 是用二甲苯作溶剂时高频功率对溶剂分解产物发射强度的影响，这些产物的发射是造成光谱背景的主要原因。

图 9-16 显示有机溶剂分解产物发射强度与高频功率的关系是：碳的原子谱线 C I 247.2nm 强度随功率增加而降低；C_2 512.0nm 强度随功率增加而增强；氰带强度的变化比较复杂，其最大强度在观测高度 5～25mm 间移动，在正常分析区发射强度较低。

9.4.2　载气流量

与分析水溶液时类似，载气流量对谱线强度和光谱背景有严重影响。其影响效果因谱线的"硬度"而异。图 9-17～图 9-20 是 Li 670.8nm、Al 308.2nm、Be 234.9nm、Mn II 257.6nm 四条"硬度"

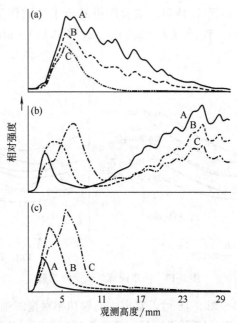

图 9-16 溶剂分解产物发射强度与功率的关系

(a) CⅠ 247.2nm；(b) CN385.5nm；(c) C₂512.0nm 高频功率：A—1000W；B—1250W；C—1500W；冷却气 14L/min；提升量 0.5mL/min；载气 0.9L/min

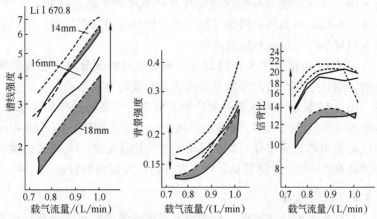

图 9-17　载气流量对 Li 670.8nm 及其背景强度的影响

高频功率 1.7kW；冷却气 18L/min；辅助气 0.9L/min；观测高度 14mm、16mm、18mm；试液提升量，0.8mL/min(——) 及 1.4mL/min(---)；有机溶剂为 MIBK

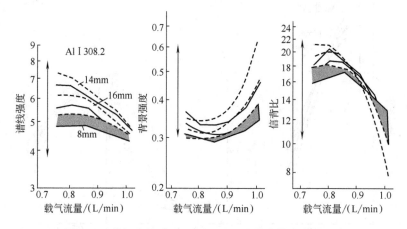

图 9-18　载气流量对 Al I 308.2nm 及其背景强度的影响

（分析参数同图 9-17）

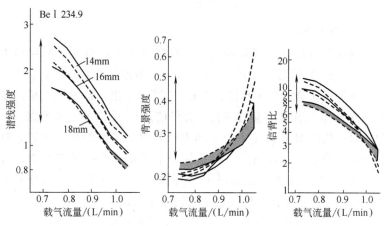

图 9-19　载气流量对 Be I 234.9nm 及其背景的影响

（分析参数同图 9-17）

不同的谱线，其"硬度"由 Li 至 Mn 顺序增加。结果显示，对于"软线" Li 670.8nm 谱线强度随载气流量增加而显著增强，而"硬线" Mn 257.6nm 则相反，强度随载气流量增加急剧降低。对于多元素同时分析的折中条件，应该选择中等的载气流量。

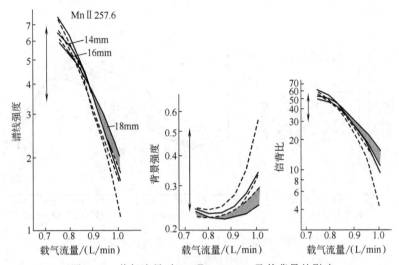

图 9-20　载气流量对 Mn Ⅱ 257.6nm 及其背景的影响
(分析参数同图 9-17)

9.4.3　辅助气

辅助气对有机溶剂分析的影响较载气要小，但还是有明显影响。图 9-21 是辅助气对 Ba Ⅱ 493.4nm 及其附近光谱的影响。有机溶剂是四氯化碳，观测高度为 8mm。可以看出，辅助气流量的增加导致 Ba Ⅱ 线强度的显著降低和背景值及 C_2 强度的明显增强。辅助气对有机溶剂 ICP 光源的影响不仅是改变了焰炬轴向位置，辅助气抬高焰炬，而且明显降低谱线峰值强度及谱线强度的空间分布。图 9-22 是四氯化碳溶剂中 Ba Ⅱ 493.4nm 强度的空间分布曲线。与其对照的水溶液则受辅助气流量影响较少。

辅助气对有机溶剂中 Ca Ⅱ 393.4nm 的影响也与 Ba Ⅱ 类似，流量增量也降低了 Ca Ⅱ 发射强度。辅助气流量对四氯化碳中 Mg Ⅱ/Mg Ⅰ 强度比影响的试验表明，在低辅助气流量(<1.0L/min)时流量的增加导致 Mg Ⅱ/Mg Ⅰ 强度降低，大于 1L/min 流量时，无明显影响。

辅助气流量对有机溶剂 ICP 光源的影响，应归因于对等离子体参数的影响。辅助气流量增加显著降低等离子体激发温度。通常

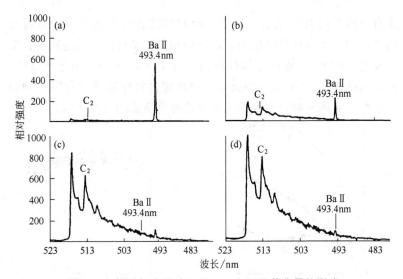

图 9-21　辅助气流量对 Ba Ⅱ 493.4nm 及其背景的影响

辅助气流量：(a) 0；(b) 0.9L/min；(c) 1.6L/min；(d) 2.3L/min；

有机溶剂为四氯化碳；观测高度 8mm

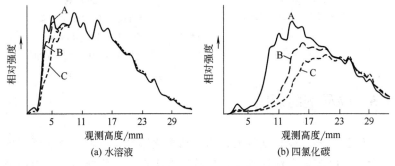

(a) 水溶液　　　　　　(b) 四氯化碳

图 9-22　辅助气流量对 Ba Ⅱ 493.4nm 空间分布的影响

辅助气流量：A—0.3L/min；B—0.9L/min；C—1.6L/min

分析水溶液时辅助气不明显影响等离子体激发温度。

9.4.4　冷却气

对水溶液样品而言，冷却气流量并不是一个重要参数，其选择的依据是要维持对等离子体足够的冷却效果，不烧坏石英炬管。而在有机溶剂的 ICP 光谱分析中，冷却气流量对抑制氰带的发射有明显作用。尤其在长波波段，增加冷却气流量可以有效地削弱氰带的发射。图 9-23 显示冷却气流量由 10L/min（Ar）增加至 17L/min（Ar）时，可在 16～26mm 观测高度内将氰带的发射削弱到较低水平。而同时对分析线的强度却没有明显影响（图 9-24）。

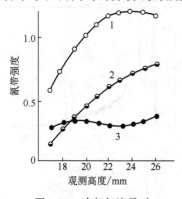

图 9-23　冷却气流量对
氰带的影响

1—10L/min；2—13.4L/min；
3—17L/min

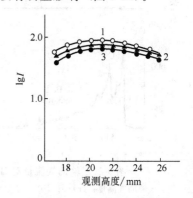

图 9-24　冷却气流量对谱线
强度的影响

分析线 U367.0nm，冷却
气流量：1—10L/min；

2—13.4L/min；3—17L/min

9.5　稀释剂的影响

油类试样一般黏度较大，用气动雾化器进样较难，经常要用低黏度的有机溶剂去稀释试样，这种有机溶剂称为稀释剂。作为稀释剂的有机溶剂应具有下述性质：黏度较低；分子中碳链较短；具有中等的挥发性；不产生或少产生有毒气体；可以接受的价格。甲基异丁基酮（MIBK）是用得较多的稀释剂。

9.5.1　黏度的影响

黏度对雾化进样的影响比较容易理解。由于气动雾化器的气隙（玻璃同心雾化器）及气管（交叉雾化器）都很小，对试液的黏度

424

变化很敏感，黏度稍大的溶液进样很困难，甚至完全不能雾化。表9-3列出了重油试样的黏度及用 MIBK 稀释 10 倍的黏度。在稀释前，由于黏度大，根本无法进样。稀释后的黏度接近于稀释剂的黏度，可以顺利地用气动雾化器进样。表 9-4 列出稀释倍数对黏度及相对发光度的影响。可以看出，稀释后试样的相对发光强度略有增强。

表 9-3　重油用 MIBK 稀释后黏度的变化

试　　液		运动黏度/(mm²/s)	密度/(g/cm³)	动力黏度/mPa·s
原样品	重油 S225	91.17	0.9200	83.87
	重油 S226	21.00	0.8916	18.72
	重油 S227	164.7	0.9181	151.2
	标准样品	54.68	0.8628	47.18
用 MIBK 稀释 10 倍	重油 S225	0.904	0.8127	0.7347
	重油 S226	0.868	0.8091	0.7023
	重油 S227	1.027	0.8109	0.8344
	标准样品	0.903	0.8063	0.7281

表 9-4　稀释倍数对发光强度的影响

试液	稀释倍数	运动黏度/(mm²/s)	密度/(g/cm³)	动力黏度/mPa·s	相对发射强度
1	20	0.8086	0.8032	0.6495	1.00
2	12.5	0.8619	0.8045	0.6934	0.95
3	9.56	0.9105	0.8063	0.7341	0.91
4	7.83	0.9773	0.8074	0.7891	0.88
5	6.27	1.021	0.8085	0.8255	0.87
6	4.98	1.129	0.8109	0.9155	0.86

9.5.2　极限提升量

不同有机溶剂对 ICP 的稳定性影响不同。有的溶剂易引起 ICP 焰熄灭。等离子体对各种有机溶剂的承受能力不同。等离子体对各种溶剂的承受能力与溶剂的挥发性及化学组成有关。若规定以等离子体进有机溶剂后能稳定运行 1h、炬管口不产生碳沉积又不熄灭时的样品提升量，作为该溶剂的极限提升量。各类有机溶剂的极限提升量列于表 9-5。

表 9-5　有机溶剂的极限提升量

溶 剂	蒸发系数 E /(μm^3/s)	极限提升量 /(mL/min)	溶 剂	蒸发系数 E /(μm^3/s)	极限提升量 /(mL/min)
甲醇	47.2	0.1	甲苯	58.4	1.0
乙醇	45.6	2.5	戊烷		<0.1
丙醇	22.5	3.0	二甲苯	18.5	4.0
丁醇	9.30	>5.0	硝基苯	4.09	>5.0
戊醇	5.27	>5.0	氯苯	23.8	3.0
己烷	298	<0.1	丙酮	26.4	0.1
庚烷	165	0.2	甲基异丁基酮	77.3	3.0
异辛烷		0.5	二乙醚	771	<0.1
癸烷	8.90	2.0	四氢呋喃		<0.1
环己烷	179	<0.1	吡啶		1.0
苯	164	<0.1	二甲基甲酰胺		0.5
二氯甲烷	557	2.0	二甲基氧硫		2.0
氯仿	321	3.0	乙酰丙酮	157	1.5
四氯化碳	164	>5.0	丙基丙酮		2.5
二硫化碳	399	0.5	水	13.0	

表 9-5 中的蒸发系数表示单位时间内溶剂蒸发量，是溶剂挥发性的表示方式。它和溶剂蒸气的扩散系 D_V、绝对蒸气压 p_S 及溶剂分子量 M 有关。

$$E = 48 D_V \sigma p_S M^2 (\rho R T)^{-2} \tag{9-1}$$

式中，R 是气体常数；T 为热力学温度；σ 是表面张力；ρ 是密度。

E 值可用溶剂雾化后雾珠直径随时间衰减速度来计算。雾珠直径和蒸发时间的关系是：

$$d = (d_0^3 - Et)^{1/3} \tag{9-2}$$

式中，d_0 是雾珠初始直径；d 是雾珠经过时间 t 后蒸发变小的直径。

在选用稀释剂时，极限提升量较小的溶剂不宜采用，尽管它们的黏度不高。这类有机溶剂包括：甲醇、己烷、庚烷、环己烷、戊烷、二乙醚及苯等。

9.5.3 检出限

有机样品 ICP 光谱分析时，稀释倍数较大，稀释剂的性质对极限提升量有明显影响，但测试表明，稀释剂种类对检出限的影响并不明显。在选择稀释剂时，更多考虑的是对等离子体稳定性的影响及化学毒性。表 9-6 是用超声雾化器及气动雾化器进样时，各种有机溶剂中多种元素的检出限。高频功率 1.5kW，冷却气量 13L/min，辅助气 1.15L/min，观测高度 14mm。载气 0.7L/min。

表 9-6　各种有机溶剂的检出限

化合物	进样方式	检出限/$(\mu g/L)$[①]									
		Hg	Cd	Pb	P	Cu	Zn	Fe	Mn	V	Mo
丙醇	Pn	102	2.9	11.6	54.1	6.3	3.8	7.0	3.8	15.8	9.9
	Ul	54.8	1.4	8.7	20.2	1.1	2.3	2.7	1.8	1.7	3.1
丁醇	Pn	82.0	2.8	44.6	55.4	6.2	3.2	7.3	3.4	14.6	11.2
	Ul	36.3	1.2	21.3	24.2	1.2	1.3	1.6	1.3	2.2	3.1
戊醇	Pn	—	2.6	29.0	75.4	5.6	2.6	4.6	3.1	5.6	9.8
	Ul		1.3	19.0	18.1	1.1	1.8	1.9	1.6	1.6	1.7
异戊醇	Pn	—	2.8	36.7	87.7	5.5	2.6	4.6	3.5	6.8	9.2
	Ul		1.3	24.0	30.1	1.2	1.6	2.1	1.6	2.2	3.4
己醇	Pn	—	2.8	30.8	53.8	5.3	3.2	5.6	2.6	6.7	4.4
	Ul		1.3	18.1	24.2	1.0	1.8	2.5	1.0	1.6	1.6
醋酸丁酯	Pn	—	3.2	40.2	148	3.3	3.1	4.4	3.2	3.7	6.8
	Ul		1.5	36.6	33.5	1.4	1.8	2.5	1.3	3.0	3.8
醋酸异丁酯	Pn	—	4.4	76.1	141	2.6	3.8	5.6	3.8	2.9	6.8
	Ul		1.4	86.9	39.5	1.7	1.5	3.8	2.2	4.1	4.6
醋酸戊酯	Pn	68.7	10.9	35.3	89.3	6.8	2.9	4.4	3.8	5.0	8.0
	Ul	53.3	1.3	18.8	16.6	0.9	1.0	1.3	1.8	1.4	1.3
醋酸异戊酯	Pn	—	2.6	38.9	107	3.5	2.9	4.4	2.9	3.7	7.7
	Ul		1.3	24.1	22.9	0.8	2.3	1.5	1.3	2.0	1.5

化合物	进样方式	检出限/(μg/L)[①]									
		Hg	Cd	Pb	P	Cu	Zn	Fe	Mn	V	Mo
MIBK	Pn	—	5.5	66.8	97.4	1.9	6.4	5.6	5.3	5.6	7.4
	Ul	—	4.6	57.2	53.3	2.2	4.0	3.7	4.3	7.6	4.0
DIBK	Pn	—	2.9	37.5	51.3	6.5	3.2	7.7	4.4	9.2	11.2
	Ul	—	1.2	14.7	19.9	0.8	1.9	2.4	1.3	1.1	2.0
癸烷	Pn	8.6	1.9	41.6	75.8	3.5	1.7	4.4	3.1	7.9	9.8
	Ul	11.5	1.1	31.3	18.8	1.2	1.2	3.8	2.4	5.2	3.7
十一烷	Pn	54.1	2.0	29.4	81.1	5.0	1.9	4.4	2.3	9.2	20.5
	Ul	66.0	1.3	30.7	18.1	1.1	1.5	2.1	2.6	4.0	11.1
十二烷	Pn		2.0	36.9	81.0	6.2	2.0	4.4	2.5	6.2	11.1
	Ul	—	1.0	30.0	17.5	0.9		2.2	1.8	2.2	4.0
二甲苯	Pn	136	2.9	54.5	77.0	8.4	3.1	8.0	4.9	9.8	9.8
	Ul	118	2.5	55.4	46.3	5.3	3.1	4.0	7.3	6.6	5.0
氯仿	Pn	588	90.8	102	165	7.4	6.1	15.2	6.5	23.6	33.4
	Ul	102	7.3	93.2	33.8	0.9	2.9	3.9	6.8	9.9	7.0
四氯化碳	Pn	354	11.6	128	183	7.7	7.4	9.2	7.6	10.1	25.3
	Ul	27.8	4.9	66.7	41.6	1.0	4.5	2.8	2.8	4.6	7.0

① 给出背景信号标准误差三倍值的浓度；功率 1.5kW，冷却气 13L/min，等离子气 1.15L/min，观察高度 14mm，载气可变。Pn—气动雾化器进样，Ul—超声雾化器进样。

9.6　分子谱带的抑制

有机试样的 ICP 光谱分析时，光源发射出多种分子谱带，干扰微量元素的测定。氰带光谱和 C_2 分子带光谱覆盖 $350\sim450nm$ 波段，干扰镧系和锕系元素测定。为了抑制氰带及其他分子谱带的干扰，通常采用 3 种方法。

9.6.1　增加冷却气流量

前面已经介绍过，将冷却气（Ar）由 10L/min 增加至 17L/min，可以将 CN 带光谱强度抑制至很低。CN 带的产生是源于试样气溶胶在等离子体焰中分解出的碳与周围空气中氮反应，形成稳定的 CN 化合物。增加冷却气流量可在等离子体周围把空气与等离子体分隔开来，阻止 N$_2$ 进入等离子体，因而可以降低"有机 ICP"光源的氰带发射。实验表明，将冷却气（Ar）由 10L/min 增加至 18L/min，CN 388.34nm 的强度可降低至初始值的 5％。图 9-25 是增加冷却气流量的 CN 带抑制效应。图 9-25(a) 是在 10L/min 冷却气条件下氰带光谱对 YⅡ 371.03nm 的干扰情况；将冷却气增加到 16L/min，氰带光谱的干扰被明显抑制［图 9-25(b)］。

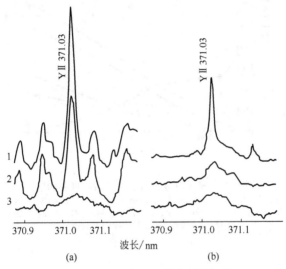

图 9-25　冷却气对氰带光谱的抑制
分析线：YⅡ 371.03nm
样品液：1—5％乙醇-水溶液中 Y 0.05μg/mL；2—5％乙醇-水溶液；3—水溶液
冷却气：(a) 10L/min（Ar）；(b) 16L/min（Ar）

9.6.2　氧化抑制法

　　氰带光谱的形成源于等离子体中有游离碳和氮的同时存在。当有氧存在时，碳被氧化成氧化物，可抑制氰带光谱的发射。Rathensee 等在分析废油样品时，在冷却气（Ar）中加入 80mL/min 氧气，可以有效地抑制光谱背景发射，同时又可防止游离碳在炬管口的沉积。图 9-26 是在冷却气中加入不同量氧气时分析线的背景等效浓度（BEC）的变化。

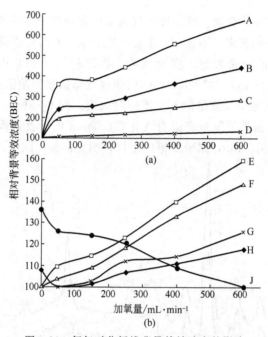

图 9-26　氧气对分析线背景等效浓度的影响
(a) 非金属：A—S 180.7nm；B—I 161.7nm；C—Br 163.3nm；D—Cl 134.7nm
(b) 金属：E—Cd 226.5nm；F—V 292.5nm；G—Al 308.2nm；
H—Ba 455.4nm；J—Na 589.59nm

9.7　ICP-AES 技术在有机溶剂样品分析中的应用

9.7.1　氧气辅助 ICP-AES 法直接进样测定润滑油中 20 种元素的含量

　　油类直接进样法在各类有机物元素检测中已被广泛采用，但由于仪器设备及分析参数的差异，使用者经常会遇到困难，甚至不能成功地进行测试，其主要原因是有机物进入等离子体后严重改变等离子体的性质，它所产生的游离碳会影响测定，用加入氧气的办法消除游离碳是一个比较有效的技术，目前有些商品仪器配有加氧系统的仪器，下面介绍用氧气辅助 ICP-AES 法直接进样测定油料的技术。

(1) 仪器与实验条件　径向观测顺序扫描型电感耦合等离子体发射光谱仪 (ICP-AES) (ICP-2000，天瑞仪器股份有限公司)，仪器工作条件见表 9-7。

表 9-7　光谱仪工作参数

项目	参数
射频功率/W	1100
雾化压力/psi	0.18
积分时间/s	2
等离子气流量/(L/min)	18
辅助气流量/(L/min)	2
观测方式	径向
蠕动泵(r/min)	40

(2) 试剂及标准系列的制备　轻柴油，隆源化工产；标准油样 WX-21 ($100\mu g/g$)，百灵威化学技术有限公司产品，分别称取 0、1.0g、5.0g、10.0g 润滑油标样于 100mL 容量瓶中，加入轻柴油溶解，并定容，则得到浓度分别为 0、1.0mg/L、5.0mg/L、10.0mg/L 润滑油标准溶液。

(3) 溶剂的选择　油样一般黏度较大，用气动式雾化器进样比较困难，经常需要用黏度较低，分子中碳链较短，具有中等挥发性，不产生或少产生有毒气体的有机溶剂去稀释试样，依据这一要求，考虑了二甲苯、轻柴油及 MIBK。分别称取 10g 润滑油标样于 100mL 容量瓶中，用三种不同的溶剂溶解并定容，对其溶解性以及稳定性进行考察，这三种溶剂均能溶解润滑油，并且有较好的贮存稳定性，但从稀释剂的安全性考虑，我们选择轻柴油作为稀释剂。

(4) 分子谱带抑制实验　有机试样的 ICP-AES 分析时，光源发射出多种分子谱带，干扰微量元素的测定，氰带光谱和 C_2 分子带光谱覆盖 350~450nm 波段，CN 带的产生源于试样气溶胶在等离子体焰中分解出的碳与周围的 N 反应，生成稳定的 CN 化合物。

增加冷却气流量可在等离子体周围把空气与等离子体分隔开来，阻止氮气进入等离子体，降低氰带发射，在本实验中，将冷却气由 13L/min 增加到 18L/min，分别以 0.05L/min、0.10L/min、0.20L/min、0.30L/min、0.40L/min 的氧气作为辅助气，一方面将有机试样检测过程中产生的碳氧化，避免积碳。另一方面抑制氰带光谱。实验表明，当冷却气流量为 18L/min，辅助气流量为 0.3L/min 时可有效地解决积碳以及抑制氰带光谱干扰问题。

（5）分析元素方法检出限测定　用系列标准溶液绘制工作曲线，并对空白溶液进行 7 次测定，各元素检出限按公式 $D_L = 3S_b/K$ 计算（其中 K 为标准曲线斜率，S_b 为 7 次空白标准偏差），见表 9-8，可以看出，各元素的检出限较低，说明 ICP 有机直接进样具有较好的检测能力。

表 9-8　润滑油进样 20 种元素检出限（μg/L）

元素	P	Zn	Pb	Cd	Ni	Sn	B
检出限	5.30	0.66	1.00	1.70	3.00	1.50	0.50
元素	Si	Mn	Fe	Cr	Mg	Mo	V
检出限	0.45	0.38	0.36	0.49	0.40	0.52	0.36
元素	Cu	Ag	Ti	Ca	Al	Ba	
检出限	0.50	0.32	0.44	0.29	0.88	0.56	

（6）精密度实验　用润滑油标样稀释平行测定 7 次，各元素的 RSD 均小于 5%，说明此法有很好的重复性。加标回收实验也符合样品分析要求。

本法是在国产 ICP-AES 光谱仪的基础上，改进气路系统实现国产 ICP 直接进样测定油料中的元素含量，并进一步研究了氧气流量对氰带光谱的抑制作用，得到理想的测试结果，本方法在国产 ICP 仪器竞争力的同时为 ICP 在油料检测行业中提供了一个可靠的有机溶剂分析技术。

9.7.2　湿法化学消解 ICP-AES 测定催化裂化原料油中的钠

催化裂化原料油中的金属钠在催化裂化过程中能中和催化剂的

酸性，从而降低催化剂活性，因此对钠含量的要求很严格，一般控制在 1.0μg/mL 以下，故准确测定催化裂化原料油中的钠含量显得尤为重要，建立采用湿法消化 ICP-AES 测定催化裂化原料油中的钠含量的光谱法，能测定小于 0.4μg/mL 的钠含量，获得满意结果。

（1）主要仪器及工作条件　ICP-AES 光谱仪，型号 PLASMA-400（美国 Perkin-Elmer 公司），高频功率 1.1kW，频率 40.68MHz，积分时间 5s，冷却气流量 15L/min，提升量 1mL/min。

（2）样品处理　称取 50.0g 油样置于石英烧杯中，在电炉上加热，再点火，使油样燃烧并完全炭化，然后放入马弗炉中在 550℃±25℃ 温度下灰化，冷却取出后，往石英烧杯内加入 10mL（1+1）HNO_3，在电炉上加热消解灰分，至剩余液为 3mL 左右，冷却后转入 50mL 容量瓶中，定容。

（3）校准曲线　分析线谱线波长为 589.59nm，用钠标准储备液配制钠标准系列，浓度范围为 0~5μg/mL，在选定的仪器工作条件下进行测定，校准曲线的相关系数为 0.9999。

（4）方法的检出限为 0.053μg/mL，能测定含量小于 0.4μg/mL 的钠，精密度及回收率均满足日常分析要求。

9.7.3　以二甲苯为稀释剂 ICP-AES 有机进样测定润滑油中的微量元素

润滑油中磨损金属和污染金属 Fe、Cr、Cu、Pb、Si 和 Al 等元素的含量是监控润滑油使用性能和预测各种润滑机械故障的重要参数。利用 VISTA 型 ICP-AES 仪，以四氢化萘和二甲苯作稀释剂对日常工作中几种润滑油品直接进样 ICP-AES 测定。

（1）仪器与试剂　VISTA 型全谱直读等离子体光谱仪；蠕动泵进样系统，AGM 加氧系统，耐油耐有机溶剂泵管。有机金属标准化合物 Conostan S-21（U.S.A.），100μg/g（含 Al、Ca、Cr、Cu、Fe、Mg、Mn、Ni、P、Pb、Si、V 和 Zn 元素），Conostan 75♯ 基础油（不含被测定元素），二甲苯（分析纯）。

（2）仪器操作条件　RF功率1.5kW，冷却气19.5L/min；辅助气2.25L/min；载气0.45L/min；观察高度13mm；AGM流量5（表值）。

（3）工作曲线　准确称取六个Conostan S-21（100μg/g）有机标样于塑料瓶中，分别加入一定量的二甲苯，使各瓶中稀释后的金属元素的浓度值（μg/g）分别为0.5、1.0、2.0、5.0、8.0、10.0，混匀后加盖密封，得到有机标准溶液系列，准确称取Conostan 75♯基础油，置于一个塑料瓶中，以二甲苯按溶剂∶油＝10∶1（质量比）稀释，混匀得到试剂空白；将空白和有机标准溶液系列引入ICP-AES仪，经计算机处理自动建立各元素的标准工作曲线。

（4）样品预处理与分析　准确称量经过充分混匀的润滑油样品1.00～3.00g于塑料瓶中，以二甲苯按溶剂∶油＝10∶1（质量比）稀释，充分混匀，待用。

（5）分析条件选择　二甲苯和四氢化萘在溶解、进样、点火几个步骤都顺利通过，都能形成良好的等离子炬并长时间保持稳定，四氢化萘溶液在ICP-AES仪上的分析灵敏度比二甲苯低。

稀释比的选择：用Conostan 75♯基础油稀释50倍后，再用二甲苯按溶剂∶样品＝5∶1、8∶1、10∶1、15∶1、20∶1、25∶1（质量比）的比例分别稀释测定，稀释比过大或过小都会使测定值偏低，使各元素基本达到最佳检出值的样品稀释比范围为（10∶1）～（15∶1）（质量比）。为了增加检测灵敏度，选取稀释比为溶剂/样品为10∶1（质量比）。

（6）检出限　有机进样和水溶液进样ICP-AES法测定的检出限见表9-9。

（7）与无机消解-水溶液进样ICP-AES法相比，ICP有机进样法具有分析速度上的绝对优势，有机进样法具有良好的准确度和重复性，可以满足分析要求。但单个样品的有机进样分析的成本高，二甲苯有较大的毒性，为避免对环境和操作者影响，需要有良好通风。

表 9-9　多元素检出限/(μg/g)

元素	波长/nm	有机进样仪器检出限		水溶液进样仪器检出限	
		二甲苯稀释	四氢化萘稀释	元素	水溶液
Al	308.215	0.016	0.0708	Al394.401	0.0273
Ca	422.673	0.0025	0.0135	Ca422.673	0.0007
Cr	283.563	0.0018	0.0076	Cd508.582	0.1726
Cu	324.754	0.0024	0.0109	Cr267.716	0.0131
Fe	259.940	0.0033	0.0076	Fe259.940	0.0098
Mg	279.553	0.0014	0.0006	Mg279.553	0.0020
Mn	259.372	0.0006	0.0019	Mn259.372	0.0014
Ni	216.555	0.0095	0.0209	Ni216.555	0.0460
P	213.618	0.5010	0.1562	P214.914	0.4112
Pb	220.353	0.0432	0.0408	Pb220.353	0.0575
Si	288.158	0.0075	0.0190	Si288.158	0.0116
V	311.070	0.0020	0.0026	V311.837	0.0065
Zn	334.502	0.0633	0.1280	Zn334.502	0.1701

9.7.4　微波消解 ICP-AES 法测定食用油中的微量元素

　　食用油的消化处理一直是分析工作的难点。常规方法有干法灰化和湿法消解两种，其主要缺点是消化时间长，易引起沾污，一些易挥发性元素（如 As 等）在消化时易损失。用微波消化食用油试样，可克服上述缺点。测定食用油中的 Pb、As、Cu、Fe、Ni，结果可满足测定要求。

　　（1）仪器设备　　TJA-Trace Scan 电感耦合等离子体发射光谱仪，玻璃同心雾化器，旋流雾化室。MK-Ⅱ型压力自控微波溶样系统（上海新科微波技术研究所），高压密闭消化罐，DKP-Ⅰ型电子控温加热板。

　　（2）分析条件　　射频功率 1150W，进样量 1.5mL/min，雾化器压力 25psi，辅助气流量 1.0L/min。分析线（nm）：Pb 220.3、As 189.0、Cu 324.7、Fe259.9、Ni 231.6。

（3）试样前处理　称取试样 0.5g 于聚四氟乙烯杯中，依次加入 5.0mL HNO_3、2.0mL H_2O_2，将溶样杯晃动几次，在电子控温加热板上进行试样预处理加热（注意试样至沸），处理完后放冷，盖上聚四氟乙烯内盖，以下操作严格按照 MK-Ⅱ 型压力自控微波溶样系统操作说明书进行，根据不同的油样选择压力 1.5～2.5MPa，时间 5～10min，消化完后试样液无色透明，脱硝，取出放冷，用蒸馏水定容至 10mL 容量瓶中，同时做试剂空白。

（4）方法检出限　10 次平行测定空白溶液的结果，按 IUPAC 规定计算的各元素检出限（$\mu g/L$）为：Pb（7.3）、As（6.2）、Cu（4.0）、Fe（2.4）、Ni（3.4）。

9.7.5　干灰化 ICP-AES 测定飞机润滑油中的 7 种微量元素

飞机润滑油中的微量金属元素含量直接反映出飞机部件的磨损程度，定期对飞机润滑油中微量金属元素进行检测得到其准确含量是关系到飞机安全飞行的重大问题，采用活性炭粉末，加入样品中进行干法灰化处理，所得灰分用 $HCl：HNO_3 = 2：1$ 溶解后用 ICP-AES 法测定。

（1）仪器　ICPS-1000Ⅱ 型电感耦合等离子体发射光谱仪（日本岛津公司）；KSW-12D-10 型控温电阻箱（沈阳市节能电炉厂）。

（2）分析条件　仪器工作条件：高频功率 1200W，冷却气流量 15L/min，等离子气流量 1.2L/min，载气流量 1.0L/min，净化气流量 3.5L/min，观测高度 15mm。

（3）样品处理　准确称取 10.00g 飞机润滑油样品于 50mL 石英烧杯中，加入粒度≤200 目的光谱纯活性炭粉 0.5g，在控温电炉上缓慢加热蒸发，炭化后放入控温电阻箱中保持 550℃灼烧至无炭，冷却后若灰化不完全，可加入几滴混酸（$HCl：HNO_3 = 2：1$）处理后再次灰化。其灰分用 1mL HNO_3 溶解后用高纯水定容到 10mL 容量瓶中待测。用上述方法同样处理空白样品，样品及加标样品各 3 份。

（4）检出限　各测定元素的分析线和检出限（$n = 10$）见表 9-10。

表 9-10　分析线及检出限

元素	分析线波长/nm	检出限/(μg/mL)	元素	分析线波长/nm	检出限/(μg/mL)
Al	396.153	0.028	Mn	257.610	0.001
Cr	267.716	0.005	Ti	334.941	0.002
Cu	342.754	0.002	V	290.882	0.005
Fe	238.204	0.005			

9.7.6　萃取法 ICP-AES 测定无铅汽油中的铅

（1）仪器及分析条件　ICPS-1000Ⅳ型电感耦合等离子体发射光谱仪（日本岛津公司），工作频率 27.12MHz、入射功率 1.2kW、载气流量 1.0L/min、观测高度 15mm、积分时间 5s。

（2）样品预处理　准确移取 50mL 无铅汽油样品置于 500mL 烧瓶中，加入 30mL 盐酸，装上直形回流冷凝管，加热回流 30min，冷却后用分液漏斗将酸层移入 250mL 烧杯中。再于烧瓶中加入 50mL 去离子水，加热回流 5min，冷却后将水移入同一 250mL 烧杯中。用 50mL 去离子水再萃取一次。将全部萃取液置于可调电炉上微火蒸发至约 30mL，冷却后定容于 50mL 容量瓶中。同时作试剂空白。

（3）检出限　按公式 $D_L = 3S_b/S$ 计算，其中 S_b 为空白测量的标准偏差；S 为灵敏度，即校准曲线的斜率，计算出 Pb 的检出限为 1.47ng/mL。

9.7.7　干灰化 ICP-AES 法测定原油中痕量铁、镍、铜和钒

（1）仪器及主要工作参数　PLASMA-SPECⅠ型电感耦合单道扫描式等离子体发射光谱仪。固定式中阶梯光栅，波长范围 190～800nm，高频发生器频率 40.68MHz，Hildebrand 格网气动雾化器。

工作参数：入射功率 1.0kW；载气压力 2.8×10^{-5} Pa，流量 0.3L/min；冷却气压力 0.28×10^{-5} Pa，流量 12L/min；辅助气压

力 0.35×10^{-5} Pa，流量 0L/min。试液提升量 0.9mL/min；积分时间 3s。

（2）试剂　H_2SO_4、HNO_3、HCl、$HClO_4$ 均为优级纯试剂。$Mg(NO_3)_2$ 溶液：$\rho(MgO) = 10g/L$，1g 优级纯 MgO 试剂溶于 100mL 浓 HNO_3 中。

（3）样品前处理方法　选择用 $H_2SO_4 + HNO_3 + HClO_4$ 处理的湿法硝化、燃烧灰化法、直接炭化灰化法、H_2SO_4 炭化灰化法、HNO_3 炭化灰化法、$H_2SO_4 + Mg(NO_3)_2$ 炭化灰化法、$H_2SO_4 + HNO_3$ 炭化灰化法 7 种方法进行系统地对比试验，试样是杭州炼油厂 151 号罐原油，每种方法称样 4 份，应用 ICP-AES 法测定 Fe、Ni、Cu、V 等元素。结果表明从相对标准偏差来看，H_2SO_4 炭化和 $H_2SO_4 + HNO_3$ 炭化的灰化法比不加 H_2SO_4 的其余 3 种方法数据明显稳定，这是因为 H_2SO_4 的加入加速了炭化过程，并且增大了灰分体积，使灰分中待测元素大为"稀释"，减少与坩埚壁的接触。相比之下，$H_2SO_4 + HNO_3$ 炭化灰化法则因炭化后加入 HNO_3 起到加速氧化作用，缩短灰化时间，是上述方法中最理想的预处理方法。对灰化法的灰化温度和时间及灰分的溶解作了试验，参考选择在 500℃ 灰化 3～4h；由于引入 H_2SO_4，灰分中无水 $FeSO_4$ 的溶解十分缓慢，而用 $V_{HCl} : V_{HNO_3} = 1 : 1$ 的混酸 5mL 低温溶解 15min 即可提取完全。

（4）结论　所制定的 H_2SO_4、HNO_3 分步炭化，500℃ 灰化，$HCl + HNO_3$（$V_{HCl} : V_{HNO_3} = 1 : 1$）溶解灰分是最佳分解方案。该方法的检出限为 1.0～6.0μg/L，精密度好，$RSD(n=4) < 4.6\%$，加标回收率为 96.2%～111%。方法已应用于大庆、苏北、惠州等原油样品的分析。

9.7.8　硝酸钠消解 ICP-AES 法测定 TBP 萃取剂中杂质元素

磷酸三丁酯（TBP）是一种重要含磷有机萃取剂，它与磺化煤油的混合物是铀化合物提纯用的萃取剂，TBP 的化学性质比较稳定，相关的消解方法比较少，公开文献中有采用硫酸-硝酸-高氯酸湿法消解或干灰化法处理，但效果不佳。通过高温加热，加硝酸钠、硝酸钾、硝酸铵等分解试样，结果表明，硝酸钠对 TBP 试样的分解效果比较理想，能满足分析要求。

（1）仪器、玻璃器皿与试剂　6300 型 ICP 发射光谱仪（美国热电公司），EG-35Aplus 型可控温电热板（北京莱伯泰克公司），TEVA200 型马弗炉（长沙天腾），玻璃色谱柱。

（2）分析参数　选定仪器高频功率为 1150W，载气流量为 0.85L/min，辅助气流量为 1.0L/min。

（3）样品处理　移取样品溶液于干燥坩埚中，置于电热板上蒸发至形成固体，冷却后加入硝酸钠，在马弗炉中氧化消解。冷却后加入硝酸溶液，置于电热板上低温溶解至溶液清亮，溶液通过 TBP 萃淋树脂色谱柱分离铀基体，之后在 ICP-AES 仪上测定。

硝酸钠消解法的基本原理：硝酸钠在 306.8℃ 开始熔化并扩散渗透入 TBP 样品蒸发渣中，加温到 380℃ 以上开始分解，生成氧化能力很强的氧原子消解有机物生产碳和氢，并进一步生成二氧化碳和水，同时与样品中铀等金属元素生成黄色铀酸盐类。磺化煤油的沸程一般为 170～240℃，所以试验采取两段蒸发方式：第一段在 250℃ 下蒸发 15min，继续升温至 320℃ 蒸发至干。一般样品蒸发时间为 30～60min。

（4）消解温度的选择　TBP 有机相体积 2mL，蒸干后，加入 1.0g $NaNO_3$，反应 15min，置于马弗炉炉堂中央，考察温度对消解的影响。试验表明，消解温度在 450℃ 以上较为合适。为了确保消解效果，选择消解温度为 500℃。

（5）结果　测定 TBP 萃取剂中 Mo、Ti、Cr、V、W 5 种杂质元素，结果表明，6 次测定结果的相对标准偏差均小于 5%，加标回收率在 96%～100% 之间。

上面介绍几种常用有机溶剂样品的 ICP 分析方法，这些方法各有优缺点，直接进样法工作效率高，但有机标样及进样泵管消耗大，操作要细心，微波消化变成无机样品，干扰少，但费时间，一般认为加氧气直接进样比较理想，其他方法也都是可行的，乳化进样实用性较差，问题较多。

参 考 文 献

[1] 辛仁轩. 等离子体发射光谱分析. 北京：化学工业出版社，2005.

[2] 辛仁轩. 等离子体发射光谱分析. 第2版. 北京：化学工业出版社，2010.

[3] Fassel V A. Anal Chem，1976，48（1）：67.

[4] Greenfild S，McGeachim M M. Analytica Chimica Acta，1976，84（1）：67.

[5] Ebodon L，Mowthorpe D J，Cave M R. Analytica Chimica Acta，1980，115（1）：171.

[6] Boumans P W J M，Lux-Steiner C C. Spectrochimica Acta ，1982，38B（2）：97.

[7] 杨金夫，裴霭丽，黄本立. 分析化学，1987，15（9）：769.

[8] 辛仁轩，林毓华，王国欣. 光谱学与光谱分析. 1982，2（3/4）：214.

[9] 王小如，黄本立，孙亚茹等. 分析化学，1983，11（1）：1.

[10] 辛仁轩，宋旭文，鲁毅强等. 光谱学与光谱分析，2002，22（6）：1005.

[11] 周永利，陈金忠，郭庆林. 分析实验室，2006，23（6）：1326.

[12] 杨金夫，曾宪津，黄本立. 分析化学，1991，19（4）：490.

[13] 辛仁轩，唐亚平. 分析试验室，2002，21（6）：71.

[14] 杨金夫，曾宪津，黄本立. 光谱学与光谱分析，1992，12（2）：69.

[15] 辛仁轩，宋崇立. 岩矿测试，2002，21（4）：284.

[16] 吴建之，沈大可，沈尧汝. 岩矿测试，1999，18（1）：58.

[17] 辛仁轩，宋崇立. 分析实验室，2003，22（5）：41.

[18] 谯斌宗，杨元，田华. 理化检验（化学分册），2009，45（3）：253.

[19] 陈建国，江祖成. 分析科学学报，2002，18（4）：281.

[20] 郑天明. 分析试验室，2010，29（增刊）：289.

[21] 时文中，王文豪，张昕等. 河南科学，2004，22（3）：341.

[22] 郑天明. 分析试验室，2010，29（增刊）：289.

[23] 范柯，王鲜俊，郎经畅. 中国食品卫生杂志，2001，13（3）：16.

[24] 王光灿，殷国建，朱光辉等. 云南化工，1998，（4）：39.

[25] 陈文新，方奕文. 光谱实验室，2003，20（4）：495.

[26] 李洪，黄召，杨箭等. 湿法冶金，2014，33（3）：243.

第10章 ICP光谱仪器技术的现状与发展

10.1 商品ICP光谱仪器及技术发展历程

电感耦合等离子体光谱仪（ICP光谱仪），由于具有高灵敏度、高精密度、低基体效应和多元素同时分析能力等一系列优点，自1975年出现商品仪器以来，很快在各分析领域得到广泛应用，成为冶金、材料、环境、地矿、食品、化工、生化、商品检验及科研领域最通用的无机元素分析工具。ICP光谱仪器结构和技术不断发展，每年都有新型商品ICP光谱仪出现，虽然第一台商品ICP光谱仪出现到现在仅40年，已步入技术成熟期，但新技术还在不断出现，以下简要回顾自仪器商品化以来ICP技术发展的重要历程：

1975年出现多通道ICP商品光谱仪（美国Jarrell-Ash公司及ARL公司）；

1978～1979年生产顺序扫描ICP光谱仪（法国JY公司）；

1983年出现商用中阶梯光栅色散ICP光谱仪（美国贝克曼公司，荷兰飞利浦公司）；

1989年开始生产轴向观测ICP光谱仪；

1992年开始推出第一台CID固体检测器-中阶梯光栅ICP光谱仪（美国热电Jarrel-Ash公司）；

1992年推出第一台光-质谱仪POEMS型（美国热电Jarrel-Ash公司）；

1993年出现第一台商品CCD-中阶梯光栅光谱仪（美国Perkin Elemer公司）；

1998 年出现第一台百万像素 CCD-ICP 光谱仪（美国 Varian 公司，现安捷伦科技公司），采用背照射提高量子效率，设计 CCD 防溢出结构；

2002 年第一台凹面光栅-线阵 CCD 光谱仪面世，扩大 UVU 光谱区范围，固体检测器 ICP 光谱仪家族增加新成员（Spectro 阿美泰克公司）；

2004 年第一台平面光栅-CCD 光谱面世，兼有固态检测器与均匀色散的特点（法国 JY HORIBA 公司）；

2005 年美国热电飞世尔公司对 IRIS 仪器重新设计，推出当时体积最小的 iCAP6000 ICP 光谱仪，引领了 ICP 光谱仪小型化的潮流；

2011 年安捷伦公司推出电磁激发号称"微波 ICP"的微波等离子体光谱仪 MP4100；

2011 年美国 Perkin Elemer 公司推出新型等离子体装置——平板等离子体光源，可以节省氩气；

2012 年德国耶拿公司推出了当时市场同类产品中较高分辨率的 ICP-AES 新品——PQ9000；采用超大型中阶梯光栅，光谱分辨率能达到 3pm，接近光栅光谱分辨率的极限；

2013 年天瑞仪器、聚光科技正式推出了国产首批商品化的全谱直读 ICP-OES 新产品——天瑞 ICP3000 和聚光 ICP-5000；

2013 年 BCEIA 2013 会上，Leeman 公司推出首次用 CMOS 检测器的 Prodigy7 型 ICP 光谱仪，该 CMOS 光电检测器的有效像素为 338 万，从此 ICP 光谱仪可用 CID、CCD 及 CMOS 三种类型检测器，它们各有特点；

2015 年安捷伦公司设计智能光谱组合（DSC）技术，推出同时型双向等离子体光源，引领了 ICP 光源进入"同时双向 ICP 光源"时代；

2016 年 7 月，美国 Perkin Elemer 公司推出 Avio™ 200 型 ICP 光谱仪，Avio™ 200 具有结构紧凑，体积小，氩气用量低，冷启动

442

速度快，双向观测技术优点。

10.2　ICP光谱技术进展

20世纪90年代后期，随着全谱直读ICP光谱仪被分析实验室广泛接受，出现多种型号的固体检测器ICP光谱仪，类型众多，结构、性能也在不断改进和提高，特别是设计理念的更新，可操作性不断改善，更经济实用。

具体在下列几个方面得到了技术改进。

① 提高仪器分辨率：由于等离子体炬温度较高，使得其发射光谱很复杂，光谱干扰经常影响分析质量，所以需要改进光学系统的设计，不断提高分光系统的分辨能力，中阶梯光栅交叉色散分光器的采用，使紫外光谱区的分辨率明显提高，谱线半高宽一般可达到0.006～0.008nm，采用较大面积阶梯光栅还可以提高分辨率。

② 炬管垂直放置双向观测：ICP光源的轴向观测与径向观测各有优点，现在多种形式的炬管垂直放置双向观测的结构，可以充分利用它们的优点。可根据分析元素及谱线的特点，进行轴向和径向测定。同时型双向观测则更为方便，双向有两种方式，一种是不改变光路，另一种是通过控制改变光路，两种方式各有优缺点，操作都很方便，都不明显影响分析速度。

③ 将CMOS光电器件引入ICP光谱仪，使目前成功用于ICP光谱仪的固体检测器达3类：CID、CCD和CMOS。CMOS用作光电检测的优点是传输速度快，耗电量低，价格也低，可用更高密度的像素。固体检测器的另一重要改进是采用背照射来提高量子效率，并设计多种CCD防溢出结构提高成像质量。

④ 改进200nm以下远紫外和真空紫外区检出性能，使As、Se、Bi、Sn等难激发元素检出限明显改善，多种ICP仪器短波光区可延伸到130nm。长波向近红外扩展到1100nm，可测定多种非金属元素。

⑤ 软件功能扩展，增加光谱干扰校正功能，定性、半定量功

能，色谱-光谱联用接口，使用方便，快捷。

⑥ 改进有机溶剂的分析功能：配备有机溶剂进样系统和炬管，配备加氧装置等。

⑦ 降低氩气用量是 ICP 光谱仪长期追求的目标，美国 PE 仪器公司设计的平板等离子体降低至 8～10L/min；日本日立 PS3500DDⅡ ICP 发光分光分析装置的 Active Flow 系统，是在运用流体力学解析的基础上，对气体流量系统进行改良，只需用一半的氩气来维持等离子（8L/min）；采用吹扫气回收利用，待机低功率及低气流运行（岛津 Eco 模式，低至 5L/min 氩气流量）等多种降低氩气用量的技术。

⑧ 高频等离子体发生器发展趋向低功率化，自激线路，功率放大器固态化；高频发生器工作频率由多数用 27.12MHz，逐渐向多数用 40.68MHz，其实这两种频率对分析性能影响不大，但往往成为购买者招标文件的 * 号项目（必须满足指标）。

⑨ 光谱仪器小型化，2004 年热电公司依据实用、高效、经济、灵敏的新理念设计推出重量只有 85.5kg 的体积最小的 ICP 光谱仪 iCAP 6000，原产品 IRIS 重量为 375kg，而仪器的稳定性、灵敏度均优于原型号。安捷伦 5100 仪器整体体积仅为 $800 \times 740 \times 940$（$W \times D \times H$），占地面积 $0.59m^2$，节省了工作空间；仪器整体耗电量仅 2.9kVA。ICP 光谱仪实现小型化是设计思维方式改变的结果，过去曾经认为大而笨重的光谱仪器是波长稳定的重要保证。目前，仪器小型化后其分析性能不断提高，操作更方便。

10.3 商品 ICP 光谱仪的现状

目前 ICP 光谱仪现状是，固定通道的光电倍增管多道 ICP 光谱仪已退出市场，顺序扫描 ICP 光谱仪市场日趋萎缩，仅在个别领域还在使用（如稀土元素分析），固体检测器中阶梯 ICP 光谱仪成为市场主流机型，发展较快，不仅类型繁多，新型号仪器不断涌现，报价也逐渐降低。目前国内市场上有六家外国公司在出售中阶梯光栅交叉色散固体检测器 ICP 光谱仪（CID、CCD、CMOS），为了补充中阶梯光栅交叉色散分光器的不足，发展了多种类型的固体检测器 ICP 光谱仪：凹面光栅型、平面光栅扫描型、串联色散系统型等。经过近二十年的发展，国内外生产固体检测器 ICP 光谱仪器的厂家由 20 世纪 90 年代初的两家，发展到现在的 12 个型号，其型号和特点列于表 10-1，大致可分几种类型。

① 中阶梯光栅交叉色散固体检测器光谱仪（CID、CCD），占有多数：安捷伦 5110，赛默飞世尔-iCAP7000 系列，Optima 8300，岛津 ICPe 9800，Leeman-ProdigyXP，耶拿 PQ-9000。

② 凹面光栅分光系统 CCD 检测器 ICP 光谱仪：德国 Spectro 公司的 New ACOS，BLUE。

③ 动态波长校正光栅分光 CCD 光谱仪：Optima 8000，Avio 200。

④ 平面光栅分段检测 CCD ICP 光谱仪：法国 HORIBA Jobin Yvon 公司的 Activa-M，Activa-S。

表 10-1　各种类型固体检测器 ICP 光谱仪

型号	生产商	分光器	检测器
安捷伦 5100	美国安捷伦科技公司	中阶梯交叉色散二维分光器	CCD
iCAP7000	美国赛默飞世尔科技公司	中阶梯交叉色散二维分光器	CID
Optima8300	珀金埃尔默仪器公司	中阶梯交叉色散二维分光器	SCD
Avio 200	珀金埃尔默仪器公司	动态波长校正顺序分光器	CCD
PQ9000	德国耶拿分析仪器公司	中阶梯交叉色散二维分光器	CCD
Prodigy7	Teledyne Leeman Labs 公司	中阶梯交叉色散二维分光器	CMOS
ProdigyXP	Teledyne Leeman Labs 公司	中阶梯交叉色散二维分光器	CID
ICPe9800	日本岛津仪器公司	中阶梯交叉色散二维分光器	CCD
Activa-M	Jobin Yvon HORIBA	平面光栅 C-T 分光器	CCD
Activa-S	Jobin Yvon　HORIBA	平面光栅 C-T 分光器	CCD
New-Spectro ACORS	德国斯派克分析仪器公司	凹面光栅分光器	CCD
Spectro blue	德国斯派克分析仪器公司	凹面光栅分光器	CCD

在众多 ICP 光谱仪厂家中，其产品各有特点，每台都有自己

的专长和专利技术，体现了健康的市场竞争，而其裁判员就是购买者用户。8家中安捷伦、珀金埃尔默和赛默飞世尔是在中国市场占有率的前三位，有最多的用户。安捷伦公司在澳大利亚的ICP光谱仪生产线是全球第一台百万像素CCD检测器ICP光谱仪的诞生地，也是全球第一台商品高功率微波等离子体光谱仪的诞生地，2014年推出同步垂直双向观测5100型ICP光谱仪，2016年又推出5110型。赛默飞世尔是生产ICP光谱仪最早的厂家，第一台ICP光谱仪是在美国Jarrel-Ash生产的，它曾是一家专业生产摄谱仪器的小型专业公司，后被热电公司收购，改名热电Jarrel-Ash，利用产学研结合方式制造出世界第一台实用的固体检测器（CID）ICP光谱仪。珀金埃尔默是一家技术力量雄厚的仪器制造商，设计出分段式CCD（俗称SCD）解决了光电荷溢出问题，制成第一台CCD检测器中阶梯光栅光谱仪。珀金埃尔默公司后来又设计出动态波长校正的CCD-ICP光谱仪（Optima-2000型），前些年又推出平板等离子体光源。其他型号仪器也有其独特的技术含量，如岛津的ICPe9800采用真空光室，真正实现165～190nm的深UV区谱线的简单快捷测定。德国斯派克分析仪器公司的New-Spectro ACORS具有均匀的色散率，专利密闭充氩循环光路系统，检测190nm以下谱线，无需气体吹扫。

虽然目前固体检测器ICP光谱仪占多数，传统的光电倍增管测光的ICP光谱仪还有一些需求，表10-2列出国外光电倍增管-ICP光谱仪的分光系统。

表 10-2　光电倍增管-ICP 光谱仪的分光系统 （国外产品）

生产商	型号	分光系统	焦距/mm	光栅	波长范围/nm
日立	PS7800 PS3500DDⅡ	平面光栅		4320	175～800 130～850
岛津	ICPS-8100	平面光栅 双分光器	1000	4960/ 4320	160～458 458～850

生产商	型号	分光系统	焦距/mm	光栅	波长范围/nm
JY HORIBA	ULTIMA2	C-T	1000	2400/3600	120～800
JY HORIBA	ULTIMA 2C	C-T	1000	2400/3600	ULTIMA 2C 是 ULTIMA 2 与 0.5m 同时测定型系统的组合
JY HORIBA	JY2000-2	C-T	1000	2400	160～800
JY HORIBA	Ultima Expert	CT			
GBC	Quantima	C-T	750	1800	160～800

10.4　我国 ICP 光谱仪的发展

20 世纪 80 年代初北京地质仪器厂和北京第二光学仪器厂开始制造多道 ICP 光谱仪及顺序扫描型 ICP 光谱仪，但受制于高频等离子体发生器等关键部件性能不理想，发展较缓慢，长期形成进口仪器主导中国市场的局面，国产仪器始终在简单的 ICP 光谱仪领域徘徊。我国近几年由于对 ICP 光谱仪器需求快速增长，国家对研发大型通用分析仪器重视和支持，中国 ICP 仪器产业有较快发展，特别是国有企业和大型公司，有较强的经济力量，开始研制高档 ICP 光谱仪，表 10-3 是国产 ICP 光谱仪的型号及有关情况。目前的基本状况如下：

① 除有多家顺序扫描 ICP 光谱仪生产商外，近几年有多家研制全谱型 ICP 光谱仪，采用 CCD 或 CID 固体检测器，中阶梯光栅交叉色散分光系统，主要技术指标接近国际先进水平，仪器的使用性能有待用户考察。

② 高频电源质量近年有较大提高，高频输出功率范围、功率稳定性及频率稳定性都已达到光谱分析全面要求，开始使用固态化高频电源。

447

③ 计算机控制操作，计算机控制点火，功率调节，定量分析及数据输出等。

表 10-3　国产 ICP 光谱仪器

型号	类型	生产厂
ICP3000(天瑞)	全谱电感耦合等离子体光谱仪中阶梯光栅交叉色散 CID 检测器 ICP 光谱仪	江苏天瑞仪器股份有限公司
ICP-5000(聚光)	中阶梯光栅的二维分光系统、CCD 检测器 ICP 光谱仪	聚光科技(杭州)股份有限公司
Plasma 2000(纳克)	全谱电感耦合等离子体光谱仪	钢研纳克检测技术有限公司
ICP 2060T(天瑞)	石化专用 ICP 光谱仪	江苏天瑞仪器股份有限公司
万联达 WLD-5000	顺序扫描 ICP 光谱仪	北京万联达信科仪器有限公司
WLY100-2	顺序扫描 ICP 光谱仪	北京海光仪器公司
AES-3000	顺序扫描 ICP 光谱仪	北京博晖创新光电技术公司
ICP-1000Ⅱ	顺序扫描 ICP 光谱仪	北京东西电子科技公司
Plasma1000	顺序扫描 ICP 光谱仪	钢研纳克检测技术公司
北京恒久	顺序扫描 ICP 光谱仪	北京恒久实验设备公司

10.5　商品 ICP 光谱仪器技术性能介绍

10.5.1　安捷伦 5100 型 ICP-OES

生产商：美国安捷伦科技公司。

类型：中阶梯光栅交叉色散固体检测器光谱仪。

2014 年，美国安捷伦科技公司推出具有同步垂直双向观测（SVDV）功能的 5100 型 ICP 光谱仪，2016 年又推出其改进型 5110 ICP 光谱仪，其外形见图 10-1，该产品具有同步使用轴向及径向观测的功能（SVDV），图 10-2 是 5110 光谱仪的光路图。

5100 光谱仪光路有两个特点：炬管垂直放置，有利于等离子

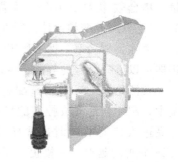

图 10-1　安捷伦 5100 ICP 光谱仪　　　　图 10-2　5110 ICP 光谱仪光路图

体炬焰热量排出，可以用较高功率，试样经过焰炬排出的干盐粒不沉积在炬管两侧管壁，有利于延长炬管寿命，保持炬管壁干净；第二，利用智能光谱组合技术（DSC），可以方便地实现多种观测方式；可以同时同步使用轴向和径向观测，充分利用二者优点，5100光谱仪有三种观测方式：径向观测（RV）、轴向（AV）及同步双向（SVDV）；5100 配有冷锥接口（CCI），通过从轴向光路中去除冷等离子体尾焰来减少自吸收，降低光谱背景；5110 光谱仪在5100 基础上引入了集成高级阀系统，可获得更高样品通量、更高的长期稳定性和分析效率，节省氩气，降低运行费用。软件中新增的Intelli Quant功能，可更快速准确地半定量分析；专门设计定制的 Vista Chip II CCD 固态检测器全波段覆盖、智能防溢出设计，具有最快的信号处理速度，宽的动态范围；整个检测器为充气密封，无需氩气气体吹扫检测器表面，具有 1MHz 最快速像素读取速度，同时可对检测器双面读取，最短 1s 内读取 167～785nm 内所有谱线。

　　炬管的三股气流（雾化气、冷却气、辅助气）均用 MFC（质量流量计）控制，0.01L/min 增量调节，等离子体炬焰稳定；5110 ICP 光谱仪采用中阶梯光栅＋CaF$_2$ 棱镜构成二维交叉色散系统，整个光学系统 35℃ 恒温且无任何可移动部件，最大限度地保证了光学系统的稳定性；安捷伦 5110 ICP-OES 采用专利设计的27MHz 固态变频发生器，功率输出范围为 700～1500W，10W 增量，耦合效率大于 75％，无需二次耦合，功率输出稳定性优于 0.1％；专利的变频设计使得在样品基体改变时，可以快速变频耦合，消除反射功率，保证稳定的功率输出，以确保样品基体突变时仍然可以维持稳定的等离子体，获得准确的结果。

安捷伦 5110 RV 可选配高级阀系统 AVS6/AVS 7，在进样系统中，利用软件集成控制的稳定高速泵系统。AVS 6/7 在下一个样品进入仪器的同时冲洗样品引入系统，几乎避免了常规 ICP-AES 分析的延迟，大幅提高了样品通量。更短的分析时间意味着每个样品的氩气消耗量可减少 50％，降低运行成本。

安捷伦 5110 SVDV ICP-AES 简单基体溶液条件下，8h 的长期稳定性≤1％；而在更能考验仪器的性能复杂高盐样品的条件下，不同于常规只分析标准溶液的做法，安捷伦 5110 SVDV 光谱仪在复杂样品基体（25％ NaCl）下加入常规难以测定的 $0.25\mu g/mL$ 的 4 个元素，进行长期稳定性试验，4h RSD≤2.4％，这是一般仪器难以达到的水平。

5110 ICP 光谱仪可配有一种第二代 One Neb 新型雾化器，这种雾化器工作原理和通用的玻璃同心雾化器不同，不是利用文丘里作用，是用分散流雾化技术，得到极细雾滴，有较高的测定灵敏度，流量范围宽（0.04～2.0mL/min），不易被固形物堵塞，由聚合物（PFA 和 PEEK）材料制造，不宜碎，可用于各种酸液，包括氢氟酸和王水，也可用于有机溶剂等样品。

仪器整体结构紧凑，体积小，占地面积仅 0.59m^2，可节省工作空间。

表 10-4 为安捷伦 5100 ICP-AES 测定水样的检出限，表 10-5 是安捷伦 5110 ICP 光谱仪双向观测仪器检出限。

10.5.2　赛默飞世尔 7000 系列光谱仪

类型：中阶梯光栅交叉色散 CID ICP 光谱仪。

生产商：美国赛默飞世尔科技公司。

2013 年 3 月，赛默飞推出 7000 系列中阶梯光栅交叉色散 ICP 光谱仪新品。

表 10-4 安捷伦 5100ICP-OES 测定水样的检出限/(μg/L)

元素分析线/nm	检出限	元素分析线/nm	检出限	元素分析线/nm	检出限	元素分析线/nm	检出限
Al308.215	2.8	Ca315.887	4,7	Li670.784	0.1	Ag328.068	0.4
Sb206.834	3.4	Ce413.765	3.7	Mg279.079	4.6	Na589.592	10.1
As188.980	3.7	Cr205.552	0.5	Mn257.610	0.1	Sr421.552	0.1
Ba493.409	0.1	Co228.616	0.6	Mo203.846	1.2	Ti334.941	0.1
Be313.402	0.04	Cu324.754	0.5	K766.491	21.6	Tl 190.794	3.6
B 249.772	0.9	Fe259.940	0.5	Se196.026	3.2	Sn189.952	3.6
Cd226.502	0.2	Pb220.353	1.9	Si251.661	1.4	Sn190.794	3.6

表 10-5 5110 光谱仪轴向观测及径向观测（SVDV）的检出限/(μg/L)

元素	Mo 202.032 nm	Zn 213.857 nm	Cd 214.439 nm	Mn 257.610 nm	B 249.772 nm	Be 313.042 nm	Ag 328.068 nm	Ti 334.941 nm	Li 670.783 nm	Na 589.592 nm
径向观测	1.5	0.5	0.2	0.1	0.6	0.01	0.4	0.1	0.04	0.8
轴向观测	0.4	0.1	0.1	0.02	0.2	0.01	0.2	0.05	0.01	0.1

分光系统：焦距 383mm，光栅 52.91g/mm，9.5°熔融石英棱镜，波长范围 166～847nm，分光系统允许长期运行不用校准，改善了对于诸如砷（As）、锑（Sb）、硒（Se）和碲（Te）的元素分析性能全自动波长校正和补偿校正，保证了长时间的优异稳定性。

检测器：第四代电荷注入式（CID）检测器 RACID86。

高频电源：自激线路，频率 27.12MHz，固态电路，功率 750～1500W，等离子气 12L/min。雾化气 0～0.4MPa，辅助气 0、0.5L/min、1.0L/min、1.5L/min，1.5mm 中心管（径向），2.0mm（双向）中阶梯光栅 CID 检测器全谱型，波长范围：166～847nm，光学分辨率 0.007nm（200nm 处），长期稳定性（4h）<

2%，重复性：重复测定十次的 $RSD \leqslant 0.5\%$，检出限：Zn 213.856nm，0.0006mg/L。

最新产品是赛默飞世尔 iCAP-7400 电感耦合等离子发射光谱仪，见图 10-3。

图 10-3　iCAP 7400 ICP 光谱仪

10.5.3　珀金埃尔默 Optima8000 系列 ICP 光谱仪

类型：中阶梯交叉色散 CCD 检测器 ICP 光谱仪。

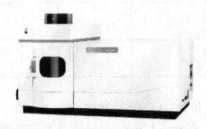

图 10-4　Optima 8000 系列 ICP 光谱仪

Optima 8000 系列光谱仪是珀金埃尔默仪器公司近年来推出的很有特色的 ICP 光谱仪。该系列有 8300 和 8000 两个型号，利用 PerkinElmer 专利的平板等离子体技术，等离子体在任意 RF 功率下只需 10kg/min 的等离子体气流量。8300 型配有中阶梯光栅检测色散系统，两个 SCD 检测器，8000 型使用动态波长校正系统（Dynamic Wavelength Stabilization），实现了快速启动，空气气流切割气消除了等离子体尾焰干扰（见图 10-4）。

Avio 200 电感耦合等离子体发射光谱仪：Avio 200 是珀金埃

尔默仪器公司最新型号 ICP 光谱仪，仪器见图 10-5。使用 Flat Plate（平板）等离子体光源，动态波长稳定系统，CCD 检测器，快速启动，用空气气流切割等离子体尾焰，具有双向光测技术，外形结构紧凑，体积小，运行方便。

图 10-5　Avio 200 型 ICP 光谱仪

10.5.4　日本岛津公司 ICPe 9000 系列 ICP 光谱仪

类型：中阶梯光栅交叉色散 CCD 检测器。

分光系统：波长范围 167～800nm，79g/mm，倒色散 0.21（200nm），0.68nm（600nm），控温（38±0.1）℃，真空系统≤10Pa。

检测器：CCD 温度－15℃，CCD 冷却气 0.5L/min，开机 10min 能工作，1024×1024 像素，20×20μm 小炬管节省氩气，同心雾化器，玻璃旋流雾室。高频发生器：晶体振荡电路固态发生器，0.8～1.6kW，功率输出稳定性±0.3%，频率稳定性 0.05%，冷却水 2L/min。进样系统：旋流雾室，玻璃同心雾化器。炬管：微型石英炬管（省气），通用石英炬管。

岛津 ICPe 9000 系列最新型号 ICPe 9800（见图 10-6），由于采用真空光室技术，节省光室吹扫气，真正实现 165～190nm 的深 UV 区谱线的简单快捷测定。这些元素包括 Al、As、B、P、Pb、Sn、I、Br、S 等。ICPE-9800 系列创新设计了 Eco 运行模式，在分析间的待机状态，自动转换为 Eco 模式，氩气流量仅为 5L/min，RF 功率 0.5kW，从 Eco 模式转换回常规分析模式仅需 1s。ICPE-9800 系列采用了岛津已经应用多年的 Mini 炬管系统，相比传统炬

图 10-6　ICPe 9800 ICP 光谱仪

管节省 40％氩气流量。

10.5.5　美国 Leeman Labs 公司 Prodigy7 ICP 光谱仪

类型：中阶梯交叉色散 ICP 光谱仪。

利用 Prodigy 分光系统平台，Teledyne Leeman Labs 公司 2013 推出如图 10-7 型 ICP 光谱仪。

图 10-7　Prodigy7 ICP 光谱仪

该仪器是世界首台配备 CMOS 固态检测器的 ICP 光谱仪，为 Prodigy7 量身定制的 CMOS 固态检测器，读取速度是传统的 CCD 检测器速度的 10 倍，线性范围普遍提高 10 倍以上；分析时间缩短，一个分析方法可以实现全谱谱线同时读出，同时优化了硬件设施，实现快速启动及即开即用。Prodigy7 的全谱数据获取及超宽波长（135～1100nm，包括卤素选项）覆盖能力，一次读取全谱波长信息均能采集。

仪器的主要参数：光学分辨率≤0.007nm（在 200 nm 处），稳定性≤1.0％，重复性≤1.0％，波长范围 165～1100nm。

10.5.6　德国耶拿公司 PQ9000 型 ICP 光谱仪

类型：中阶梯交叉色散 CCD 检测器 ICP 光谱仪（见图 10-8）。

图 10-8　PQ9000 ICP 光谱仪

　　主要特点：仪器具有高分辨率，0.003nm（在 200nm 处）；采用垂直炬管、双向观测和 4 种测量方式（轴向、轴向 Plus、侧向、侧向 Plus）设计，适用于各类样品（包括有机、高盐）的分析，能满足从低浓度到高浓度（$\mu g/L \sim \%$）的同时测定；降低氩气用量：吹扫、冷却用氩气又回到等离子体再用，节省氩气消耗超过 35%；如此还实现了对光室的持续吹扫，自然提高了紫外波长谱线检测的灵敏度；使用新一代 CCD 检测器：快速，高像素分辨率——0.002nm；即开即用：5min 即可达到平稳的工作状态，不需要提前预热、提前吹扫和延时吹扫。表 10-6 是 PQ9000 ICP 仪的检出限。

表 10-6　仪器检出限

元素	波长/nm	PQ9000 检出限 /($\mu g/L$)	改善倍数
Cd	226.502	0.051	4.5
Li	670.783	0.013	38
Ni	231.647	0.17	4
Pb	220.353	0.65	7
Sb	217.581	2.1	4
Zn	213.856	0.06	5
Ca	396.847	0.008	20
K	766.491	0.30	13
Mg	279.553	0.0026	19
Na	589.590	0.12	12.5

技术参数：自激高频电源，功率 1700W，频率 40.68MHz，光谱分辨率 0.003nm，CCD 检测器，波长范围 160～900nm，波长精确度 0.0004nm，冷锥反吹接口。

10.5.7 德国斯派克公司新 ARCOS 系列和 BLUE 系列 ICP 光谱仪

类型：全谱直读凹面光栅 CCD-ICP 光谱仪。

ARCOS 是 2007 年推出的，经过 7 年的时间，2015 年 1 月经过改进推出了新的 NEW SPECTRO ARCOS。该新品的光学系统，以及其他的主要零部件方面都做了优化升级，结构紧凑（见图 10-9）。

分光系统，帕邢-龙格光学系统；焦距，750mm，全息光栅，2×3600 线/mm、1×1800 线/mm，波长范围 130/160～770nm，可以直接测量远紫外光谱区域（130～160nm），在该区域内直接测量卤素元素（氯、溴），光室恒温 15℃±0.1℃。UVU 光区氩循环自动净化，不用吹扫，检测器：32 个线性检测器。该仪器的优点是在很宽的光谱范围内分辨率基本不变，在长波区域也有较好的分辨率。帕邢-龙格结构系统 ICP-OES 产品最明显不足是仪器体积较大。

激发光源：自激式，功率 700～1700W，频率 27.12MHz，功率稳定性＜0.1%，风冷却。

观测方式：径向观测用 SPI 接口，轴向观测用 OPI 光学接口。轴向观测水冷取样锥。

图 10-9　SPECTRO ARCOS ICP 光谱仪

SPECTRO BLUE ICP 光谱仪：2011 年 9 月，德国斯派克分析仪器公司推出了低成本、高通量的电感耦合等离子体发射光谱仪

（ICP-OES 的）SPECTRO BLUE。主要技术参数：帕邢-龙格分光系统，焦距 750mm，波长范围 165～770nm，密闭充氩循环光路系统，检测 190nm 以下谱线，无需气体吹扫。

10.5.8　ICP-3000 电感耦合等离子体发射光谱仪

制造商：江苏天瑞仪器股份有限公司。

类型：全谱直读 ICP 光谱仪。

仪器外形如图 10-10 所示。

图 10-10　ICP-3000 全谱直读 ICP 光谱仪

ICP-3000 电感耦合等离子体发射光谱仪是天瑞仪器公司经多年技术积累开发出的一款全谱直读型光谱仪，用于测定各类样品中的微量、痕量元素含量。自动化程度高，操作简便，稳定可靠。目前仪器广泛应用于稀土、地质、冶金、化工、环保、临床医药、石油制品、半导体、食品、生物样品、刑事科学、农业研究等各个领域。

光谱仪主要参数：系统采用中阶梯光栅-棱镜交叉色散方式，波长范围 165～900nm，光学分辨率＜0.0068nm@200nm，稳定性：相对标准偏差（RSD）＜1％（2h），重复性（短期稳定度）：相对标准偏差（RSD）＜0.5％，检出限：大部分元素 1～10μg/L，光栅：中阶梯光栅，52.67 线/mm，64 闪耀角，采用德国肖特公司热胀系数接近于零的 Zerodur 材料做基底，棱镜：超纯康宁紫外熔融石英，在 170nm 处透光率 99.6％。焦距 430mm，数值孔径 F/8，杂散光：10000μg/mL Ca 溶液在 As 189.042nm 处的等效背景浓度＜2μg/mL，光室：精密恒温，（35±0.1）℃，分布式氮气吹扫，正常吹扫 2L/min，快速吹扫 4L/min。

进样系统的载气、等离子气、辅助气均采用质量流量控制器（MFC）控制，射频电源为天瑞仪器自主研发的全固态射频电源，效率高、输出功率稳定；无任何移动光学元件，保证了长期稳定性；超低杂散光设计配合独特的光学设计，大大降低了背景光的干扰，进一步提高检出限；高效的氮气分布式吹扫光室配合高品质的光学元件，保证了深紫外区，特别是 P、S、As 等元素的测量。采用大尺寸 CID 探测器，大靶面尺寸，百万级像素，165～900nm 范围连续覆盖，一次曝光，全谱显示，非破坏性读取（NDRO）功能，改善了弱分析线的信噪比。具有快速定性、半定量、定量分析功能。

2060T（石化专用）电感耦合等离子体发射光谱仪见图 10-11。

图 10-11　ICP2060T ICP 光谱仪

ICP2060T 电感耦合等离子体发射光谱仪特别适用于测定各种石化产品中常量、微量、痕量元素的含量。拥有专业的油品直接进样测量技术，可智能调节氧气流量，消除积碳影响，操作简便、稳定可靠、

测试范围广，检出限可达到 $\mu g/L$ 量级，分析成本低，一瓶氩气可以用 10～12h。分光系统采用 1000mm 焦距分光系统，可选用离子刻蚀全息光栅 3600 线/mm 或 2400 线/mm，波长范围 190～500nm 或 190～800nm。自动化程度高，整台仪器除了电源开关，仪器所有功能都是通过计算机控制。仪器配有天瑞特有的增强有机

进样系统，完美支持油品直接进样测量。采用固态电源，工作频率 27.12MHz，频率稳定性＜0.05％，输出功率 800～1600W，连续可调，电源效率大于 65％，输出功率稳定性≤0.2％。

应用领域：测试原油中的 30 多种元素，主要有 Fe、Na、Mg、Ni、V、Ca、Pb、Mo、Mn、Cr、Co、Ba、As 等；测定汽油中的铁、锰、铅、硅等；润滑油中添加剂、磨损元素的测定；基础油中多元素的测定；甲醇中钠元素的测定；油田示踪剂的测定等。

10.5.9　日本岛津公司 ICPS-8100 顺序扫描等离子体光谱仪

分光器：双分光器，1m C-T 平面光栅分光器，真空系统，第一分光器，光栅 4960g/mm；工作范围 160～372nm；第二分光器，光栅 4320g/mm，波长范围 250～426nm，光栅 1800 g/mm；波长范围 426～850nm，内标分光器，0.5m 凹面光栅；高频电源，晶体振荡器，27.12MHz，0.8～1.6kW，功率稳定度 ≤0.3％。

10.5.10　WLY-2 型顺序扫描平面光栅 ICP 光谱仪

制造商：北京海光仪器公司。类型：顺序扫描 ICP 光谱仪。

分光系统：单色器垂直设计，外观设计新颖，结构紧凑。C-T 型光栅单色器，平面全息闪耀光栅，单色器焦距 1000mm，光栅刻线 2400g/mm 或 3600g/mm，光栅面积 110mm×110mm，波长范围 200～800nm，内部充氮可扩充至 180～800nm。在全波段具有均匀高色散率，能清晰分开 Hg313.154nm 和 313.183nm 双线；高频光源，它激式全固态光源 40.68MHz，功率 1.0～1.8kW（风冷），自激式电子管光源 40MHz，功率 1.0～1.6kW（水冷）；进样系统，高效玻璃雾化器，旋流雾室或双层雾室；炬管，Fassel 石英炬管。检测器：R955 高灵敏度光电倍增管。各项技术指标符合国家 JJG 768—2005 检验标准，可多元素同时分析，每分钟可测试元素十种以上，数据的重复性好，$RSD<2.5\%$。软件操作方便，可直接读出数据，直接打印结果报告，将数据传至 EXCEL，报告格式任意设计（见图 10-12）。

图 10-12　WLY-2 型立式扫描型 ICP 光谱仪

10.5.11　聚光 ICP-5000 电感耦合等离子体发射光谱仪

生产商：聚光科技（杭州）股份有限公司。

类型：中阶梯光栅交叉色散 CCD 检测器 ICP 光谱仪。

ICP-5000 配有自激式全固态射频电源、CCD 检测器；检出能力达到 μg/L 级。主要技术指标：工作波段 165～870nm，分辨率 $\leqslant$0.007nm（在 200nm 处）。稳定性：4h 稳定性 RSD＜2.0%，重复性 $RSD$$\leqslant$0.5%，检出限达 μg/L 级别。

10.5.12　Plasma 2000 全谱电感耦合等离子光谱仪

制造商：钢研纳克检测技术有限公司。

Plasma 2000 型电感耦合等离子体是钢研纳克"国家重大科学仪器设备开发专项"成果。采用中阶梯光栅光学结构和 CCD 检测器实现全谱采集；中阶梯二维分光光学系统，焦距 400mm，谱线范围：165～900nm，光学分辨率 0.007nm（200nm 处），中阶梯光栅，52.67 线/mm。尺寸：100mm×50mm，40.68MHz 频率高频电源，重复性 $RSD$$\leqslant$0.5%（1mg/L）（$n$=10）；稳定性 $RSD$$\leqslant$2.0%（大于 3h）。

10.5.13　ULTIMA2 顺序扫描平面光栅 ICP 光谱仪（HR-ICP-AES）

生产厂家：Jobin Yvon HORIBA Group。

分光系统：C-T 单色器，焦距 1000mm，双光栅 4320g/mm，2400g/mm 全息光栅，光栅面积 110mm×110mm，波长范围160~800nm，增加选购件可扩至 VUV 光区，分辨率 0.006nm。高频电源：40.68MHz 固态发生器；进样系统：多种进样装置供选择，旋流雾室和气动雾化器是水溶液分析的标准配置；炬管，可拆卸式炬管，3mm 大中心管孔径，护套气装置使高盐样品气溶胶不与炬管中心管接触，避免样品在管口沉积；短期精度≤0.5%，长期精度≤2%(4h)。

Activa 平面光栅 CCD 检测器光谱仪：分光系统，焦距 0.64m，双全息光栅 4323＋2400g/mm，光栅面积 80mm×110mm，ACTIVA-M 波长范围 120~800nm，ACTIVA-S 波长范围 160~800nm，垂直炬管径向观测；高频发生器 40.68MHz，晶体控制，固体电路，750~1550W；检测器 CCD，二维 CCD 阵列，工作温度－300℃，短期稳定性 RSD≤1% （$n=11$），长期稳定性≤2% （4h）（见图 10-13）。

图 10-13　Activa　ICP 光谱仪

10.5.14　ICPS-1000II 顺序扫描平面光栅 ICP 光谱仪

制造商：北京东西仪器公司。

扫描分光器：Czerny Turner 型，焦距 1000mm，离子刻蚀全息光栅，刻线密度 3600 线/mm 或 2400 线/mm，刻线面积（80×110）mm。扫描波长范围：3600 线/mm，扫描波长范围 195~500nm；2400 线/mm，扫描波长范围 195~800nm。射频发生器：自激振荡电路，工作频率 40MHz，频率稳定性<0.1%，输出功率800~1200W，输出功率稳定性<0.2%；精密度，相对标准偏差（RSD）≤2%，稳定性，相对标准偏差（RSD）≤3% （1h 测量）。分析速度：1min 内分析 10 个元素，技术指标达到了国家技术监督

局（文件编号 JJG768—2005）对 ICP 光谱仪规定的 A 级指标。

10.5.15　万联达 WLD-5000 型 ICP

生产商：北京万联达信科仪器有限公司。

仪器为顺序扫描型，分光器采用平面光栅，焦距 1000mm，可选择光栅 3600 条/mm，波长范围 190～500nm；选择光栅 2400 条/mm，波长范围 190～800nm，射频电源频率 27.12MHz，射频输出功率 800～1600W。测试速度 5～8 个元素/min；仪器有较高分辨率，在分析稀土等基体复杂的样品时具有优势。测量范围：超微量（$\mu g/L$）到常量的分析。

10.5.16　AES-3000 电感耦合等离子体发射光谱仪

生产商：北京博晖创新光电技术股份有限公司。

博晖 AES-3000 为扫描型电感耦合等离子体发射光谱仪，是 2011 年国家"十二五"重大科学仪器设备开发专项的研发成果，用于测定各种物质中的常量、微量、痕量元素的含量。仪器具有高效、抗干扰性强、自动化程度高、操作简便、稳定可靠、测试范围广、分析速度快、检出限低等特点。广泛应用于稀土、地质、冶金、化工、环保、临床医药、石油制品、半导体、食品、生物样品、刑事科学、农业研究等领域。

10.5.17　纳克 Plasma1000 型电感耦合等离子体发射光谱仪

制造商：钢研纳克检测技术有限公司。类型：顺序扫描型。

纳克 Plasma1000 型电感耦合等离子体发射光谱仪具有稳定性好、检测限低、分析快速、运行成本低、维护方便、抗干扰能力强等特点，可用于地质、冶金、稀土及磁材料、环境、医药卫生、生物、海洋、石油、化工新型材料、核工业、农业、食品商检、水质等领域，可以快速、准确地检测从微量到常量约 70 种元素。

10.6　氩等离子体激发光源的某些探索性研究

本章讲述了 ICP 光谱仪器和技术在近些年的发展，使 ICP 光谱技术更灵敏，更方便，更经济，这些进展大力推进了 ICP 技术在各领域的使用。但深入分析，也还有些问题没有很好解决，最明显的就是氩 ICP 光源问题。为了降低氩气用量，曾经绞尽脑汁，研究了各种方案，如水冷炬、氮冷 ICP 等，但其分析性能都无法与 Fassel 的标准氩 ICP 比拟，所以经过半个世纪至今还在用 Fassel 炬管，但实际上对等离子体光源的探索并没有停止，下面介绍这方面的情况。

10.6.1 空气冷却 Ar-ICP 光源

Buscher 等人设计一种用空气冷却的球形炬管，属于外冷式 ICP 光源，炬管结构见图 10-14，炬管用透明石英材料，球形外径 24mm，内径 22mm，用空气从石英炬管外侧吹扫冷却，流速为 40m/s。点火用 1L/min 氩辅助气，功率 1400W，工作时雾化气 0.4L/min，辅助气 0.2L/min，氩气总流量 0.6L/min。轴向观测，设计者命名叫静态高灵敏度 ICP（static high-sensitivity ICP）简称 SHIP 炬。在运行时用功率 1100W，试验在 SPECTRO CIROS 光谱仪上进行，得到的检出限和背景等效浓度（BEC 值）与通用 Fassel 炬相近。这是目前为止见到的检出限最好低氩耗量的非 Fassel 型 ICP 光源。但显然 SHIP 炬欲商品化还有不少问题需要解决。对球形低气流等离子体的物理参数进行了实验测量，分析通道的激发温度和转动温度分别是 5000~8000K 及 3100~4000K，电子温度高达 9000K，电离温度 6250~7750K，在高频功率 1.1kW 时电子密度范围（5~8）$\times 10^{15}/cm^3$。这些物理参数与通用 ICP 光谱光源相似。并且这些参数之间规律也与通用 ICP 光源相似，图 10-14 是其工作时外观。Fassel 炬管光源作为发射光谱光源已有数十年了，节省氩气的方案也有十多个，但至今还没有取代标准的 ICP 光源（通用 ICP），有些研究者已失去信心和兴趣，笔者认为，虽然改掉高耗氩气的标准 Fassel 炬管的研究很困难，但外冷式 SHIP 炬已取得很大进展，已经可以看到成功的前景，这些研究工作不是仪器制造公司所能完成的。

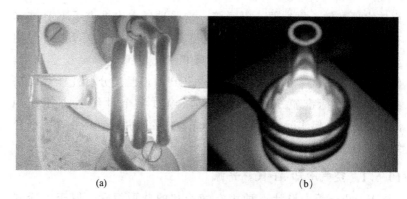

(a)   (b)

图 10-14　SHIP 等离子体炬焰

（a）轴向观测；（b）径向观测

10.6.2　炬内进样炬管

通用 ICP 炬管与雾化器是分开的，通过雾化室连接，当进样量较大时，雾室可起分离大雾滴及细化气溶胶的作用，但同时也加大进样系统的记忆效应，延长气溶胶流路，增加形态分析时色谱峰的横向扩散，降低进样系统的分辨能力。为了避免这些缺点，缩短炬管长度，将微量雾化器直接与炬管连接，组成炬内进样炬管，普通炬管长度约为 100mm 以上，改进后炬管缩短为 68mm。

10.6.3　射频电容耦合等离子体光源

射频电源是频率在 $10\sim100$MHz 的电源，ICP 光源是电感耦合传输射频能量的等离子体，通过射频电容耦合形成的等离子体称类似于微波等离子体，一般它也用 ICP 电源，频率 13.5MHz、27.12MHz 或 40.68MHz，实验室研究也用过非标准的其他频率。近年引起仪器开发者的注意。它主要的特点是：①可以用与 ICP 光谱仪现有电源频率及功率，分光系统也相同；②很容易形成稳定等离子体，在低功率下也能稳定运行；③可以用各种气体，气体用量也可明显降低。它的弱点是等离子体温度和电子密度较 ICP 光源低，分解、电离、激发能力不如 ICP 光源，分析易激发元素检出限很好，但分析难激发元素就差些。这类光源的稳健性（Mg Ⅱ/

Mg I）比 ICP 光源低，增加功率可能改进分析性能。但可显著降低氩气用量是其最大特点。

参 考 文 献

[1] 辛仁轩. 中国无机分析化学，2015，5（2）：1.

[2] 辛仁轩. 中国无机分析化学，2011，1（4）：1.

[3] 张展霞，刘洪涛，何家跃. 光谱学与光谱分析，2000，20（2）：160.

[4] 辛仁轩，赵玉珍，薛进敏. 分析仪器，11997，5（3）：139.

[5] 辛仁轩，余正东，郑建明. 电感耦合等离子体发射光谱仪原理及其应用. 北京：冶金工业出版社，2012.

[6] Carsten Engelhard，Andy Scheffer，Sascha Nowak. Trace element determination using static high-sensitivity inductively coupled plasma optical emission spectrometry（SHIP-OES）. Analytica Chimica Acta，2007，583：319-325.

[7] Towhid Hasan，Narong Praphairaksit，R. S. Houk. Low flow，externally air cooled torch for inductively coupled plasma atomic emission spectrometry with axial viewing，Spectrochimica Acta Part B，2001，56：409-418.

[8] Barard T W，Crockett M I，Ivaldi J C，et al. Anal. Chem.，2003，65（4）：1231-1239.

[9] Carsten Engelhard，Andy Scheffer，Sascha Nowak，Torsten Vielhaber，Wolfgang Buscher. Analytica Chimica Acta，2007，583（2）：319-325.

[10] 杨小刚，杜昕，姚亮. 现代科学仪器，2012，（3）：139.

[11] 许红斌. 广东科技，2012，（9）：204.

[12] Hoffmann V，Buschera W，Engelhard C. J. Anal. At. Spectrom.，2016，32.

[13] 辛仁轩. 等离子体发射光谱分析. 北京：化学工业出版社，2005.

[14] 辛仁轩. 等离子体发射光谱分析. 第2版. 北京：化学工业出版社，2010.

第11章 微波等离子体光谱技术及应用

微波等离子体是一种重要的原子发射光谱光源。光谱光源是发射光谱仪器的核心，它决定了光谱仪的分析性能及仪器结构。每一种新型光源的出现，就导致一类新型仪器的快速发展。电感耦合等离子体（ICP）发射光源的出现，并发展成为目前无机分析中广泛应用的分析技术，大大促进了无机元素分析技术向灵敏、准确、简便、快速方向的迈进。然而，由于 ICP 光谱分析仪器要消耗大量的稀有气体氩气，是该技术明显的缺点，发展节省氩气的新型发射光谱光源就成为光谱分析技术领域的重要研究目标。微波等离子体（microwave plasma，MWP）是比电感耦合等离子体更早被研究的发射光谱光源，是等离子体光源家族的重要成员，它具有可在很低功率下运行及节省工作气体的优点，曾经被视作有前景的分析光源，后来由于 ICP 光谱仪器的商品化，微波等离子体光谱技术发展处于停滞，在人们意识到高耗气量的氩 ICP 光源的限制时，于是又将目光转向等离子体家族另一个成员微波等离子体。微波等离子体是以 2450MHz 微波频率生成的等离子体。按能源传递方式分级及等离子体炬管的结构，微波等离子体光源分为两大类，一类叫电容耦合微波等离子体（capacitively coupled microwave plasma，CMP），又称类火焰等离子体（flame-like plasma），炬管中心有金属电极，在金属棒（管）顶端产生等离子体。微波等离子体炬（microwave plasma torch，MPT），也是属于有金属电极的电容耦合微波等离子体。另一种石英炬管中无金属电极等离子体在管内形成，叫微波感生等离子体（microwave induced plasma，MIP），在一定条件下它可以形成类似于 ICP 光源的环形等离子体，MIP 又按工作气体为氩、氮、氦、空气分为 Ar-MIP、N_2-MIP、He-MIP、

Air-MIP。下面分别介绍各种微波等离子体的光源的性能及其发展。

11.1 低功率微波感生等离子体

自 1952 年 Broida 和 Moyer 首次把微波等离子体（MWP）用于光谱分析以来，MWP 就引起了人们的关注。MWP 可以用 Ar、He 或 N_2 等工作气体在较宽的气体压力范围及功率范围内工作，并具有较强的激发能力，可检测元素周期表中包括卤素等非金属元素在内的几乎所有元素，可以在低气压及大气压下工作。在低压下形成的等离子体，功率在 150W 以下，但进样困难，后来发展为常压微波光源。MIP 按供电功率分为低功率 MIP（＜200W）、中功率 MIP（300～600W）、高功率（＞600W）。

11.1.1 低功率微波感生等离子体原子发射光谱技术（MIP-AES）的发展

低功率 MIP 是较早开始用于分析的微波光源，它功率低，气体可用分子气体及惰性气体，工作气体用量少，装置简单，购置及运行成本低，研究和应用报告很多，且技术多样化。下面具体列举若干典型技术，考察低功率 MIP 的现状与发展。

Heltai 等研究了低功率 Ar-MIP 及 He-MIP 用作发射光谱光源的分析性能。炬管内径 4mm 或 5mm，TM010 谐振腔，Ar-MIP 用功率 85～110W，OH 基测定的转动温度（近似于等离子体气体温度）2000～2700K，He-MIP 用 120～180W，温度 2200～2600K，用气动雾化器通过石墨炉进样，回避了气动雾化器液体进样的问题。低功率 MIP 已试探性地用于各类实际试样的测定。

（1）非金属元素测定　Matosek 用 TM010 腔，石墨炉进样，轴向观测，测定 Cl、I、S、P 的原子线和离子线，方法用于牛奶中碘或多组分样品中硫的测定。Mckenna 用低压 Beenakker 腔 MIP 原子发射光谱分析氨基气体混合物中的氧、氮、氩组分。Okruss 等用仪器分辨率较高的近红外中阶梯光栅微波光谱仪检测有机化合物中的 H、C、F、Cl、I、S，光谱光区在 640～990nm。典型检出限对于 Ar-MIP 为 200～2200pg/s，对于 He-MIP 为 70～660pg/s。Ortega 等用低功率 MIP 测定碘，为了改进检测能力，采用化学碘蒸气发生器，把碘化物、硫酸及过氧化氢溶液在线混合，所产生的气体产物经气液分离器及浓硫酸除去水汽，再进入 MIP 测定，检出限 20μg/L，精密度 0.75%（在 200μg/L 水平）。Nakahara 等报告了用气相进样技术及常压微波等离子体光谱仪上测定溶液中低浓度硫。所用光谱线位于紫外区及真空紫外区。分析线为 S180.73nm、182.04nm 及 217.05nm，实验了各种试剂，1.0mol/L 盐酸最适合用于把硫化物及二氧化硫反应发生硫化氢。产物经气液分离器进入 MIP。180.73nm 及 217.05nm 分析线的检出限为 0.13ng/mL 及 1.28ng/mL 硫。方法用于测定废水中的硫。上述实验表明微波等离子体光源有较强的激发能力，可以激发难激发的非金属元素。

（2）将试样转化为气态进样　Matusiewicz 用大气压力下 He-MIP 分析低浓度 As，将水溶液样品经过形成氢化物进入石墨炉富集后再进入等离子体，溶液的绝对检出限 120pg，浓度检出限 12pg/mL（10mL 试液），相对标准偏差 6%（浓度水平 ng/mL）。微波光源与氢化物发生法联用可改善检出限，降低基体效应。杨金夫等用连续氢化法进样，MIP-AES 同时测定 As、Se、Sb，比较了 He-MIP 及 Ar-MIP，Ar-MIP 用石英管是稳定的，He-MIP 用氧化铝管可改进性能，实验表明，He-MIP 对于氢化反应产生的氢气承受能力较 Ar-MIP 差。氢化反应产生的水蒸气进入等离子体将导致明显降低灵敏度及测量精密度，可用浓硫酸预先除去水分。Camuna 等用卤素气态发生器，将卤化物氧化成分子态单质，通过气液分离器除去水分，以 I_2、Br_2、Cl_2 气态形式进入光源，改善传输效率，提高灵敏度，降低液体进样对光源稳定性的影响，研究了卤素氧化及 MIP 检测的优化条件。

（3）微体积进样——减少进样量，降低等离子体负载　考虑到低功率 MIP 对水汽的承受能力差，Matusiewicz 用微量体积进样技术，用气动雾化器雾化微量液体样品，降低低功率 MIP 的承受的液体样品的量。$20\mu L$ 样品以 $100\mu L/min$ 的低泵速输进 Meinhard 同心雾化器，在 $250W$ 的 He-MIP 光源中激发，测定血清及头发样品中主要成分（Na、K、Ca、Mg）、微量成分（Cu、Fe、Zn）及痕量（Sr）元素，用微量标准加入法来抑制基体效应，检出限分别为 $10ng/mL$、$30ng/mL$、$50ng/mL$、$100ng/mL$、$10ng/mL$、$5ng/mL$、$20ng/mL$ 和 $40ng/mL$，相应于 Ca、Cu、Fe、K、Mg、Na、Zn 精密度 RSD 为 $5\%\sim14\%$。

（4）直接分析固体样品　Yong-Nam Pak 研发一种叫火花-氩-MIP 原子发射光谱系统，直接分析固体金属，扩大微波光源的应用范围，同时避免了水汽进入光源，影响了光源的稳定性。氩气作为工作气体，与顺序光谱仪联用，测定合金钢及合金，多数元素检出限在 $10\mu g/g$ 附近或者更低，与火花-Ar-ICP 相近，精密度为 $3\%\sim11\%$。

Uebbing 等利用激光烧蚀作为 MIP-AES 的进样装置，脉冲 Nd:YAG 激光器，在低压氩气气氛下工作，给出了最佳化的分析条件。Leis 等用激光烧蚀微波等离子体原子发射光谱法测定塑料中金属和非金属元素，对于 Al、Ca、Cu、Sb、Ti 的检出限是 $0.0001\%\sim0.08\%$，对于非金属为 $0.05\%\sim0.7\%$。Jankowski 等设计一种叫连续粉末进样装置（continuous powder introduction，CPI）与 MIP-AES 联用，用于分析水中重金属。TE101 微波腔，炬管垂直放置。水样用活性炭富集，pH 值 $8\sim8.5$ 富集 Cd、Cu、Fe、Mn、Zn，然后将悬浮液中活性炭过滤，烘干用 CPI 导入 MIP。取水量为 $1000mL$，富集因子 1000 倍，检出限是 $17\sim250ng/L$。方法用于测定自来水中微量重金属。

（5）与 GC 或石墨炉联用　Haraguchi 等用气相色谱-常压微波等离子体（GC-MIP-AES）测定甲基砷和二甲基砷。试样通过甲基化反应转变成易挥发形态进入光源，测定 As228.8nm 及 545.4nm As 的检出限为 $20ng/mL$，绝对检出限 80pg。方法用于测定海草中二甲基砷。Beenake 实验评价了用大气压力 He-MIP 作为气相色谱检测器的性能，测定了一组非金属元素碳、氢、硫、氯、碘、溴，并给出检出限、灵敏度、选择性及线性动态范围，并同降压 MIP 进行比较。

杨金夫测定茶叶样和头发样时，用石墨炉作为 MIP-AES 的进样装置，光源是 TE101 氩-MIP，用载气把试样蒸汽送入光源，MIP 是环形等离子体，有宽的中心通道。折中分析条件下元素的检出限（pg）对 Ag、As、Cd、Co、Cr、Cu、Fe、Mn、Ni、Pb、Tl 元素相应为 4、120、8、305、47、24、55、11、220、56、28。试样中 Na 的存在导致多数情况下谱线强度增加。加入微克量的 Pd 作为基体改进剂及等离子体的缓冲剂可以限制或明显降低钠的影响，方法用于测定茶叶和人发样品。

（6）去溶剂技术　Olujide 等报道将膜去溶技术用于低功率 He-MIP 进水溶液试液。当 He-MIP 功率为 120W，使用 CETAC 公司的带加热去溶的超声雾化器，水溶液样品，载气 1.2L/min 时，等离子体焰不稳定，变成暗红色并熄灭。用膜去溶增强等离子体焰稳定，明显降低了氢原子的红光发射，Cu、B、P、Cd、Pb 的灵敏度改进因子从 1.5 变为 20 倍。气溶胶去溶分步：超声雾化→加热去溶→膜去溶→进入等离子体光源。

从上面的介绍可以看出低功率 MIP 具有如下特点：低功率 MIP 装置简单，购置成本低；工作气体用量很低，运行成本低；工作气体多样化，根据测定元素的性质，可用氮、氩、氦及混合气体；由于装置简单，紧凑，有发展成为便携式多元素分析仪器的良好前景；可同时测定金属元素及非金属元素，特别用 He-MIP 激发能力强，有利于激发非金属元素；由于高频感应电流的趋肤效应，在一定条件下，MIP 可形成类似 ICP 光源的中心进样通道。

低功率-MIP 明显不足是等离子体火焰对湿气溶胶的承受能力差，有较严重的基体效应，对水及共存物承受量很低，湿气溶胶进入易熄灭等离子体。所以低功率 MIP 多数与其他进样装置联合使用，难于用气动雾化器直接进液体试样，已有的商品仪器多是与气相色谱联用，或者需要配置去溶剂系统除水分。

可以看出，为了将低功率 MIP 应用于实际样品分析，必须首先提高光源对水溶液样品的承受能力。要想与其他无机多元素分析技术竞争，还应改善灵敏度及检出限。

11.1.2　中功率微波感生等离子体光源

微波功率在 300～600W 的等离子体称中功率微波感生等离子体光源。

(1) 微波功率对等离子体的影响　低功率微波感生等离子体虽然具有许多优点，但其对湿气溶胶的低承受能力严重限制了该技术的推广和实际应用，这也就是为什么尽管微波用作光源研究比 ICP 光源早很多，但其商品化过程极其缓慢，几种微波发射光谱仪商品化不久就从市场上消失了。为了提高微波光源对水及样品的承受能力，首先要增加微波功率。增加功率有几个明显好处：增加功率可增加等离子体的温度及电子密度，这在早期研究已被证实；增加功率可以增加等离子体焰的长度和体积，有利于增加分析物在发光区的停留时间，增加发光效率；湿气溶胶在等离子体焰中原子化需要一定时间，激发过程在瞬间可以完成，原子中处于激发态的电子，经约 10^{-8}s 返回基态可发光，而使气溶胶颗粒进入光源后要经过下述阶段完成原子化：去溶剂（脱水）→干气溶胶颗粒熔化→蒸发或挥发→化合物分解→解离（原子化）→电离→激发发光。这里的每一步过程都需要能量及一定时间。但增加微波功率的同时，也带来问题，功率增加等离子体高温区体积增大，降低石英炬管的寿命甚至烧熔，微波腔温度升高，故增加功率到一定程度要有配套措施，如腔体的冷却及改进石英炬管结构或选用耐高温材料等。

(2) 中功率 MIP-AES 的分析应用　Wong 等用改进的 Beenakker 式 TM010 微波谐振腔，炬管内径 5mm，外径 8mm，500W 功率，用氩气或氦气作为支持气，水溶液直接进样，Ar-MIP 测定 Cu 的检出限为 $4\mu g/L$，线性范围为 3 个数量级。Pivonkap 用 370W 微波等离子体光源傅里叶变换光谱仪，观察并测定 C、H、N、O、F、Cl、Br、I、P、S 等元素的谱线波长及相对强度，波长范围在 634.9～1176.4nm，属于近红外光区。Web-

stert 等研究功率为 500W 的 He-MIP 光谱法与超临界色谱（SFC）联用测定非金属（Cl）。Matusiewicz 用浆液进样技术微波等离子体光谱（SST-MIP-OES）同时测定生物标准物质中主要成分和微量元素，在 300W 条件下，浆液样品从雾化室直接进入微波腔-炬管组件，测定主要元素 Na、K、Ca、Mg、P 和痕量元素 Cd、Cu、Mn、Zn、Sr。用 V 形槽 Babington 雾化器，浆液浓度 10g/L，粒度＜20μm，含硝酸 5%，表面活性剂 X-100 为 0.001%，方法的精密度 RSD 为 7%～11%，方法用于测定标准参考物 NRCC TORT-1（龙虾肝胰腺）及 IAEA-153（牛奶粉）中 Na、K、Ca、Mg、P、Cd、Cu、Mn、Zn、Sr 元素，浓度范围 90～22000μg/g。

（3）中功率 MIP 的分析性能　Urh 等报告了 2450MHz，300～500W 微波功率的 MIP 光源发射光谱的分析性能，微波谐振腔 TM010 采用直接雾化液体进样，组合式空气冷却炬管，Meinhard 玻璃同心雾化器，雾化压力 30psi，0.75m 中阶梯光栅光谱仪及 0.35m C-T 光谱仪，最佳的功率范围是 300～400W，等离子体气流量 2L/min，比对了 N_2-MIP 和 Air（空气）-MIP 测定金属元素的性能。微波功率 300～500W。结果显示如下规律：检出限，多数元素，N_2-MIP 与 Ar-MIP 相近，但金属-氧化物键较强的元素，如 B、W、稀土元素在 N_2-MIP 上检出限较好，难激发元素，如 Zn 在 N_2-MIP 也较好；钠、铜在两种光源中均有较好的检出限；研究了 Na、K、Ca、P 对各种元素谱线强度的影响，在 N_2-MIP 中碱金属的基体效应比较显著，均使 Na、Sr、Ca、Cr、Pb 发射强度增加，而对 W、Fe 影响复杂，对 B、Cu、Zn 则抑制其发射强度。在空气-MIP 中，Na、K、Ca、P 影响则比较轻微；N_2-MIP 和空气-MIP 中，两种微波等离子体中激发温度没有明显差别，分别是 5900K 及 5800K。Brown 等用分子谱带 OH 306.4nm 测定中功率的（500W）气体温度为 3580K，Ar-MIP 用 Ar 线斜率法测得激发温度是 14200K。Brown 还测定了 He-MIP 及 Ar-MIP 的电子密度，使用外径 6mm、内径 3mm 及外径 8mm、内径 5mm 两种炬管，微波功率 100～500W，测量了电子密度的径向分布及电子密度与功率的关系，He-MIP 的电子密度范围为 $6 \times 10^{14}/cm^3$ 及 $10 \times 10^{14}/cm^3$。Ar-MIP 为 $(2 \sim 2.5) \times 10^{14}/cm^3$。

从上面介绍可以看出，中功率微波光源对湿气溶胶的承受能力有一定增加，可以直接用气动雾化器进少量溶液样品。但等离子体温度及电子密度尚无显著改善。

11.2 高功率微波感生等离子体

11.2.1 使用高的微波功率必要性

在微波等离子体用于光谱分析以来的数十年里，人们一直致力于低功率 MIP-AES 的研究，因为它有明显的优势：工作气体耗量低，装置简单，价格低廉等优点。但低功率 MIP 作为发射光谱光源被允许承受湿气溶胶量过低所困扰，经过近四十年的努力，低功率 MIP-AES 也仅能承受很微量的湿气溶胶直接进样，约 $30\mu g/min$，并且碱金属的基体效应比较显著，少数能进行商品化的 MIP 也是要与色谱仪联用作为气相色谱的检测器，这有限的几个型号的商品仪器，由于缺少用户，不久就退出商业市场。于是，在 20 世纪 90 年代末，开始用提高功率来解决 MIP 进样难的问题。试验各类进样技术：加热去溶剂、石墨炉进样、微量进样技术、火花烧蚀进样、气相色谱联用等，这些进样技术可以降低进样对等离子体的影响，但是仪器结构变得复杂，进样量的降低也影响检测的灵敏性，综合考虑，增加功率来提高等离子体对湿气溶胶的承受能力更简单有效。提高微波功率有几个明显的有利因素。

① 增加微波功率能提高等离子体温度及电子密度，实验表明，对氮微波等离子体而言，功率 600W 提升到 1000W 时，激发温度由 5000K 增加到 5500K。电子密度也有所增加。它们的增加将提升等离子体的去溶剂和原子化能力。

② 增加微波功率，将增大微波焰炬的长度及直径，低功率 < 100W 时，He-MIP 焰炬长 $1 \sim 2cm$，直径 $0.5 \sim 1.5mm$；功率增加到 500W 是，焰炬长 $3.5 \sim 4.5cm$；功率增加到千瓦级，焰炬长 5~

6cm，直径 7～8mm。焰炬直径增加，可形成较宽的等离子体中心进样通道，降低进样阻力，更重要的是焰炬体积增加，显著增加了样品气溶胶在等离子体激发区的停留时间，增加发光效率。

③ 增加微波功率增加等离子体对湿气溶胶的承受能力，改善焰炬的稳定性。

④ 增加功率降低基体效应的影响。

⑤ 能增强谱线强度，改善元素的检出限。

采用高微波功率也带来不利因素。首先，增加功率必须同时增加等离子体气流量，不然等离子体焰不稳定甚至烧毁石英炬管，例如 He-MIP 中，微波功率 400W 是维持稳定的焰炬需 8L/min 气体，增加到 1000W 时，就需要 13～14L/min 气体。其次，增加功率会影响炬管寿命，因为 MIP 焰炬在炬管内部形成，炬管处于高温区，炬管的冷却在设计炬管时必须考虑。此外，功率增加后要考虑微波腔及电源的冷却、散热及微波辐射防护等问题。

11.2.2　高功率 MIP 的分析条件及应用

高功率微波感生等离子体光谱仪器研发的主要目的是要推出一种灵敏、稳定、低运行成本的普及型仪器，与 ICP 光谱仪类似，主要用于金属与部分非金属多元素同时检测的无机分析仪器。它挑战的对象是 ICP 发射光谱仪及原子吸收光谱仪。已研究过的主要是 N_2-MIP 及空气-MIP 光源配用平面光栅分光系统或中阶梯检测交叉色散分光系统、CCD 及光电倍增管作检测器。

（1）高功率氮微波等离子体光谱技术（N_2-MIP 光谱仪）　高功率微波电源使用的功率范围 1～3kW，微波腔有多种：Okamoto 腔及改进型的 Beenakker TM010 谐振腔，图 11-1 是 Okamoto 腔，它是非谐振腔，最大功率 2.0kW，一般多用 1～1.3kW，因为高功率将影响炬管寿命，可使用氮气、氦气、氩气及空气作工作气体，进行径向及轴向观测。用玻璃同心雾化器及 SCOTT 雾化室，等离子体气（氮）13L/min，雾化气 0.6L/min，试液进样量 0.5～1.3mL/min，图 11-1 的腔体石英炬管外径 13mm、内径 10mm。

主要性能：在 Okamoto 腔微波 2450MHz 的条件下形成的是

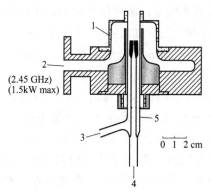

图 11-1　高功率 Okamoto 微波腔原理图

1—微波腔；2—接微波发生器；3—等离子体气；4—载气；5—炬管

类似于 ICP 的环形等离子体，所以又称微波 ICP，可用气动雾化器将溶液样品雾化的湿气溶胶直接送入光源；微波功率密度及激发温度均增加，在 1kW 功率时激发温度（T_{exc}）为 5500K，电子密度 $10^{13}/cm^3$ 数量级，重粒子测定出的气体温度（T_g）5000K，T_{exc} 与 T_g 很接近，表明高功率的 N_2-MIP 接近局部热力学平衡状态（LTC）；谱线强度随等离子体气流量增加而增加，至峰值后变化缓慢。谱线强度随载气流量而增加，至峰值后开始降低，规律类似于 ICP 光源；高功率 N_2-MIP 加入氧气使 T_{exc} 逐渐缓慢降低，由纯氮气时 5650K 降至 5100K。但对分析有机溶剂很有利。加氧后进样有机溶剂使焰炬很稳定，进样管不出现积炭，明显提高等离子体承受有机气溶胶的能力；高功率 N_2-LTE 原子发射光谱法配合氢化物发生法获得很好的灵敏度。测定纯铜中微量 Sb 的检出限为 4.5ng/mL。

（2）高功率氦微波等离子体光谱技术（He-MIP-AES）　高功率 He-MIP-AES 主要用于测定非金属元素，He 有很高的电离电位，He-MIP 有比氩、氮等离子体更高的激发能力，适于测定难激发的非金属元素 F、Cl、Br、P、S 等。由于 He 气热导率很高，形成等离子体比较难些，维持稳定的等离子体也需要较高的等离子体气流量，防止石英管烧熔。维持稳定的 He-MIP 的极限条件为：功率 600W，等离子体气 13.5L/min，载气 0.6～0.7L/min，石英炬管外径 10mm，内径 8mm，电子密度 $2.3 \times 10^{14}/cm^3$，激发温度 5000K。检出限：Br（Ⅱ）478.5nm，$0.2\mu g/mL$；Cl（Ⅱ）479.5nm $0.1\mu g/mL$。与氮及氩微波等离子体光源相比，He-MIP-AES 的光谱背景比较简单，无分子光谱带干扰。由于氦气价格较贵，高功率 MIP-AES 难于广泛推广应用。

（3）高功率空气微波等离子体光谱仪（Air-MIP-AES）　用空气作工作气体的微波等离子体与氮气微波等离子体有些类似，可用同样微波电源及微波腔，同样气体流量形成等离子体，但有不同性质：等离子体焰炬颜色不同，Air-MIP-AES 的焰炬是蓝-灰白色，而 N_2-MIP 呈粉红色，产生差异的原因是它们的光谱背景不同，N_2-MIP 在 330～390nm 光区有强的 N_2、N_2^+、CN、NH 分子带，而 Air-MIP-AES 不同，背景光谱在 200～290nm 区域的 NO 带及 306nm 的 OH 带比较强；Air-MIP 的激发温度在功率 0.8～1.3kW 变化时，为 4150～4750K，比 N_2-MIP 低 300～400K；Air-MIP 电子密度，在功率从 0.8～1.3kW 变化时，为 $(1～6) \times 10^{14}$ cm^{-3}，比 N_2-MIP 要高一个数量级；在 Air-MIP 中多数低激发能谱线的检出限与 N_2-MIP 相近，但高激发能的谱线显著比 N_2-MIP 差；Air-MIP 光源对有机溶剂有很好的承受能力，这是其突出的优点。在 ICP 光源分析有机熔剂时遇到的困难是有机物分解产生的 CN、C、C2 谱带产生很强的光谱背景，干扰某些元素的测定并使检出限变坏，产生的游离碳粒阻塞炬管中心管口。在 N_2-MIP 光源中也存在同样问题。但在 Air-MIP 光源中这些问题均不存在，空气中的氧可将碳氧化，从而消除其影响。在 N_2-MIP 中强烈的分子谱带掩盖了 Mo 的分析线。

11.3　电容耦合微波等离子体原子发射光谱仪

电容耦合微波等离子体（capacitively coupled microwave plasma，CCMP 或 CMP）是与 MIP 不同激发机理的另一种微波等离子体光谱光源，用金属电极顶端电场电离气体形成等离子体，又称单电极大气压力下微波等离子体光源，是典型的电场激发光源。其工作频率也是 2450MHz，在金属电极（或石墨）顶端产生的弱电离等离子体。同 ICP 光源相比，它容易在低功率下形成稳定的等离子体，可用各类气体工作，装置简单，运行费用低廉。同 MIP 相比，它产生的等离子体在炬管顶端，不像 MIP 的焰炬在石英炬管内部形成，容易烧熔石英管，影响石英管的寿命，它的炬管可以用金属制造，比较坚固，等离子体形成机理也不同，CMP 是在强电场下使气体电离，又称 E 型微波等离子体，而 MIP 是通过交变磁场的电磁感应使气体电离，外观上很容易分辨，CMP 炬管中心有电极，MIP 没有电极。1985 年，我国吉林大学金钦汉等人对 CMP 炬管进行改进，称为微波等离子炬（microwave plasma torch，MPT），是改进型的 CMP 光源。电容耦合等离子体光源在原子发射光谱分析技术研究中较少，比较知名的是美国佛罗里达大学化学系的 Winefordener、德国 Dortmund 大学 Broekeart、吉林大学的金钦汉等。1942 年，Babat 第一个系统研究了各种类型的分析等离子体，包括电感耦合及电容耦合型，并提出了 E-型（电容）及 H-型（电感）为两种基本类型的光源。Cobine 等在 1951 年首次将 CMP 用于光谱化学分析。70 年代初，日本 Hitachi（日立）公司推出商品 UHF-Hitachi UHF Plasma Spectrascan（超高频等离子体光谱仪），这是第一台用于无机多元素分析的商品电容耦合微波等离子体光谱仪，1975 年，荷兰光谱学家 Boumans 对当时的两种新光谱光源 ICP 及 CMP 的主要分析性能进行了实验比较，12 个元素的 14 条光谱线的实验数据表明，CMP 光源在检出限、基体效应、灵敏度及精密度不如 ICP 光源，在与 ICP 光谱仪及直流电弧等离子体（DCP）光谱仪的竞争中，CMP 及 DCP 均退出市场，在后来的光谱化学分析领域，ICP 发射光谱技术快速发展，而 CMP 光源则很少受到关注。然而，尽管 ICP 光源在分析性能上具有明显的竞争能力，但高氩气用量是其严重的缺点，而 CMP 具有功率低，工作气体用量低，可用非氩气体等特点重新引起研究微波光谱光源的兴趣，MPT 就是在这种背景下出现的。CMP 与 MPT 从原理上是相似的，MPT 也是电容耦合等离子体，都是单电极强电场形成的弱电离等离子体，但在结构上有些差别。为了叙述方便，下面分别介绍三种微波电容耦合原子发射光谱仪器的发展。

11. 3. 1　超高频等离子体光谱仪（UHF Plasma Spectrascan）

1968 年，日本 Hitachi（日立）公司推出新产品超高频等离子体光谱仪（UHF Plasma Spectrascan），频率 2450MHz，输出功率最大 450W，在 50W 功率时用 ArI415.9nm 测得激发温度为 7900K，200W 功率时气体温度是 4500K±900K，该仪器曾用于各类样品分析：钢中铌、钛、锆的检出限分别是 $0.5\mu g/mL$、$0.1\mu g/mL$、$2.0\mu g/mL$，大量铁存在干扰测定，需用铜铁试剂沉淀分离。钢铁试样中铬，在铬含量 0.1％时，RSD 为 2.4％，钢铁中锰含量 0.1％时，RSD 是 2.6％。高纯 Mo 中 Fe、Mn、Mg，当含量＜0.005％时不能直接测定，要用 8-羟基喹啉共沉淀分离后测定。

11. 3. 2　Florida 大学电容耦合微波等离子体（CMP）光谱技术的研究

美国 Florida 大学 Winefordner 研究组是 CMP-AES 的主要研究中心。20 世纪 80 年代初，在 Winefordner 领导下开始研究改进 CMP 光源的结构和分析性能，逐年发表一系列研究和应用报告。

1983 年，Hanamura 等用黄铜管状单电极 CMP-AES 测定树叶等试样中挥发性成分氧、氮、氢、砷、碳、汞等无机元素，试样预加热分解后直接导入等离子体，等离子体气采用 He、Ar、N_2，其中以 He-CMP 检出限最好。

1985 年，Winefordner 等建立了用 He-CMP-AES 测定固体试样中吸附水的方法，试样置于石英舟中加热汽化，用氦气送入等离子体，用单色器测出氢谱线及氧谱线强度求出水量。等离子体气用量，He 3.4L/min，载气 0.6L/min，隔离气氮气 5L/min，微波功率 400W，H 656.279nm 检出限 2.5ng/s，O777.943nm 检出限

11ng/s。ZHANG 等用空气作等离子体气研究了空气单电极常压微波等离子炬（single-electrode atmospheric pressure microwave plasma torch）发射光谱技术，牡蛎试样硝酸消解后用气动雾化器进样，1.4mL/min，微波功率 500～600W，用 Cu512.82nm 及 Cu510.55nm 测定温度为 4700K，以牡蛎标准参考物 SRM1566 及玻璃 SRM92 消解后测定 K、Na、Li、Mg、Ca、Sr、Fe、Ni、Cu、Cd、Zn、Al、Pb，测定值与 NBS 标准值符合。

1987 年，Pate 等在 He-CMP 光源中采用新型管状中心电极，通过中心电极导入试液气溶胶直接进入等离子体焰中心，管状电极内径 2.4mm，外径 3.8mm，由耐高温的金属钽管制造，管状电极产生的等离子体焰很稳定，重复性良好，等离子体背景较低，因为无电极材料进入等离子体焰。试样气溶胶通过中心管直接进入等离子体焰心，增加试样与等离子体的反应时间，能有效地将试样原子化及激发。微波频率 2450MHz，输出功率 300W，等离子体气 7L/min，载气 0.05L/min。在 400W 时激发温度 5000K，电子密度 $4 \times 10^{14}/cm^3$，管状电极检出限明显优于棒状电极。

1988 年，Patel 等进一步完善管状电极技术。以前 CMP 用的固体中心电极炬管是单气流炬管，载气和等离子体气预先混合后，在电极顶端进入焰炬，混合过程中试样气溶胶被稀释。采用管式中心管电极，载气与等离子体气分开，载气载带试样气溶胶直接进入等离子体中心，属于双气流炬管，试液用气动 Meinhard 雾将试液雾化并去溶剂。中心管由金属钽制成，工作气体可用氩、氦、氮等气体，运行功率 300～350W，测定元素为 Ag、Al、Ba、Ca、Cd、Cr、Cs、Cu、K、Li、Na、Pb、Pd、Sr、Zn。

1989 年，Uchida 等气动雾化器溶液进样引入大量水滴，对于低能量密度的 CMP 光源不能有效地把雾滴蒸发、原子化及激发。解决的途径之一是加热-冷却的去溶剂法，通过去溶剂系统及 MEINHARD 雾化器进样，1.5mL/min 时 Mn(II) 257.61nm 谱线强度可提高 50 倍，检出限改善 17 倍，BEC 值（背景等效浓度）降低到 1/16，装置为钽管电极，微波功率 500W，等离子体气氩气

6L/min。

1990 年，Uchida 等测量了电子密度的空间分布。结果表明，管状电极 CMP 电子密度比棒状电极高，这有望得到高激发率。Ta 管电极可用 He、N_2、Ar 作工作气体并采用中等功率（<600W），石墨电极可用高功率（>600W），研究了管状电极作为原子光谱激发源的性能，观察了 He-CMP 的性能及 He 及 Sn 谱线强度的空间分布，CMP 中心强度较高。用 He 谱线测量的激发温度为 3800K，激发温度几乎与 MIP 相同。用氢化-捕集法测定无机 Sn。评价了管电极 CMP 作为气相色谱元素检测器的性能。色谱毛细管直接与管电极连接，测定碳、氢、氯、溴的发射线，Cl、Br 的检出限为 0.1μg。

1991 年，Abdalla 等用石墨杯电极可将试样在电极中利用微波加热蒸发，微波功率 1000W，He-N_2 混合等离子体气，元素 Ag、Ba、Cd、Cu、Ga、Ge、In、Li、Mg、Mn、Rb 及 Zn 的检出限 10～210pg，精密度 12%。石墨杯温度随功率及氮气比例而增加，而激发温度则随功率增加而降低。Ali 等用运行功率 500W 及 700W 的 CMP 作激发源直接分析固体试样标准参考物番茄叶（SRM-1573a）及煤飞灰（SRM 1633a），用石墨杯电极，加热试样蒸发进入光源，用 AES 测定煤飞灰中 Mn、Ca、Mg、Zn、Cu、As、Rb、Pb 及番茄叶中 Cd、Fe、Cu、Zn、Sr、Rb、Mg、Pb，等离子体气用 20% 氮气-80% 氦气。

1992 年，Masamba 报告了直接固体试样激发测定钢中 Sn、Pb。用双同心管炬管，中心为石墨电极，用混合等离子体气（94.5% He，4.5% H_2），检出限：Sn 5ng/g，Pb 0.08ng/g。Ali 等研究钨丝电极微量装置，功率低至 25W 还能维持 CMP 焰稳定。诊断了 CMP 的物理参数：重粒子转动温度 T_{rot} 为 2500K，激发温度 T_{exc} 为 4500K，两者均与功率有关，电子密度 n_e 为 4×10^{14}/cm^3，等离子体气 He 用量为 4～8L/min，随气体流量的增加而降低，而 T_{rot}（转动温度）及电子密度 n_e 均不变。Masamba 对 He-H_2-CMP 的温度和电子密度进行诊断，气体温度 T_g 为 1800～3000K，激发温度 2000～5000K，电子密度在 $4\times10^{14}/cm^3$ 和 $9\times10^{14}/cm^3$ 之间。影响因素是功率、观察位置、载气流量和乳液进样量。

1993 年，Spencers 研究了增大等离子体气的影响，结论是，增大等离子体气到 6～8L/min，等离子体焰形状由球形变为圆柱形。诊断了高气流下的物理参数：激发温度 T_{exc} 对水溶液及有机溶液分别为 3430K 及 3450K，用 N_2^+ 光谱测定的重粒子温度 T_{rot} 对水溶液及有机溶液分别为 1900K 及 1930K，不进样时为 2350K。电离温度为 6220K 及 5610K，电子密度对水溶液及有机溶液分别为 $4.4\times10^{14}/cm^3$ 及 $4.8\times10^{14}/cm^3$，无溶液进样时为 $3.6\times10^{14}/cm^3$。

1994 年，Wenslng 等用钨丝电极 CMP-AES 得到很高的灵敏度，试液 100％进入等离子体，等离子体中心电极同时作为样品容器，用 30W 微波功率干燥试液，大于 150W 功率原子化及激发，取 $5\mu L$ 试液时全血中 Pb 的检出限是 3pg，精密度 9％。Spencers 等认为，He 的电离电位为 24.6eV，远超过 Ar 的 15.8eV，用作工作气体所形成的 CMP 有更强的激发能力。用气动雾化器雾化含氟及氯的有机化合物进入 He-CMP，用氦气总量 10L/min，测定有机化合物中氟及氯的检出限分别为 $1\mu g/mL$ 及 $0.4\mu g/mL$。

1996 年，Pless 用钨杯电极（石墨杯电极内衬钨片）分析溶液试样，容量 $30\mu L$，每次分析时间少于 5min，用 He-H$_2$ 混合气作工作气体，试验了气体流量、功率、电极位置及等离子焰形状的影响。取 $10\mu L$ 试液，Cd、Mg、Zn 的检出限低于 pg 范围，精密度 10％。

1997 年，Pless 用钨杯电极高功率（800W）直接测定固体样品中的微量 Cd，试样在杯中用低功率加热灰化，高功率用于蒸发和激发，一个样品分析时间少于 5min，检出限 pg 级。此法又称 TV-CMP-AES，TV（thermal vaporization）。

从 Winefordner 等的近 20 年的 CMP-AES 研究工作来看主要方向如下。

① 改进炬管的中心电极形状、结构和材料，管状中心电极构

成双气流炬管，中心管进样，可获得较高灵敏度及稳定焰炬，具有较好性能。实际上它与后来发展的 MPT（微波等离子体炬）基本一样，微波功率高至 600W。杯状中心电极可直接分析固体样品，中心电极可用丝状、棒状、杯状等，材料可用 Ta、钨、石墨等。

② 等离子体气可用 He、Ar、N_2、空气等，评价了各种工作气体时 CMP 的温度和电子密度。

③ 建立 CMP-AES 分析各类实际样品的检测方法，由于 CMP 对于水汽的承受能力不高，用于气动雾化器直接进样比较困难，限制了 CMP 光源在元素分析中的应用。总体而言，CMP-AES 技术尽管有其优点，但分析性能尚无法与其他原子光谱技术竞争。

11.3.3　微波等离子体炬（MPT）

微波等离子体炬（MPT）是一种改进型电容耦合微波等离子体光源，也是 CMP，下面介绍其炬管结构及分析性能。

（1）MPT 炬管结构　1985 年，金钦汉教授等设计了一种微波等离子体光源，称为微波等离子体炬（microwave plasma torch，MPT），以常压氩气或氦气作工作气体获得稳定的等离子体，可以在较低的功率（40～50W）及工作气体流量（20～1000mL/min）的条件下运行，1990 年金钦汉和 Hieftje 等共同对 MPT 炬管进行了改进，使其更易于调谐及进行元素分析，并对分析性能进行了研究。MPT 炬管结构见图 11-2。

如图 11-2 所示，MPT 炬管由内、中、外三层铜管组成，对于形成等离子体起作用的是中间管。外管内径 26mm，中管外径 6mm 内径 5mm，内管外径 3mm 内径 2mm。工作气体由中管引入，样品由载气从内管带入。MPT 是一个直接耦合的同轴微波谐振腔形成，腔体内存在着固定的电场及磁场分布，正是这种特定的腔体结构及能量分布维持了等离子体放电。分析性能研究表明，MPT 作为原子发射光谱光源有若干优点：在低功率下能稳定运行，同传统 CMP 相比，对试样的承受能力有一定改善，且无金属电极污染等离子体问题，能用于多种类型样品的分析，已报道的有：金属材料（合金钢、贵金属），食品饮料（矿泉水、奶粉、葡萄酒），

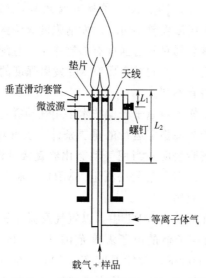

图 11-2　微波等离子体炬（MPT）原理

生化样品（人发、血清），有机样品（润滑油、汽油、油料），环境样品，中草药及工业品等。

（2）MPT 的主要性能　　检出限：在用 Ar 作工作气体时，MPT 可以在功率 30～80W，载气 400～1000L/min，工作气 200～1000mL/min 的条件下正常工作。采用气动雾化器-用水冷却及浓硫酸去溶剂相结合的除湿方式，将 99.7% 的水去除。操作条件用 60W 微波功率，载气 700mL/min（载气 1400mL/min，气液分离器分掉一部分，进入 MPT 的仅为 700mL/min 左右），工作气 400mL/min，等离子体气 400mL/min。进样量 1.0mL/min。当 MPT 配合有效去溶装置时，其仪器检出限优于 MIP 光源，接近非去溶通用 ICP 光谱仪的检出限。

基体效应：MPT 对试样的共存离子有一定承受能力，在 1mol/L 的盐酸进样时可稳定运行，易电离元素（Na）40mmol/L 时焰炬还可稳定，RSD 在 5% 以内。但对谱线强度的影响还比较显著。当乙醇以 1mL/min 速度引入时，且不超过 10s 时，等离子体仍能稳定维持。Li、Na、K 三种易电离元素对 Mg 发射强度有明显影响，当碱金属浓度较小时，对发射强度有增强作用，而当浓度较大时，加入碱金属对发射强度有抑制作用，且随碱金属浓度的增加，抑制作用增大。不同碱金属对 Mg 发射强度的影响有很相似的趋势，仅程度略有不同。

对水汽的承受能力：原子光谱技术多用气动雾化器进样，对水汽的承受能力成为光源稳定运行的重要条件。水汽对 MPT 检测能力有严重影响。实验表明，当用气动雾化器直接进样（不去溶剂）时，检测限很差，许多元素无法测定。MPT 对水汽的承受能力低会影响光源的实际应用。

物理参数：在低功率 MPT 中，以氩气及氮气的工作气体功率 $40 \sim 200W$ 时，等离子体的电子温度范围 T_e $13000 \sim 21000K$，气体温度 T_g $1000 \sim 6000K$，激发温度 T_{exc} $5000 \sim 6000K$，电子密度 $10^{14} \sim 10^{15}/cm^3$。微波等离子体是非局部热力学平衡等离子体，总是 $T_g < T_{exc} < T_{ion} < T_e$，$T_{ion}$ 是电离温度。无论 He-MPT 或 Ar-MPT，气体温度都不够高，在 2500K 左右，但激发温度较高（$4500 \sim 6000K$），电子温度更高达 $15000 \sim 21000K$。因此，表明严重偏离非局部热力学平衡状态的等离子体，而不像 ICP 那样是接近于 LTE 的复合着的等离子体。它们对样品的原子化、激发和电离机理也因此与 ICP 有很大的差别。从表面上看，它们的激发能力很强，而原子化能力严重不足，因而，基体效应虽然比传统 MWP 要弱些，但与 ICP 相比仍较比较严重。

光谱背景发射：用氩气作为工作气体时，背景发射主要是 Ar 的原子线（415.859nm、420.086nm、425.936nm、451.074nm 及 696.543nm）和几个分子发射带：NO_v（$195 \sim 290nm$），OH（281.13nm、306.36nm），N_2（237.13nm，357.69nm），N_2^+（391.44nm，427.81nm）。这些分子主要来自焰炬周围的空气，如采用氩屏蔽可显著降低分子谱带造成的背景发射。

（3）MPT 光谱仪商品化　1998 年 1 月和 12 月由国家科委和国家教委分别对 510 型 MPT 光谱仪和 JXY1010 型 MPT 光谱仪通

过了专家技术鉴定，该仪器采用了氧屏蔽 Ar-MPT 或 He-MPT 光源，功率为 0～200W 连续可调，光源稳定性好，激发能力强。对金属元素的检出限一般可达 10^{-4}～10^{-2}mg/mL，线性范围可达 4 个数量级以上，对元素的测定精密度（RSD）<3%。进样采用气动雾化进样系统（气动同轴式玻璃雾化器）；玻璃冷凝去溶系统；或半连续超声雾化进样系统，分光器用 0.5m 或 1m 光栅单色仪；仪器的波长范围扩展至 180～800nm；光谱分辨率达 0.01nm；在用氦气工作时，对多数元素的检出能力都有进一步提高，精密度都好于 2%。工作气体用氩气或氦气，采用氦和氩 MPT 都可以在常压下以较低的微波功率（<200W）获得稳定的等离子体。为了降低由含氮分子光谱背景，在外管与中间管之间通入高纯氧气，可以有效屏蔽空气，构成氧屏蔽 MPT（OS-MPT），显著改进分析性能。这两个型号的光谱仪均由长春吉大小天鹅仪器公司投产。1010 型的检出限与 ICP-AES 接近，作为多元素分析的通用分析仪器是可以满足一般使用要求的，但与通用于元素分析的原子吸收光谱和 ICP 光谱技术相比，其分析性能尚有些差距。

MPT 光源研究者的初衷是设计一种像 ICP 光源具有中心通道进样的微波等离子体，具有灵敏、稳定、低基体效应、低运行费用等一系列优点的原子发射光谱光源。如能达到目的，无疑将是原子光谱分析领域引人注目的技术进展。首先讨论 JXY1010MPT 光谱仪的优点和缺点。MPT 光源的主要优点是：形成具有中央通道的等离子体，样品承受能力强于其他类型低功率 MIP 光源。MPT 最显著的特点就是具有同 ICP 炬管类似的同轴结构，这使得样品引入时与等离子体作用比非通道进样充分，但不如 ICP 光源。MPT 对湿气溶胶和分子气体的承受稍高于传统的 MWP 光源，但远不如 ICP 光源；MPT 激发能力强于普通 CMP 光源。由于 MPT 可以在常压下以较低功率获得稳定的氦和氩的等离子体，MPT 购置成本和运转费用低于 ICP 光谱仪。

MPT 光源还存在下述问题：气体温度较低，原子化能力较低。大量的研究已经证明，MPT 是一个严重偏离局部热力学平衡状态的等离子体，不像 ICP 那样是最接近于 LTE 的"复合着"的等离子体。尽管电子能量很高，但能量未能有效地传递给重离子。因而气体温度较低（2500K 左右），而低气体温度不能使气溶胶有效地去溶、蒸发和原子化，它的原子化能力远不如 ICP，所以 MPT 对溶剂承受能力低，气动雾化器直接进样谱线强度很低，需要配用去溶解系统，实际采用加热冷却去溶与浓硫酸去溶装置；MPT 光源背景发射较为复杂。MPT 光源直接暴露于空气中，在其放电区域内很容易进入大气组分（N_2、O_2、H_2O），加上维持气中的杂质（N_2、水蒸气和 CO_2），气体温度较低，产生的 NO、NH、N_2^+ 等一系列与氮有关的分子组分，产生丰富的分子发射带影响某些分析线，产生的背景发射将影响元素检出限，用屏蔽气可以降低分子谱带的影响，但需提供高纯氮气；当使用低功率微波放电时，有很严重的基体干扰。MPT 光源的基体效应，虽然比传统的 MWP 要弱，但与 ICP 相比，则较为严重。

MPT 原子发射光谱光源研究从 1985 年开始，到 1998 年完成，并对 510 型及 1010MPT 型两种型号微波光谱仪进行产品鉴定，历经光源基本性能研究、进样系统研究、整机设计及性能鉴定，并获得有关方面较高评价，业内人士也都曾翘首以待，希望国产光谱仪器有新的突破，但经吉大小天鹅仪器公司商品化后未能形成规模市场，原因是多方面的，譬如，商品化的厂家缺乏研制高档光谱仪器的基础和经验。在激发机理上电容耦合等离子体在原子化能力上有先天的不足，尤其是低功率电容耦合等离子体不太可能达到或接近通用 ICP 光源的能力。只有采用高功率高氮气流量才能在运行成本上有与 ICP 光源竞争的可能性。对于 JXY 1010 型商品化后未能推广使用的原因，如果从该仪器构造和性能来看确有令使用者不易接受的方面。首先是气动雾化器-去溶剂系统尽管可以提高仪器灵敏度，使其达到或接近 ICP 光谱仪的水平，但同时带来延长进样时间，增加记忆效应，降低精密度及降低工作效率等问题，这种进样系统在 ICP 光谱技术发展初期曾广泛研究过而未被采用。另一个问题是 MPT 有较严重的基体效应，这两个问题是显而易见的。

影响 MPT 性能可能是中心通道气体温度不够高，气溶胶在通道内有效停留时间短。MPT 炬管表面看是三层同心管，但起主要作用的只是两层管，它是一个双气流型炬管，所形成的等离子体尽管有中心通道，但不同于环形 ICP 焰炬，是自由体积等离子体，其体积可以自由变化，当从中心管进试液时，MPT 中心通道温度降低，高温等离子体避开冷气流，形成低温的中心通道。人工形成的中心通道进样与由电磁感应产生的环形等离子体中心通道性能不同，起不到 ICP 光源环形等离子体的热箍缩作用。美国佛罗里达大学的双同心管 CMP 的微波功率已高达 600W，也未显示出达到商品化的所需分析性能。

2013 年 9 月 4 日，国家科技部公示"国家重大科学仪器设备开发专项 2013 年度拟立项项目"中，"千瓦级 MPT 光谱仪的开发"在列，有人认为"未来 MPT 有望接替 ICP"，对于千瓦级 MPT 光谱仪处于研究中，其性能尚未见报道，应用前景有待观察。

11.4 磁场激发高功率微波等离子体光谱仪

ICP 光源原子发射光谱仪虽然已经在很多领域得到应用，但其高氩气用量及高的运行费用一直困扰着分析人员，它阻碍原子发射光谱仪更广泛的使用，这就是近些年来微波光源又引起人们兴趣的重要原因。

微波等离子体光谱光源虽然成为人们首选研究节省氩气的等离子体光源，但进展比较缓慢，主要有下列原因。

① 长期以来，研究者总是钟情于低功率、低耗气、低设备成本的三低光谱光源，而恰好微波光源满足这一目标，几十年来多数研究者都在三低光源领域内遨游，文章很多，难于形成商品产品。

② 客观原因是高功率微波光源技术难度比高功率的 ICP 难度大很多，不是单靠几个化学工作者所能解决的，要解决高功率微波源，要解决微波腔与等离子体的有效耦合，炬管的结构、材料问题，要解决防护问题。与 CMP 及 MPT 不同，MIP 是在炬管内形

成火炬，需要各种专业配合，研制这样的仪器这不是在化学实验室内能够搞出来的。

③ 近几十年，分析测试仪器发展很快，分析性能和技术指标达到空前水平，一种新诞生的仪器要想马上达到已经成熟的类似仪器的水平难度很大，用户和市场的要求都很高。

尽管难度很大，但在技术力量和研发经验都具备的条件下，一类新型分析仪器还是能够脱颖而出的，就是磁激发微波等离子体原子发射光谱仪，惠普公司（安捷伦公司）曾研制出低功率微波光源，用于检测有机化合物分解的非金属元素，作为该公司气相色谱的配套检测器，其中，安捷伦公司对于微波光源及微波器件有较成熟经验。

11.4.1 磁场激发微波等离子体光源的发展

2008 年，分析仪器工程师 Hammer 设计出一种新的微波等离子体激发光源，用 2450MHz 1000W 微波功率，用氩气作为工作气体，其检出限和分析性能接近 ICP 光谱光源的水平，等离子体炬焰类似于 ICP 炬焰（见图 11-3），安捷伦科技公司于 2011 年推出世界第一台商品高功率磁场激发微波等离子体发射光谱仪，型号为 MP-4100，用于金属及非金属元素的成分分析，从此，商品等离子体光谱仪家族增加一个新成员。其后安捷伦科技公司又推出 MP-

图 11-3 磁场激发高功率微波等离子体焰炬

4200 及 4210 型微波等离子体发射光谱仪，并用于各种类型实际样品的分析，安捷伦公司（澳大利亚）技术人员研究表明，MP4200 产生的微波等离子体是一种接近局部热力学平衡的等离子体，用玻耳兹曼斜率法测定的 Cr Ⅰ、Fe Ⅰ、Ti Ⅰ 及 Ti Ⅱ 线激发温度分别为 5100K、5095K、5150K、5375K，雾化气流量在 0.5L/min、0.6L/min、0.7L/min 条件下，电子密度分别是 $2.7 \times 10^{13}/cm^3$、$2.01 \times 10^{13}/cm^3$、$1.63 \times 10^{13}/cm^3$，这些数据比较接近 ICP 光源的参数。下面具体介绍这种微波等离子体光谱仪的原理、仪器、分析性能及具体应用。

11.4.2 MP4200 型微波等离子体光谱仪原理

MP4200 型微波等离子体光谱仪在激发原理和仪器结构上都与通用的 ICP 光谱仪相似，它由磁控管微波电源、石英炬管、分光系统、CCD 检测器系统及数据处理等组成，MP4200 光谱仪仪器外形见图 11-4。外形尺寸与一台原子吸收光谱仪相近，其核心组件是磁控管微波-波导管电源与石英炬管组成的微波光源（见图 11-5），微波源产生的电磁场在炬管内产生环形等离子体，其形状与 ICP 的环形等离子体相似，中心是空心的，由于微波频率是 2450MHz，远高于 ICP 用的射频频率（27～40MHz），根据频率与趋肤深度的关系计算，微波等离子体的趋肤深度仅为 ICP 光源的八分之一，形成更宽的中心进样通道，容易进液体样品，炬管直径

图 11-4 MP4200 微波光谱仪

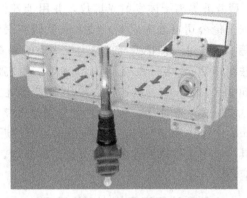

图 11-5　微波光源

也可以比 ICP 炬管更小。炬管也与 ICP 炬管类似，由三层同心石英管组成。

分光-检测系统由 C-T 平面光栅单色器和 CCD 固态检测器组成，使用平面光栅分光系统可在全部光区（176～780nm）得到较均匀的色散率，采用高量子效率的背照射 CCD 检测器。分光检测系统见图 11-6。

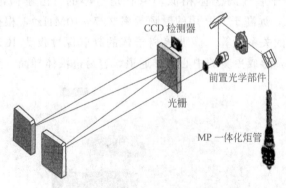

图 11-6　MP4210 分光检测系统

11.4.3　MP4210 微波等离子体光谱仪分析性能

MP4210 微波等离子体光谱仪的性能类似于通用 ICP 光谱仪

（1）用积分 10s 及 1%硝酸溶液 3 倍标准偏差测定元素的检出

限，工作气体用氮气，检出限见表 11-1。

表 11-1 MP4210 微波光谱仪检出限

元素	分析线 /nm	检出限 /(μg/mL)	元素	分析线 /nm	检出限 /(μg/mL)
Ag	328.068	0.3	Mo	379.825	0.8
Al	396.152	0.4	Na	588.995	0.1
As①	193.695	57	Ni	352.454	1.1
Au	267.595	2.1	P	213.618	66
B	249.772	1.1	Pb	405.781	2.5
Ba	493.408	0.04	Pd	340.458	1.6
Ca	393.366	0.04	Pt	265.945	6.1
Cd	228.802	1.4	S	180.669	2700
Co	340.511	3.3	Se①	196.026	77
Cr	425.433	0.3	Si	251.611	2.8
Cu	324.754	0.5	Sn	303.412	4.4
Fe	371.993	1.7	Ti	334.941	2.1
K	769.897	0.6	Tl	535.046	0.75
Li	670.784	0.007	U	409.013	4.2
Mg	285.213	0.1	V	309.311	2.9
Mn	403.076	0.2	Zn	213.857	3.1

① 需要 30s 积分。

（2）MP4210 MP-AES 线性范围　见表 11-2。

表 11-2 MP4210 MP-AES 的线性范围

元素分析线 /nm	MP4210 MP-AES/(mg/L)	线性相关系数	FAAS 最佳工作 范围/(mg/L)
Ca422.673	0～20	0.9999	0.01～10
Mg518.360	0～100	0.99988	0.15～20
Na589.592	0～20	0.99996	0.01～2.0
K769.897	0～100	0.9968	1～6.0

（3）稳定性　信号稳定性很好，即使在没有内标或任何校正的条件下，也能达到 8h<1%RSD。

（4）分析性能的具体比较　将 MP4210 微波光谱仪与原子吸收分析性能进行比较，见表 11-3。

表 11-3　MP4210 微波光谱仪的实际应用性能的比较

典型应用	元素	FAAS	MP4210
耐高温元素	Al、Mo、Ti、Ba、V 等	较差	较好
稀土元素	La、Ce、Pr 等	不能测	可以测
贵金属	Au、Pt、Pd、Rh	可以测定	很好测定
易电离元素	K、Na	需用电离抑制剂	不需要电离抑制剂
非金属	As、Se、S、P、Si 等	较差或不能测能测定	可以测定

此外，MP4210 用空气或氮气，运行费用极低，不用易燃气体，使用安全，又能进行多元素的同时测定，工作效率高远于原子吸收技术。

11.4.4　MP4200 微波等离子体光谱仪分析应用

与 ICP 光源类似，MP4210 微波等离子体光谱仪能用于各类分析样品中多元素的测定，举几个实用例子。

11.4.4.1　微波等离子体原子发射光谱同时测定环境水样中的多种元素

（1）方法要点　环境水样经不同酸消解后，利用微波等离子体原子发射光谱法（MP-AES）和多模式样品导入系统（MSIS）对环境水样中可蒸气发生元素（As、Hg、Sb 和 Se）及重金属元素（Cd、Cu、Cr、Ni、Pb、Ti、V 和 Zn）同时分析，分别根据溶液中元素信号强度变化和测定值与加标值差异，优化氢化物发生条件和考察测定的基体及谱线干扰影响。结果表明，在还原剂溶液（10g/L NaBH$_4$）和载流 HCl（体积分数 5%）的最佳实验浓度下，相比 HCl 消解，水样经 HNO$_3$ 消解可获得满意的分析结果。实验表明，环境标准样品中元素测定值与标准值一致，样品分析相对标准偏差在 0.34%～3.2% 范围内。高浓度的 K、Ca、Na 和 Mg 等元素对测定无明显影响，稀土元素和稀有元素对重金属光谱干扰严重，需选择合适的谱线分析。本方法除对 Hg 和 Se 的检出限稍高外（6.5μg/L 和 37.1μg/L），其他目标元素的检出限为 1.6～9.8μg/L，能够满足地表水环境质量标准和生活饮用水卫生标准的质量控制要求。

（2）仪器及工作条件　4100 MP-AES 微波等离子体发射光谱仪（安捷伦公司）。仪器工作条件：功率 1000W；多模式样品导入系统（MSIS）雾化室；惰性 One Neb 雾化器；氮气流速：雾化气 200kPa，中间气体 167kPa，外部气体 167kPa；积分时间 3s（对于可蒸气发生元素 5s）。

（3）方法的检出限　选取与样品同一基体的消化空白溶液，在 5%（体积分数）HCl 溶液，还原剂 NaBH$_4$ 浓度为 1.0% 的条件下，对氢化物元素及非氢化物元素同时分析，重复测量 10 次计算出检出限（表 11-4）。除 Hg 检出限较高外，其他元素检出限满足地表水环境质量标准（GB 3838—2002）和生活应用水卫生标准（GB 5749—2006）中元素的浓度监测和质量控制要求。

表 11-4　微波光谱法测定水质的检出限

元素	谱线/nm	检出限/(μg/L)	元素	谱线/nm	检出限/(μg/L)
As	193.695	9.8	Pb	405.781	4.8
Cd	228.802	3.4	Sb	217.581	2.8
Cr	425.433	3.1	Se	196.026	37.1
Cu	324.754	2.1	Ti	334.961	11.6
Cu	327.395	2.0	Ti	336.122	16.2
Hg	253.652	6.5	V	309.311	2.5
Hg	546.074	10.1	V	457.923	1.5
Ni	341.476	8.4	Zn	213.857	4.0
Ni	352.454	5.3			

11.4.4.2 微波等离子体-原子发射光谱仪测定葡萄酒中的10种金属元素

（1）方法要点 采用常压消解-微波等离子体原子发射光谱仪（MP-AES）测定了葡萄酒中铅、镉、锰、铁、铜、锌、钒、铝、铬、镍10种金属元素，实验结果表明，标准曲线均有良好的线性关系，10种元素方法回收率为 $85.0\% \sim 120.5\%$，RSD 为 $0.41\% \sim 3.12\%$。方法简便快捷、成本低廉。安捷伦 4200 型 MP-AES 第二代微波等离子体原子发射光谱，具有改良波导设计，能够分析含高总溶解态固体的样品，并对检测限毫无影响。使用氮气作为等离子体气体，显著降低运行成本。没有易燃性气体也增加了安全性，可实现仪器在无人值守的条件下运行。与标准 FAAS 相比，MP4200MP-AES 易于使用且可获得更低的检出限。它还可以测定磷之类的其他元素。

（2）仪器与条件 4200 型微波等离子体原子发射光谱仪（美国安捷伦科技公司）；OneNeb 雾化器及双路旋流雾室（配 SPS3 自动进样器）。采用的光谱分析条件列于表 11-5。

表 11-5 MP-4200 微波光谱仪分析条件

参数	数值
雾化室	双路旋流雾室
雾化器	OneNeb 雾化器
雾化器流量	$0.5 \sim 0.85 L/min$
读取时间	3s
提升时间	45s
冲洗时间	30s
稳定时间	35s
背景校正	自动
自动进样器	Agilent SPS3
气源	氮气发生器

（3）样品前处理 准确吸取 5.0mL 样品于微波消解内罐中，

100℃水浴中赶去酒精后，加入 4mL 硝酸，恒温消解仪中 140℃进行常压消解。待消解液 1～2mL 时停止加热，冷却后转移至容量瓶中，去离子水定容至 10mL。同法做样品空白。

（4）检出限、回收率和精密度　对空白试剂溶液进行 11 次测定，其标准偏差的 3 倍所对应的质量浓度为方法的检出限。对同一样品平行测定 6 次，计算出相对标准偏差。在样品中加入适量标准溶液，加标量分别为 0.2mg/L、0.4mg/L、0.8mg/L 3 个水平，测定并计算出各元素加标测定的平均回收率，结果见表 11-6。

表 11-6　方法的精密度及检出限

元素	$RSD/\%$	加入量/(mg/L)	回收率	检出限
Pb	2.46	0.2	103.3	0.01
		0.4	123.1	
		0.8	125.0	
Cd	0.99	0.2	95.0	0.01
		0.4	100.0	
		0.8	100.0	
Mn	0.41	0.2	101.3	0.01
		0.4	100.0	
		0.8	106.8	
Fe	0.74	0.2	97.9	0.01
		0.4	93.0	
		0.8	98.3	
Cu	1.18	0.2	104.2	0.02
		0.4	104.6	
		0.8	103.4	
Zn	0.88	0.2	88.7	0.02
		0.4	120.6	
		0.8	85.0	
V	0.55	0.2	97.4	0.02
		0.4	119.2	
		0.8	108.9	

元素	RSD/%	加入量/(mg/L)	回收率	检出限
Al	0.73	0.2	100.8	0.01
		0.4	107.0	
		0.8	97.2	
Cr	1.18	0.2	117.4	0.01
		0.4	119.5	
		0.8	117.7	
Ni	3.12	0.2	100	0.02
		0.4	104.6	
		0.8	103.4	

11.4.4.3 微波等离子体发射光谱法同时测定食品中 13 种元素

（1）方法要点　建立同时测定食品中 Ca、Fe、K、Na、Cu、Mn、Zn、Mg、Ni、Sr、Cr、Cd 和 Co 共 13 种元素的分析方法。用硝酸和双氧水微波消解，超纯水将消解液定容，直接采用微波等离子体发射光谱仪进行分析。结果各种元素标准曲线的线性相关系数均大于 0.9999，检出限为 $0.04 \sim 3.90 \mu g/kg$，加标回收率为 89.8%～110.4%，RSD 为 1.33%～3.85%。采用该方法和电感耦合等离子体发射光谱法同时测定标准参考物质 NIST 1549（奶粉）、NIST 1567（小麦粉）、NIST 1568（大米粉）、NIST 1570（菠菜叶）、GBW08501（桃叶）和 GBW10051（猪肝）中的多元素，测定值均与参考值吻合，结果准确可信。结论该方法线性范围宽，灵敏度和检出限理想，准确、高效、环保，运行成本低。

（2）仪器　MP4200 型微波等离子体发射光谱仪、700-OES 型电感耦合等离子体发射光谱仪（安捷伦公司，美国）；MARS 6 微波消解仪（CEM 公司）。

（3）样品前处理　称取约 0.5g 样品于 50mL 聚四氟乙烯微波消解罐中，依次加入 5mL 硝酸、1mL 双氧水，于室温下预消解 1h。之后采用微波消解法消解样品，并定容（或定重）至 25mL(g)。

（4）线性范围和检出限　见表11-7。

表 11-7　元素测定的检出限和线性范围

元素	线性范围/(μg/kg)	检出限/(μg/kg)	元素	线性范围/(μg/kg)	检出限/(μg/kg)
Ca	0～10000	0.04	Zn	0～10000	3.10
Fe	0～10000	3.90	Mg	0～10000	0.09
K	0～50	0.65	Ni	0～2000	1.00
Na	0～1000	0.12	Sr	0～5000	0.20
Cu	0～2000	1.40	Cr	0～5000	0.30
Mn	0～10000	1.05	Cd	0～5000	1.40
			Co	0～5000	1.5

11.4.4.4　微波等离子体发射光谱法测定皮革和毛皮中的重金属

（1）方法要点　一种测定皮革和毛皮中重金属离子（Cd、Co、Cr、Cu、Hg、Ni 和 Pb）的灵敏检测方法——微波等离子发射光谱法（MP-AES）。用微波法硝酸-过氧化氢进行消解。测定结果与标准化方法——电感耦合等离子体原子发射光谱法（ICP-AES）检测的结果做了比较。并用皮革标准物（CRM，GSB16-3087—2013）进行检验，结果表明微波等离子发射光谱法具有良好的精确性和精密度。回收率在 97.9%～103.1%，相对标准偏差（RSD）在 0.65%～3.06%，检测下限在 0.82mg/kg（Ni）到 1.94mg/kg（Hg），符合检测要求。此外，通过 MP-AES 法和 ICP-AES 法对 23 组皮革和毛皮样品进行重金属测试，显示二者结果具有完全的一致性。MP-AES 法不用氩气，分析成本低，操作安全性提高。可以提供与 ICP-AES 类似的功能，可选用为皮革和毛皮测试规定的常规分析方法。

（2）仪器　MP4100 微波等离子体光谱仪，配有多模进样系统（MSIS）并无需改变进样系统，允许使用蒸气发生（Hg）和常规气动雾化（Cd、Co、Cr、Cu、Ni 和 Pb）进样。MDS-10 微消化系统。

（3）微波辅助消化　皮革和毛皮样品切成 0.5cm×0.5cm 的碎片。大约 0.2g 样品转移进由聚四氟乙烯制作的微波消化瓶内，最大允许压力和温度分别为 5MPa 和 260℃。每个瓶中加入 4mL 的硝酸（14.4mol/L）和 1mL 过氧化氢溶液（9.8mol/L）。微波辅助消化。消化液用 0.7mol/L 硝酸溶液转移到 25mL 容量瓶中，用于 MP-AES 测定。

（4）标准参考物测定结果　表 11-8 列出皮革标准物 MP-AES 的测定结果，测定值与标准值符合，并有良好的回收率及精密度。

表 11-8　标准参考物测定结果

元素	法定数据 /（mg/kg）	测定数据 /（mg/kg）	回收率 /%	相对标准偏差 /%
Cd	86.6±0.6	85.0±0.6	98.1	0.7
Co	91.4±4.4	91.2±2.5	99.8	2.8
Cr	5630.0±280.0	5732.3±156.3	101.8	2.8
Cu	97.1±5.2	99.6±2.1	102.6	2.2
Hg	93.5±5.4	94.3±1.5	100.9	1.6
Ni	95.5±3.6	93.7±1.8	98.2	2.0
Pb	94.0±4.0	93.2±2.7	99.1	3.0

注：平均数±标准差是三个平行测定值的结果。

11.4.4.5　微波等离子体发射光谱法测定地质样品中的常量和微量元素

（1）方法要点　建立了微波等离子体原子发射光谱法（MP-AES）测定地质样品中的常量和微量元素的方法，用盐酸-硝酸-高氯酸-氢氟酸消解样品，得出了使用 4200MP-AES 仪分析地化认证参考物质中常规金属元素（Ag、Cu、Ni、Pb 和 Zn）的结果，测定结果的相对标准偏差落在±10% 范围内，另外，IEC 和 FLIC 模型可成功校正光谱干扰。MP-AES 仪无需使用乙炔等危险气体，极大地提高了实验室的安全性，并显著降低了运行成本。MP-AES 仪已成功应用于地化样品的分析中，结果准确可靠。

（2）仪器与试剂 Agilent 4200 MP-AES（安捷伦科技有限公司）；MP-AES 使用杜瓦瓶氮气运行。氮气可由瓶装气体或 Agilent 4107 氮气发生器供应。氮气发生器缓解了偏远地区采购气体或者大都市很难供应分析级气体的困难。采用了多功能进样系统——惰性 OneNeb 雾化器、双通道玻璃旋流雾化室。该装置能够很好地允许含盐量较高的试液直接雾化进样，用质量流量控制雾化气流量，保证运行有良好的稳定性和测定精密度，采用 CCD 检测器可同时测量分析线并扣除光谱背景。

（3）样品和校准标准样品制备 分析了两种标准参考物质（GeoStats Pty Ltd）以验证方法：GBM398-4 低品位 Cu-Pb-Zn 红土矿和 GBM908-14Cu-Zn-Pb 硫化矿。

准确称取 0.4g（精确至 0.0001g）样品，使用 HNO_3-HCl-$HClO$-HF 混酸消解，完全溶解后蒸至近干，用 HCl（30%）溶液将消解液定容至 100mL。使用 HNO_3（6%）和 HCl（19%）制备所有的校准溶液。

（4）光谱干扰校正 地质样品成分复杂，MP-4200 光谱仪软件有两套光谱干扰校正程序：快速线性干扰校正（FLIC）和传统的干扰元素校正程序（IEC）。FLIC 是一种先进且易于使用的背景校正方法，还可校正光谱干扰。对于本样品采用干扰校正方法列于表 11-9。

表 11-9　干扰校正法

元素	波长/nm	类别	背景校正	干扰校正	可能的干扰
Ni	305.082	分析物	自动		La
Ag	328.068	分析物	自动	IEC	Cu,Ti
Ti	334.940	IEC	自动		
Pb	405.781	分析物	自动		La,Ti
Zn	481.053	分析物		FLIC	La,Sr 和 Ti
Cu	510.554	分析物		FLIC	Al_2O_3 和 La
Lu	547.669	内标		FLIC	Ni,Ti

（5）标准物质中测定 标准物中 5 种元素测定结果见表 11-10。

表 11-10 方法检出限及回收率

项目			标准物质 GBM398-4			标准物质 GBM908-14		
元素	单位	MDL	MP-AES	标准值	回收率/%	MP-AES	标准值	回收率/%
Ag	mg/kg	1	45.8	48.7	94	298.7	303.7	98
Cu	%	0.002	0.37	0.39	95	2.30	2.37	97
Ni	%	0.002	0.39	0.41	97	—	—	—
Pb	%	0.002	1.08	1.17	92	3.24	3.30	98
Zn	%	0.002	0.50	0.51	—	4.24	4.27	99

11.4.4.6 微波等离子体光谱法测定米粉中的常量、微量和痕量元素

方法要点：采用 4200 型微波等离子体原子发射光谱法（MP-AES）分析米粉中的镉和其他常量、微量以及痕量元素。采用第二代 4200MP-AES，该仪器配备了由 OneNeb 雾化器和双通道雾化室组成的标准进样系统。用标准参考物分析表明，测定值与标准值十分吻合，Ca、Cd、Cu、Fe、K、Mg、Mn、P、Zn 的检出限分别为 0.10mg/kg、0.16mg/kg、0.05mg/kg、0.44mg/kg、3.0mg/kg、0.06mg/kg、0.05mg/kg、13mg/kg、0.15mg/kg，所有元素数据都具有很好的稳定性，$RSD < 3\%$，由于不用氩气，采用氮气作工作气体，不用易燃气体，运行安全且费用很低，可测定火焰原子吸收法无法分析的磷等元素，由于可进行多元素同时测定，工作效率也很高，总体来看性价比较高。

参 考 文 献

[1] 辛仁轩. 中国无机分析化学. 2013, 3 (1): 1.

[2] 辛仁轩. 中国无机分析化学. 2012, 4 (1): 1.

[3] Heltai G, Broekaert J A C, Leis F, Tölg G. Spectrochimica Acta Part B, 1990, 45 (3): 301.

[4] Jaroslav P, Matosek B J. Orr M S. Talanta, 1986, 33 (11): 875-878.

[5] MckennaM, Mark I L, Cresser M S, et al. Spectrochimica Acta Part B, 1986, 41

(7): 669.

[6] Pak Y N, Koirtyohann S R. J. Anal. At. Spectrom. , 1994, 9 (11): 1305.

[7] Matusiewicz H. Spectrochimica Acta Part B, 2002, 57 (3): 485.

[8] Beenake C I M. Spectrochimica Acta Part B, 1977, 32 (3-4): 173.

[9] Jinfu Yang, Schickling C, Broekaert J A C, et al. Spectrochimica Acta Part B, 1995, 50 (11): 1351.

[10] Uebbing J, Ciocan A, Niemax K. Spectrochimica Acta Part B, 1992, 47 (5): 601.

[11] Leis F, Bauer H E, Prodan L, et al. Spectrochimica Acta Part B, 2001, 56, (1): 27.

[12] Jankowski K, Jun Yao, Kasiura K, et al. Spectrochimica Acta Part B, 2005, 60 (3): 369.

[13] Haraguchi H, Takatsu A. Spectrochimica Acta Part B, 1987, 42 (1-2): 235.

[14] Jinfu Yang, Jingyu Zhang, Broekaert J A C. Spectrochimica Acta Part B, 1996, 51 (6): 551.

[15] Akinboo, Carnahanc J W. Appplied Spectroscopy, 1998, 52 (8): 1079.

[16] Jankowski K. J. Anal. At. Spectrom. , 1999, 14 (9): 1419.

[17] Wongp T T, Moffatt D. J Appplied Spectroscopy, 1983, 37 (1); 82.

[18] PivonkaI D E, Schleisman A J, Fateley W G. Appplied Spectroscopy, 1986, 40 (6): 766.

[19] Gregory K W, Carnahan J W. Appplied Spectroscopy, 1991, 45 (8): 1285.

[20] Goode S R, Baughman K W. Appplied Spectroscopy, 1984, 38 (6): 755.

[21] Matusiewicz H, Golik B. Spectrochimica Acta Part B: Atomic Spectroscopy, 2004, 59 (5): 749-754.

[22] Urhj J J, Carnahan J W. Appplied Spectroscopy, 1986, 40 (6): 877.

[23] Brown S G, Workman J M, Haas D L, et al. Appplied Spectroscopy, 1986, 40 (4): 477.

[24] Brown P G, Brotherton T J, Workman J M, et al. Appplied Spectroscopy, 1987, 41 (5): 774.

[25] Zhanen Zhang, and Wagatsuma K. J. Anal. At. Spectrom. , 2002, 17 (7): 699.

[26] Hanamura S, Smith B W, Winefordner J D. Anal. Chem, 1983, 55: 2026.

[27] Hanamura S, Kirsch B, Winefordner J D, Anal. Chem, 1985, 57: 9-13.

[28] Patel B M, Heithma E, Winefordner J D. Anal. Chem, 1987, 59 (19): 2374.

[29] Patel D M, Deavor J P, Winefordner J D. Talanta, 1988, 35 (8): 641.

[30] Uchida H, Masambaw R, Uchida T, et al. Applied Spectroscopy, 1989, 43 (3): 425.

[31] Uchida H, Johnson P A, Winefordner J D. J. Anal. At. Spectrom, 1990, 5 (1): 81.

[32] Uchida H, Berthod A, Winefordner J D. Analyst, 1990, 115 (7): 933.

501

[33] Ali A H, Ng K C, Winepordner J D. J. Anal. At. Spectrom, 1991, 6 (3): 211.

[34] Masamba W R L, Smith B W, Winefordner J D. Applied Spectroscopy, 1992, 46 (11): 1741-1744.

[35] Ali A H, Winefordner J D. Analytica Chimica Acta, 1992, 264, (2): 319.

[36] Masamba W R L, Ali A H, Winefordner J D. Spectrochimica Acta Part B, 1992, 47 (4): 481.

[37] Spencer B M, Smith B W, Winefordner J D. Appplied Spectroscopy, 1994, 48 (3): 289.

[38] Wenslng M W, Smlth B W, Wlnefordner J D. Anal. Chem. 1994, 66 (4): 531.

[39] Spencer B M, Raghani A R, Wlnefordner J D. Appplied Spectroscopy, 1994, 48 (5): 643.

[40] Pless A M, Benjamin W, Mikhail S A. et. al, Spectrochimica Acta Part B 1996, 51 (1): 55.

[41] Pless A M, Croslyn A, GordonM J, et al. Talanta, 1997, 44 (1): 39.

[42] Qinhan Jin, Chu Zhu, Matthew W, Hieftje G M. Spectrochimica Acta (B) 1991, 46 (3): 417.

[43] Yanfu Huan, Jianguang Zhou, Zenghui Peng. J. Anal. At. Spectrom., 2000, 15 (10): 1409.

[44] Qinhan Jin, Wenjun Yang, Feng Liang, et al. J. Anal. At. Spectrom, 1998, 13 (5): 377.

[45] YixiangDuan, Yimo Li, XiaodanTian, et al. Analytica Chimica Acta, 1994, 295 (3): 315.

[46] 金钦汉, 黄矛, G. M. Hieftje. 微波等离子体原子光谱分析, 长春: 吉林大学出版社出版, 1993.

[47] FengLiang, DaxianZhang, Yahu Lei, et al. Microchemical Jouranl, 1995, 52 (2): 181.

[48] Yixiang Duan, Xiaoguang Du, Qinhan Jin. J. Anal. At. Spectrom., 1994, 9: 629.

[49] 汪淑华. 氧屏蔽氩微波等离子体炬激发光谱的诊断及应用研究. 博士论文, 吉林大学, 2006.

[50] 吉大小天鹅仪器公司. 微波等离子体炬光谱仪. 光学仪器, 2000, 22 (03): 42 (单页).

[51] 长春吉大小天鹅仪器公司, 教学设备信息, 2002, (31): 28-29.

[52] Wenjun Yang, Hanqi Zhang, Aimin Yu, Qinhan Jin. Microchemical. Journal, 2000, 66 (1-3): 147.

[53] Camuna-Aguilar J F, Pereiro-Garcia R, Sanchez-Uria J E, et al. Spectrochim. Acta, 1994, 49B (5): 475.

[54] Mttoon T R, Ehpiepmeier. Ana. lChem, 1983, 55 (7): 1045.

[55] 刘淼, 杨文军, 周建光, 金钦汉. 氧屏蔽氩微波等离子体炬的背景发射及其中某

些元素发射特征的初步研究，高等学校化学学报，1999，20（12）：1863.

[56] 金钦汉，周建光，曹彦波等．微波等离子体炬（MPT）光谱仪的研制．现代科学仪器，2002，(4)：3.

[57] 曹彦波，郇延富，金钦汉．高稳定度微波功率源及其防护电路的设计．分析仪器，2004，(4)：24.

[58] 姜杰，郇延富，金伟．高分辨率MPT全谱仪的研制及性能测试．光谱学与光谱分析，2007，27（11）：2375.

[59] 刘军，段忆翔，侯明轶．微波等离子体炬结构的改进．分析仪器，1993，(2)：22.

[60] 万同青，于东冬，张晓尉等．新型微波等离子体炬全谱仪的研制．现代科学仪器，2010，(2)：112.

[61] 张寒琦，金钦汉，张金生等．低功率氦微波诱导等离子体的基本特性．吉林大学自然科学学报，1993，(1)：105.

[62] 余钦汉，杨广德，于爱民等．一种新型的等离子体光源．吉林大学自然科学学报，1985，(1)：90.

[63] 刘晓晶，于爱民，张寒琦，金钦汉．低功率微波等离子体炬光源基本性质的初步研究．高等学校化学学报，1992，3（3）：307.

[64] 金钦汉，王芬蒂，H ie ftje．微波等离子体炬光源基本特性的研究．高等学校化学学报，1990，11（12）：1353.

[65] 郭鹏然，潘佳钏，雷永乾等．微波等离子体原子发射光谱新技术同时测定环境水样中多种元素．分析化学，2015，43（5）：748.

[66] 于赴，姚春毅，马育松等．微波等离子体-原子发射光谱仪（MP-AES）测定葡萄酒中10种金属元素方法．食品科技，2016，41（3）：306.

[67] 韩枫，孟卓然，刘轶群等．微波等离子体发射光谱法同时测定食品中13种元素．卫生研究，2016，45（1）：76.

[68] Yang Zhao，Zenghe Li，Ashdown Ross Yang Zhao，Zenghe Li，Ashdown Ross，Zhiding Huang，Wenkai Chang，Kun Ou-yang，Yuhong Chen，Chunhua Wu，Determination of heavy metals in leather and fur by microwave plasma-atomic emission spectrometry Spectrochimica Acta（B），2015，112（8）：6.

[69] Terrance Hettipathirana，Phil Lowenstern．微波等离子体光谱法测定地质样品中的常量和微量元素，中国无机分析化学，2015，5（1）：41.

[70] John Cauduro．微波等离子体原子发射光谱法测定米粉中的常量、微量和痕量元素．中国无机分析化学，2014，4(3)：82.

第12章 电弧光源和火花光源光谱分析

电弧光源和火花光源是 20 世纪中期原子发射光谱分析应用最多的激发光源。在原子吸收光谱及等离子体光源广泛应用以后，经典的电弧光源和火花光源应用范围日渐缩小，但在某些特定领域内还在应用。经过改进的火花光源光电光谱仪（又称直读光谱仪）仍然是冶金工业在线分析的最重要工具，至今仍牢固地占据冶金快速分析领域，其他新的分析技术虽然具有某些优势，但都不具有快速、准确、多元素同时分析块状金属的能力。而且直读光谱仪的光源、测光系统也在不断地改进。

下面分两部分介绍电弧光源和火花光源，一部分是实验室应用的光源，另一部分是工业部门应用的直读光谱仪。

12.1 直流电弧光源

12.1.1 工作原理

直流电弧是应用最早的原子发射光谱光源。目前在某些高纯样品分析仍有应用。直流电弧光源是利用石墨电极间的直流放电来蒸发、解离和激发样品。直流电弧发生器的电路原理如图 12-1 所示。直流电源 E 由全波整流器供给，电流为 5～30A；镇流电阻 R 用于稳定和调节电弧电流大小；分析间隙 G 由两个电极组成，其中一个电极装有试样。电极材料通常采用棒状高纯石墨。

由于 200V 的低压直流电压不能击穿电极间隙，也就不能自发地形成电弧放电。电弧的点燃方式有高频引弧法和接触引弧法两种。前者作用原理是高频高压电火花使空气局部电离形成导体，将气体加热而形成电弧放电。后者是用电阻加热空气而形成导体。

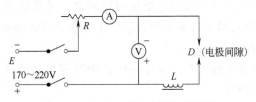

图 12-1　直流电弧发生器电路原理

12.1.2　直流电弧特性

（1）放电的负阻特性　直流电弧放电是在大气压力下的气体放电，与固体导体不同，电弧的电阻受温度的影响很大。当电弧电流增大时，气体的电离度也增大，此时电阻值陡降，而电阻值降低的后果是导致回路电流进一步增加，这样又引起电弧阻值的进一步降低，如此循环作用的结果是使电流无法控制，最终导致回路元器件的损坏。相反，当回路电流值减小时，电弧电离度的降低最终导致电弧熄灭。为了保持电弧放电的稳定，必须在回路中串联镇流电阻，起限制电流及稳定电弧的作用。设镇流电阻阻值为 R，电弧的电阻为 $R_。$，电源直流电压为 V，则通过电弧的电流为

$$I = \frac{V}{R + R_。} \tag{12-1}$$

从式（12-1）可以看出，当电阻 R 远大于 $R_。$ 时，则电弧电阻的变化对回路电流影响就很小，因而可以维持稳定放电。

（2）电弧温度　直流电弧放电温度约 $4000 \sim 7000 \mathrm{K}$，电弧压降约 $40 \sim 80 \mathrm{V}$，此值与试样组成、电极材料及电极间隙大小有关。电子密度约在 $10^{14} \sim 10^{15} \mathrm{cm}^{-3}$ 范围内。

（3）电极温度　直流电弧放电时，从阴极发出的大量电子冲击阳极表面，使阳极具有很高的电极温度。当试样装在阳极孔穴时，高的电极温度使样品更容易蒸发和分解，因而也有更好的检出限。试样分解和电离产生的阳离子，将富集于阴极附近，形成阴极富集层。

（4）直流电弧的分析性能

① 当试样置于阳极时，电极温度较高，蒸发速率大，检出限较好，可以进行微量元素分析。但因电弧中分析物原子浓度高，易产生自吸效应。

② 由于电极温度高，试样在电极中快速熔化或蒸发，对样品的组织结构影响较小。

③ 样品可以粉末状、干渣状或块状等多种形式进行分析。

④ 电弧放电的弧焰直径较大，放电时弧焰晃动游移不定，放电稳定性较差。

⑤ 样品熔化后产生分馏效应，试样组成影响电弧温度及影响分析准确度。

⑥ 电极温度高，不适用于低熔点金属的分析。

12.1.3　应用

长期以来，直流电弧光源配用的分光装置是平面光栅摄谱仪和棱镜摄谱仪，采用照相干版记录光谱，用测微光度计测量谱线黑度，并按三标准试样法和内标法绘制标准曲线，谱线黑度与试样中待测元素浓度的关系式为

$$\Delta S = rb\lg c + A$$

式中，ΔS 为分析线与内标线的黑度差；r 是照相谱板的乳剂特性曲线的反衬度；b 为谱线的自吸收系数；c 为元素浓度；A 为常数。

也可以通过照相谱板的乳剂特性曲线将 ΔS 变换成谱线与内标线的强度比绘制标准曲线。

近期也有用固态阵列检测器全谱直读法进行直流电弧光源和光谱分析。Thermo Instrument Systems Inc. 的 Atomcomp 2000 型直流电弧光谱仪是试图将直流电弧光谱仪器现代化的一种尝试。该仪器的电荷注入器件（CID）作为测光器件，覆盖 190～800nm 波段。电源为 36A 的固体电路激发光源，可将电弧电流控制在 0.1A 以内，它可在一次激发中采用多种功率，用惰性气体保护的 Stallwood 喷射电极，可以获得稳定的电弧放电，并可有效地抑制 CN 带光谱。可以准确定量测定高纯铜中低于百万分之一的 Ag，As，

Au，Bi，Cd，Co，Cr，Fe，Mn，Ni，Pb，Sb，Se，Sn，Te，Zn 16 种微量元素。

下面介绍直流电弧光谱分析法的应用。

（1）土壤分析

① 方法要点　用 CID 直流电弧光谱仪半定量测定土壤中金属元素。取样 20mg，在 15A 电流下激发。用 Stallwood 喷射电极，$Ar-O_2$ 保护气体。用石墨粉调和样品。

② 仪器　Thermo Jarrell Ash DC Atomcomp 2000 光谱仪，0.38m 中阶梯光栅分光系统。CID 38 阵列检测器。

③ 主要结果　定量测定 Pb 和 P；半定量测定 Ba，Mn，Sr；定性测定 B，Co，Cr，Cu，Ni，V，Zn。Ag，B，Ba，Be，Cd，Co，Hg，Mn，Ni 的检出限为 $\leqslant 2\mu g/g$；Cr，P，Pb，Sb，Se，Sr，V，Zn 的检出限为 $\leqslant 5\mu g/g$；As，Cu，Tl 的检出限为 $\leqslant 10\mu g/g$。多数元素例行测定的精密度 $< 20\%$（RSD）。

（2）镁砂中硅和铁的测定

① 方法要点　镁砂是生产烧结焊剂的原料，用直流电弧光源内标法，在缓冲剂 $BaCO_3$ 的存在下对镁砂中硅和铁进行了定量测定。

② 仪器和分析条件　WP-22 平面光栅摄谱仪，直流电弧阳极激发，电流 5A，曝光 40s。石墨电极。镁砂：$BaCO_3$：Co_2O_3＝95：5：0.1。分析线对（nm）：Si 298.76/Co 298.96；Fe 301.62/Co 298.96，以 ΔS-lg$c$ 为坐标绘制标准曲线。

③ 分析结果　SiO_2 在 3% 时相对标准偏差为 5.8%；Fe_2O_3 含量 0.7% 时，相对标准偏差为 3%。

（3）化学光谱法测定金、铂、钯

① 方法要点　用三辛胺负载泡塑对金、铂、钯进行吸附分离，直流电弧光源进行测定。

② 仪器及分析条件　PGS-2 平面光栅摄谱仪，直流电弧 10A 起弧后升至 15A 燃弧测定。石墨电极，ΔS-lg$c$ 绘制校正曲线。以 $BaSO_4$ 和炭粉为缓冲剂。

③ 主要结果 金、铂、钯的吸附率＞95％，取样 10g 时一次摄谱的测定范围为：Au 0.1～5000ng/g；Pt 0.2～5000ng/g；Pd 0.1～1000ng/g。精密度为 20％左右。

（4）利用电弧中热化学反应改进纯氧化铝粉中杂质的检出限

① 方法原理 利用 NaCl 作为氯化剂使 Al_2O_3 粉中杂质 Fe、Mn、Ni、Co、Cu 生成易挥发氯化物，改进了它们的检出限。

② 仪器和分析条件 PGS-2 平面光栅摄谱仪，计算机控制的测微光度计测量分析黑度。直流电弧 12A，曝光 70s。

③ 主要结果 表 12-1 为方法的实际检出限。

表 12-1 Al_2O_3 中杂质实际检出限 单位：$\mu g/g$

元素及分析线/nm	检出限	元素及分析线/nm	检出限
Co 345.35	0.51	Ni 300.25	0.7
Cr 425.43	2.3	Si 288.16	60
Cu 327.39	2.8	Ti 323.45	26.5
Fe 302.11	8.0	V 318.39	0.8
Mn 279.48	0.06		

（5）高纯稀土氧化物中痕量稀土杂质的测定

① 方法要点 纯度达 99.999％的氧化钕和氧化铒用直接光谱法测定灵敏度不能满足要求。必须预先进行化学分离和富集。采用 HEH〔EHP〕萃淋树脂色谱分离，炭粉吸附，直流电弧发射光谱分析可以测定 14 个稀土杂质和钇。

② 仪器和分析条件 WP-2L 平面光栅摄谱仪，WPF-20 交直流电弧发生器，电弧电流 13A，下电极为 $\phi 3mm \times 3mm \times 0.7mm$ 光谱纯石墨杯形孔电极。

③ 分离方法 色谱柱 $\phi 20mm \times 800mm$，有恒温夹套，恒温在 50℃。萃淋树脂含萃取剂-2-乙基己基膦酸单-2-乙基己酯 55％。树脂量为 100g。取样量 200mg，用 0.6mol/L HCl 淋洗分离 Dy-Ho-Y。用 1.2mol/L HCl 淋洗分离 Er-Tm。

④ 回收率及相对标准偏差 分析 Ho_2O_3 和 Er_2O_3 的回收率分别为 76％～140％和 81％～131％，相对标准偏差 3.3％～22％和

5.8%~20%。可分析纯度为 99.9999％和 99.99999％的样品。

12.2 交流电弧光源

交流电弧光源有两类：高压交流电弧及低压交流电弧。前者是在两电极间加上高达数千伏的电压使之击穿放电。由于高压操作不安全，而且高压设备体积较大，因而很少采用。通用的是低压交流电弧光源。

12.2.1 工作原理

低压交流电弧普遍采用高频引火形成电弧。其线路见图 12-2。交流电弧发生器由低压电弧电路和高频引火电路两部分组成。220V 交流电压经升压变压器升至 3000V，在高频振荡电路 C_1-L_1-D_1 中产生高频振荡电流，电流在高频变压器次级线圈 L

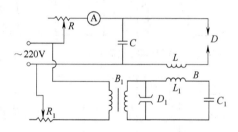

图 12-2　交流电弧光源电路原理

耦合到低压电弧回路，在该回路中形成的高频高压电将分析间隙 D 击穿，形成电火花放电，同时低压低频电流沿着已被击穿的电极间隙点燃电弧。在低压交流电的每个半周期内，高频电流引火一次，使低压交流弧维持稳定。

12.2.2 分析特性

同直流电弧不同，交流电弧的电流和电压都在交替地改变方向，其放电是不连续的，即使在半周期内也是如此。燃弧时间与停歇时间的比值由引燃相位所决定。每半周期内引燃次数愈多，则燃弧时间愈长，可以调控放电性能。

交流电弧的稳定性比直流电弧好，测定结果有较好的重现性。由于放电具有间隙性质，电弧半径扩大受到限制，电流密度较高，因此放电温度比直流电弧略高。另外放电的间隙性和电极极性的交替变更导致电极温度低于直流电弧，试样蒸发速率低于直流电弧。

在交流电弧光源中，由于电极温度比较高，也存在一定程度的分馏效应。

12.3　电火花光源

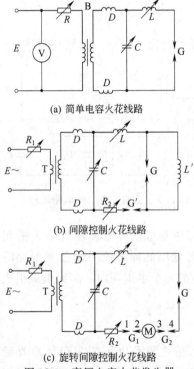

(a) 简单电容火花线路

(b) 间隙控制火花线路

(c) 旋转间隙控制火花线路

图 12-3　高压电容火花发生器

E—外电源；R—可变电阻；V—交流电压表；
B—高压变压器；D—扼流圈；C—可变电容；
L—可变电感；G—分析间隙；L′—高阻抗
自感线圈；G′—控制间隙；G_1，G_2—旋
转控制间隙；M—同步电机带动的
断续器；T—变压器

12.3.1　工作原理

光谱分析用电火花光源是一种电容放电，放电的能量与回路电容量 C 及电容器所达到的电压 V 有关。放电能量 $W = \dfrac{CV^2}{2}$。

电火花发生器电路原理图如图 12-3(a) 所示。

外电源供给高压变压器 B 电压，在变压器次级线圈两端产生 8000～15000V 高压，然后通过扼流圈 D 给电容器 C 充电，电容器电压逐渐升高，当该电压达到分析间隙 G 的击穿电压时，电容器贮存的电荷就通过电感 L 向分析间隙 G 放电，形成电火花。随着放电的进行，分析间隙的电压逐渐下降，电容 C 和电感 L 通过分析间隙构成 LC 振荡回路，产生高频振荡电流。由于在电容放电过程中，大量能量

消耗在分析间隙 G 上，振荡逐渐衰减直至放电停止。此时电容又重新开始充电和放电，这样周期性充电和放电，维持电火花持续工作。

像图 12-3（a）这样的电火花电路称为简单电容火花光源。它的缺点是放电稳定性差。因为在这种线路中，电极间隙的击穿电压取决于分析间隙的状态，影响最大的是电极间距，其次是电极形状以及电极表面粗糙度等。要维持放电的稳定和重复地进行，必须让放电与分析间隙状态无关。依据这一理由，有两种改进线路的电火花光源，一种是设定稳定间隙控制火花电路〔图 12-3（b）〕，又称莱伊斯基（Райский）火花。另一种为利用旋转间隙控制击穿时间的线路〔图 12-3（c）〕，俗称费士纳（Feussner）火花。

12.3.2 分析特性

火花放电是周期性振荡放电，振荡周期与回路参数有关

$$T = 2\pi\sqrt{LC}$$

式中，L 为电感值；C 为电容值。例如 $C = 0.000\mu F$，$L = 50\mu H$，则火花放电的周期为 $3.14 \times 10^{-6} s$。

放电周期中，峰值电流的大小可由下式计算

$$I = (V_C - V_G)\sqrt{\frac{C}{L}} \approx V_C\sqrt{\frac{C}{L}}$$

式中，I 为火花放电的峰值电流；V_C 及 V_G 是电容电压及放电间隙电压；C 和 L 分别是回路的电容和电感。例如，$V_C = 10kV$，$V_G \approx 50V$，$C = 0.05\mu F$，$L = 50\mu H$，则峰值电流高达 300A。故电路参数严重影响火花放电特性。

① 增加回路电感，放电峰值电流降低，火花为软性火花，发射较弱的离子线，谱线强度及背景强度均减弱。

② 增加回路电容量，使放电峰值电流增大，放电呈硬性火花，发射较强的离子线。

火花放电具有高的激发能，激发温度达 7000～10000K，电子密度达 $10^{17} cm^{-3}$。能激发发射较强的离子谱线。但电极温度不高，

试样蒸发量小，不会大面积烧熔金属电极，适用于金属材料的分析。

12.3.3 应用

（1）铸铁中的硅、锰、镁测定 采用高压火花光源，一次预烧连续摄谱定量测定铸铁中硅、锰、镁三元素。采用 Q-24 中型石英摄谱仪，HFO-2 型高压火花发生器，放电参数为高压 12000V，电容 $6\mu F$，电感 $0\mu H$。分析线对分别为 Mg 280.27nm/Fe 278.37nm，Si 288.16nm/Fe 288.08nm，Mn 298.31nm/Fe 292.66nm。方法可测定质量分数为 1.50%~3.50% 的硅，0.40%~1.10% 的锰，0.010%~0.090% 的镁。其相对标准偏差分别为硅 1.9%，锰 3.0%，镁 10.4%。

（2）碳钢断裂表层中 Mn 的测定 依据碳钢棒拉伸断裂层表面不平滑的特点，介绍用高频火花源激发，多点采样叠加曝光法测定其表层组分中 Mn。采用 QF-60 石英摄谱仪，利用 WPF-Ⅱ 电弧发生器的高频火花状态激发样品。当 Mn 含量约为 0.8% 时，分析方法的精密度 $RSD<7\%$。

12.4 直读光谱仪及其应用

直读光谱仪是指在冶金工业领域广泛应用的光电测量光谱仪，它采用专用的电火花光源直接激发块状或棒状金属样品，快速地给出准确的定量分析数据。直读光谱仪一词成为这类仪器流行的专有名词。这类仪器不包括 ICP 光谱仪及便携式光谱仪，也不包括分析油料专用的油料分析光谱仪。

12.4.1 仪器结构及特点

图 12-4 是北京瑞利分析仪器公司生产的 750 系列光电光谱仪的原理图。全套仪器由激发光源、分光系统、测控系统及数据处理系统构成。其他型号直读光谱仪也具有大致类似结构。

直读光谱仪的激发光源性能对分析质量有直接影响，它所产生的误差占整个结果误差的 90%，因此，各厂家生产的光谱仪都专门配置了高性能火花光源。常用的光源有高速火花光源和高能预火花光源。它们具有多种参数和分析功能，具有良好的稳定性，分光系统几乎全部采用具有凹面光栅的帕邢-龙格装置，在罗兰圆上安装一系列出射狭缝和光电倍增管。光栅的曲率半径有 1m、0.75m 及 0.5m 三种。直读光谱仪的测量和读出装置主要有三种：直接测量积分电容器电压法，放电持续时间测量法，分段测量法。

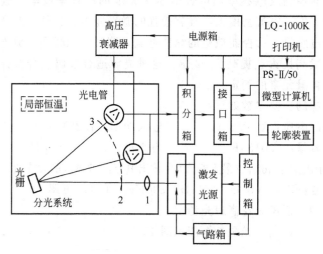

图 12-4　7501B/7503B 型直读光谱仪原理
1—聚光镜；2—入射狭缝；3—出射狭缝

12.4.2　激发光源

直读光谱仪对激发光源有很高的要求，首先具有高重复率，还要有快速分析（短曝光时间）的功能，另外还希望有能分辨碳化物及夹杂物的能力。下面具体介绍几种常用的光源。

12.4.2.1　可控波高压火花光源

可控波高压火花光源的原理如图 12-5 所示。

普通的高压火花光源的电源频率为 50Hz，效率低，分析时间长，振荡放电电流多次经过零值，影响激发能。可控波光源利用脉

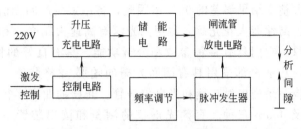

图 12-5　可控波高压火花光源原理

冲发生器控制放电频率，可获得 500 次/s 的高频率放电。放电时不出现零值，电流密度大，具有较强的激发能力。另外，改变放电电路中电感量，可控制放电的峰值电流，缩短曝光时间，放电精度也比一般高压火花提高 2～4 倍。这种光源适合金属及合金样品中等及高含量元素的测定。

光源的主要参数如下。

电源电压：220V±1%　　　　输入功率：1.2kVA

电容量：0.015μF　　　　　　电感量：（200±20）μH

输出电压：16kV（最大峰值）　输出电流：150A（最大峰值）

重复频率：100Hz，200Hz，300Hz，400Hz 可调。

12.4.2.2　低压火花高速光源

低压火花高速光源的框图见图 12-6。

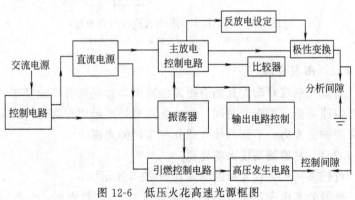

图 12-6　低压火花高速光源框图

仪器采用三相电源经整流后得到 400V 的直流供电，用振荡器

514

控制主回路放电频率。发生器由直流电源、引燃电路、主放电电压稳定电路及放电电路四部分组成。直流电源是由三相电源经全波整流后得到 400V 直流输出电压。用振荡器控制主回路的放电频率，放电频率为 200～400 次/s。引燃电路是利用 15kV 的高压脉冲来引燃分析间隙。低压脉冲高速火花光源用于分析可获得稳定性良好的数据，分析时间短，但易受组织结构及难熔物的影响。

12.4.2.3 高能预火花光源

高能预火花光源又称多级激发光源，它是一种电压不太高（约 950V）但电流上升速度很快（约 $2\mu s$）的电容放电光源，也可称之为中压火花光源。光源的基本电路如图 12-7 所示。光源由控制电路，脉冲形成电路（放电回路）及引燃回路三部分组成。引燃回路产生高压脉冲引燃分析间隙，光源的工作频率为 100Hz。高能预火花放电的主要特点是放电时放电电流及放电能量受线路中电容控制，预燃时接入大电容，使产生高能预火花放电，由于放电能量大，可对难激发样品进行预处理，使样品表面局部熔融均匀化，改变原来的结构状态，从而可消除试样组织结构不同对结果的影响。

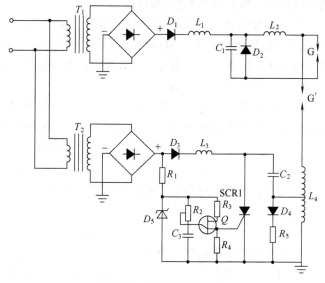

图 12-7　高能预火花光源

在曝光时接入小电容，使放电周期小于 $2\mu s$，有利于提高分析结果的重复性。

12.4.3 分析参数的优化

直读光谱仪用于钢铁及合金分析时，经常需要先对分析参数进行选择和优化，以期得到最好的分析数据及最短的分析时间。在大批量样品分析时，节约分析时间就能明显降低分析成本。实验按下述步骤进行。

（1）预燃时间的选择 用火花光源分析样品时，必须考虑火花放电的预燃效应。预燃效应是指金属样品在火花放电的初期阶段，谱线强度随时间不断变化，达到一定时间后谱线强度才趋于稳定。光电测量的曝光应从谱线强度稳定后才开始，曝光前这段达到稳定火花放电时间称为预燃时间。

对于不同试样，以及不同光源及参数，预燃时间不一样。预燃时间的长短和光源的能量、试样成分、结构状态、夹杂物种类等许多因素有关，只能通过实验，绘制燃烧曲线来决定。取不同曝光时间的谱线强度绘制的曲线称为预燃曲线。

（2）光源参数的选择 光源参数因火花发生器不同而异。如 HR400 低压火花发生器的参数有电容、电感、峰值电压、峰值电流、放电频率等。应该预先熟悉这些参数对谱线及放电的影响，有的放矢地改变参数来观察其影响。

（3）精密度试验 在选择分析参数后，用样品重复测量来检验方法的精密度。精密度试验要重复 10 次以上，计算平均值及标准偏差。也可用几组参数进行对比，选择符合要求的条件。

（4）准确度检查 选取与分析样品组成相同或相近的标准样品，用优化的分析条件进行分析，考察测定值与标准样品标准值是否一致。

（5）稳定性实验 稳定性实验是对标准样品进行长时间间隔的多次分析，考察分析数据的波动范围。

最后，根据分析数据的质量、分析时间、分析成本等综合选定分析条件。

12.5 电弧光源直读光谱仪的发展

电弧光源摄谱仪在普通化验室已不再使用，其功能已被原子吸收及 ICP 光谱、ICP 质谱所取代，然而，这些分析技术通常都是采用溶液进样方式，对于固体试样必须首先消解转化为溶液，不仅费时费力，而且有些样品很难完全消解，这就为固体粉末进样的电弧光源光谱分析提供了发挥作用的机会。在 20 世纪九十年代，美国 Thermo Jarrell Ash 公司在推出固体检测器 (CID) 全谱直读 ICP 光谱仪的同时，也将全谱直读直流电弧光谱仪推向仪器市场，但市场反应冷淡，其分光测光系统与该公司的 IRIS 全谱直读 ICP 光谱仪相同，仪器价格较高，这可能是其失败的一个原因。近些年随着 ICP 光谱仪器的快速发展，出现了许多种固体检测器分光装置，光电分光器的性价比有了很大提高，低廉的价格，易被市场接受，于是就出现了电弧光源直读光谱仪，最有代表性的是美国利曼 Prodigy DC Arc 直流电弧光谱仪，其分光测光用该公司的全谱直读 ICP 光谱仪系统，把 ICP 光源换成直流电弧光源，为了得到稳定的光发射，用一个斯特伍德气室，它用氩气流稳定电弧。该仪器有很高的光学分辨率，光谱波长范围为 175～900nm，在 200nm 处 ≤0.005nm，重复性≤1.5%，检出限 0.1μg/mL。直流电弧光谱仪已成功用于测定高纯镍、高纯钨、高纯钼以及高纯石墨中的痕量元素。

北京瑞利分析仪器公司（京仪集团）于 2010 年研制出中国第一台 AES-7000 交/直流电弧直读专用发射光谱仪，用于地矿样品分析，后来该公司又推出 AES7100/7200 专用仪器——交/直流电弧直读光谱仪，曲率半径 750mm，光栅 2400 线/mm，波长范围 200～500nm，利用凹面光栅分光系统，光电倍增管检测，为有色冶金和地质系统定制的全谱交直流电弧发射光谱仪。表 12-2 为用于氧化钨杂质元素测定的浓度范围。表 12-3 是地质样品的测定范围及检出限。

表 12-2　氧化钨中杂质的测定范围

元素	测定范围/%	元素	测定范围/%
Al	0.0002～0.01	Mn	0.0002～0.01
As	0.0005～0.02	Mo	0.001～0.05
Bi	0.00005～0.0024	Ni	0.00015～0.01
Ca	0.0004～0.015	Pb	0.00005～0.0024
Cd	0.00005～0.007	Sb	0.00025～0.01
Co	0.00025～0.015	Si	0.0004～0.02
Cr	0.00025～0.015	Sn	0.00005～0.0024
Cu	0.00003～0.007	Ti	0.00025～0.015
Fe	0.0003～0.02	V	0.00025～0.015
Mg	0.00015～0.01		

表 12-3　地质样品的测定范围及检出限

元素	测定范围/(μg/g)	检出限 DL/(μg/g)		
		本仪器	1∶50000 要求	1∶200000 要求
Ag	0.034～10	0.023	0.05	0.02
Sn	0.28～100	0.10	2	1
Mo	0.21～100	0.15	1	0.5
B	2.1～1000	1.59	5～10	5
Pb	2.5～1000	1.23	5～10	2

　　其后，北分瑞利公司又研制出全谱直读电弧光谱仪，型号为北分 AES-8000，见图 12-8，仪器结构紧凑，采用 Ebert-Fastic 平面光栅分光系统，焦距 600mm，色散率 0.65nm/mm，理论光学分辨率达 0.006nm 采集系统用高性能 CMOS 传感器，交直流两用发生器，电流 2～20A，图 12-9 是其光路图。后来，聚光科技（杭州）公司，也搞过电弧光源直读光谱仪的新产品鉴定会，但没见到具体技术指标。

　　在这些商品电弧直读光谱仪出现之前，已经有学者注意到直流

图 12-8　北分 AES-8000 全谱电弧光谱仪

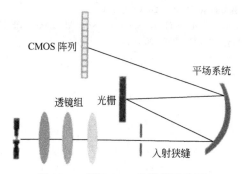

图 12-9　AES-8000 光谱仪光路图

电弧光源与光电光谱仪结合问题，并有某些试验成果。Zaide Zhou 等人用 CCD 检测器和直流电弧光源组装的光谱仪原理如图 12-10 所示，所获得的检出限比 DC-照相光谱法要好很多，见表 12-4。

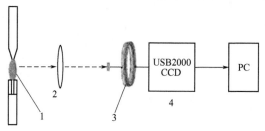

图 12-10　CCD 电弧光谱仪原理
1—电弧；2—透镜；3—光缆；4—分光测光系统

表 12-4　两种光谱装置检出限比较

元素	Ba	Cu	Fe	Mg	Pb	Zn
电弧 CCD 光谱仪	3.9	4.6	2.4	9.3	2.1	1.8
照相光谱法	30	3	30	3	50	100

参 考 文 献

[1] 辛仁轩. 分析测试仪器通讯，1995，(3)：149.

[2] 陈培荣，邓勃. 现代仪器分析实验技术. 北京：清华大学出版社，1999.

[3] 周媛，邵伟，唐明. 光谱学与光谱分析，2002，22 (3)：470.

[4] 田桂英. 光谱实验室，2003，20 (2)：304.

[5] Kaizhong Zhou, Xiandeng Hou, Xingming Kou. APPLIED SPECTROSCOPY RE-VIEWS，2003，38 (3)：295-305.

附录　ICP 光源中元素的主要分析线

元素	波长/nm	检出限/ng·mL^{-1}	激发电位/eV 上限能级	激发电位/eV 下限能级	gA
Ag					
AgⅡ	211.383	49			
AgⅡ	224.641	19			
AgⅡ	232.505	62			
AgⅡ	241.319	29	10.188	5.051	0.16×10^{10}
AgⅡ	243.779	17	9.940	4.856	0.13×10^{10}
AgⅠ	328.068	1.0	3.778	0.0	0.33×10^{9}
AgⅠ	338.289	2.0	3.664	0.0	0.13×10^{9}
Al					
AlⅠ	226.909	5.8	5.476	0.014	0.12×10^{9}
AlⅠ	226.921				
AlⅠ	237.313	5.3	5.237	0.014	0.37×10^{9}
AlⅠ	237.336		5.236	0.014	0.72×10^{8}
AlⅠ	308.216	8.0	4.021	0.0	0.27×10^{9}
AlⅠ	309.271	4.0	4.022	0.014	0.55×10^{9}
AlⅠ	309.284	4.0			
AlⅠ	396.153	5.0	3.143	0.014	0.13×10^{9}
As					
AsⅠ	193.696	10	6.399	0.0	0.35×10^{9}
AsⅠ	197.197	15	6.285	0.0	0.50×10^{9}
AsⅠ	198.970	36	7.543	1.313	0.98×10^{9}
AsⅠ	200.334	23	7.540	1.353	0.14×10^{10}
AsⅠ	228.812	16	6.770	1.353	0.15×10^{10}
AsⅠ	234.984	27	6.588	1.313	0.26×10^{10}
Au					
AuⅡ	191.893	15			
AuⅠ	197.819	6.8			
AuⅠ	201.200	10	7.296	1.136	0.16×10^{9}

元素	波长/nm	检出限/ng·mL^{-1}	激发电位/eV		gA
			上限能级	下限能级	
Au					
Au Ⅱ	208.209	7.6			
Au Ⅰ	242.795	3.0	5.105	0.0	0.18×10^9
Au Ⅰ	267.595	5.7	4.632	0.0	0.11×10^9
B					
B Ⅰ	208.893	5.0	5.934	0.0	0.15×10^9
B Ⅰ	208.959	4.2	5.934	0.002	0.24×10^9
B Ⅰ	249.678	2.4	4.964	0.0	0.70×10^9
B Ⅰ	249.773	2.0	4.964	0.002	0.14×10^{10}
Ba					
Ba Ⅱ	230.424	0.61	5.983	0.604	0.31×10^9
Ba Ⅱ	233.527	0.61	6.011	0.704	0.65×10^9
Ba Ⅱ	234.758	5.7	5.983	0.704	0.68×10^8
Ba Ⅱ	389.179	8.6	5.697	2.512	0.15×10^{10}
Ba Ⅱ	413.066	4.8	5.723	2.722	0.18×10^{10}
Ba Ⅱ	455.404	0.20	2.722	0.0	0.90×10^8
Ba Ⅱ	493.409	0.34	2.512	0.0	0.19×10^8
Be					
Be Ⅰ	217.494	4.5	8.424	2.725	0.12×10^9
Be Ⅰ	217.507	4.5			
Be Ⅰ	234.861	0.12	5.277	0.0	0.29×10^9
Be Ⅱ	249.473	1.4	7.694	2.725	0.23×10^{10}
Be Ⅰ	265.047	1.8	7.402	2.725	0.30×10^{10}
Be Ⅱ	313.107	0.10	3.959	0.0	0.68×10^{10}
Be Ⅱ	313.107	0.27	3.959	0.0	0.45×10^{10}
Bi					
Bi Ⅱ	190.241	44			
Bi Ⅰ	195.389	31	6.343	0.0	0.29×10^9
Bi Ⅰ	206.170	12	6.012	0.0	0.60×10^9
Bi Ⅰ	213.363	44	7.225	1.416	0.28×10^9
Bi Ⅰ	222.825	12	5.563	0.0	0.14×10^8
Bi Ⅰ	223.061	5.0	5.557	0.0	0.63×10^8
Bi Ⅰ	227.658	36	5.444	0.0	0.18×10^8
Bi Ⅰ	289.798	48	5.693	1.416	0.32×10^{10}
Bi Ⅰ	306.772	11	4.040	0.0	0.70×10^9
C					
C Ⅰ	193.091	10			

| 元素 | 波长/nm | 检出限/ng·mL^{-1} | 激发电位/eV | | gA |
			上限能级	下限能级	
C					
C I	247.857	40	7.685	2.684	0.19×10^{10}
Ca					
Ca II	317.933	5.2	7.050	3.151	0.17×10^{10}
Ca II	393.367	0.10	3.151	0.0	0.91×10^{8}
Ca II	396.847	0.25	3.123	0.0	0.45×10^{8}
Ca I	422.673	5.2	2.932	0.0	0.10×10^{9}
Cd					
Cd II	214.438	0.94	5.780	0.0	0.11×10^{11}
Cd II	226.502	1.3	5.472	0.0	0.99×10^{10}
Cd I	228.802	1.0	5.417	0.0	0.12×10^{10}
Cd I	326.106	120	3.801	0.0	0.90×10^{6}
Cd I	346.620	160	7.377	3.801	0.41×10^{10}
Cd I	361.051	83	7.379	3.946	0.62×10^{10}
Ce					
Ce II	393.109	11	3.328	0.175	0.12×10^{9}
Ce II	394.275	13	4.001	0.857	0.19×10^{10}
Ce II	395.254	10	3.464	0.328	0.65×10^{9}
Ce II	399.924	11	3.395	0.295	0.51×10^{9}
Ce II	413.380	9.4	3.862	0.864	0.14×10^{10}
Ce II	413.765	9.0	3.512	0.517	0.48×10^{9}
Ce II	418.660	10	3.825	0.864	0.18×10^{10}
Ce II	429.688	13	3.401	0.517	0.39×10^{9}
Ce II	446.021	12	3.257	0.478	0.35×10^{9}
Co					
Co II	228.616	1.0	5.837	0.415	0.17×10^{11}
Co II	230.786	1.4	5.870	0.500	0.17×10^{11}
Co II	231.160	1.9	5.927	0.565	0.12×10^{11}
Co II	236.379	1.6	5.743	0.500	0.17×10^{11}
Co II	237.862	1.4	5.626	0.415	0.16×10^{11}
Co II	238.346	2.0	5.700	0.500	0.18×10^{11}
Co II	238.892	0.85	5.604	0.415	0.28×10^{11}
Cr					
Cr II	205.552	2.0	6.030	0.0	0.91×10^{9}
Cr II	206.149	2.4	6.012	0.0	0.73×10^{9}
Cr II	206.542	3.1	6.001	0.0	0.48×10^{9}
Cr II	267.716	2.4	6.155	1.526	0.13×10^{11}

523

元素	波长/nm	检出限/ng·mL⁻¹	激发电位/eV		gA
			上限能级	下限能级	
Cr					
Cr II	276.654	4.1	6.030	1.549	0.48×10^{10}
Cr II	283.563	2.4	5.921	1.549	0.13×10^{11}
Cr II	284.325	2.7	5.885	1.526	0.84×10^{10}
Cr II	284.984	4.6	5.856	1.506	0.59×10^{10}
Cs					
Cs II	452.673	4000			
Cs I	455.536	10000	2.721	0.0	0.14×10^{9}
Cs I	459.318		2.699	0.0	0.65×10^{8}
Cu					
Cu II	213.598	2.2	8.522	2.719	0.14×10^{10}
Cu II	219.958	1.8	7.024	1.389	0.24×10^{9}
Cu I	222.778	2.4	7.206	1.642	0.22×10^{9}
Cu I	223.008	2.4	6.947	1.389	0.23×10^{9}
Cu II	224.700	1.4	8.235	2.719	0.91×10^{9}
Cu I	324.754	1.0	3.817	0.0	0.41×10^{9}
Cu I	327.396	1.8	3.786	0.0	0.19×10^{9}
Dy					
Dy II	338.503	6.5			
Dy II	340.780	5.3	3.637	0.0	0.59×10^{9}
Dy II	353.171	2.0	3.510	0.0	0.19×10^{10}
Dy II	353.602	5.9			
Dy II	364.542	4.4	3.503	0.103	0.96×10^{9}
Dy II	394.469	6.2	3.142	0.0	0.39×10^{9}
Dy II	396.840	6.2	3.123	0.0	0.49×10^{9}
Er					
Er II	291.036	5.3			
Er II	323.059	3.5			
Er II	326.478	3.5	3.797	0.0	0.58×10^{9}
Er II	337.275	2.0	3.675	0.0	0.13×10^{10}
Er II	349.910	3.2	3.597	0.055	0.99×10^{9}
Er II	369.265	3.5	3.411	0.055	0.74×10^{9}
Er II	390.632	4.1	3.411		
Eu					
Eu II	272.778	1.4	4.544	0.0	0.81×10^{9}
Eu II	372.499	1.5	3.328	0.0	0.28×10^{9}
Eu II	381.966	0.45	3.245	0.0	0.48×10^{9}

| 元素 | 波长/nm | 检出限/ng·mL^{-1} | 激发电位/eV | | gA |
			上限能级	下限能级	
Eu					
EuⅡ	390.711	1.3	3.379	0.207	0.47×10^9
EuⅡ	393.048	0.95	3.360	0.207	0.53×10^9
EuⅡ	412.974	0.73	3.001	0.0	0.19×10^9
EuⅡ	420.505	0.73	2.948	0.0	0.32×10^9
Fe					
FeⅡ	233.280	2.7	5.361	0.048	0.15×10^{10}
FeⅡ	234.349	1.4	5.289	0.0	0.20×10^{10}
FeⅡ	238.204	0.62	5.203	0.0	0.92×10^{10}
FeⅡ	239.563	0.68	5.222	0.048	0.96×10^{10}
FeⅡ	240.488	1.5	5.237	0.083	0.10×10^{11}
FeⅡ	258.588	2.0	4.793	0.0	0.42×10^{10}
FeⅡ	259.837	1.6	4.818	0.048	0.45×10^{10}
FeⅡ	259.940	0.80	4.768	0.0	0.12×10^{11}
FeⅡ	261.187	1.6	4.793	0.048	0.53×10^{10}
FeⅡ	273.955	2.6	5.511	0.986	0.26×10^{11}
FeⅡ	274.932	2.0	5.549	1.040	0.23×10^{11}
FeⅡ	275.574	2.4	5.484	0.986	0.25×10^{11}
Ga					
GaⅡ	209.134	41			
GaⅠ	245.007	4.5	5.059	0.0	0.41×10^9
GaⅠ	250.017	27.0	5.060	0.102	0.73×10^9
GaⅠ	287.424	12.0	4.312	0.0	0.59×10^9
GaⅠ	294.364	7.0	4.313	0.102	0.11×10^{10}
GaⅠ	403.298	17	3.073	0.0	0.98×10^8
GaⅠ	417.206	10	3.073	0.102	0.20×10^9
Gd					
GdⅡ	303.285	5.8	4.165	0.078	0.87×10^9
GdⅡ	310.051	4.8	4.238	0.240	0.17×10^{10}
GdⅡ	335.048	4.5	3.843	0.144	0.14×10^{10}
GdⅡ	335.863	4.5	3.723	0.032	0.86×10^9
GdⅡ	336.224	4.2	3.765	0.078	0.12×10^{10}
GdⅡ	342.247	3.0	3.862	0.240	0.19×10^{10}
GdⅡ	376.841	5.5	3.368	0.078	0.83×10^9
Ge					
GeⅠ	199.824	28	6.377	0.175	0.95×10^9
GeⅠ	204.376	27	6.239	0.175	0.50×10^9

| 元素 | 波长/nm | 检出限/ng · mL^{-1} | 激发电位/eV | | gA |
			上限能级	下限能级	
Ge					
Ge I	206.865	19	6.601	0.069	0.82×10^9
Ge I	209.423	13	6.093	0.175	0.92×10^9
Ge I	219.870	20	6.521	0.883	0.95×10^9
Ge I	265.118	15	4.850	0.175	0.26×10^{10}
Ge I	265.158	26	4.674	0.0	0.80×10^9
Hf					
Hf II	232.247	7.5	5.337	0.0	0.21×10^9
Hf II	263.871	7.5	4.697	0.0	0.41×10^9
Hf II	264.141	7.5	5.729	1.037	0.45×10^{10}
Hf II	273.876	6.9	5.134	0.608	0.77×10^9
Hf II	277.336	6.3	5.256	0.787	0.14×10^{10}
Hf II	282.022	7.5	4.773	0.378	0.61×10^9
Hf II	339.980	5.0	3.646	0.0	0.11×10^9
Hg					
Hg I	194.227	5.0			
Hg I	253.652	12	4.887	0.0	0.35×10^9
Hg I	265.204	840			
Hg I	296.728	350	8.845	4.667	0.22×10^{10}
Hg I	302.150	990	9.563	5.461	0.40×10^9
Hg I	365.483	2000	8.852	5.461	0.68×10^9
Hg I	404.656	260	7.730	4.667	0.36×10^{10}
Hg I	435.835	530	7.730	4.887	0.86×10^{10}
Ho					
Ho II	339.898	2.3			
Ho II	341.646	3.2			
Ho II	345.600	1.0			
Ho I	347.425	3.2			
Ho I	389.102	2.9			
In					
In II	230.606	20	5.375	0.0	0.32×10^7
In I	271.027	180	4.848	0.274	0.73×10^9
In I	303.936	48	4.078	0.0	0.71×10^9
In I	325.609	38	4.081	0.274	0.12×10^{10}
In I	325.856	190	4.078	0.274	0.29×10^9
In I	410.177	150	3.022	0.0	0.19×10^9
In I	451.132	57	3.022	0.274	0.22×10^9

| 元素 | 波长/nm | 检出限/ng·mL^{-1} | 激发电位/eV | | gA |
			上限能级	下限能级	
Ir					
Ir	204.149	26			
Ir I	205.222	16	6.824	0.784	0.45×10^9
Ir I	208.882	28	5.934	0.0	0.56×10^9
Ir I	209.263	28	6.274	0.351	0.96×10^9
Ir II	212.681	8.0			
Ir II	215.268	18			
Ir II	224.268	7.0			
K					
K I	404.414		3.065	0.0	0.95×10^8
K I	404.720	40	3.063	0.0	0.48×10^8
La					
La II	333.749	2.0	4.117	0.403	0.35×10^9
La II	379.082	2.2	3.396	0.126	0.17×10^9
La II	379.477	2.0	3.511	0.244	0.23×10^9
La II	394.911		3.542	0.403	0.0×10^9
La II	398.852	2.2	3.511	0.403	0.0×10^9
La II	408.671	2.0	3.033	0.0	0.0×10^9
La II	412.323	2.0	3.328	0.321	0.16×10^9
Li					
Li I	274.119	550	4.522	0.0	0.41×10^8
Li I	323.261	370	3.834	0.0	0.34×10^8
Li I	460.286	300	4.541	1.848	0.19×10^9
Li I	497.199	750	4.341	1.848	0.78×10^8
Li I	610.364	11	3.879	1.848	0.13×10^{10}
Li I	670.784	1.0	1.848	0.0	0.12×10^9
Lu					
Lu II	219.554	2.5	5.645	0.0	0.22×10^8
Lu II	261.542	0.30	4.739	0.0	0.58×10^9
Lu II	289.484	3.0	6.042	1.760	0.40×10^{10}
Lu II	291.139	1.9	6.018	1.760	0.55×10^{10}
Lu II	307.760	2.7	5.569	1.542	0.19×10^{10}
Lu II	339.707	3.0	5.111	1.463	0.35×10^9
Lu II	350.739	3.3	3.534	0.0	0.20×10^8
Mg					
Mg I	202.582	15			

元素	波长/nm	检出限/ng·mL^{-1}	激发电位/eV		gA
			上限能级	下限能级	
Mg					
Mg II	279.079	20	8.864	4.422	0.22×10^{10}
Mg II	279.553	0.10	4.434	0.0	0.90×10^{9}
Mg II	279.806		8.864	4.434	0.28×10^{10}
Mg II	280.270	0.20	4.422	0.0	0.53×10^{9}
Mg I	285.213	1.1	4.346	0.0	0.94×10^{9}
Mg I	383.826	22	5.946	2.717	0.39×10^{10}
Mn					
Mn II	257.610	0.30	4.811	0.0	0.80×10^{10}
Mn II	259.373	0.35	4.779	0.0	0.50×10^{10}
Mn II	260.569	0.45	4.757	0.0	0.33×10^{10}
Mn I	279.482	2.6	4.435	0.0	0.83×10^{9}
Mn II	293.306	2.8	5.400	1.175	0.40×10^{10}
Mn II	293.930	2.2	5.391	1.175	0.54×10^{10}
Mn II	294.921	1.6	5.377	1.175	0.66×10^{10}
Mo					
Mo II	201.511	4.6	6.151	0.0	0.11×10^{10}
Mo II	202.030	2.0	6.135	0.0	0.24×10^{10}
Mo II	203.844	3.1	6.080	0.0	0.13×10^{10}
Mo II	204.599	3.1	6.058	0.0	0.13×10^{10}
Mo II	268.414	7.7	6.287	1.669	0.11×10^{11}
Mo II	277.540	6.4	6.135	1.669	0.18×10^{11}
Mo II	281.615	3.6	6.070	1.669	0.17×10^{11}
Mo II	284.823	5.1	5.951	1.599	0.14×10^{11}
Mo II	287.151	6.9	5.856	1.540	0.12×10^{11}
Mo I	313.259	2.8	3.957	0.0	0.98×10^{9}
Mo I	379.825	2.0	3.263	0.0	0.44×10^{9}
Mo I	386.411	2.5	3.208	0.0	0.34×10^{9}
Na					
Na I	330.232	650	3.753	0.0	0.65×10^{8}
Na I	330.299	1500	3.753	0.0	0.33×10^{8}
Na I	588.995	10	2.104	0.0	0.18×10^{9}
Na I	589.592	23	2.102	0.0	0.90×10^{8}
Nb					
Nb II	269.706	20	4.748	0.152	0.14×10^{10}
Nb II	295.088	21	4.714	0.514	0.16×10^{10}
Nb II	309.418	10	4.520	0.514	0.14×10^{10}

元素	波长/nm	检出限/ng·mL⁻¹	激发电位/eV		gA
			上限能级	下限能级	
Nb					
Nb II	313.079	14	4.398	0.439	0.86×10^9
Nb II	316.340	11	4.294	0.376	0.53×10^9
Nb II	319.498	20	4.025	0.326	0.38×10^9
Nb II	322.548	19	4.135	0.292	0.26×10^9
Nd					
Nd II	386.333	26	3.208	0.0	0.16×10^9
Nd II	386.341	26			
Nd II	401.225	10	3.720	0.631	0.52×10^9
Nd II	404.080	26	3.250	0.182	0.15×10^9
Nd II	406.109	19	3.524	0.471	0.43×10^9
Nd II	410.946	23	3.337	0.321	0.15×10^9
Nd II	415.608	21	3.165	0.182	0.13×10^9
Nd II	430.357	15	2.880	0.0	0.12×10^9
Ni					
Ni II	216.556	5.0			
Ni II	217.467	6.8			
Ni II	221.647	3.0			
Ni II	225.386	7.5			
Ni II	227.021	7.5			
Ni II	230.300	6.8			
Ni II	231.604	4.5	6.392	1.041	0.59×10^{10}
Ni I	232.003	4.5	5.343	0.0	0.11×10^{10}
Os					
Os	189.900	1.6			
Os II	206.721	1.9	6.441	0.445	0.25×10^{11}
Os II	219.439	2.3	6.094	0.445	0.73×10^{10}
Os II	225.585	0.50			
Os II	228.226	0.80	5.431	0.0	0.85×10^{10}
Os II	233.680	1.6	5.750	0.445	0.17×10^{11}
Os II	236.735	2.5	5.723	0.487	0.16×10^{11}
P					
P I	203.349	160			
P I	213.547	140	7.213	1.409	0.52×10^8
P I	213.620	30	7.213	1.410	0.52×10^9
P I	214.911	30	7.176	1.409	0.46×10^9
P I	215.408	170	8.079	2.324	0.15×10^9

| 元素 | 波长/nm | 检出限/ng·mL⁻¹ | 激发电位/eV | | gA |
			上限能级	下限能级	
P					
P I	253.565	110	7.213	2.324	0.37×10¹⁰
P I	255.328	220	7.176	2.321	0.23×10¹⁰
Pb					
Pb I	216.999	43	5.712	0.0	0.68×10⁸
Pb II	220.351	20	7.371	1.746	0.56×10⁹
Pb I	224.689	160	6.486	0.969	0.22×10⁸
Pb I	261.418	62	5.711	0.969	0.26×10¹⁰
Pb I	266.317	180	5.975	1.320	0.19×10¹⁰
Pb I	280.200	70	5.744	1.320	0.43×10¹⁰
Pb I	283.307	68	4.375	0.0	0.18×10⁹
Pb I	368.347	160	4.335	0.969	0.31×10⁹
Pb I	405.782	130	4.375	1.320	0.92×10⁹
Pd					
Pd II	229.651	16			
Pd II	248.892	24	8.090	3.110	0.94×10¹⁰
Pd I	324.270	18	4.636	0.814	0.77×10⁹
Pd I	340.458	10	4.455	0.814	0.12×10¹⁰
Pd I	342.124	23	4.584	0.962	0.84×10⁹
Pd I	360.955	20	4.395	0.962	0.90×10⁹
Pd I	363.470	12	4.224	0.814	0.62×10⁹
Pr					
Pr II	390.843	9.0			
Pr II	406.282	11	3.473	0.422	0.41×10⁹
Pr II	411.848	12	3.064	0.055	0.83×10⁸
Pr II	414.314	9.0	3.363	0.372	0.26×10⁹
Pr II	417.942	10	3.170	0.204	0.33×10⁹
Pr II	422.298	11	2.990	0.055	0.16×10⁹
Pr II	422.533	10	2.933	0.0	0.14×10⁹
Pt					
Pt II	203.646	19			
Pt I	204.937	24	6.048	0.0	0.29×10⁹
Pt II	214.423	10			
Pt I	217.467	28			
Pt II	224.552	28			
Pt I	248.717	5.1	4.983	0.0	0.57×10⁹
Pt I	265.945	27	4.661	0.0	0.82×10⁹

元素	波长/nm	检出限/ng·mL⁻¹	激发电位/eV		gA
			上限能级	下限能级	
Pt					
Pt I	273.396	51	4.630	0.096	0.50×10^9
Pt I	306.471	40	4.044	0.0	0.26×10^9
Rb					
Rb I	420.185		2.950	0.0	0.96×10^8
Rb I	421.556		2.940	0.0	0.47×10^8
Re					
Re II	189.836	12			
Re II	197.313	2.0			
Re I	204.911	26	6.049	0.0	0.44×10^9
Re	213.906	10			
Re II	221.427	2.0	5.598	0.0	0.15×10^{10}
Re II	227.525	2.0	5.448	0.0	0.28×10^{10}
Re I	228.751	26	5.418	0.0	0.21×10^9
Rh					
Rh II	233.477	10	7.402	2.093	0.44×10^{10}
Rh II	246.104	25	7.335	2.299	0.78×10^{10}
Rh II	249.077	13	7.070	2.093	0.77×10^{10}
Rh	250.429	8.0			
Rh II	252.053	18	7.011	2.093	0.94×10^{10}
Rh I	339.685	29	3.649	0.0	0.31×10^9
Rh I	343.489	14	3.609	0.0	0.41×10^9
Rh I	369.236	20	2.357	0.0	0.28×10^9
Ru					
Ru II	240.272	7.0	6.293	1.135	0.25×10^{11}
Ru II	245.657	7.0	6.304	1.259	0.20×10^{11}
Ru II	249.842	23	6.363	1.402	0.84×10^{10}
Ru II	249.857	23	6.306	1.345	0.78×10^{10}
Ru II	266.161	23	5.791	1.135	0.85×10^{10}
Ru II	267.876	8.6	5.762	1.135	0.17×10^{11}
Ru I	269.207	21	5.863	1.259	0.99×10^{10}
Sb					
Sb I	206.838	10	5.992	0.0	0.63×10^9
Sb I	217.589	14	5.696	0.0	0.25×10^9
Sb I	217.926	48	6.909	1.222	0.25×10^9
Sb I	231.147	20	5.362	0.0	0.15×10^9
Sb I	252.854	34	6.124	1.222	0.56×10^{10}

531

元素	波长/nm	检出限/ng·mL^{-1}	激发电位/eV		gA
			上限能级	下限能级	
Sb					
Sb I	259.806	34	5.826	1.055	0.64×10^{10}
Sc					
Sc II	335.373	1.0	4.011	0.315	0.14×10^{10}
Sc II	357.252	0.52	3.492	0.022	0.59×10^9
Sc II	357.634	1.0	3.474	0.008	0.43×10^9
Sc II	361.384	0.40	3.452	0.022	0.11×10^{10}
Sc II	363.074	0.56	3.422	0.008	0.77×10^9
Sc II	364.279	0.72	3.403	0.0	0.49×10^9
Sc II	424.683	0.72	3.234	0.315	0.45×10^9
Se					
Se I	196.026	15	6.323	0.0	0.10×10^{10}
Se I	199.511	1000			
Se I	203.985	23	6.323	0.247	0.13×10^{10}
Se I	206.279	60	6.323	0.314	0.48×10^9
Se I	207.479	320	5.974	0.0	0.56×10^8
Si					
Si I	212.412	11	6.616	0.781	0.44×10^9
Si I	250.690	12	4.954	0.010	0.63×10^9
Si I	251.433	16	4.930	0.0	0.57×10^9
Si I	251.612	5.0	4.954	0.028	0.13×10^{10}
Si I	252.412	17	4.920	0.010	0.84×10^9
Si I	252.852	13	4.930	0.028	0.71×10^9
Si I	288.160	11	5.082	0.781	0.15×10^{10}
Sm					
Sm II	359.260	8.0	3.829	0.379	0.63×10^9
Sm II	360.948	11	3.711	0.277	0.39×10^9
Sm II	363.427	12	3.595	0.185	0.30×10^9
Sm II	367.082	14	3.481	0.104	0.15×10^9
Sm II	428.078	13	3.380	0.485	0.12×10^9
Sm II	442.434	10	3.286	0.485	0.13×10^9
Sm II	446.734	14	3.434	0.659	0.14×10^9
Sn					
Sn II	189.989	10			
Sn I	224.605	44	5.518	0.0	0.26×10^9
Sn I	226.891	44	5.888	0.425	0.60×10^9
Sn I	235.485	38	5.473	0.210	0.11×10^{10}

元素	波长/nm	检出限/ng·mL⁻¹	激发电位/eV		gA
			上限能级	下限能级	
Sn					
Sn I	242.170	57	6.186	1.068	0.66×10^{10}
Sn I	242.950	38	5.527	0.425	0.29×10^{10}
Sn I	270.651	60	4.789	0.210	0.10×10^{10}
Sn I	283.999	44	4.789	0.425	0.21×10^{10}
Sr					
Sr II	215.284	2.4	7.562	1.805	0.13×10^{9}
Sr II	216.596	2.0	7.562	1.839	0.15×10^{9}
Sr II	338.071	8.2	6.607	2.940	0.14×10^{10}
Sr II	346.446	5.4	6.617	3.040	0.21×10^{10}
Sr II	407.771	0.10	3.040	0.0	0.66×10^{8}
Sr II	421.552	0.18	2.940	0.0	0.38×10^{8}
Sr II	430.545	15	5.919	3.040	0.35×10^{9}
Ta					
Ta II	226.230	8.0	5.806	0.328	0.35×10^{10}
Ta II	228.916	11	5.809	0.394	0.44×10^{10}
Ta II	233.198	11			
Ta II	238.706	13	5.740	0.548	0.17×10^{11}
Ta II	240.063	10	5.930	0.767	0.52×10^{11}
Ta II	263.558	12	4.831	0.128	0.48×10^{10}
Ta II	268.517	10	5.127	0.511	0.12×10^{11}
Ta II	301.253	8.0	4.775	0.661	0.82×10^{10}
Tb					
Tb II	350.917	5.0			
Tb II	356.174	14			
Tb II	356.851	14			
Tb II	367.635	13			
Tb II	370.285	14			
Tb II	384.873	12			
Tb II	387.418	13			
Te					
Te I	200.200	63	6.780	0.589	0.63×10^{9}
Te I	208.103		7.265	1.309	0.57×10^{9}
Te I	214.281	10			
Te I	214.719	52	7.082	1.309	0.58×10^{9}
Te I	225.902	44	5.487	0.0	0.33×10^{8}
Te I	238.325	67	5.784	0.584	0.64×10^{9}

533

| 元素 | 波长/nm | 检出限/ng·mL^{-1} | 激发电位/eV | | gA |
			上限能级	下限能级	
Te					
Te I	238.578	44	5.784	0.589	0.82×10^9
Th					
Th II	274.716	18	4.512	0.0	0.18×10^9
Th II	283.232	15	4.890	0.514	0.66×10^9
Th II	283.730	14			
Th II	318.020	19	4.086	0.189	0.13×10^9
Th II	318.823	20	4.118	0.231	0.10×10^9
Th II	374.119	21	3.502	0.189	0.48×10^8
Th II	401.914	18	3.084	0.0	0.66×10^8
Ti					
Ti II	307.865	1.8	4.054	0.028	0.80×10^9
Ti II	308.803	1.7	4.063	0.049	0.13×10^{10}
Ti II	323.452	1.2	3.881	0.049	0.16×10^{10}
Ti II	334.904	1.7	4.308	0.607	0.30×10^{10}
Ti II	334.941	0.80	3.749	0.049	0.23×10^{10}
Ti II	336.121	1.2	3.716	0.028	0.13×10^{10}
Ti II	337.280	1.5	3.687	0.012	0.96×10^9
Tl					
Tl II	190.864	10			
Tl I	223.785	340			
Tl I	237.969	110	5.209	0.0	0.17×10^9
Tl I	276.787	30	4.478	0.0	0.41×10^9
Tl I	291.832	260	5.213	0.966	0.15×10^{10}
Tl I	351.924	50	4.488	0.966	0.24×10^{10}
Tl I	377.572	58	3.283	0.0	0.10×10^9
Tm					
Tm II	313.126	1.3	3.958	0.0	0.46×10^9
Tm II	336.262	2.7	3.715	0.029	0.15×10^9
Tm II	342.508	2.5	3.648	0.029	0.21×10^9
Tm II	346.220	2.0	3.580	0.0	0.25×10^9
Tm II	376.133	2.7	2.295	0.0	0.87×10^8
Tm II	379.577	2.7	3.295	0.029	0.11×10^9
Tm II	384.802	2.4	3.221	0.0	0.11×10^9
U					
U II	263.553	65			
U II	294.192	95	4.898	0.685	0.13×10^{10}

534

| 元素 | 波长/nm | 检出限/ng·mL^{-1} | 激发电位/eV | | gA |
			上限能级	下限能级	
U					
U Ⅱ	367.007	60	3.491	0.113	0.19×10^9
U Ⅱ	385.958	50	3.247	0.036	0.26×10^9
U Ⅱ	393.203	70	3.188	0.036	0.96×10^7
U Ⅱ	409.014	65	3.247	0.217	0.12×10^9
U Ⅱ	424.167	90	3.491	0.568	0.10×10^9
V					
V Ⅱ	268.796	2.0	4.653	0.042	0.19×10^{10}
V Ⅱ	289.332	2.0	4.652	0.368	0.27×10^{10}
V Ⅱ	290.882	1.8	4.653	0.392	0.46×10^{10}
V Ⅱ	292.403	1.5	4.631	0.392	0.44×10^{10}
V Ⅱ	309.311	1.0	4.399	0.392	0.43×10^{10}
V Ⅱ	310.230	1.3	4.363	0.368	0.32×10^{10}
V Ⅱ	311.071	2.0	4.333	0.348	0.25×10^{10}
W					
W Ⅱ	207.911	10	6.724	0.762	0.93×10^{10}
W Ⅱ	209.475	16	6.105	0.188	0.33×10^{10}
W Ⅱ	209.860	18			
W Ⅱ	218.935	16			
W Ⅱ	222.589	20			
W Ⅱ	224.875	15	5.512	0.0	0.47×10^9
W Ⅱ	239.709	19	5.564	0.393	0.48×10^{10}
W Ⅱ	245.148	12	5.244	0.188	0.55×10^{10}
W Ⅱ	248.923	25	5.564	0.585	0.58×10^{10}
Y					
Y Ⅱ	324.228	1.0	4.003	0.180	0.70×10^9
Y Ⅱ	360.073	1.1	3.622	0.180	0.53×10^9
Y Ⅱ	361.105	1.7	3.562	0.130	0.36×10^9
Y Ⅱ	371.029	0.80	3.520	0.180	0.50×10^9
Y Ⅱ	377.433	1.2	3.414	0.130	0.32×10^9
Y Ⅱ	378.870	1.7	3.376	0.104	0.21×10^9
Y Ⅱ	437.494	1.4	3.242	0.409	0.25×10^9
Yb					
Yb Ⅱ	211.665	2.1			
Yb Ⅱ	212.672	2.1	5.828	0.0	0.41×10^8
Yb Ⅱ	218.569	2.9	5.671	0.0	0.16×10^8
Yb Ⅱ	222.445	2.0	5.572	0.0	0.15×10^8

元素	波长/nm	检出限/ng·mL^{-1}	激发电位/eV		gA
			上限能级	下限能级	
Yb					
Yb II	289.138	1.9	4.287	0.0	0.75×10^8
Yb II	328.937	0.40	3.768	0.0	0.14×10^9
Yb II	369.420	0.70	3.355	0.0	0.74×10^8
Zn					
Zn II	202.551	2.3	6.119	0.0	0.21×10^{10}
Zn II	206.191	3.3	6.011	0.0	0.92×10^{10}
Zn II	213.856	1.0	5.796	0.0	0.19×10^{10}
Zn I	330.259	120	7.783	4.030	0.18×10^{10}
Zn I	334.502	76	7.783	4.078	0.28×10^{10}
Zn I	472.216	240	6.655	4.030	0.15×10^{10}
Zn I	481.053	120	6.655	4.078	0.21×10^{10}
Zr					
Zr II	256.887	3.5	4.989	0.164	0.27×10^{10}
Zr II	257.139	2.6	4.915	0.095	0.29×10^{10}
Zr II	327.305	3.2	3.951	0.164	0.48×10^9
Zr II	339.198	2.0	3.818	0.164	0.21×10^{10}
Zr II	343.823	1.9	3.700	0.095	0.13×10^{10}
Zr II	349.621	2.7	3.584	0.039	0.90×10^9
Zr II	357.247	2.7	3.470	0.0	0.37×10^9